中国农业标准经典收藏系列

农业转基因生物安全标准

2011 版

农业部科技发展中心　编

中 国 农 业 出 版 社

编委会名单

（按姓名笔画排列）

前　言

《农业转基因生物安全管理条例》已于2001年发布实施。《条例》的实施在促进生物技术快速发展的同时，对农业转基因生物安全管理和检测工作也提出了更高的要求。为此，作为支撑管理和检测技术手段的转基因检测标准也受到农业部的高度重视。农业部2004年牵头成立了全国农业转基因生物安全管理标准化技术委员会，2005年将转基因生物安全检测标准制订工作纳入部级农产品制标计划。截至目前，已发布80项农业转基因生物安全检测评价标准和技术规范。

为深入宣传和贯彻执行安全评价标准和技术规范，进一步推进我国农业转基因生物安全管理标准化，我们将农业部发布实施且现行有效的80项检测标准汇编成《农业转基因生物安全标准　2011版》，以供相关研发单位、主管部门、检测机构及其工作人员参考。

本书按照标准的用途不同，分为产品成分检测类、环境安全检测类、食用安全检测类和标识类四个部分。同时，为了便于查阅，在每一部分又都是按时间排列的。

由于编者水平所限，难免会有疏漏和不妥之处，敬请批评指正！

编　者

二〇一一年十二月

目　　录

第二部分　环境安全检测类

第三部分　食用安全检测类

第四部分　标 识 类

第一部分
产品成分检测类

ICS 65.020.99
B 20

中华人民共和国农业行业标准

NY/T 672—2003

转基因植物及其产品检测通用要求

Detection of genetically modified plant organisms and derived products—General requirements

2003-04-01 发布　　2003-05-15 实施

中华人民共和国农业部 发布

前　言

本标准由农业部科技教育司提出。

本标准起草单位:中国农业科学院植物保护研究所、中国农业科学院生物技术所、农业部科技发展中心、中国农业大学。

本标准主要起草人:彭于发、王锡锋、李宁、张大兵、罗云波、黄昆仑、汪其怀、贾士荣。

本标准首次发布。

转基因植物及其产品检测
通用要求

1 范围

本标准规定了转基因植物及其产品检测的通用要求及转基因植物 PCR 检测实验室的操作规范。

本标准适用于转基因植物及其产品中转基因成分的检测。

2 规范性引用文件

下列文件中的条款通过本标准的引用而成为本标准的条款。凡是注日期的引用文件，其随后所有的修改单(不包括勘误的内容)或修订版均不适用于本标准，然而，鼓励根据本标准达成协议的各方研究是否可使用这些文件的最新版本。凡是不注日期的引用文件，其最新版本适用于本标准。

GB/T 15481—2000 检测和校准实验室能力的通用要求

GB/T 6682 分析实验室用水规格和试验方法

NY/T 673 转基因植物及其产品检测 抽样

NY/T 674 转基因植物及其产品检测 DNA 提取和纯化

NY/T 675 转基因植物及其产品检测 大豆定性 PCR 方法

3 术语和定义

下列术语和定义适用于本标准。

3.1 一般术语 general terms

3.1.1

转基因生物 genetically modified organism(GMO)

通过基因工程技术改变基因组构成的生物。包括转基因植物、动物和微生物。

3.1.2

转基因植物 genetically modified plant organism(GMP), transgenic plant

通过基因工程技术改变基因组构成的植物，是转基因生物的一类。

3.1.3

定性检测极限 detection limit

以转基因生物(如种子)提取的 DNA 或标准双链 DNA 分子作为 PCR 反应的模板，所能检测到的脱氧核糖核酸(DNA)的极限(需要确保阳性样品的纯度，才能达到本标准检测方法的灵敏度)。

3.2 与 DNA 提取和纯化相关的术语 terms relative to extraction and purification of DNA

3.2.1

DNA 提取 DNA extraction

将 DNA 从一个样品的多种组分中分离出来。

3.2.2

DNA 纯化 DNA purification

获得不含 PCR 反应抑制因子的 DNA。

3.3 与 DNA 扩增和 PCR 技术相关的术语 terms relative to DNA amplification and to the PCR tech-

nique

3.3.1

DNA 扩增　DNA amplification

体外放大 DNA 分子拷贝数的生物学方法，如 PCR。

3.3.2

扩增子　amplicon

由 PCR 等 DNA 扩增方法产生的 DNA 片段。

3.3.3

聚合酶链式反应(PCR)　polymerase chain reaction

模板 DNA 经高温变性为单链，在 DNA 聚合酶和适宜温度下，两条引物分别与模板 DNA 两条链上的一段互补序列发生退火，并在 DNA 聚合酶的催化下以四种 dNTP(deoxyribonucleoside triphosphate，脱氧核苷三磷酸)为底物，使退火引物延伸从而合成 DNA，如此变性、退火和合成 DNA 反复循环，使位于两段已知序列之间的 DNA 片段呈几何倍数扩增。

3.3.4

引物　primer

一定长度和顺序的寡核苷酸链。

3.3.5

筛查检测法　detection by screening

用多种转基因植物共有的标记基因、表达调控序列等通用元件对被检产品中是否含有转基因成分进行 PCR 检测的方法。

3.3.6

身份检测法　detection by identification

与标准品比较确定 GMO 身份的检测方法。

3.3.7

靶序列(目的 DNA)　target sequence(target DNA)

PCR 反应中检测特异性扩增的 DNA 序列。

3.3.8

旁邻片段(边界序列)　border fragment(border region, border sequence)

插入在染色体上的外源基因序列和宿主生物基因组片段连接的 DNA 片段。

3.3.9

终点法分析　endpoint analysis

一种定性、定量的分析方法，如 ELISA-PCR，可对 PCR 反应的扩增子进行定性和定量分析。

3.3.10

实时分析　real-time analysis

一种贯串 PCR 反应过程，对 PCR 扩增效率、扩增情况及数据进行监控的定量 PCR 分析方法，如荧光探针的杂交过程的监控。

3.3.11

连接片段　junction fragment

两个不同功能基因序列之间的连接序列或片段。

3.4　与对照相关的术语　terms relative to controls

3.4.1

GMO 阳性对照　GMO positive control

用于 PCR 扩增的标准目的 DNA 或转基因植物源材料的 DNA 分子。

3.4.2

GMO 阴性对照　GMO negative control

用于 PCR 扩增的标准非转基因植物材料的 DNA 分子。

3.4.3

PCR 内部对照　PCR internal control

加入一种无关的 DNA 序列到纯化 DNA 的样品中,然后再进行 PCR 扩增,以检测是否存在 PCR 反应的抑制物质。

3.4.4

阳性 PCR 对照　positive PCR control

用含有目的序列的样品 DNA 进行 PCR 扩增。

3.4.5

阴性 PCR 对照　negative PCR control

用不含有目的序列的样品 DNA 进行 PCR 扩增。

3.4.6

PCR 空白对照　PCR blank, negative reagent control

以水或不含目的 DNA 试剂进行 PCR 反应,以验证 PCR 反应过程中不被污染。

3.4.7

阴性假定对照　negative premise control

在样品检测整个操作过程中,敞开 PCR 反应体系,以证明检测的操作环境中不含有目的基因片段的污染。

3.4.8

阴性提取对照　negative extraction control

以水作为材料提取 DNA,以证明 DNA 的抽提和制备过程中是否发生污染。

3.5　与探针相关的术语　terms relative to probes

3.5.1

探针　probe

在引物之间的与目的片段特异性杂交的 15 bp～30 bp 寡核谷苷酸链。

3.5.2

内部探针　internal probe

标记的内部探针。

3.5.3

内标准基因(内源参照基因)　endogenous reference gene

具有植物物种专一性且拷贝数恒定、不显示等位基因变化的保守 DNA 序列。可用于对基因组中某一目的基因进行定量分析和验证 PCR 反应体系中是否存在抑制物质。

4　原则

转基因生物及其产品的定性和定量 PCR 检测通常包括四个步骤:

——抽样:在一批物品中抽取具有代表性的材料,用于检测分析。

——样品 DNA 提取和纯化:样品 DNA 提取和纯化一般包括样品组织破碎、DNA 释放和 DNA 从其他化合物中纯化等几个步骤。

——DNA 扩增:对目的序列进行 PCR 扩增,得到 PCR 扩增产物。

——结果分析：对 PCR 产物进行定性或定量分析，确定试验样品是否含有转基因成分或确定转基因成分的含量。

5 实验室通用要求

5.1 一般要求

转基因植物及其产品检测实验室一般要求按 GB/T 15481—2000 执行。

5.2 特殊要求

转基因植物及其产品检测实验室分为三个区。

5.2.1 前 PCR 区

前 PCR 区专门用于准备各种 PCR 反应体系，此区域应保持清洁干净，而且没有来自分子克隆和样品准备的污染源，前 PCR 区的试剂、设备和正压活塞式移液器应是专用的。

5.2.2 样品准备区

样品准备区专门用于样品的制备，在制备和操作用于核酸提取的试剂时应采取以下预防措施：

a) PCR 产物和带有要扩增的序列的 DNA 克隆不在该区域进行；

b) 检测的样品都带入样品准备间处理，根据需要提取 DNA；

c) DNA 样品用专门防护或正压活塞式移液器操作，防止在吸取样品时有气溶胶遗留；

d) 大体积样品用单独包装的无菌一次性移液管吸取。

任何时候都应穿实验服和戴手套，手套要经常更换，尤其在提取 DNA 过程中每一步之间都要更换。实验服要专门用于样品准备间，经常清洗。

5.2.3 PCR 区

PCR 区专门用于 PCR 反应和反应后样品的处理，该区使用的所有试剂、一次性器材和仪器都是专用的。由于 PCR 实验室所遇到的主要污染源是前一次 PCR 过程的产物，因此前 PCR 区和 PCR 区之间试剂和人员不能混杂，实验室的交通方向是单向的，永远从“净区”到“脏区”。

6 试剂

6.1 通用要求

6.1.1 用水应符合 GB/T 6682 中一级水的规格。

6.1.2 所有化学试剂如果没有特别说明，应没有 DNA 和核酸酶的污染，应不含 PCR 抑制剂。

6.1.3 所有试剂应按照说明书要求进行保存。

6.2 DNA 提取和纯化试剂

按 NY/T 674 执行。

6.3 DNA 扩增试剂

按 NY/T 675 执行。

7 仪器和设备

7.1 通用设备按 GB/T 15481—2000 执行。

7.2 所有仪器设备应避免植物 DNA 和核酸酶的污染。

7.3 所有仪器设备，尤其取样器等与试验样品接触的器具，应清洁、不对样品造成污染。

7.4 盛装样品的容器或包装袋应为一次性使用的，以避免交叉污染。

8 操作程序

8.1 通用要求

应设可以检测或分析下列情况的对照：

——假阳性；

——假阴性；

——存在干扰分析的物质；

——分析物质降解；

——降低检测方法的灵敏度；

——降低分析物质回收率。

8.2 抽样

8.2.1 按照 NY/T 673 的方法抽样。

8.2.2 抽取的样品应具有代表性。

8.2.3 取样过程中应避免样品散落，防止转基因植物及其产品扩散。

8.3 实验室样品和试验样品的准备与储存

8.3.1 样品的制备方法视样品的状态和特性而定。固态样品的制备宜先粉碎至满足 DNA 提取的技术要求，或用液氮研磨至 DNA 充分释放并满足 DNA 抽提的技术要求。液态样品的制备宜用缓冲液或水充分洗涤，直至其中的 DNA 完全溶于缓冲液或水中为止。

8.3.2 在接收时应注明并记录样品重量、生产和包装条件。

8.3.3 样品在测试前后应放置在密闭的容器内，防止交互污染。

8.3.4 样品应在保持组分不发生变化的条件下储存。

8.3.5 易腐烂的样品在分析前应根据需要在 4℃、－20℃或－80℃储存，如有特殊需要应在无氧条件下储存。

8.3.6 应记载储藏条件和时间。

8.3.7 存查样品应妥善保存 3 个月。检测为 GMO 的样品应妥善保存 6 个月，以备复验。保存期满后，需经无害化处理。

8.4 DNA 提取和纯化

DNA 提取和纯化按照 NY/T 674 的方法。

8.5 定性 PCR 检测

8.5.1 定性 PCR 检测按照我国或国际认可的方法。

8.5.2 定性 PCR 检测对象包括转基因的目的基因、启动子、终止子、标记基因等外源基因和元件。检测时应设阳性对照、阴性对照、试剂空白对照和提取空白对照，同时应检测内源基因。

8.6 以蛋白质为基础的检测

以蛋白质为基础的检测按照我国或国际认可的方法。

9 通用质量保证措施

9.1 检测物品的处置按 GB/T 15481—2000 执行。

9.2 检测结果质量的保证按 GB/T 15481—2000 中的 5.9 执行。

10 结果分析与表述

10.1 通用要求

检测结果不宜表述为分析样品不含转基因生物。

10.2 结果分析

10.2.1 通用要求

以下情况认为样品含有转基因植物 DNA：

——扩增片段的特异性通过酶切图谱、测序、Southern 杂交、PCR-ELISA、点杂交或实时 PCR 反应进行了验证。用上述方法该特异性未发生改变，片段大小也一致，而且与阳性对照相同，不含 GMO 的非 GMO 对照不存在任何相似大小的扩增片段。

——所有对照和标准品都显示正常结果。

2 个平行样品的检测结果应一致。出现不一致的，应重做 2 个平行样品，最终结果以多数结果为准。

10.2.2 定性 PCR 检测结果的表述

10.2.2.1 在模板 DNA 的量超过被测物种基因组（内标准基因）DNA 量 20 000 倍的情况下，按下列方式表述结果：

——对于阴性结果："该样品未检出×××基因"；

——对于阳性结果："该样品检出×××基因"。

10.2.2.2 在模板 DNA 的量低于被测物种基因组（内标准基因）DNA 量 20 000 倍的情况下，按下列方式表述结果：

——对于阴性结果："该样品中 DNA 含量不足，建议对样品做定量分析以确定所用检测方法的灵敏度"；

——对于阳性结果："该样品检出×××基因"。

11 检验报告

检验报告应包括下列内容：

——鉴定样品所需的所有信息；

——引用的标准和方法，并说明是定性还是定量方法及灵敏度；

——应用哪种定量方法（终点法或实时 PCR）；

——接收样品和分析样品的大小；

——样品的接收日期；

——样品的分析日期；

——测试样品的大小；

——检测结果；

——测试中观察到的任何特殊情况；

——对结果可能产生影响的任何其他异常情况。

ICS 65.020.99
B 20

中华人民共和国农业行业标准

NY/T 673—2003

转基因植物及其产品检测　抽样

Detection of genetically modified plant organisms and derived products—Sampling

2003-04-01 发布　　2003-05-15 实施

中华人民共和国农业部　发布

前　　言

本标准的附录A为规范性附录。

本标准由农业部科技教育司提出。

本标准起草单位：上海市农业科学院、中国农科院植物保护研究所、农业部科技发展中心。

本标准主要起草人：张大兵、彭于发、李宁、罗云波、黄昆仑、汪其怀、杨立桃。

本标准首次发布。

转基因植物及其产品检测　抽样

1　范围

本标准规定了转基因植物及产品检测的抽样方法。

本标准适用于转基因植物及其产品(大豆种子、大豆、大豆粉、豆油、玉米种子、玉米、玉米油、玉米粉、油菜种子、油菜籽、油菜籽油、油菜籽粕、棉花种子、番茄种子、鲜番茄、番茄酱等)检测样品的抽取。

2　规范性引用文件

下列文件中的条款通过本标准的引用而成为本标准的条款。凡是注日期的引用文件,其随后所有的修改单(不包括勘误的内容)或修订版均不适用于本标准,然而,鼓励根据本标准达成协议的各方研究是否可使用这些文件的最新版本。凡是不注日期的引用文件,其最新版本适用于本标准。

GB 5491　粮食、油料检验　扦样、分样法

GB/T 8855　新鲜水果和蔬菜的取样方法

GB/T 10360　油料饼粕扦样法

3　术语和定义

下列术语和定义适用于本标准。

3.1　批　lot

具备下列条件的,为一批:

a)　同一合同、同一批次、同货位或同车船(舱)等级的货物;

b)　经过充分混合,使组成批的成分均匀一致地随机分布;

c)　不超过规定的数量,大豆种子、大豆、玉米种子、玉米、棉花种子为 25 t;油菜种子、油菜籽和番茄种子为 10 t;大豆粉、玉米粉、番茄酱为 10 t。

3.2　初次样品　primary sample

从一批的一个抽样点上所抽取的一小部分样品。

3.3　混合样品　composite sample

由一批内抽取的全部初次样品混合而成。

3.4　送验样品　submitted sample

送到检验机构检验、规定数量的样品。

4　总则

4.1　取样应由贸易双方协商一致后进行,或者由政府的检测机构派出的人员进行。

4.2　在取样之前应对被检货物进行确认。

4.3　应该保证取样工具和容器洁净、干燥、无 DNA 和蛋白质污染。取样过程中不应该受雨水、灰尘等环境污染。

4.4　对采集的样品,应该充分地代表被检测的该批货物的全部特征。从样品中剔除损坏的部分(箱、袋、瓶等),损坏和未损坏的样品应分别采集。

4.5　抽样完成后,要立即填写抽样报告。

5 抽样工具及设备

5.1 抽样器

5.1.1 适合大豆种子、大豆、玉米种子、玉米、棉花种子、油菜种子、油菜籽和番茄种子、大豆粉、玉米粉等产品的抽样器。

5.1.1.1 单管抽样器,适用于包装货物的抽样:

a) 全长(60～75)cm,槽口长(50～55)cm,槽口宽(1.0～1.8)cm,最大外径约 2.5 cm。适用于大豆种子、大豆、玉米种子、玉米、棉花种子抽样。

b) 全长 50 cm,槽口长 40 cm,槽口宽(0.8～1.5)cm,外径(1.6～2.0)cm,尖端部分约 4 cm,为实心圆锥体。适用于油菜种子、油菜籽和番茄种子抽样。

c) 全长 55 cm,槽口长约 35 cm,槽口宽(0.6～0.7)cm,最大外径约 1 cm,头尖形。适用于大豆粉、玉米粉等货物抽样。

5.1.1.2 双套管抽样器和槽形承受器,适用于散装货物的抽样:

全长 110 cm,外管外径 2.6 cm,内管内径 2.0 cm,手柄长 15 cm,尖端部分锥体长 6.5 cm,开有四个流样口,每个开口为 20 cm×1.8 cm。

槽形承受器用铁皮或铝皮制,长 100 cm,呈半圆柱形,开口宽 10 cm。或者使用足够长度的帆布收集样品。

5.1.1.3 取样铲:主要用于流动的大豆种子、大豆、玉米种子、玉米、棉花种子、油菜种子、油菜籽和番茄种子、大豆粉、玉米粉等货物的取样或倒包取样。铲长约 13 cm,宽约 8 cm,边高约 4 cm,柄长约 8 cm。见附录 A 的图 A.1。

5.1.1.4 机械自动化抽样设备,主要包括:

a) 分流型机械抽样器;

b) 旋转式缩分器;

c) 重力缩分器;

d) 转盘式集样器。

5.1.2 适合豆油、玉米油、油菜籽油、番茄酱产品的抽样器。

5.1.2.1 不锈钢或铝合金制成的底部抽样器:适合于从罐(舱)装油脂等液态样品底部抽取样品。见附录 A 的图 A.2。

5.1.2.2 瓶式抽样器:适合从罐(舱)中抽取油脂等液态样品。见附录 A 的图 A.3。

5.1.2.3 套管式抽样器:适用于糊状油脂、番茄酱等抽样。见附录 A 的图 A.4。

5.1.2.4 抽样探子:全长 100 cm,柄长 7 cm,槽深 1.5 cm,槽口宽 1.5 cm,横柄长 12 cm,横柄直径 1.5 cm,由不锈钢制成。适用于糊状或软固体油脂、番茄酱货物抽样。见附录 A 的图 A.5。

5.1.2.5 抽样管:管长 100 cm,外径 2 cm,下口 0.5 cm,上口 0.8 cm,由厚壁玻璃管或不锈钢制成,适用于油脂等液体类货物抽样。见附录 A 的图 A.6。

5.2 样品袋(筒):采用牢固、卫生、无 DNA 污染的材料制成的容器,可密闭。

5.3 分样板。

5.4 分样器:包括二分、三分、四分分样器。

5.5 分样布或合适的铺垫物。

5.6 混样桶:带盖的搪瓷或塑料桶。

5.7 样品瓶:(500～30 000)mL 玻璃瓶或塑料瓶。

6 抽样方法

6.1 散装货物的抽样

6.1.1 散装大豆种子、大豆、玉米种子、玉米、棉花种子、油菜种子、油菜籽和番茄种子、大豆粉、玉米粉等货物的抽样

6.1.1.1 确定抽样点数和位置

根据散装大豆种子、大豆、玉米种子、玉米、棉花种子、油菜种子、油菜籽和番茄种子、大豆粉、玉米粉的数量按照表1确定抽样点数。抽样位置的确定按照GB 5491执行。

表1 散装大豆种子、大豆、玉米种子、玉米、棉花种子、油菜种子、油菜籽和番茄种子、大豆粉、玉米粉的抽样点数规定

货物的质量/kg	抽样点数
≤50	不少于3点
51～1 500	不少于5点
1 501～3 000	5点～10点
3 001～5 000	不少于10点
5 001～25 000	10点～50点

6.1.1.2 抽样操作

抽样时应随机从各部位及深度抽取初次样品，每个部位抽取的样品数量应大体相等。

a) 双套管抽样器：手持双套管抽样器，关闭流样口，保持流样口向上，用力将抽样器与货物表面垂直的方向插入，旋转抽样器手柄约180°，打开流样口，紧握探管上下转动几次，然后回旋手柄关闭流样口，从货层中拔出抽样器，旋开流样口，将抽取的样品无损失地倒入槽形承受器中。然后，再关闭流样口，继续抽取第二、第三和其他抽样点的样品。

b) 抽样铲：从各个抽样点货物表面10 cm以下铲取一定数量的样品，将抽取的样品无损失地倒入承受器内，继续抽取第二、第三和其他抽样点的样品。

c) 机械自动化抽样设备：按照机械化抽样设备的操作规程实施抽样。

6.1.2 散装豆油、玉米油、油菜籽油等货物的抽样

6.1.2.1 确定抽样点

散装油以一个油池、一个油罐、一个车槽为一个检测单位。不同形状油容器的抽样部位和抽样点比例按表2规定的部位、数量进行抽样。

表2 散装油脂抽样部位和抽样点规定

容器形状	上层 （油层下面20 cm处）	中层 （油层中部）	下层 （距油底或油水界面20 cm处）
直立式容器	1	3	1
倒梯形容器	2	2	1
圆底容器	3	6	1
卧式油槽车或油池	1	8	1

6.1.2.2 抽样操作

散装油脂按一个检测单位逐个抽取样品，每个原始样品不少于1 500 mL。

抽样时，先将底部抽样器放至散装油容器的底部，抽取底部样品，检查底部有无明水和杂质（若有明水和杂质，应确定其深度，并将抽取的样品存放于专用的容器中），然后根据散装油容器的形状，按照6.1.2.1确定的抽样部位和比例抽取样品，注入混样桶中。

具体操作如下：

a) 底部抽样器：使用时，将活塞关闭，以系于A、B环上的金属链缓缓沉入油中至抽样部位，拉动C环，活塞打开，油即可注入。待充满后，放下C环，活塞关闭。以A、B环的金属链缓缓向上提拉抽样器。拉动C环，将样品放入盛样桶。

b) 瓶式抽样器：用时可任意将其放入油中的不同深度，急速提动，移开塞子或盖，油即充满容器。

6.2 件装货物的抽样

6.2.1 件装大豆种子、大豆、玉米种子、玉米、棉花种子、油菜种子、油菜籽和番茄种子、大豆粉、玉米粉等货物的抽样

6.2.1.1 确定抽样件数和抽样部位

6.2.1.1.1 确定抽样件数

按表3确定件装大豆种子、大豆、玉米种子、玉米、棉花种子、油菜种子、油菜籽和番茄种子、大豆粉、玉米粉的抽样数。

表3 件装大豆种子、大豆、玉米种子、玉米、棉花种子、油菜种子、油菜籽和番茄种子、大豆粉、玉米粉的抽样数的规定

件 数 （容器数）	抽样的最低件数 （容器数）
1～5	每件都抽取
6～14	不少于5件
15～30	每3件至少抽取1件
31～49	不少于10件
50～400	每5件至少抽取1件
401～560	不少于80件
561以上	每7件至少抽取1件

6.2.1.1.2 确定抽样部位

实施仓库内抽样时，按照GB 54951确定抽样位置，按批抽样，每批样品抽样点不少于5个。

实施装卸时抽样，根据装卸货速度和批数量随机抽取。

6.2.1.2 抽样操作

按6.2.1.1确定的抽样件数和抽样部位，使用单管抽样器或抽样铲等工具抽取样品，直至完成一个原始样品的抽样工作。

6.2.1.2.1 单管抽样器

手握抽样器把柄，流样口朝下，从袋中或袋一角斜向插入袋内，旋转抽样器约180°使流样口朝上，稍停片刻，使货物流入抽样器探管内，保持流样口朝上的方向拔出抽样器，从手柄端将样品倒入样品袋中，如上操作抽取各应抽包件直至应抽取的总件数，每件抽取的单株样品数量应基本一致，各单株样品混合后组成原始样品。

使用单管抽样器抽样时，应从抽样包件中随机抽取5%，进行倒包。若发现包间差明显或其他异常情况，应增加倒包件数，用抽样铲抽取样品。

对于形状不一、粒度较大、不适于用单管抽样器抽样的包装的货物，应进行拆包、倒包，倒包数应不少于抽取总包数的20%，用抽样铲抽取样品。

6.2.1.2.2 抽样铲

倒包抽样：将货物置于洁净的、无其他货物污染的帆布或水泥台上，拆去包口缝线，缓慢地放倒，双手紧握袋底两角，提起约50 cm高，拖倒约1.5 m长，全部倒出后，从相当于袋的中部和底部用抽样铲抽

取样品，每包、每点抽样数量应一致。

拆包抽样：将袋口缝线拆开若干针，用抽样铲从上部取出所需样品，每包抽样数量应一致。

6.2.2 件装豆油、玉米油、油菜籽油、番茄酱的抽样

6.2.2.1 抽样比例

抽样件数的确定按照表3的规定，每件产品的抽样数量应基本一致，数量控制在100 g(mL)以上，每批抽样数量应不少于1 500 g(mL)。

6.2.2.2 件装液体油脂的抽样

先将抽样管用拇指堵住上口插入油桶底部，检查底部有无明水杂质，然后将桶中的油脂充分混合均匀，将抽样管斜插入桶底，堵住上口，缓缓取出，将样品注入混样桶中。

6.2.2.3 件装糊状油脂、番茄酱的抽样

先将套管式抽样器关闭，斜插入桶底，开启抽样器，使其转动，待样品充满后转动内管，将抽样器关闭，缓缓取出，将样品刮入混样桶中。

若糊状油脂等样品较粘稠，亦可用抽样探子进行抽样。

6.2.2.4 件装固体油脂的抽样

软固体油脂，可用抽样探子进行抽样。硬固体油脂，可适当加热，使其熔化后，再抽取样品。

6.3 油菜籽粕抽样

按照GB/T 10360执行。

6.4 鲜番茄抽样

按照GB/T 8855执行。

7 分样方法

将抽取的大豆种子、大豆、玉米种子、玉米、棉花种子、油菜种子、油菜籽和番茄种子、大豆粉、玉米粉初次样品均匀混合，混合样品按照GB 5491中四分法制备成送检样品。抽取的豆油、玉米油、油菜籽油、番茄酱等初次样品按照质量等比例充分混合后，从中取出送检样品。抽取的油菜籽粕送检样品的制备按照GB/T 10360执行。抽取的鲜番茄样品缩减制备混合样品，应该用从每个抽取的鲜番茄上切取一定量的番茄，均匀混合，制备成送检样品。

8 送检样品的最小量

一般情况下，按照表4确定送检样品的最小量。特殊情况下，可适当增减。

表4 送检样品的最小量

样品类别	单个样品的最小(质)量
大豆种子、大豆、玉米种子、玉米、油菜种子、油菜籽、棉花种子、番茄种子	10 000粒以上种子
大豆粉、玉米粉、油菜籽粕	0.5 kg以上
鲜番茄	3 kg以上
大豆油、玉米油、油菜籽油	1 000 mL以上
糊状样品如番茄酱	500 g以上
其他	2个包装或200 g以上

9 送验样品的盛装和抽样报告

送验样品盛装的容器必须清洗干净，不能有DNA的污染；送验样品必须包装好，以防在运输过程

中损坏和扩散。送验样品必须由抽样员(检验员)尽快送到检验机构,每个送验样品应有记号(这记号最好能把批与样品联系起来),并附有抽样报告。抽样报告应包括以下项目:

a) 产品名称、种类、品种、质量等级;
b) 能够辨认该批货物的样品标记(包装种类、转基因产品是否标识等);
c) 运输和贮存条件(清洁、有无异味、运输方式、物理条件、防雨性能等),货物清洁程度、外观情况,是否受潮、残损;
d) 货物所属单位或个人;
e) 要求取样日期、时间,取样日期、时间;
f) 取样时气候条件(温度等);
g) 取样目的;
h) 抽样方法、工具;
i) 抽样样品数量及说明;
j) 实验室样品编号;
k) 取样人姓名及样品所属单位盖章或证明人签名;
l) 其他。

10 送验样品保存

送验样品必须由抽样员(检测人员)尽快送到检测机构,在送验样品的运输过程中,应该保证不能破坏样品中 DNA 和蛋白质,不能影响转基因成分的检测。

送验样品验收合格并按规定要求登记后,应将样品分为三份,一份作检测,一份作复检,一份作备查。送检样品保留 3 个月。样品的保存应按样品质量分类保存,使质量的变化降到最低限度。鲜番茄、番茄酱等含水量大的样品短期内(90 天)可保存在－20℃;对于有些因特殊需要需长期保存的样品,建议保存在－80℃,以保证 DNA 和蛋白质分子的完整性,不影响其中转基因成分的检测。液体样品解冻后,建议用适当的处理,以保证检测样品的均匀度,并立即进行样本检测。大豆种子、大豆、玉米种子、玉米、油菜种子、油菜籽、棉花种子、番茄种子、大豆粉、玉米粉、油菜籽粕等干燥样品和大豆油、玉米油、油菜籽油样品可以在 4℃环境中干燥密封保存。

附　录　A
（规范性附录）
抽　样　工　具

单位为毫米

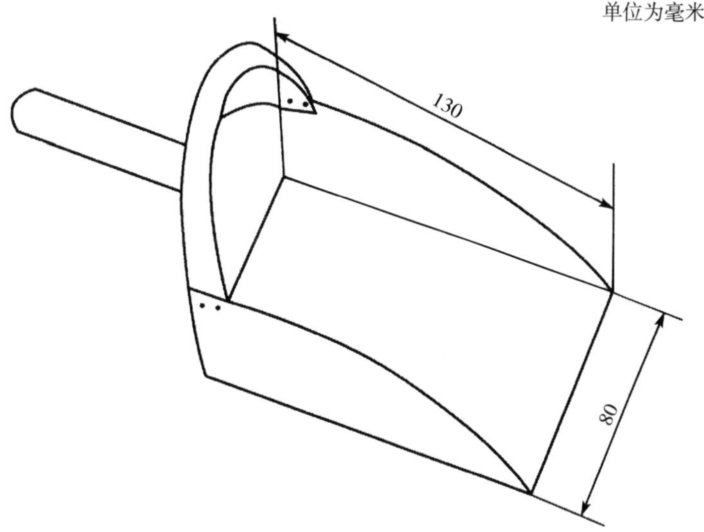

图 A.1　抽样铲

单位为厘米

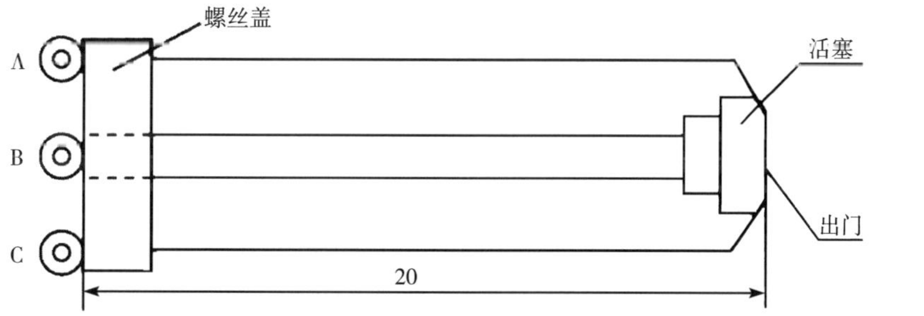

螺丝盖
活塞
A
B
C
出门
20

图 A.2　底部抽样器

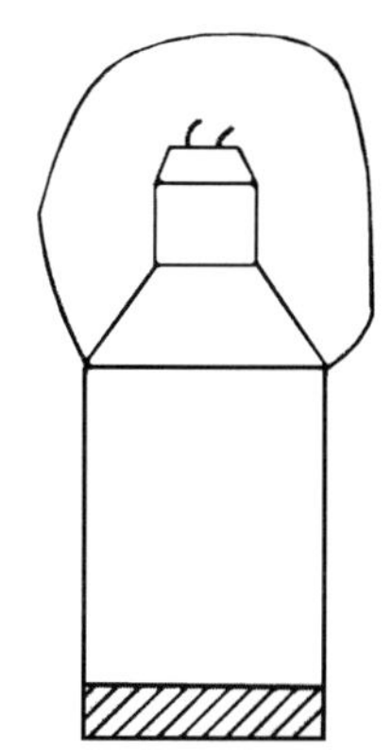

图 A.3　瓶式抽样器

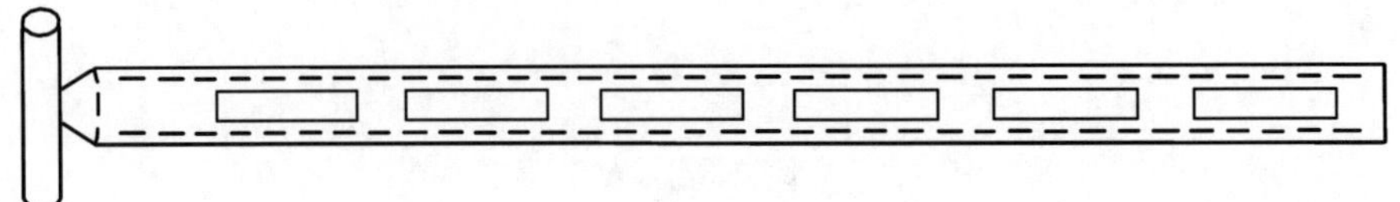

图 A.4　套管式抽样器

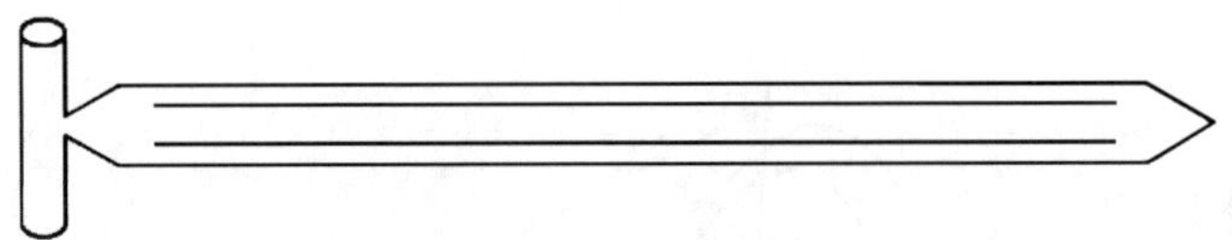

抽样探子全长 100 cm,柄长 7 cm,槽深 1.5 cm,横柄长 12 cm,横柄直径 1.5 cm。

图 A.5　抽样探子

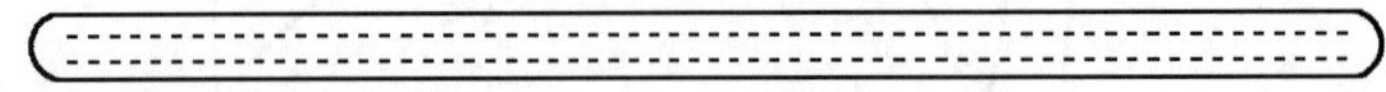

抽样管管长 100 cm,外径 2 cm,下口 0.5 cm,上口 0.8 cm。

图 A.6　抽样管

ICS 65.020.99
B 20

中华人民共和国农业行业标准

NY/T 675—2003

转基因植物及其产品检测
大豆定性PCR方法

Detection of genetically modified plant organisms and derived products—Qualitative PCR methods for soybeans

2003-04-01 发布 2003-05-15 实施

中华人民共和国农业部 发布

前　　言

本标准由农业部科技教育司提出。

本标准起草单位:中国农业大学、上海市农业科学院、中国农业科学院生物技术所、农业部科技发展中心。

本标准主要起草人:罗云波、黄昆仑、张大兵、贾士荣、彭于发、金芜军、李宁、汪其怀。

本标准首次发布。

转基因植物及其产品检测　大豆定性 PCR 方法

1　范围

本标准规定了转基因大豆及其产品的定性 PCR 检测方法。

本标准适用于转基因抗草甘膦大豆及其产品、转基因抗草丁膦大豆及其产品、转基因高油酸大豆及其产品，包括大豆种子、大豆、豆粕、大豆粉、大豆油及其他大豆制品中转基因成分的定性 PCR 检测。

2　规范性引用文件

下列文件中的条款通过本标准的引用而成为本标准的条款。凡是注日期的引用文件，其随后所有的修改单(不包括勘误的内容)或修订版均不适用于本标准，然而，鼓励根据本标准达成协议的各方研究是否可使用这些文件的最新版本。凡是不注日期的引用文件，其最新版本适合于本标准。

NY/T 672　转基因植物及其产品检测　通用要求

NY/T 674　转基因植物及其产品检测　DNA 提取和纯化

3　原理

针对转基因抗草甘膦大豆(GTS 40－3－2)含有的 *CaMV* 35*S* 启动子、*nos* 终止子、矮牵牛花的 *CTP*4、*Cp* 4－*epsps* 基因以及大豆内标准基因 *lectin*，设计特异性引物进行 PCR 扩增，以检测试样中是否含有转基因抗草甘膦大豆的成分。转基因抗草丁膦大豆和转基因高油酸大豆含有共同的元件 *CaMV*-35*S* 启动子基因以及内标准基因 *lectin*，用上述的引物进行 PCR 扩增以检测试样中是否含有转基因抗草丁膦大豆和转基因高油酸大豆的成分。

4　试剂与材料

除非另有说明，在分析中仅使用分析纯试剂；配制好的溶液经高温灭菌后使用。

4.1　各 10 mmol/L 的四种脱氧核糖核苷酸(dATP，dCTP，dGTP，dTTP)混合溶液。

4.2　10 mol/L 氢氧化钠溶液：称取氢氧化钠 80 g，先用 160 mL 水溶解后，再加水定容到 200 mL。

4.3　500 mmol/L 乙二铵四乙酸二钠盐(EDTA)溶液：称取乙二铵四乙酸二钠 18.6 g，加入 70 mL 水中，再加入 10 mol/L 氢氧化钠溶液，加热溶解后，冷却至室温，再用 10 mol/L 氢氧化钠溶液调 pH 至 8.0，用水定容到 100 mL，在103.4 kPa灭菌 20 min。

4.4　50×TAE 缓冲液：称取 Tris 242.2 g，先用 300 mL 水加热搅拌溶解后，加 100 mL 500 mmol/L EDTA 的水溶液(pH 8.0)，用冰乙酸调 pH 至 8.0，然后用水定容到 1 000 mL。

4.5　Taq DNA 聚合酶(5 单位/μL)及 10×PCR 反应缓冲液(含 25 mmol/L Mg^{2+})。

4.6　10 mg/mL 溴化乙锭溶液。

注：溴化乙锭(EB)有致癌作用，使用时要戴一次性手套。

4.7　DNA 分子量标记(DNA Molecular Weight Marker)。

4.8　1 mol/L Tris－HCl(pH 8.0)溶液：

称取 121.1 g Tris 碱溶解于 800 mL 水中，用浓盐酸调 pH 至 8.0，用水定容至 1 000 mL，在 103.4 kPa灭菌 20 min。

4.9　TE 缓冲液(pH 8.0)：

1 mol/L Tris－HCl(pH 8.0)10 mL 和 500 mmol/L EDTA(pH 8.0)溶液 2 mL，用水定容至 1 000 mL。

4.10 加样缓冲液：称取溴酚蓝 250 mg，加水 10 mL，在室温下过夜溶解；再称取二甲苯腈蓝 250 mg，用 10 mL 水溶解；称取蔗糖 50 g，用 30 mL 水溶解，合并三种溶液，用水定容至 100 mL，在 4℃中保存。

4.11 引物。

4.11.1 *lectin* 基因。

Lec - F1：5'GCCCTCTACTCCACCCCCATCC3'；

Lec - R1：5'GCCCATCTGCAAGCCTTTTTGTG3'；

预期扩增片段为 118 bp。

4.11.2 35*S* - *CTP*4 基因。

SC - F1：5'TGATGTGATATCTCCACTGACG3'；

SC - R1：5'TGTATCCCTTGAGCCATGTTGT3'；

预期扩增片段为 172 bp。

4.11.3 *Cp* 4 - epsps 基因。

CE - F1：5'CCTTCATGTTCGGCGGTCTCG3'；

CE - R1：5'GCGTCATGATCGGCTCGATG3'；

预期扩增片段为 498 bp。

4.11.4 *nos* 终止子基因。

Pnos - F1：5'GAATCCTGTTGCCGGTCTTG3'；

Pnos - R1：5'TTATCCTAGTTTGCGCGCTA3'；

预期扩增片段为 180 bp。

4.11.5 *CaMV*35*S* 启动子基因。

35S - F：5'GCTCCTACAAATGCCATCATTGC3'；

35S - R：5'GATAGTGGGATTGTGCGTCATCCC3'；

预期扩增片段为 195 bp。

4.12 引物溶液：用 TE 缓冲液(pH 8.0)分别将上述引物稀释到 25 μmol/L。

4.13 PCR 产物回收试剂盒：按使用说明操作。

4.14 限制性内切酶 Xmn Ⅰ及反应缓冲液。

4.15 石蜡油。

5 仪器

5.1 通常实验室仪器设备。

5.2 PCR 扩增仪。

5.3 电泳仪。

5.4 紫外透射仪。

5.5 凝胶成像系统或照相系统。

5.6 重蒸馏水仪。

6 操作步骤

6.1 DNA 模板的制备

按 NY/T 674 的规定制备试样、GMO 阳性对照和 GMO 阴性对照的 DNA 模板。

6.2 PCR 反应

6.2.1 试样的 PCR 反应

在 200 μL 或 500 μL 的 PCR 反应管中依次加入 10×PCR 缓冲液 5 μL、1 μL 各 10 mmol/L 的四种脱氧核糖核苷酸(dATP,dCTP,dGTP,dTTP)混合溶液、引物溶液(含上下游引物)各 1 μL、试样 DNA 模板用量 25 ng～50 ng、Taq DNA 聚合酶 1 μL,根据 DNA 模板的用量加入无菌重蒸馏水,使 PCR 反应体系达到 50 μL。再加约 50 μL 石蜡油(有热盖设备的 PCR 仪可以不加石蜡油)。每个试样 3 次重复。

以 4 000 r/min 离心 10 s 后,将 PCR 管插入 PCR 仪中。95℃恒温 5 min;进行 35 次扩增反应循环(95℃恒温 30 s、58℃恒温 30 s、72℃恒温 30 s);然后 72℃恒温 7 min,取出 PCR 反应管,对反应产物进行电泳检测或在 4℃下保存。

6.2.2 对照的 PCR 反应

在试样 PCR 反应的同时,应设置 GMO 阴性对照、GMO 阳性对照和空白对照。

GMO 阴性对照是指用非转基因大豆材料中提取的 DNA 作为 PCR 反应体系的 DNA 模板;GMO 阳性对照是指用转基因大豆材料中提取的 DNA 作为 PCR 反应体系的 DNA 模板;空白对照是指用无菌重蒸水作为 PCR 反应体系的 DNA 模板。上述对照 PCR 反应体系中,除模板外其余组分与 6.2.1 相同。

6.3 PCR 产物的电泳检测

将适量的琼脂糖加入 TAE 缓冲液中,加热将其溶解,配制成琼脂糖浓度为 2%的溶液,然后按每 100 mL 琼脂糖溶液中加入 5 μL 溴化乙锭溶液的比例,加入溴化乙锭溶液,混匀,稍适冷却后,将其倒入电泳板上,室温下凝固成凝胶后,放入 TAE 缓冲液中。在每个泳道中加入 7.5 μL 的 PCR 产物(需和上样缓冲液混合),其中一个泳道中加入 DNA 分子量标记,接通电源进行电泳。

6.4 凝胶成像分析(照相)

电泳结束后,将琼脂糖凝胶置于凝胶成像仪上或紫外透射仪上成像。根据 DNA 分子量标记判断扩增出的目的条带的大小,将电泳结果形成电子文件存档或用照相系统拍照。

6.5 PCR 产物的回收

将 100 μL PCR 反应液与上样缓冲液混合后,加入预制好的含 2%琼脂糖凝胶的泳道中,在其中的一个泳道中加入 DNA 分子量标记,接通电源进行电泳。其余步骤按 PCR 产物回收试剂盒说明进行。

6.6 PCR 产物的酶切鉴定

*CaMV*35*S* 启动子基因扩增产物为 195 bp,可以被限制性内切酶 Xmn Ⅰ 切成大小为 80 bp 和 115 bp的两个片段。具体操作为:取 15 μL 回收的 PCR 产物放入酶切管中,加入 1 μL 的限制性内切酶 Xmn Ⅰ,再加入 2 μL 反应酶切反应缓冲液,加水 2 μL 配成 20 μL 反应体系,在 37℃恒温水浴保温反应 3 h。将 20 μL 反应液与上样缓冲液混合后加入预制好的含 2.5%琼脂糖凝胶的一个泳道中,按 6.3 和 6.4 的步骤操作进行分析。

7 结果分析和表述

7.1 如果在试样和 GMO 阳性对照的 PCR 反应中,*CaMV*35*S* 启动子、*nos* 终止子、*Cp*4-*epsps*、*CaMV*35*S* 启动子和叶绿体转移肽基因片段(*CaMV*35*S*-*CTP*4)以及内标准 *lectin* 这五个基因都得到了扩增,且扩增片段与预期片段一致,而在 GMO 阴性对照中仅扩增出 *lectin* 基因片段,空白对照中没有任何扩增片段,表明该样品为阳性结果,检出了 *CaMV*35*S* 启动子基因、*nos* 终止子基因、*CaMV*35*S* 启动子和叶绿体转移肽基因片段(*CaMV*35*S*-*CTP*4)、抗草甘膦基因。

如果在试样和 GMO 阳性对照的 PCR 反应中,*CaMV*35*S* 启动子和内标准 *lectin* 这两个基因都得到了扩增,且扩增片段与预期片段一致,而在 GMO 阴性对照中仅扩增出 *lectin* 基因片段,空白对照中没有任何扩增片段,在对试样的 *CaMV*35*S* 启动子扩增片段的酶切鉴定中,扩增片段可以被切成 80 bp 和 115 bp 两个片段,表明该样品为阳性结果,检出 *CaMV*35*S* 启动子基因。

7.2 如果在试样和 GMO 阴性对照的 PCR 反应中,仅有 *lectin* 基因片段得到扩增;GMO 阳性对照中

*CaMV*35*S* 启动子、*nos* 终止子、*Cp*4 - *epsps*、*CaMV*35*S* - *CTP*4 以及 *lectin* 基因都得到扩增；空白对照中没有任何扩增片段。表明该样品为阴性结果，未检出 *CaMV*35*S* 启动子、*nos* 终止子、*CaMV*35*S* - *CTP*4、抗草甘膦基因。

如果在试样和 GMO 阴性对照的 PCR 反应中，仅有 *lectin* 基因片段得到扩增；GMO 阳性对照中 *CaMV*35*S* 启动子和 *lectin* 基因都得到扩增；空白对照中没有任何扩增片段。表明该样品为阴性结果，未检出 *CaMV*35*S* 启动子基因。

7.3 如果在试样、GMO 阳性对照和 GMO 阴性对照 PCR 反应中，lectin 基因片段均未得到扩增，说明在 DNA 模板制备或 PCR 反应体系中的某个环节存在问题，需查找原因重新检测。

如果在 GMO 阴性对照 PCR 反应中，除 *lectin* 基因得到扩增外，还有其他外源基因得到扩增；或者空白对照中扩增出了产物片段，则说明检测过程中发生了污染，需查找原因重新检测。

ICS 67.050
X 04

中华人民共和国国家标准

农业部869号公告—3—2007

转基因植物及其产品成分检测 抗虫和耐除草剂玉米Bt11及其衍生品种 定性PCR方法

Detection of genetically modified plants and derived products Qualitative PCR method for insect-resistant and herbicide-tolerant maize Bt11 and its derivates

2007-06-11 发布　　2007-08-01 实施

中华人民共和国农业部 发布

前　言

本标准由中华人民共和国农业部提出。

本标准归口全国农业转基因生物安全管理标准化技术委员会。

本标准起草单位：农业部科技发展中心、吉林省农业科学院、上海交通大学、香港基因晶片开发有限公司、上海市农业科学院、山东省农业科学院。

本标准主要起草人：张明、刘信、杨立桃、李飞武、刘乐庭、汪其怀、潘爱虎、路兴波、李葱葱。

转基因植物及其产品成分检测
抗虫和耐除草剂玉米 Bt11 及其衍生品种定性 PCR 方法

1 范围

本标准规定了转基因抗虫和耐除草剂玉米 Bt11 转化体特异性定性 PCR 检测方法。

本标准适用于转基因抗虫和耐除草剂玉米 Bt11 及其衍生品种,以及制品中 Bt11 的定性 PCR 检测。

2 规范性引用文件

下列文件中的条款通过本标准的引用而成为本标准的条款。凡是注日期的引用文件,其随后所有的修改单(不包括勘误的内容)或修订版均不适用于本标准,然而,鼓励根据本标准达成协议的各方研究是否可使用这些文件的最新版本。凡是不注日期的引用文件,其最新版本适合于本标准。

NY/T 672 转基因植物及其产品检测 通用要求

NY/T 673 转基因植物及其产品检测 抽样

NY/T 674 转基因植物及其产品检测 DNA 提取和纯化

3 术语和定义

下列术语和定义适用于本标准。

3.1

***zSSIIb* 基因 *zSSIIb* gene**

编码玉米淀粉合酶异构体 zSTSⅡ-2 的基因。

3.2

Bt11 转化体特异性序列 event-specific sequence of Bt11

外源插入片段 3′端与玉米基因组的连接区序列,包括 NOS 终止子 3′端部分序列和玉米基因组的部分序列。

4 原理

根据转基因抗虫和耐除草剂玉米 Bt11 转化体特异性序列设计特异性引物,对试样进行 PCR 扩增。依据是否扩增获得预期 93 bp 的 DNA 片段,检测试样中是否含有 Bt11。

5 试剂和材料

除非另有说明,仅使用分析纯试剂和重蒸馏水。

5.1 琼脂糖

5.2 10 g/L 溴化乙锭溶液

称取 1.0 g 溴化乙锭(EB),溶于 100 mL 水中。

注:EB 有致癌作用,配制和使用时应戴一次性手套操作并妥善处理废液。

5.3 10 mol/L 氢氧化钠溶液

称取 80.0 g 氢氧化钠(NaOH),先用 160 mL 水溶解后,再加水定容至 200 mL。

5.4 500 mmol/L 乙二铵四乙酸二钠溶液(pH 8.0)

称取 18.6 g 乙二铵四乙酸二钠(EDTA - Na_2),加入 70 mL 水中,再加入适量氢氧化钠溶液(5.3),加热至完全溶解后,冷却至室温,用氢氧化钠溶液(5.3)调 pH 至 8.0,加水定容至 100 mL。在 103.4 kPa(121℃)条件下灭菌 20 min。

5.5 1 mol/L 三羟甲基氨基甲烷—盐酸溶液(pH 8.0)

称取 121.1 g 三羟甲基氨基甲烷(Tris)溶解于 800 mL 水中,用盐酸调 pH 至 8.0,加水定容至 1 000 mL。在 103.4 kPa(121℃)条件下灭菌 20 min。

5.6 TE 缓冲液(pH 8.0)

分别量取 10 mL 三羟甲基氨基甲烷—盐酸溶液(5.5)和 2 mL 乙二铵四乙酸二钠溶液(5.4),加水定容至 1 000 mL。在 103.4 kPa(121℃)条件下灭菌 20 min。

5.7 50×TAE 缓冲液

称取 242.2 g 三羟甲基氨基甲烷,先用 300 mL 水加热搅拌溶解后,加 100 mL 乙二铵四乙酸二钠溶液(5.4),用冰乙酸调 pH 至 8.0,然后加水定容至 1 000 mL。使用时用水稀释成 1×TAE。

5.8 加样缓冲液

称取 250.0 mg 溴酚蓝,加 10 mL 水,在室温下溶解 12 h;称取 250.0 mg 二甲基苯腈蓝,用 10 mL 水溶解;称取 50.0 g 蔗糖,用 30 mL 水溶解,混合三种溶液,加水定容至 100 mL,在 4℃下保存。

5.9 DNA 分子量标准

能够清楚地区分 50 bp~1 000 bp 的 DNA 片段。

5.10 dNTPs 混合溶液

将浓度为 10 mmol/L 的 dATP、dTTP、dGTP、dCTP 四种脱氧核糖核苷酸等体积混合。

5.11 Taq DNA 聚合酶(5 U/μL)及 PCR 反应缓冲液

5.12 引物

5.12.1 *zSSIIb* 基因

zSSIIb - F:5′- CGGTGGATGCTAAGGCTGATG - 3′;

zSSIIb - R:5′- AAAGGGCCAGGTTCATTATCCTC - 3′;

预期扩增片段大小为 88 bp。

5.12.2 Bt11 转化体特异性序列

Bt11 - F:5′- GCGGAACCCCTATTTGTTTA - 3′;

Bt11 - R:5′- CAAGAAATGGTCTCCACCAAA - 3′;

预期扩增片段大小为 93 bp。

5.13 引物溶液

用 TE 缓冲液(5.6)分别将上述引物稀释到 10 μmol/L。

5.14 石蜡油

5.15 PCR 产物回收试剂盒

6 仪器

6.1 分析天平,感量 0.1 mg。

6.2 PCR 扩增仪。

6.3 电泳槽、电泳仪等电泳装置。

6.4 紫外透射仪。

6.5 凝胶成像系统或照相系统。

6.6 重蒸馏水发生器或超纯水仪。

6.7 其他分子生物学实验室仪器设备。

7 操作步骤

7.1 抽样

按NY/T 672和NY/T 673规定执行。

7.2 制样

按NY/T 672和NY/T 673规定执行。

7.3 试样预处理

按NY/T 674规定执行。

7.4 DNA模板制备

按NY/T 674规定执行。

7.5 PCR反应

7.5.1 试样PCR反应

7.5.1.1 每个试样PCR反应设置三次重复。

7.5.1.2 在PCR反应管中按表1依次加入反应试剂,用手指轻弹混匀,再加50 μL石蜡油(有热盖设备的PCR仪可以不加)。

7.5.1.3 将PCR管在台式离心机上离心10 s后插入PCR仪中。

7.5.1.4 进行PCR反应。反应程序为:94℃变性5 min;进行35次循环扩增反应(94℃变性30 s,58℃退火30 s,72℃延伸40 s。根据不同型号的PCR仪,可将PCR反应的退火和延伸时间适当延长);72℃延伸7 min。

7.5.1.5 反应结束后取出PCR反应管,对PCR反应产物进行电泳检测。

表1 PCR检测反应体系

试　剂	终浓度	体　积
无菌水		31.75 μL
10×PCR缓冲液	1×	5 μL
25 mmol/L氯化镁溶液	2.5 mmol/L	5 μL
dNTPs混合溶液	0.2 mmol/L	1 μL
10 μmol/L上游引物	0.5 μmol/L	2.5 μL
10 μmol/L下游引物	0.5 μmol/L	2.5 μL
5 U/μL Taq酶	0.025 U/μL	0.25 μL
25 mg/L DNA模板	1 mg/L	2.0 μL
总体积		50 μL

注1:如果PCR缓冲液中含有氯化镁,则不加氯化镁溶液,加等体积无菌水;

注2:玉米内标准基因PCR检测反应体系中,上、下游引物分别为zSSIIb-F和zSSIIb-R;转基因玉米Bt11转化体PCR检测反应体系中,上、下游引物分别为Bt11-F和Bt11-R。

7.5.2 对照PCR反应

7.5.2.1 在试样PCR反应的同时,应设置阴性对照、阳性对照和空白对照。各对照PCR反应体系中,除模板外其余组分及PCR反应条件与7.5.1相同。

7.5.2.2 以非转基因玉米DNA作为阴性对照PCR反应体系的模板。

7.5.2.3 以Bt11含量为0.1%～1%的玉米中提取的DNA作为阳性对照PCR反应体系的模板。

7.5.2.4 以无菌水作为空白对照PCR反应体系的模板。

7.6 PCR产物电泳检测

按20 g/L的浓度称取琼脂糖加入1×TAE缓冲液中，加热溶解，配制成琼脂糖溶液。按每100 mL琼脂糖溶液中加入5 μL EB溶液的比例加入EB溶液、混匀，稍适冷却后，将其倒入电泳板上，插上梳板，室温下凝固成凝胶后，放入1×TAE缓冲液中，垂直向上轻轻拔去梳板。取7 μL PCR产物与3 μL加样缓冲液混合后加入凝胶点样孔中，同时在其中一个点样孔中加入DNA分子量标准，接通电源在2 V/cm～5 V/cm条件下电泳。

7.7 凝胶成像分析

电泳结束后，取出琼脂糖凝胶，置于凝胶成像仪或紫外透射仪上成像。根据DNA分子量标准估计扩增条带的大小，将电泳结果形成电子文件存档或用照相系统拍照。根据琼脂糖凝胶电泳结果，按照8的规定对PCR扩增结果进行分析。如需确认PCR扩增片段是否为目的DNA片段，按照7.8和7.9的规定执行。

7.8 PCR产物回收

按PCR产物回收试剂盒说明书回收PCR扩增的DNA片段。

7.9 PCR产物测序验证

将回收的PCR产物克隆测序，确定PCR扩增的DNA片段是否为目的DNA片段。

8 结果分析与表述

8.1 对照样品结果分析

阳性对照PCR反应中，*zSSIIb*内标准基因、转化体特异性序列均得到了扩增，且扩增片段大小与预期片段大小一致，而阴性对照中仅扩增出*zSSIIb*基因片段，空白对照中没有任何扩增片段，表明PCR反应体系正常工作，否则重新检测。

8.2 试样检测结果分析和表述

a) *zSSIIb*内标准基因、转化体特异性序列均得到了扩增，且扩增片段大小与预期片段大小一致，表明试样中检测出转基因玉米Bt11，表述为“试样中检测出转基因抗虫和耐除草剂玉米Bt11，检测结果为阳性”。

b) *zSSIIb*内标准基因片段得到扩增，且扩增片段大小与预期片段大小一致，而转化体特异性序列未得到扩增，或扩增片段大小与预期片段大小不一致，表明试样中未检测出转基因玉米Bt11，表述为“试样中未检测出转基因抗虫和耐除草剂玉米Bt11，检测结果为阴性”。

c) *zSSIIb*内标准基因片段未得到扩增，或扩增片段大小与预期片段大小不一致，不作判定。

ICS 67.050
X 04

中华人民共和国国家标准

农业部869号公告—4—2007

转基因植物及其产品成分检测 抗除草剂油菜MS1、RF1及其衍生品种定性PCR方法

Detection of genetically modified plants and derived products
Qualitative PCR method for herbicide-tolerant rapeseed MS1,RF1 and their derivates

2007-06-11 发布　　2007-08-01 实施

中华人民共和国农业部　发布

前　言

本标准由中华人民共和国农业部提出。

本标准归口全国农业转基因生物安全管理标准化技术委员会。

本标准起草单位：农业部科技发展中心、中国农业科学院油料作物研究所。

本标准主要起草人：卢长明、武玉花、宋贵文、吴刚、肖玲、沈平、刘培磊。

转基因植物及其产品成分检测
抗除草剂油菜 MS1、RF1 及其衍生品种定性 PCR 方法

1 范围

本标准规定了抗除草剂油菜 MS1、RF1 及衍生品种的转化体特异性定性 PCR 检测方法。

本标准适用于抗除草剂油菜 MS1、RF1 及其杂交种 MS1×RF1 等衍生品种和制品中 MS1、RF1 和 MS1×RF1 的定性 PCR 检测。

2 规范性引用文件

下列文件中的条款通过本标准的引用而成为本标准的条款。凡是注日期的引用文件，其随后所有的修改单(不包括勘误的内容)或修订版均不适用于本标准，然而，鼓励根据本标准达成协议的各方研究是否可使用这些文件的最新版本。凡是不注日期的引用文件，其最新版本适合于本标准。

NY/T 672 转基因植物及其产品检测 通用要求

NY/T 673 转基因植物及其产品检测 抽样

NY/T 674 转基因植物及其产品检测 DNA 提取和纯化

3 术语和定义

下列术语和定义适用于本标准。

3.1

***HMG I/Y* 基因 *HMG I/Y* gene**

高移动簇蛋白 I/Y(High Mobile Group Protein I/Y)基因。

3.2

PTA29 启动子 PTA29 promoter

来自烟草(*Nicotiana tabacum*)花药组织特异基因 *TA29* 的启动子。

3.3

3′g7 终止子 3′g7 terminator

来自土壤农杆菌(*Agrobacterium tumifaciens*)TL-DNA 基因 7 的终止子。

3.4

MS1 转化体 event MS1

通过农杆菌介导的遗传转化方法将外源基因 *bar*(抗除草剂草胺膦基因)和 *barnase*(核糖核酸酶基因)同时导入受体油菜品种 Drakkar，获得的一个抗草胺膦不育单株 B91－4。

3.5

RF1 转化体 event RF1

通过农杆菌介导的遗传转化方法将外源基因 *bar*(抗除草剂草胺膦基因)和 *barstar*(编码核糖核酸酶抑制物)同时导入受体油菜品种 Drakkar，获得的一个抗草胺膦可育单株 B93－101。

3.6

MS1 转化体特异性序列 event-specific sequence of MS1

MS1 外源插入片段 5′端与油菜基因组的连接区序列，包括 3′g7 终止子 3′端部分序列和油菜基因组

的部分序列。

3.7

RF1 转化体特异性序列　event-specific sequence of RF1

RF1 外源插入片段 5′端与油菜基因组的连接区序列，包括 3′g7 终止子 3′端部分序列和油菜基因组的部分序列。

3.8

杂交油菜 MS1×RF1　canola hybrid MS1×RF1

抗除草剂油菜不育系 MS1 和恢复系 RF1 杂交产生的 F_1 代。

4　原理

根据抗除草剂油菜 MS1 和 RF1 中 PTA29 启动子、MS1 转化体特异性序列、RF1 转化体特异性序列设计特异性引物，对试样进行 PCR 扩增。依据是否扩增获得 266 bp、194 bp、200 bp 的预期 DNA 片段，检测试样中是否含有 PTA29 启动子、MS1 和 RF1。

5　试剂和材料

除非另有说明，仅使用分析纯试剂和重蒸馏水。

5.1　琼脂糖

5.2　10 g/L 溴化乙锭溶液

称取 1.0 g 溴化乙锭(EB)，溶解于 100 mL 水中。

注：EB 有致癌作用，配制和使用时应戴一次性手套操作并妥善处理废液。

5.3　10 mol/L 氢氧化钠溶液

称取 80.0 g 氢氧化钠(NaOH)，加 160 mL 水溶解后，再加水定容到 200 mL。

5.4　500 mmol/L 乙二铵四乙酸二钠溶液(pH 8.0)

称取 18.6 g 乙二铵四乙酸二钠($EDTA\text{-}Na_2$)，加入 70 mL 水中，加入适量 NaOH 溶液(5.3)，加热溶解后，冷却至室温，再用 NaOH 溶液(5.3)调 pH 至 8.0，用水定容到 100 mL。在 103.4 kPa(121℃)条件下灭菌 20 min。

5.5　1 mol/L 三羟甲基氨基甲烷—盐酸溶液(pH 8.0)

称取 121.1 g 三羟甲基氨基甲烷(Tris)溶解于 800 mL 水中，用盐酸(HCl)调 pH 至 8.0，加水定容至 1 000 mL。在 103.4 kPa(121℃)条件下灭菌 20 min。

5.6　TE 缓冲液(pH 8.0)

分别量取 10 mL 三羟甲基氨基甲烷—盐酸溶液(5.5)和 2 mL 乙二铵四乙酸二钠溶液(5.4)溶液，加水定容至 1 000 mL。在 103.4 kPa(121℃)条件下灭菌 20 min。

5.7　50×TAE 缓冲液

称取 242.2 g 三羟甲基氨基甲烷，加入 300 mL 水加热搅拌溶解后，加入 100 mL 乙二铵四乙酸二钠溶液(5.4)，用冰乙酸调 pH 至 8.0，然后加水定容到 1 000 mL。使用时用水稀释成 1×TAE。

5.8　加样缓冲液

称取 250.0 mg 溴酚蓝，加入 10 mL 水，在室温下溶解 12 h；称取 250.0 mg 二甲基苯腈蓝，加 10 mL 水溶解；称取 50.0 g 蔗糖，加 30 mL 水溶解，混合三种溶液，加水定容至 100 mL，在 4℃下保存备用。

5.9　DNA 分子量标准

可以清楚地区分 50 bp～1 000 bp 的 DNA 片段。

5.10　dNTPs 混合溶液

将浓度为 10 mmol/L 的 dATP、dTTP、dGTP、dCTP 四种脱氧核糖核苷酸等体积混合。

5.11 Taq DNA 聚合酶(5 U/ μL)及 PCR 反应缓冲液

5.12 引物

5.12.1 *HMGI/Y* 基因。

hmg - F:5′- TCCTTCCGTTTCCTCGCC - 3′

hmg - R:5′- TTCCACGCCCTCTCCGCT - 3′

预期扩增片段大小 206 bp。

5.12.2 PTA 29 启动子序列。

PTA29 - F:5′- TAAGGTGGGTGGCTGGACTA - 3′

PTA29 - R:5′- ACTTGCACCACAAGGGCATA - 3′

预期扩增片段大小为 266 bp。

5.12.3 MS1 转化体特异性序列。

MS1 - F:5′- CGGTGAGTAATATTGTACGGCTAA - 3′

MS1 - R:5′- ATCTCTGGTTAAACATTCCATCTTTG - 3′

预期扩增片段大小 194 bp。

5.12.4 RF1 转化体特异性序列。

RF1 - F:5′- CCTGTGGTCTCAAGATGGATCA - 3′

RF1 - R:5′- GGTGACTACACGCGACTCAT - 3′

预期扩增片段大小 200 bp。

5.13 引物溶液

用 TE 缓冲液(5.6)分别将上述引物稀释到 10 μmol/L。

5.14 石蜡油

5.15 PCR 产物回收试剂盒

6 仪器

6.1 重蒸馏水发生器或超纯水仪。

6.2 PCR 扩增仪。

6.3 电泳槽、电泳仪等电泳装置。

6.4 紫外透射仪。

6.5 凝胶成像系统或照相系统。

6.6 分析天平,感量 0.1 mg。

6.7 其他分子生物学实验仪器设备。

7 操作步骤

7.1 抽样

按 NY/T 672 和 NY/T 673 规定执行。

7.2 制样

按 NY/T 672 和 NY/T 673 规定执行。

7.3 试样预处理

按 NY/T 674 规定执行。

7.4 DNA 模板制备

按 NY/T 674 规定执行。

7.5 PCR反应

7.5.1 试样PCR反应

7.5.1.1 每个试样PCR反应设置三次重复。

7.5.1.2 在PCR反应管中按表1依次加入反应试剂，用手指轻弹混匀，再加50 μL石蜡油（有热盖设备的PCR仪可以不加石蜡油）。

7.5.1.3 将PCR管在台式离心机上离心10 s后插入PCR仪中。

7.5.1.4 进行PCR反应。反应程序为：94℃变性5 min；进行35次循环扩增反应（94℃变性30 s，58℃退火30 s，72℃延伸45 s。根据不同型号的PCR仪，可将PCR反应的退火和延伸时间适当延长）；72℃延伸7 min。

7.5.1.5 反应结束后取出PCR反应管，对PCR反应产物进行电泳检测。

表1 PCR反应体系

试剂	终浓度	体积
无菌水		31.75 μL
10×PCR缓冲液	1×	5 μL
25 mmol/L氯化镁溶液	2.5 mmol/L	5 μL
dNTPs混合溶液	0.2 mmol/L	1 μL
10 μmol/L上游引物	0.5 μmol/L	2.5 μL
10 μmol/L下游引物	0.5 μmol/L	2.5 μL
5 U/μL Taq酶	0.025 U/μL	0.25 μL
25 mg/L DNA模板	1 mg/L	2.0 μL
总体积		50 μL

注1：如果10×PCR缓冲液中含有氯化镁，则不加氯化镁溶液，加等体积无菌水；

注2：油菜内标准基因PCR检测反应体系中，上、下游引物分别为hmg-F和hmg-R；PTA29启动子PCR检测反应体系中，上、下游引物分别为PTA29-F和PTA29-R；MS1转化体PCR检测反应体系中，上、下游引物分别为MS1-F和MS1-R；RF1转化体PCR检测反应体系中，上、下游引物分别为RF1-F和RF1-R。

7.5.2 对照PCR反应

7.5.2.1 在试样PCR反应的同时，应设置阴性对照、阳性对照和空白对照。各对照PCR反应体系中，除模板外其余组分及PCR反应条件与7.5.1相同。

7.5.2.2 以非转基因油菜材料提取的DNA作为阴性对照PCR反应体系的模板。

7.5.2.3 用含0.1%～1.0%抗除草剂杂交油菜MS1×RF1基因组DNA的样品作为阳性对照PCR反应体系的模板。

7.5.2.4 用无菌水作为空白对照PCR反应体系的模板。

7.6 PCR产物电泳检测

按20 g/L的浓度称量琼脂糖加入1×TAE缓冲液中，加热溶解，配制琼脂糖溶液。按每100 mL琼脂糖溶液中加入5 μL EB溶液的比例加入EB溶液，混匀，稍适冷却后，将其倒入电泳板上，插上梳板，室温下凝固成凝胶后，放入1×TAE缓冲液中，垂直向上轻轻拔去梳板。取7 μL PCR产物与3 μL加样缓冲液混合后加入凝胶点样孔，同时在其中一个点样孔中加入DNA分子量标准，接通电源在2 V/cm～5 V/cm条件下电泳。

7.7 凝胶成像分析

电泳结束后，取出琼脂糖凝胶，置于凝胶成像仪上或紫外透射仪上成像。根据DNA分子量标准估计扩增条带的大小,将电泳结果形成电子文件存档或用照相系统拍照。根据琼脂糖凝胶电泳结果,按照8的规定对PCR扩增结果进行分析。如需确认PCR扩增片段是否为目的DNA片段,按照7.8和7.9的规定执行。

7.8 PCR产物回收

按PCR产物回收试剂盒说明书回收PCR扩增的DNA片段。

7.9 PCR产物的测序验证

将回收的PCR产物克隆测序,并对测序结果进行比对和分析,确定PCR扩增的DNA片段是否为目的DNA片段。

8 结果分析与表述

8.1 对照样品结果分析

阳性对照的PCR反应中,*HMG I/Y*内标准基因、基因表达调控元件PTA29启动子、MS1转化体特异性序列和RF1转化体特异性序列均得到扩增,且扩增片段大小与预期片段大小一致,而在阴性对照中仅扩增出*HMG I/Y*基因片段,空白对照中没有任何扩增片段,表明PCR反应体系正常工作。否则重新检测。

8.2 试样检测结果分析和表述

8.2.1 *HMG I/Y*内标准基因和基因表达调控元件PTA29启动子得到了扩增,且扩增片段大小与预期片段大小一致,结果分为4种情况:

a) MS1转化体特异性序列得到了扩增,且扩增出的DNA片段大小与预期片段大小一致,RF1转化体特异性序列未得到扩增,或扩增片段大小与预期不一致,表明该样品检出抗除草剂油菜MS1成分,表述为"试样中检测出抗除草剂油菜MS1成分,检测结果为阳性"。

b) RF1转化体特异性序列得到了扩增,且扩增出的DNA片段大小与预期片段大小一致,MS1转化体特异性序列未得到扩增,或扩增片段大小与预期不一致,表明该样品检出抗除草剂油菜RF1成分,表述为"试样中检测出抗除草剂油菜RF1成分,检测结果为阳性"。

c) MS1转化体特异性序列和RF1转化体特异性序列均得到了扩增,且扩增出的DNA片段大小与预期片段大小一致,表明该样品检出抗除草剂油菜MS1和RF1成分。表述为"试样中检测出抗除草剂油菜MS1和RF1成分,检测结果为阳性"。如需确定试样是否含杂交油菜MS1×RF1,需进一步单粒检测。如果单粒种子同时检测出抗除草剂油菜MS1和RF1成分,表明试样含杂交油菜MS1×RF1。表述为"试样中检测出抗除草剂杂交油菜MS1×RF1成分,检测结果为阳性"。

d) MS1转化体特异性序列和RF1转化体特异性序列没有得到扩增或扩增片段大小与预期不一致,表明该样品未检出抗除草剂油菜MS1和RF1,表述为"试样中检测出PTA29启动子、未检测出抗除草剂油菜MS1和RF1成分"。

8.2.2 仅有*HMG I/Y*内标准基因片段得到扩增,表明未检测出抗除草剂油菜MS1和RF1成分,表述为"试样中未检测出抗除草剂油菜MS1、RF1成分,检测结果为阴性"。

8.2.3 *HMG I/Y*内标准基因片段未得到扩增,或扩增片段大小与预期片段大小不一致,不作判定。

ICS 67.050
X 04

中华人民共和国国家标准

农业部869号公告—5—2007

转基因植物及其产品成分检测 抗除草剂油菜MS8、RF3及其衍生品种定性PCR方法

Detection of genetically modified plants and derived products
Qualitative PCR method for herbicide-tolerant rapeseed MS8、PF3 and their derivates

2007-06-11 发布 2007-08-01 实施

中华人民共和国农业部 发布

前　言

本标准由中华人民共和国农业部提出。

本标准归口全国农业转基因生物安全管理标准化技术委员会。

本标准起草单位：农业部科技发展中心、中国农业科学院油料作物研究所。

本标准主要起草人：卢长明、武玉花、宋贵文、吴刚、肖玲、沈平、连庆。

转基因植物及其产品成分检测
抗除草剂油菜 MS8、RF3 及其衍生品种定性 PCR 方法

1 范围

本标准规定了抗除草剂油菜 MS8、RF3 及衍生品种的转化体特异性定性 PCR 检测方法。

本标准适用于抗除草剂油菜 MS8、RF3 及其杂交种 MS8×RF3 等衍生品种和制品中 MS8、RF3 和 MS8×RF3 的定性 PCR 检测。

2 规范性引用文件

下列文件中的条款通过本标准的引用而成为本标准的条款。凡是注日期的引用文件，其随后所有的修改单(不包括勘误的内容)或修订版均不适用于本标准，然而，鼓励根据本标准达成协议的各方研究是否可使用这些文件的最新版本。凡是不注日期的引用文件，其最新版本适合于本标准。

NY/T 672 转基因植物及其产品检测 通用要求

NY/T 673 转基因植物及其产品检测 抽样

NY/T 674 转基因植物及其产品检测 DNA 提取和纯化

3 术语和定义

下列术语和定义适用于本标准。

3.1

***HMG I/Y* 基因 *HMG I/Y* gene**

高移动簇蛋白 I/Y(High Mobile Group Protein I/Y)基因。

3.2

PTA29 启动子 *PTA*29 *promoter*

来自烟草(*Nicotiana tabacum*)花药组织特异基因 *TA*29 的启动子。

3.3

3′g 7 终止子 3′g 7 terminator

来自土壤农杆菌(*Agrobacterium tumifaciens*)TL-DNA 基因 7 的终止子。

3.4

MS8 转化体 event MS8

通过农杆菌介导的遗传转化方法将外源基因 *bar*(抗除草剂草胺膦基因)和 *barnase*(核糖核酸酶基因)同时导入受体油菜品种 Drakkar，获得的一个抗草胺膦不育单株。

3.5

RF3 转化体 event RF3

通过农杆菌介导的遗传转化方法将外源基因 *bar*(抗除草剂草胺膦基因)和 *barstar*(编码核糖核酸酶抑制物基因)同时导入受体油菜品种 Drakkar，获得的一个抗草胺膦可育单株。

3.6

MS8 转化体特异性序列 event-specific sequence of MS8

MS8 外源插入片段 5′端与油菜基因组的连接区序列，包括 3′g7 终止子 3′端部分序列和油菜基因组

的部分序列。

3.7

RF3 转化体特异性序列 event-specific sequence of RF3

RF3 外源插入片段 5′端与油菜基因组的连接区序列，包括 3′g7 终止子 3′端部分序列和油菜基因组的部分序列。

3.8

杂交油菜 MS8×RF3 canola hybrid MS8×RF3

油菜雄性不育系 MS8 和育性恢复系 RF3 杂交产生的 F_1代。

4 原理

根据抗除草剂油菜 MS8 和 RF3 中 PTA29 启动子、MS8 转化体特异性序列、RF3 转化体特异性序列设计特异性引物，对试样进行 PCR 扩增。依据是否扩增获得 266 bp、159 bp、284 bp 的预期 DNA 片段，检测试样中是否含有 PTA29 启动子、抗除草剂油菜 MS8、RF3。

5 试剂和材料

除非另有说明，仅使用分析纯试剂和重蒸馏水。

5.1 琼脂糖

5.2 10g/L 溴化乙锭(EB)溶液

称取 1.0 g 溴化乙锭(EB)，溶解于 100 mL 水中。

注：EB 有致癌作用，配制和使用时应戴一次性手套操作并妥善处理废液。

5.3 10 mol/L 氢氧化钠溶液

称取 80.0 g 氢氧化钠(NaOH)，加 160 mL 水溶解后，再加水定容到 200 mL。

5.4 500 mmol/L 乙二铵四乙酸二钠溶液(pH8.0)

称取 18.6 g 乙二铵四乙酸二钠($EDTA-Na_2$)，加入 70 mL 水中，加入适量氢氧化钠溶液(5.3)，加热溶解后，冷却至室温，再用氢氧化钠溶液(5.3)调 pH 至 8.0，用水定容到 100 mL。在 103.4 kPa(121℃)条件下灭菌 20 min。

5.5 1 mol/L 三羟甲基氨基甲烷—盐酸溶液(pH8.0)

称取 121.1 g 三羟甲基氨基甲烷(Tris)溶解于 800 mL 水中，用盐酸(HCl)调 pH 至 8.0，用水定容至 1 000 mL。在 103.4 kPa(121℃)条件下灭菌 20 min。

5.6 TE 缓冲液(pH8.0)

分别量取 10 mL 三羟甲基氨基甲烷—盐酸溶液(5.5)和 2 mL 乙二铵四乙酸二钠溶液(5.4)，加水定容至 1 000 mL。在 103.4 kPa(121℃)条件下灭菌 20 min。

5.7 50×TAE 缓冲液

称取 242.2 g 三羟甲基氨基甲烷，加入 300 mL 水加热搅拌溶解后，加入 100 mL 乙二铵四乙酸二钠溶液(5.4)，用冰乙酸调 pH 至 8.0，然后加水定容到 1 000 mL。使用时用水稀释成 1×TAE。

5.8 加样缓冲液

称取 250.0 mg 溴酚蓝，加入 10 mL 水，在室温下溶解 12 h；称取 250.0 mg 二甲基苯腈蓝，加 10 mL 水溶解；称取 50.0 g 蔗糖，加 30 mL 水溶解，混合三种溶液，加水定容至 100 mL，在 4℃下保存备用。

5.9 DNA 分子量标准

可以清楚地区分 50 bp～1 000 bp 的 DNA 片段。

5.10 dNTPs 混合溶液

将浓度为 10 mmol/L 的 dATP、dTTP、dGTP、dCTP 四种脱氧核糖核苷酸等体积混合。

5.11 Taq DNA 聚合酶(5 U/μL)及 PCR 反应缓冲液

5.12 引物

5.12.1 *HMG I/Y* 基因。

hmg-F:5′-TCCTTCCGTTTCCTCGCC-3′

hmg-R:5′-TTCCACGCCCTCTCCGCT-3′

预期扩增片段大小 206 bp。

5.12.2 PTA29 启动子序列。

PTA29-F:5′-TAAGGTGGGTGGCTGGACTA-3′

PTA29-R:5′-ACTTGCACCACAAGGGCATA-3′

预期扩增片段大小为 266 bp。

5.12.3 MS8 转化体特异性序列。

RMS8-F:5′-CCTTTTCTTATCGACCATGTACTC-3′

RMS8-R:5′-AATTTTAAAAACTTGTGGGATGCT-3′

预期扩增片段大小 159 bp。

5.12.4 RF3 转化体特异性序列。

Rrf3-F:5′-CAATAACTTTGTTGGGCTTATGG-3′

Rrf3-R:5′-CTCGTCTCGGACCTCCGAAAACC-3′

预期扩增片段大小 284 bp。

5.13 引物溶液

用 TE 缓冲液(5.6)分别将上述引物稀释到 10 μmol/L。

5.14 石蜡油

5.15 PCR 产物回收试剂盒

6 仪器

6.1 重蒸馏水发生器或超纯水仪。

6.2 PCR 扩增仪。

6.3 电泳槽、电泳仪等电泳装置。

6.4 紫外透射仪。

6.5 凝胶成像系统或照相系统。

6.6 分析天平,感量 0.1 mg。

6.7 其他分子生物学实验仪器设备。

7 操作步骤

7.1 抽样

按 NY/T 672 和 NY/T 673 规定执行。

7.2 制样

按 NY/T 672 和 NY/T 673 规定执行。

7.3 试样预处理

按 NY/T 674 规定执行。

7.4 DNA 模板制备

按 NY/T 674 规定执行。

7.5 PCR反应

7.5.1 试样PCR反应

7.5.1.1 每个试样PCR反应设置三次重复。

7.5.1.2 在PCR反应管中按表1依次加入反应试剂，用手指轻弹混匀，再加50 μL石蜡油(有热盖设备的PCR仪可以不加石蜡油)。

7.5.1.3 将PCR管在台式离心机上离心10 s后插入PCR仪中，进行PCR反应。

7.5.1.4 检测MS8转化体反应程序为：94℃变性5 min；进行35次循环扩增反应(94℃变性30 s，56℃退火30 s，72℃延伸45 s)；72℃延伸7 min。

7.5.1.5 检测RF3转化体反应程序为：94℃变性5 min；进行35次循环扩增反应(94℃变性30 s，61℃退火30 s，72℃延伸45 s)；72℃延伸7 min。

7.5.1.6 检测PTA29启动子和内标准基因*HMG I/Y*的反应程序为：94℃变性5 min；进行35次循环扩增反应(94℃变性30 s，58℃退火30 s，72℃延伸45 s)；72℃延伸7 min。

7.5.1.7 根据不同型号的PCR仪，可将PCR反应的退火和延伸时间适当延长。反应结束后取出PCR反应管，对PCR反应产物进行电泳检测。

表1 PCR反应体系

试　剂	终浓度	单样品体积
无菌水		31.75 μL
10×PCR缓冲液	1×	5 μL
25 mmol/L氯化镁溶液	2.5 mmol/L	5 μL
dNTPs混合溶液	0.2 mmol/L	1 μL
10 μmol/L上游引物	0.5 μmol/L	2.5 μL
10 μmol/L下游引物	0.5 μmol/L	2.5 μL
5 U/μL Taq酶(热启动)	0.025 U/μL	0.25 μL
25 g/L DNA模板	1 g/L	2.0 μL
总体积		50 μL

注1：如果10×PCR缓冲液中含有氯化镁，则不加氯化镁溶液，用无菌水补齐；

注2：油菜内标准基因PCR检测反应体系中，上、下游引物分别为hmg-F和hmg-R；PTA29启动子PCR检测反应体系中，上、下游引物分别为PTA29-F和PTA29-R；MS8转化体PCR检测反应体系中，上、下游引物分别为RMS8-F和RMS8-R；RF3转化体PCR检测反应体系中，上、下游引物分别为Rrf3-F和Rrf3-R。

7.5.2 对照PCR反应

7.5.2.1 在试样PCR反应的同时，应设置阴性对照、阳性对照和空白对照。各对照PCR反应体系中，除模板外其余组分及PCR反应条件与7.5.1相同。

7.5.2.2 以非转基因油菜材料提取的DNA作为阴性对照PCR反应体系的模板。

7.5.2.3 用含0.1%～1.0%抗除草剂杂交油菜MS8×RF3基因组DNA的样品作为阳性对照PCR反应体系的模板。

7.5.2.4 用无菌水作为空白对照PCR反应体系的模板。

7.6 PCR产物电泳检测

按20 g/L的浓度称量琼脂糖加入1×TAE缓冲液中，加热将其溶解，配制琼脂糖溶液，然后按每100 mL琼脂糖溶液中加入5 μL EB溶液的比例加入EB溶液，混匀，稍适冷却后，将其倒入电泳板上，插上梳板，室温下凝固成凝胶后，放入1×TAE缓冲液中，垂直向上轻轻拔去梳板。吸取7 μL PCR产物与 3 μL 加样缓冲液混合后加入凝胶点样孔，同时在其中一个点样孔中加入 DNA 分子量标准，接通电源在 2 V/cm～5 V/cm 条件下电泳。

7.7 凝胶成像分析

电泳结束后，取出琼脂糖凝胶，置于凝胶成像仪上或紫外透射仪上成像。根据 DNA 分子量标准估计扩增条带的大小，将电泳结果形成电子文件存档或用照相系统拍照。根据琼脂糖凝胶电泳结果，按照 8 的规定对 PCR 扩增结果进行分析。如需确认 PCR 扩增片段是否为目的 DNA 片段，按照 7.8 和 7.9 的规定执行。

7.8 PCR 产物回收

按 PCR 产物回收试剂盒说明书回收 PCR 扩增的 DNA 片段。

7.9 PCR 产物的测序验证

将回收的 PCR 产物克隆测序，并对测序结果进行比对和分析，确定 PCR 扩增的 DNA 片段是否为目的 DNA 片段。

8 结果分析与表述

8.1 对照样品结果分析

阳性对照的 PCR 反应中，*HMG I/Y* 内标准基因、基因表达调控元件 PTA29 启动子、MS8 转化体特异性序列和 RF3 转化体特异性序列均得到扩增，且扩增片段大小与预期片段大小一致，而在阴性对照中仅扩增出 *HMG I/Y* 基因片段，空白对照中没有任何扩增片段，表明 PCR 反应体系正常工作。否则重新检测。

8.2 试样检测结果分析和表述

8.2.1 *HMG I/Y* 内标准基因和基因表达调控元件 PTA29 启动子得到了扩增，且扩增片段大小与预期片段大小一致，结果分为 4 种情况：

a) MS8 转化体特异性序列得到了扩增，且扩增出的 DNA 片段大小与预期片段大小一致，RF3 转化体特异性序列未得到扩增，或扩增片段大小与预期不一致，表明该样品检出抗除草剂油菜 MS8 成分，表述为“试样中检测出抗除草剂油菜 MS8 成分，检测结果为阳性”。

b) RF3 转化体特异性序列得到了扩增，且扩增出的 DNA 片段大小与预期片段大小一致，MS8 转化体特异性序列未得到扩增，或扩增片段大小与预期不一致，表明该样品检出抗除草剂油菜 RF3 成分，表述为“试样中检测出抗除草剂油菜 RF3 成分，检测结果为阳性”。

c) MS8 转化体特异性序列和 RF3 转化体特异性序列均得到了扩增，且扩增出的 DNA 片段大小与预期片段大小一致，表明该样品检出抗除草剂油菜 MS8 和 RF3 成分。表述为“试样中检测出抗除草剂油菜 MS8 和 RF3 成分，检测结果为阳性”。如需确定试样是否含杂交油菜 MS8×RF3，需进一步单粒检测。如果单粒种子同时检测出抗除草剂油菜 MS8 和 RF3 成分，表明试样含杂交油菜 MS8×RF3。表述为“试样中检测出抗除草剂杂交油菜 MS8×RF3 成分，检测结果为阳性”。

d) MS8 转化体特异性序列和 RF3 转化体特异性序列没有得到扩增或扩增片段大小与预期不一致，表明该样品未检出抗除草剂油菜 MS8 和 RF3，表述为“试样中检测出 PTA29 启动子、未检测出抗除草剂油菜 MS8 和 RF3 成分”。

8.2.2 仅有 *HMG I/Y* 内标准基因片段得到扩增，表明未检测出抗除草剂油菜 MS8 和 RF3 成分，表述为“试样中未检测出抗除草剂油菜 MS8、RF3 成分，检测结果为阴性”。

8.2.3 *HMG I/Y* 内标准基因片段未得到扩增，或扩增片段大小与预期片段大小不一致，不作判定。

ICS 67.050
X 04

中华人民共和国国家标准

农业部869号公告—6—2007

转基因植物及其产品成分检测 抗除草剂油菜MS1、RF2及其衍生品种定性PCR方法

Detection of genetically modified plants and derived products Qualitative PCR method for herbicide-tolerant rapeseed MS1,RF2 and their derivates

2007-06-11发布 2007-08-01实施

中华人民共和国农业部 发布

前　言

本标准由中华人民共和国农业部提出。

本标准归口全国农业转基因生物安全管理标准化技术委员会。

本标准起草单位:农业部科技发展中心、中国农业科学院油料作物研究所。

本标准主要起草人:卢长明、武玉花、宋贵文、吴刚、肖玲、沈平、刘培磊。

转基因植物及其产品成分检测
抗除草剂油菜 MS1、RF2 及其衍生品种定性 PCR 方法

1 范围

本标准规定了抗除草剂油菜 MS1、RF2 及衍生品种的转化体特异性定性 PCR 检测方法。

本标准适用于抗除草剂油菜 MS1、RF2 及其杂交种 MS1×RF2 等衍生品种和制品中 MS1、RF2 和 MS1×RF2 的定性 PCR 检测。

2 规范性引用文件

下列文件中的条款通过本标准的引用而成为本标准的条款。凡是注日期的引用文件，其随后所有的修改单(不包括勘误的内容)或修订版均不适用于本标准，然而，鼓励根据本标准达成协议的各方研究是否可使用这些文件的最新版本。凡是不注日期的引用文件，其最新版本适合于本标准。

NY/T 672 转基因植物及其产品检测 通用要求

NY/T 673 转基因植物及其产品检测 抽样

NY/T 674 转基因植物及其产品检测 DNA 提取和纯化

3 术语和定义

下列术语和定义适用于本标准。

3.1

***HMG I/Y* 基因 *HMG I/Y* gene**

高移动簇蛋白 I/Y(High Mobile Group Protein I/Y)基因。

3.2

PTA 29 启动子 PTA 29 promoter

来自烟草(*Nicotiana tabacum*)花药组织特异基因 *TA* 29 的启动子。

3.3

3′g 7 终止子 3′g 7 terminator

来自土壤农杆菌(*Agrobacterium tumifaciens*)TL-DNA 基因 7 的终止子。

3.4

MS1 转化体 event MS1

通过农杆菌介导的遗传转化方法将外源基因 *bar*(抗除草剂草胺膦基因)和 *barnase*(核糖核酸酶基因)同时导入受体油菜品种 Drakkar，获得的一个抗草胺膦不育单株 B91-4。

3.5

RF2 转化体 event RF2

通过农杆菌介导的遗传转化方法将外源基因 *bar*(抗除草剂草胺膦基因)和 *barstar*(编码核糖核酸酶抑制物基因)同时导入受体油菜品种 Drakkar，获得一个抗草胺膦可育单株 B94-2。

3.6

MS1 转化体特异性序列 event-specific sequence of MS1

MS1 外源插入片段 5′端与油菜基因组的连接区序列，包括 3′g 7 终止子 3′端部分序列和油菜基因

组的部分序列。

3.7

RF2 转化体特异性序列　event-specific sequence of RF2

RF2 外源插入片段 5′端与油菜基因组的连接区序列，包括 3′g7 终止子 3′端部分序列和油菜基因组的部分序列。

3.8

杂交油菜 MS1×RF2　canola hybrid MS1×RF2

抗除草剂油菜不育系 MS1 和恢复系 RF2 杂交产生的 F_1代。

4　原理

根据抗除草剂油菜 MS1 和 RF2 中 PTA29 启动子、MS1 转化体特异性序列、RF2 转化体特异性序列设计特异性引物，对试样进行 PCR 扩增。依据是否扩增获得 266 bp、194 bp、200 bp 的预期 DNA 片段，检测试样中是否含有 PTA29 启动子、抗除草剂油菜 MS1 和 RF2。

5　试剂和材料

除非另有说明，仅使用分析纯试剂和重蒸馏水。

5.1　琼脂糖

5.2　10 g/L 溴化乙锭(EB)溶液

称取 1.0 g 溴化乙锭(EB)，溶解于 100 mL 水中。

注：EB 有致癌作用，配制和使用时应戴一次性手套操作并妥善处理废液。

5.3　10 mol/L 氢氧化钠溶液

称取 80.0 g 氢氧化钠(NaOH)，加 160 mL 水溶解后，再加水定容到 200 mL。

5.4　500 mmol/L 乙二铵四乙酸二钠溶液(pH8.0)

称取 18.6 g 乙二铵四乙酸二钠($EDTA-Na_2$)，加入 70 mL 水中，加入适量氢氧化钠溶液(5.3)，加热溶解后，冷却至室温，再用氢氧化钠溶液调 pH 至 8.0，用水定容到 100 mL。在 103.4 kPa(121℃)条件下灭菌 20 min。

5.5　1 mol/L 三羟甲基氨基甲烷—盐酸溶液(pH8.0)

称取 121.1 g 三羟甲基氨基甲烷(Tris)溶解于 800 mL 水中，用盐酸(HCl)调 pH 至 8.0，加水定容至 1 000 mL。在 103.4 kPa(121℃)条件下灭菌 20 min。

5.6　TE 缓冲液(pH8.0)

分别量取 10 mL 三羟甲基氨基甲烷—盐酸溶液(5.5)和 2 mL 乙二铵四乙酸二钠溶液(5.4)，加水定容至 1 000 mL。在 103.4 kPa(121℃)条件下灭菌 20 min。

5.7　50×TAE 缓冲液

称取 242.2 g 三羟甲基氨基甲烷，加入 300 mL 水加热搅拌溶解后，加入 100 mL 乙二铵四乙酸二钠溶液(5.4)，用冰乙酸调 pH 至 8.0，然后加水定容到 1 000 mL。使用时用水稀释成 1×TAE。

5.8　加样缓冲液

称取 250.0 mg 溴酚蓝，加入 10 mL 水，在室温下溶解 12 h；称取 250.0 mg 二甲基苯腈蓝，加 10 mL 水溶解；称取 50.0 g 蔗糖，加 30 mL 水溶解，混合三种溶液，加水定容至 100 mL，在 4℃下保存备用。

5.9　DNA 分子量标准

可以清楚地区分 50 bp～1 000 bp 的 DNA 片段。

5.10　dNTPs 混合溶液

将浓度为 10 mmol/L 的 dATP、dTTP、dGTP、dCTP 四种脱氧核糖核苷酸的等体积混合。

5.11 Taq DNA 聚合酶(5 U/μL)及 PCR 反应缓冲液

5.12 引物

5.12.1 *HMG I/Y* 基因。

hmg-F:5′-TCCTTCCGTTTCCTCGCC-3′

hmg-R:5′-TTCCACGCCCTCTCCGCT-3′

预期扩增片段大小 206 bp。

5.12.2 PTA29 启动子序列。

PTA29-F:5′-TAAGGTGGGTGGCTGGACTA-3′

PTA29-R:5′-ACTTGCACCACAAGGGCATA-3′。

预期扩增片段大小为 266 bp。

5.12.3 MS1 转化体特异性序列。

MS1-F:5′-CGGTGAGTAATATTGTACGGCTAA-3′

MS1-R:5′-ATCTCTGGTTAAACATTCCATCTTTG-3′

预期扩增片段大小 194 bp。

5.12.4 RF2 转化体特异性序列。

RF2-F:5′-TTGGTGGACCCTTGAGGAAAC-3′

RF2-R:5′-CCATCTAATAGGGTGAGACAAT-3′

预期扩增片段大小 200 bp。

5.13 引物溶液

用 TE 缓冲液(5.6)分别将上述引物稀释到 10 μmol/L。

5.14 石蜡油

5.15 PCR 产物回收试剂盒

6 仪器

6.1 重蒸馏水发生器或超纯水仪。

6.2 PCR 扩增仪。

6.3 电泳槽、电泳仪等电泳装置。

6.4 紫外透射仪。

6.5 凝胶成像系统或照相系统。

6.6 分析天平,感量 0.1 mg。

6.7 其他分子生物学实验仪器设备。

7 操作步骤

7.1 抽样

按 NY/T 672 和 NY/T 673 规定执行。

7.2 制样

按 NY/T 672 和 NY/T 673 规定执行。

7.3 试样预处理

按 NY/T 674 规定执行。

7.4 DNA 模板制备

按 NY/T 674 规定执行。

7.5 **PCR反应**

7.5.1 **试样PCR反应**

7.5.1.1 每个试样PCR反应设置三次重复。

7.5.1.2 在PCR反应管中按表1依次加入反应试剂,用手指轻弹混匀,再加50 μL石蜡油(有热盖设备的PCR仪可以不加石蜡油)。

7.5.1.3 将PCR管在台式离心机上离心10 s后插入PCR仪中。

7.5.1.4 进行PCR反应。反应程序为:94℃变性5 min;进行35次循环扩增反应(94℃变性30 s,58℃退火30 s,72℃延伸45 s。根据不同型号的PCR仪,可将PCR反应的退火和延伸时间适当延长);72℃延伸7 min。

7.5.1.5 反应结束后取出PCR反应管,对PCR反应产物进行电泳检测。

表1 PCR反应体系

试　剂	终浓度	单样品体积
无菌水		31.75 μL
10×PCR缓冲液	1×	5 μL
25 mmol/L氯化镁溶液	2.5 mmol/L	5 μL
dNTPs混合溶液	0.2 mmol/L	1 μL
10 μmol/L上游引物	0.5 μmol/L	2.5 μL
10 μmol/L下游引物	0.5 μmol/L	2.5 μL
5 U/μL Taq酶(热启动)	0.025 U/μL	0.25 μL
25 g/L DNA模板	1 g/L	2.0 μL
总体积		50 μL

如果10×PCR缓冲液中含有氯化镁,则不加氯化镁溶液,加等体积无菌水;
油菜内标准基因PCR检测反应体系中,上、下游引物分别为hmg-F和*hmg*-R;PTA29启动子PCR检测反应体系中,上、下游引物分别为PTA29-F和PTA29-R;MS1转化体PCR检测反应体系中,上、下游引物分别为MS1-F和MS1-R;RF2转化体PCR检测反应体系中,上、下游引物分别为RF2-F和RF2-R。

7.5.2 **对照PCR反应**

7.5.2.1 在试样PCR反应的同时,应设置阴性对照、阳性对照和空白对照。各对照PCR反应体系中,除模板外其余组分及PCR反应条件与7.5.1相同。

7.5.2.2 用非转基因油菜材料提取的DNA作为阴性对照PCR反应体系的模板。

7.5.2.3 用含0.1%～1%抗除草剂杂交油菜MS1×RF2基因组DNA的样品作为阳性对照PCR反应体系的模板。

7.5.2.4 用无菌水作为空白对照PCR反应体系的模板。

7.6 **PCR产物电泳检测**

按20 g/L的浓度称量琼脂糖加入1×TAE缓冲液中,加热将其溶解,配制琼脂糖溶液。按每100 mL琼脂糖溶液中加入5 μL EB溶液的比例加入EB溶液,混匀,稍适冷却后,将其倒入电泳板上,插上梳板,室温下凝固成凝胶后,放入1×TAE缓冲液中,垂直向上轻轻拔去梳板。吸取7 μL PCR产物与3 μL加样缓冲液混合后加入凝胶点样孔,同时在其中一个点样孔中加入DNA分子量标准,接通电源在2 V/cm～5 V/cm条件下电泳。

7.7 **凝胶成像分析**

电泳结束后,取出琼脂糖凝胶,置于凝胶成像仪上或紫外透射仪上成像。根据DNA分子量标准估计扩增条带的大小，将电泳结果形成电子文件存档或用照相系统拍照。根据琼脂糖凝胶电泳结果，按照 8 的规定对 PCR 扩增结果进行分析。如需确认 PCR 扩增片段是否为目的 DNA 片段，按照 7.8 和 7.9 的规定执行。

7.8 PCR 产物回收

按 PCR 产物回收试剂盒说明书回收 PCR 扩增的 DNA 片段。

7.9 PCR 产物的测序验证

将回收的 PCR 产物克隆测序，并对测序结果进行比对和分析，确定 PCR 扩增的 DNA 片段是否为目的 DNA 片段。

8 结果分析与表述

8.1 对照样品结果分析

阳性对照的 PCR 反应中，*HMG I/Y* 内标准基因、基因表达调控元件 PTA29 启动子、MS1 转化体特异性序列和 RF2 转化体特异性序列均得到扩增，且扩增片段大小与预期片段大小一致，而在阴性对照中仅扩增出 *HMG I/Y* 基因片段，空白对照中没有任何扩增片段，表明 PCR 反应体系正常工作。否则重新检测。

8.2 试样检测结果分析和表述

8.2.1 *HMG I/Y* 内标准基因和基因表达调控元件 PTA29 启动子均得到了扩增，且扩增片段大小与预期片段大小一致，结果分为 4 种情况：

a) MS1 转化体特异性序列得到了扩增，且扩增出的 DNA 片段大小与预期片段大小一致，RF2 转化体特异性序列未得到扩增，或扩增片段大小与预期不一致，表明该样品检出抗除草剂油菜 MS1 成分，表述为“试样中检测出抗除草剂油菜 MS1 成分，检测结果为阳性”。

b) RF2 转化体特异性序列得到了扩增，且扩增出的 DNA 片段大小与预期片段大小一致，MS1 转化体特异性序列未得到扩增，或扩增片段大小与预期不一致，表明该样品检出抗除草剂油菜 RF2 成分，表述为“试样中检测出抗除草剂油菜 RF2 成分，检测结果为阳性”。

c) MS1 转化体特异性序列和 RF2 转化体特异性序列均得到了扩增，且扩增出的 DNA 片段大小与预期片段大小一致，表明该样品检出抗除草剂油菜 MS1 和 RF2 成分。表述为“试样中检测出抗除草剂油菜 MS1 和 RF2 成分，检测结果为阳性”。如需确定试样是否含杂交油菜 MS1×RF2，需进一步单粒检测。如果单粒种子同时检测出抗除草剂油菜 MS1 和 RF2 成分，表明试样含杂交油菜 MS1×RF2。表述为“试样中检测出抗除草剂杂交油菜 MS1×RF2 成分，检测结果为阳性”。

d) MS1 转化体特异性序列和 RF2 转化体特异性序列没有得到扩增或扩增片段大小与预期不一致，表明该样品未检出抗除草剂油菜 MS1 和 RF2，表述为“试样中检测出 PTA29 启动子、未检测出抗除草剂油菜 MS1 和 RF2 成分”。

8.2.2 仅有 *HMG I/Y* 内标准基因片段得到扩增，表明未检测出抗除草剂油菜 MS1 和 RF2 成分，表述为“试样中未检测出抗除草剂油菜 MS1、RF2 成分，检测结果为阴性”。

8.2.3 *HMG I/Y* 内标准基因片段未得到扩增，或扩增片段大小与预期片段大小不一致，不作判定。

ICS 67.050
X 04

中华人民共和国国家标准

农业部869号公告—7—2007

转基因植物及其产品成分检测 抗虫和耐除草剂玉米TC1507及其衍生品种定性PCR方法

Detection of genetically modified plants and derived products
Qualitative PCR method for insect-resistant and herbicide-tolerant maize TC1507 and its derivates

2007-06-11 发布　　2007-08-01 实施

中华人民共和国农业部　发布

前　　言

本标准由中华人民共和国农业部提出。

本标准归口全国农业转基因生物安全管理标准化技术委员会。

本标准起草单位：农业部科技发展中心、上海交通大学、上海市农业科学院、吉林省农业科学院。

本标准主要起草人：张大兵、刘信、杨立桃、宋贵文、沈平、潘爱虎、梁婉琪、张明。

转基因植物及其产品成分检测
抗虫和耐除草剂玉米 TC1507 及其衍生品种定性 PCR 方法

1 范围

本标准规定了转基因抗虫和耐除草剂玉米 TC1507 转化体特异性定性 PCR 检测方法。

本标准适用于转基因抗虫和耐除草剂玉米 TC1507 及其衍生品种，以及制品中 TC1507 的定性 PCR 检测。

2 规范性引用文件

下列文件中的条款通过本标准的引用而成为本标准的条款。凡是注日期的引用文件，其随后所有的修改单(不包括勘误的内容)或修订版均不适用于本标准，然而，鼓励根据本标准达成协议的各方研究是否可使用这些文件的最新版本。凡是不注日期的引用文件，其最新版本适合于本标准。

NY/T 672 转基因植物及其产品检测 通用要求

NY/T 673 转基因植物及其产品检测 抽样

NY/T 674 转基因植物及其产品检测 DNA 提取和纯化

3 术语和定义

下列术语和定义适用于本标准。

3.1

***zSSIIb* 基因 *zSSIIb* gene**

编码玉米淀粉合酶异构体 zSTSⅡ-2 的基因。

3.2

TC1507 转化体特异性序列 event-specific sequence of TC1507

外源插入片段 3′端与玉米基因组的连接区序列，包括 Pat 基因 3′端部分序列和玉米基因组的部分序列。

4 原理

根据转基因抗虫和耐除草剂玉米 TC1507 转化体特异性序列设计特异性引物，对试样进行 PCR 扩增。依据是否扩增获得预期 279 bp 的 DNA 片段，检测试样中是否含有转基因抗虫和耐除草剂玉米 TC1507。

5 试剂和材料

除非另有说明，仅使用分析纯试剂和重蒸馏水。

5.1 琼脂糖

5.2 10 g/L 溴化乙锭溶液

称取 1.0 g 溴化乙锭(EB)，溶于 100 mL 水中。

注：溴化乙锭有致癌作用，配制和使用时应戴一次性手套操作并妥善处理废液。

5.3 10 mol/L 氢氧化钠溶液

称取氢氧化钠(NaOH)80.0 g，先用 160 mL 水溶解后，再加水定容到 200 mL。

5.4 500 mmol/L 乙二铵四乙酸二钠溶液(pH 8.0)

称取18.6 g乙二铵四乙酸二钠(EDTA-Na_2),加入70 mL水中,再加入适量氢氧化钠溶液(5.3),加热至完全溶解后,冷却至室温,用氢氧化钠溶液(5.3)调pH至8.0,加水定容至100 mL。在103.4 kPa(121℃)条件下灭菌20 min。

5.5 1 mol/L 三羟甲基氨基甲烷-盐酸溶液(pH 8.0)

称取121.1 g三羟甲基氨基甲烷(Tris)溶解于800 mL水中,用盐酸调pH至8.0,加水定容至1 000 mL。在103.4 kPa(121℃)条件下灭菌20 min。

5.6 TE缓冲液(pH 8.0)

分别量取10 mL三羟甲基氨基甲烷-盐酸溶液(5.5)和2 mL乙二铵四乙酸二钠溶液(5.4),加水定容至1 000 mL。在103.4 kPa(121℃)条件下灭菌20 min。

5.7 50×TAE缓冲液

称取242.2 g三羟甲基氨基甲烷(Tris),先用300 mL水加热搅拌溶解后,加100 mL乙二铵四乙酸二钠溶液(5.4),用冰乙酸调pH至8.0,然后加水定容到1 000 mL。使用时用水稀释成1×TAE。

5.8 加样缓冲液

称取250.0 mg溴酚蓝,加10 mL水,在室温下溶解12 h;称取250.0 mg二甲基苯腈蓝,用10 mL水溶解;称取50.0 g蔗糖,用30 mL水溶解,混合三种溶液,加水定容至100 mL,在4℃下保存。

5.9 DNA分子量标准

可以清楚的区分50 bp~1 000 bp的DNA片段。

5.10 dNTPs混合溶液

将浓度为10 mmol/L的dATP、dTTP、dGTP、dCTP四种脱氧核糖核苷酸溶液等体积混合。

5.11 Taq DNA聚合酶(5 U/μL)及PCR反应缓冲液

5.12 引物

5.12.1 *zSSIIb*基因。

zSSIIb-F:5′-CGGTGGATGCTAAGGCTGATG-3′;

zSSIIb-R:5′-AAAGGGCCAGGTTCATTATCCTC-3′;

预期扩增片段大小为88 bp。

5.12.2 TC1507转化体特异性序列。

*TC*1507-F:5′-CTTGTGGTGTTTGTGGCTCT-3′;

*TC*1507-R:5′-TGGCTCCTCCTTCGTATGT-3′;

预期扩增片段大小为279 bp。

5.13 引物溶液

用TE缓冲液(5.6)分别将上述引物稀释到10 μmol/L。

5.14 石蜡油

5.15 PCR产物回收试剂盒

6 仪器

6.1 分析天平,感量0.1 mg。

6.2 PCR扩增仪。

6.3 电泳槽、电泳仪等电泳装置。

6.4 紫外透射仪。

6.5 凝胶成像系统或照相系统。

6.6 重蒸馏水发生器或超纯水仪。

6.7 其他分子生物学实验室仪器设备。

7 操作步骤

7.1 抽样

按NY/T 672和NY/T 673规定执行。

7.2 制样

按NY/T 672和NY/T 673规定执行。

7.3 试样预处理

按NY/T 674规定执行。

7.4 DNA模板制备

按NY/T 674规定执行。

7.5 PCR反应

7.5.1 试样PCR反应

7.5.1.1 每个试样PCR反应设置三次重复。

7.5.1.2 在PCR反应管中按表1依次加入反应试剂，用手指轻弹混匀，再加约50 μL石蜡油(有热盖设备的PCR仪可不加)。

7.5.1.3 将PCR管放入台式离心机中离心10 s后插入PCR仪中。

7.5.1.4 运行PCR反应。反应程序为：95℃变性5 min；进行35次循环扩增反应(94℃变性30 s，58℃退火30 s，72℃延伸30 s。根据不同型号的PCR仪，可将PCR反应的退火和延伸时间适当延长)；72℃延伸7 min。

7.5.1.5 反应结束后取出PCR反应管，对PCR反应产物进行电泳检测。

表1 PCR检测反应体系

试剂	终浓度	体积
无菌水		31.75 μL
10×PCR缓冲液	1×	5 μL
25 mmol/L $MgCl_2$	2.5 mmol/L	5 μL
dNTPs	0.2 mmol/L	1 μL
10 μmol/L上游引物	0.5 μmol/L	2.5 μL
10 μmol/L下游引物	0.5 μmol/L	2.5 μL
5 U/μL Taq酶	0.025 U/μL	0.25 μL
25 mg/L DNA模板	1 mg/L	2.0 μL
总体积		50 μL

注1：如果PCR缓冲液中含有氯化镁，则不加氯化镁溶液，加等体积无菌水。

注2：玉米内标准基因PCR检测反应体系中，上下游引物分别为zSSIIb-F和zSSIIb-R；转基因玉米TC1507转化体PCR检测反应体系中，上下游引物分别为TC1507-F和TC1507-R。

7.5.2 对照PCR反应

7.5.2.1 在试样PCR反应的同时，应设置阴性对照、阳性对照和空白对照，各对照PCR反应体系中，除模板外其余组分及PCR反应条件与7.5.1相同。

7.5.2.2 以非转基因玉米材料中提取的DNA作为阴性对照PCR反应体系的模板。

7.5.2.3 以转基因抗虫和耐除草剂玉米TC1507含量为0.1%～1.0%的玉米材料中提取的DNA作为阳性对照PCR反应体系的模板。

7.5.2.4 以无菌水作为空白对照PCR反应体系的模板。

7.6 PCR产物电泳检测

按20 g/L的浓度称取琼脂糖，加入1×TAE缓冲液中，加热溶解，配制成琼脂糖溶液。按每100 mL琼脂糖溶液中加入5 μL EB溶液的比例加入EB溶液，混匀，稍适冷却后，将其倒入电泳板上，插上梳板，室温下凝固成凝胶后，放入1×TAE缓冲液中，垂直向上轻轻拔去梳板。取7 μL PCR产物与3 μL加样缓冲液混合后加入点样孔中，同时在其中一个点样孔中加入DNA分子量标准，接通电源在2 V/cm～5 V/cm条件下电泳。

7.7 凝胶成像分析

电泳结束后，取出琼脂糖凝胶，置于凝胶成像仪或紫外透射仪上成像。根据DNA分子量标准估计扩增条带的大小，将电泳结果形成电子文件存档或用照相系统拍照。根据琼脂糖凝胶电泳结果，按照8的规定对PCR扩增结果进行分析。如需确认PCR扩增片段是否为目的DNA片段，按照7.8和7.9的规定执行。

7.8 PCR产物回收

按PCR产物回收试剂盒说明书回收PCR扩增的DNA片段。

7.9 PCR产物的测序验证

将回收的PCR产物克隆测序，确定PCR扩增的DNA片段是否为目的DNA片段。

8 结果分析与表述

8.1 对照样品结果分析

阳性对照PCR反应中，*zSSIIb*内标准基因和转化体特异性序列均得到扩增，且扩增片段大小与预期片段大小一致，而阴性对照中仅扩增出*zSSIIb*基因片段，空白对照中没有任何扩增片段，表明PCR反应体系正常工作，否则重新检测。

8.2 试样检测结果分析和表述

a) *zSSIIb*内标准基因和转化体特异性序列均得到扩增，且扩增片段大小与预期片段大小一致，表明试样中检测出转基因抗虫和耐除草剂玉米TC1507，结果表述为“试样中检测出转基因抗虫和耐除草剂玉米TC1507，检测结果为阳性”。

b) *zSSIIb*内标准基因片段得到扩增，且扩增片段大小与预期片段大小一致，而转化体特异性序列未得到扩增，或扩增片段大小与预期片段大小不一致，表明试样中未检测出转基因抗虫和耐除草剂玉米TC1507，结果表述为“试样中未检测出转基因抗虫和耐除草剂玉米TC1507，检测结果为阴性”。

c) *zSSIIb*内标准基因片段未得到扩增，或扩增片段大小与预期片段大小不一致，不作判定。

ICS 67.050
X 04

中华人民共和国国家标准

农业部869号公告—8—2007

转基因植物及其产品成分检测 抗虫和耐除草剂玉米Bt176及其衍生品种定性PCR方法

**Detection of genetically modified plants and derived products
Qualitative PCR method for insect-resistant and herbicide-tolerant
maize Bt176 and its derivates**

2007-06-11 发布　　2007-08-01 实施

中华人民共和国农业部 发布

前　　言

本标准由中华人民共和国农业部提出。

本标准归口全国农业转基因生物安全管理标准化技术委员会。

本标准起草单位：农业部科技发展中心、吉林省农业科学院、上海交通大学、香港基因晶片开发有限公司、上海市农业科学院、山东省农业科学院。

本标准主要起草人：张明、厉建萌、杨立桃、李飞武、刘乐庭、刘信、潘爱虎、路兴波、付仲文、李葱葱。

转基因植物及其产品成分检测
抗虫和耐除草剂玉米 Bt176 及其衍生品种定性 PCR 方法

1 范围

本标准规定了转基因抗虫和耐除草剂玉米 Bt176 的转化体特异性定性 PCR 检测方法。

本标准适用于转基因抗虫和耐除草剂玉米 Bt176 及其衍生品种，以及制品中 Bt176 的定性 PCR 检测。

2 规范性引用文件

下列文件中的条款通过本标准的引用而成为本标准的条款。凡是注明日期的引用文件，其随后所有的修改单(不包括勘误的内容)或修订版均不适用于本标准，然而，鼓励根据本标准达成协议的各方研究是否可使用这些文件的最新版本。凡是不注明日期的引用文件，其最新版本适合于本标准。

NY/T 672　转基因植物及其产品检测　通用要求

NY/T 673　转基因植物及其产品检测　抽样

NY/T 674　转基因植物及其产品检测　DNA 提取和纯化

3 术语和定义

下列术语和定义适用于本标准。

3.1

***zSSIIb* 基因　*zSSIIb* gene**

编码玉米淀粉合酶异构体 zSTSⅡ-2 的基因。

3.2

Bt176 转化体特异性序列　event-specific sequence of Bt176

外源插入片段 3′端与玉米基因组的连接区序列，包括 *bar* 终止子 3′端部分序列和玉米基因组的部分序列。

4 原理

根据转基因抗虫和耐除草剂玉米 Bt176 转化体特异性序列设计特异性引物，对试样进行 PCR 扩增。依据是否扩增获得预期 570 bp 的 DNA 片段，检测试样中是否含有 Bt176。

5 试剂和材料

除非另有说明，仅使用分析纯试剂和重蒸馏水。

5.1 琼脂糖。

5.2 10 g/L 溴化乙锭溶液：称取 1.0 g 溴化乙锭(EB)，溶于 100 mL 水中。

注：EB 有致癌作用，配制和使用时应戴一次性手套操作并妥善处理废液。

5.3 10 mol/L 氢氧化钠溶液：称取 80.0 g 氢氧化钠(NaOH)，先用 160 mL 水溶解后，再加水定容至 200 mL。

5.4 500 mmol/L 乙二铵四乙酸二钠溶液(pH 8.0)：称取 18.6 g 乙二铵四乙酸二钠($EDTA-Na_2$)，加

入70 mL水中，再加入适量氢氧化钠溶液(5.3)，加热至完全溶解后，冷却至室温，用氢氧化钠溶液(5.3)调pH至8.0，加水定容至100 mL。在103.4 kPa(121℃)条件下灭菌20 min。

5.5 1 mol/L三羟甲基氨基甲烷—盐酸溶液(pH 8.0)：称取121.1 g三羟甲基氨基甲烷(Tris)溶解于800 mL水中，用盐酸调pH至8.0，加水定容至1 000 mL。在103.4 kPa(121℃)条件下灭菌20 min。

5.6 TE缓冲液(pH 8.0)：分别量取10 mL三羟甲基氨基甲烷—盐酸溶液(5.5)和2 mL乙二铵四乙酸二钠溶液(5.4)，加水定容至1 000 mL。在103.4 kPa(121℃)条件下灭菌20 min。

5.7 50×TAE缓冲液：称取242.2 g三羟甲基氨基甲烷，先用300 mL水加热搅拌溶解后，加100 mL乙二铵四乙酸二钠溶液(5.4)，用冰乙酸调pH至8.0，然后加水定容至1 000 mL。使用时用水稀释成1×TAE。

5.8 加样缓冲液：称取250.0 mg溴酚蓝，加10 mL水，在室温下溶解12 h；称取250.0 mg二甲基苯腈蓝，用10 mL水溶解；称取50.0 g蔗糖，用30 mL水溶解，混合三种溶液，加水定容至100 mL，在4℃下保存。

5.9 DNA分子量标准：能够清楚地区分50 bp～1 000 bp的DNA片段。

5.10 dNTPs混合溶液：将浓度为10 mmol/L的dATP、dTTP、dGTP、dCTP四种脱氧核糖核苷酸等体积混合。

5.11 Taq DNA聚合酶(5 u/μL)及PCR反应缓冲液。

5.12 引物。

5.12.1 *zSSIIb*基因。

zSSIIb-F：5′-CGGTGGATGCTAAGGCTGATG-3′；

zSSIIb-R：5′-AAAGGGCCAGGTTCATTATCCTC-3′；

预期扩增片段大小为88 bp。

5.12.2 Bt176转化体特异性序列。

Bt176-F：5′-AAGCACGGTCAACTTCCGTAC-3′；

Bt176-R：5′-TCGACTTTATAGGAAGGGAGAGG-3′；

预期扩增片段大小为570 bp。

5.13 引物溶液：用TE缓冲液(5.6)分别将上述引物稀释到10 μmol/L。

5.14 石蜡油。

5.15 PCR产物回收试剂盒。

6 仪器

6.1 分析天平，感量0.1 mg。

6.2 PCR扩增仪。

6.3 电泳槽、电泳仪等电泳装置。

6.4 紫外透射仪。

6.5 凝胶成像系统或照相系统。

6.6 重蒸馏水发生器或超纯水仪。

6.7 其他分子生物学实验室仪器设备。

7 操作步骤

7.1 抽样

按NY/T 672和NY/T 673规定执行。

7.2 **制样**

按NY/T 672和NY/T 673规定执行。

7.3 **试样预处理**

按NY/T 674规定执行。

7.4 **DNA模板制备**

按NY/T 674规定执行。

7.5 **PCR反应**

7.5.1 **试样PCR反应**

7.5.1.1 每个试样PCR反应设置3次重复。

7.5.1.2 在PCR反应管中按表1依次加入反应试剂，用手指轻弹混匀，再加50 μL石蜡油(有热盖设备的PCR仪可以不加)。

7.5.1.3 将PCR管在台式离心机上离心10 s后插入PCR仪中。

7.5.1.4 进行PCR反应。反应程序为：94℃变性5 min；进行35次循环扩增反应(94℃变性30 s，58℃退火30 s，72℃延伸40 s。根据不同型号的PCR仪，可将PCR反应的退火和延伸时间适当延长)；72℃延伸7 min。

7.5.1.5 反应结束后取出PCR反应管，对PCR反应产物进行电泳检测。

表1 PCR检测反应体系

试　剂	终浓度	体　积
无菌水		31.75 μL
10×PCR缓冲液	1×	5 μL
25 mmol/L氯化镁溶液	2.5 mmol/L	5 μL
dNTPs混合溶液	0.2 mmol/L	1 μL
10 μmol/L上游引物	0.5 μmol/L	2.5 μL
10 μmol/L下游引物	0.5 μmol/L	2.5 μL
5 u/μL Taq酶	0.025 u/μL	0.25 μL
25 mg/L DNA模板	1 mg/L	2.0 μL
总体积		50 μL

注1：如果PCR缓冲液中含有氯化镁，则不加氯化镁溶液，加等体积无菌水。

注2：玉米内标准基因PCR检测反应体系中，上、下游引物分别为zSSIIb-F和zSSIIb-R；转基因玉米Bt 176转化体PCR检测反应体系中，上、下游引物分别为Bt 176-F和Bt 176-R。

7.5.2 **对照PCR反应**

7.5.2.1 在试样PCR反应的同时，应设置阴性对照、阳性对照和空白对照。各对照PCR反应体系中，除模板外其余组分及PCR反应条件与7.5.1相同。

7.5.2.2 以非转基因玉米DNA作为阴性对照PCR反应体系的模板。

7.5.2.3 以Bt 176含量为0.1%～1%的玉米中提取的DNA作为阳性对照PCR反应体系的模板。

7.5.2.4 以无菌水作为空白对照PCR反应体系的模板。

7.6 **PCR产物电泳检测**

按20 g/L的浓度称取琼脂糖加入1×TAE缓冲液中，加热溶解，配制成琼脂糖溶液。按每100 mL琼脂糖溶液中加入5 μL EB溶液的比例加入EB溶液，混匀，稍适冷却后，将其倒入电泳板上，插上梳板，室温下凝固成凝胶后，放入1×TAE缓冲液中，垂直向上轻轻拔去梳板。取7 μL PCR产物与3 μL

加样缓冲液混合后加入凝胶点样孔中，同时在其中一个点样孔中加入DNA分子量标准，接通电源在2 V/cm～5 V/cm条件下电泳。

7.7 凝胶成像分析

电泳结束后，取出琼脂糖凝胶，置于凝胶成像仪或紫外透射仪上成像。根据DNA分子量标准估计扩增条带的大小，将电泳结果形成电子文件存档或用照相系统拍照。根据琼脂糖凝胶电泳结果，按照8的规定对PCR扩增结果进行分析。如需确认PCR扩增片段是否为目的DNA片段，按照7.8和7.9的规定执行。

7.8 PCR产物回收

按PCR产物回收试剂盒说明书回收PCR扩增的DNA片段。

7.9 PCR产物测序验证

将回收的PCR产物克隆测序，确定PCR扩增的DNA片段是否为目的DNA片段。

8 结果分析与表述

8.1 对照样品结果分析

阳性对照PCR反应中，*zSSIIb*内标准基因、转化体特异性序列均得到了扩增，且扩增片段大小与预期片段大小一致，而阴性对照中仅扩增出*zSSIIb*基因片段，空白对照中没有任何扩增片段，表明PCR反应体系正常工作，否则重新检测。

8.2 试样检测结果分析和表述

a) *zSSIIb*内标准基因、转化体特异性序列均得到了扩增，且扩增片段大小与预期片段大小一致，表明试样中检测出转基因玉米Bt 176，表述为“试样中检测出转基因抗虫和耐除草剂玉米Bt 176，检测结果为阳性”。

b) *zSSIIb*内标准基因片段得到扩增，且扩增片段大小与预期片段大小一致，而转化体特异性序列未得到扩增，或扩增片段大小与预期片段大小不一致，表明试样中未检测出转基因玉米Bt 176，表述为“试样中未检测出转基因抗虫和耐除草剂玉米Bt 176，检测结果为阴性”。

c) *zSSIIb*内标准基因片段未得到扩增，或扩增片段大小与预期片段大小不一致，不作判定。

ICS 67.050
X 04

中华人民共和国国家标准

农业部869号公告—9—2007

转基因植物及其产品成分检测 抗虫玉米MON810及其衍生品种定性PCR方法

Detection of genetically modified plants and derived products Qualitative PCR method for insect-resistant maize MON810 and its derivates

2007-06-11 发布　　2007-08-01 实施

中华人民共和国农业部　发布

前　言

本标准由中华人民共和国农业部提出。

本标准归口全国农业转基因生物安全管理标准化技术委员会。

本标准起草单位:农业部科技发展中心、山东省农业科学院、中国农业科学院生物技术研究所、吉林省农业科学院。

本标准主要起草人:路兴波、沈平、孙红炜、杨崇良、宋贵文、金芜军、张明、尚佑芬、赵玖华、李飞武、汪其怀。

转基因植物及其产品成分检测 抗虫玉米 MON810 及其衍生品种定性 PCR 方法

1 范围

本标准规定了转基因抗虫玉米 MON810 转化体特异性定性 PCR 检测方法。

本标准适用于转基因抗虫玉米 MON810 及其衍生品种，以及制品中 MON810 的定性 PCR 检测。

2 规范性引用文件

下列文件中的条款通过本标准的引用而成为本标准的条款。凡是注日期的引用文件，其随后所有的修改单(不包括勘误的内容)或修订版均不适用于本标准，然而，鼓励根据本标准达成协议的各方研究是否可使用这些文件的最新版本。凡是不注明日期的引用文件，其最新版本适合于本标准。

NY/T 672 转基因植物及其产品检测 通用要求

NY/T 673 转基因植物及其产品检测 抽样

NY/T 674 转基因植物及其产品检测 DNA 提取和纯化

3 术语和定义

下列术语和定义适用于本标准。

3.1

***zSSIIb* 基因 *zSSIIb* gene**

编码玉米淀粉合酶异构体 zSTSⅡ-2 的基因。

3.2

MON810 转化体特异性序列 event-specific sequence of MON810

转基因抗虫玉米 MON810 的外源插入片段 3′端与玉米基因组的连接区序列，包括 *cry1Ab* 基因 3′端部分序列和玉米基因组的部分序列。

4 原理

根据转基因抗虫玉米 MON810 转化体特异性序列设计特异性引物，对试样进行 PCR 扩增。依据是否扩增获得预期 106 bp 的 DNA 片段，检测试样中是否含有抗虫玉米 MON810。

5 试剂、材料及溶液配制

除非另有说明，仅使用分析纯试剂和重蒸馏水。

5.1 琼脂糖。

5.2 10 mg/mL 溴化乙锭溶液：称取 1.0 g 溴化乙锭(EB)，溶于 100 mL 水中。

注：EB 有致癌作用，配制和使用时应戴一次性手套操作并妥善处理废液。

5.3 10 mol/L 氢氧化钠溶液：称取 80.0 g 氢氧化钠(NaOH)，先用 160 mL 水溶解后，再加水定容至 200 mL。

5.4 500 mmol/L 乙二铵四乙酸二钠溶液(pH8.0)：称取 18.6 g 乙二铵四乙酸二钠($EDTA\text{-}Na_2$)，加入 70 mL 水中，再加入适量氢氧化钠溶液(5.3)，加热至完全溶解后，冷却至室温，用氢氧化钠溶液(5.3)调

pH至8.0,加水定容至100 mL。在103.4 kPa(121℃)条件下灭菌20 min。

5.5 1 mol/L三羟甲基氨基甲烷—盐酸溶液(pH8.0):称取121.1 g三羟甲基氨基甲烷(Tris)溶解于800 mL水中,用盐酸调pH至8.0,加水定容至1 000 mL。在103.4 kPa(121℃)条件下灭菌20 min。

5.6 TE缓冲液(pH8.0):分别量取10 mL三羟甲基氨基甲烷—盐酸溶液(5.5)和2 mL乙二铵四乙酸二钠溶液(5.4),加水定容至1 000 mL。在103.4 kPa(121℃)条件下灭菌20 min。

5.7 50×TAE缓冲液:称取242.2 g三羟甲基氨基甲烷,先用300 mL水加热搅拌溶解后,加100 mL乙二铵四乙酸二钠溶液(5.4),用冰乙酸调pH至8.0,然后加水定容到1 000 mL。使用时用水稀释成1×TAE。

5.8 加样缓冲液:称取250.0 mg溴酚蓝,加10 mL水,在室温下溶解12 h;称取250.0 mg二甲基苯腈蓝,用10 mL水溶解;称取50.0 g蔗糖,用30 mL水溶解,混合三种溶液,加水定容至100 mL,在4℃下保存。

5.9 DNA分子量标准:能够清楚地区分50 bp～1 000 bp DNA片段。

5.10 dNTPs混合溶液:将浓度为10 mmol/L的dATP、dTTP、dGTP、dCTP四种脱氧核糖核苷酸等体积混合。

5.11 Taq DNA聚合酶(5 u/μL)及PCR反应缓冲液。

5.12 引物。

5.12.1 *zSSIIb*基因。

zSSIIb-F:5′-CGGTGGATGCTAAGGCTGATG-3′;

zSSIIb-R:5′-AAAGGGCCAGGTTCATTATCCTC-3′;

预期扩增片段大小为88 bp。

5.12.2 MON810转化体特异性序列。

MON810-F:5′-CAAGTGTGCCCACCACAGC-3′;

MON810-R:5′-GCAAGCAAATTCGGAAATGAA-3′;

预期扩增片段大小为106 bp。

5.13 引物溶液:用TE缓冲液(5.6)分别将上述引物稀释到10 μmol/L。

5.14 石蜡油。

5.15 PCR产物回收试剂盒。

6 仪器

6.1 分析天平,感量0.1 mg。

6.2 PCR扩增仪。

6.3 电泳槽、电泳仪等电泳装置。

6.4 紫外透射仪。

6.5 凝胶成像系统或照相系统。

6.6 重蒸馏水发生器或超纯水仪。

6.7 其他分子生物学实验室仪器设备。

7 操作步骤

7.1 抽样

按NY/T 672和NY/T 673规定执行。

7.2 制样

按 NY/T 672 和 NY/T 673 规定执行。

7.3 试样预处理

按 NY/T 674 规定执行。

7.4 DNA 模板制备

按 NY/T 674 规定执行。

7.5 PCR 反应

7.5.1 试样 PCR 反应

7.5.1.1 每个试样 PCR 反应设置 3 次重复。

7.5.1.2 在 PCR 反应管中按表 1 依次加入反应试剂，用手指轻弹混匀，再加 50 μL 石蜡油(有热盖设备的 PCR 仪可不加)。

7.5.1.3 将 PCR 管在台式离心机上离心 10 s 后插入 PCR 仪中。

7.5.1.4 进行反应 PCR。反应程序为：94℃变性 5 min；进行 35 次循环扩增反应(94℃变性 30 s，56℃退火 30 s，72℃延伸 30 s。根据不同型号的 PCR 仪，可将 PCR 反应的退火和延伸时间适当延长)；72℃延伸 7 min。

7.5.1.5 反应结束后取出 PCR 反应管，对 PCR 反应产物进行电泳检测。

表 1 PCR 检测反应体系

试 剂	终 浓 度	体 积
无菌水		31.75 μL
10×PCR 缓冲液	1×	5 μL
25 mmol/L 氯化镁溶液	2.5 mmol/L	5 μL
dNTPs 混合溶液	0.2 mmol/L	1 μL
10 μmol/L 上游引物	0.5 μmol/L	2.5 μL
10 μmol/L 下游引物	0.5 μmol/L	2.5 μL
5 u/μL Taq 酶	0.025 u/μL	0.25 μL
25 mg/L DNA 模板	1 mg/L	2.0 μL
总体积		50 μL

注 1：如果 PCR 缓冲液中含有氯化镁，则不加氯化镁溶液，加等体积的无菌水。

注 2：玉米内标准基因 PCR 检测反应体系中，上、下游引物分别为 zSSIIb－F 和 zSSIIb－R；转基因玉米 MON810 转化体 PCR 检测反应体系中，上、下游引物分别为 MON810－F 和 MON810－R。

7.5.2 对照 PCR 反应

7.5.2.1 在试样 PCR 反应的同时，应设置阴性对照、阳性对照和空白对照。各对照 PCR 反应体系中，除模板外其余组分及 PCR 反应条件与 7.5.1 相同。

7.5.2.2 以非转基因玉米 DNA 作为阴性对照 PCR 反应体系的模板。

7.5.2.3 以 MON810 含量为 0.1%～1.0%的玉米中提取的 DNA 作为阳性对照 PCR 反应体系的模板。

7.5.2.4 以无菌水作为空白对照 PCR 反应体系的模板。

7.6 PCR 产物电泳检测

按 20 g/L 的浓度称取琼脂糖加入 1×TAE 缓冲液中，加热溶解，配制成琼脂糖溶液。按每 100 mL 琼脂糖溶液中加入 5 μLEB 溶液的比例加入 EB 溶液，混匀，稍适冷却后，将其倒入电泳板上，插上梳板，室温下凝固成凝胶后，放入 1×TAE 缓冲液中，垂直向上轻轻拔去梳板。取 7 μL PCR 产物与 3 μL 加样缓冲液混合后加入凝胶点样孔中,同时在其中一个点样孔中加入 DNA 分子量标准,接通电源在 2 V/cm～5 V/cm 条件下电泳。

7.7 凝胶成像分析

电泳结束后,取出琼脂糖凝胶,置于凝胶成像仪或紫外透射仪上成像。根据 DNA 分子量标准估计扩增条带的大小,将电泳结果形成电子文件存档或用照相系统拍照。根据琼脂糖凝胶电泳结果,按照 8 的规定对 PCR 扩增结果进行分析。如需确认 PCR 扩增片段是否为目的 DNA 片段,按照 7.8 和 7.9 的规定执行。

7.8 PCR 产物回收

按 PCR 产物回收试剂盒说明书回收 PCR 扩增的 DNA 片段。

7.9 PCR 产物的测序验证

将回收的 PCR 产物克隆测序,确定 PCR 扩增的 DNA 片段是否为目的 DNA 片段。

8 结果分析与表述

8.1 对照样品结果分析

阳性对照 PCR 反应中,*zSSIIb* 内标准基因和转化体特异性序列均得到扩增,且扩增片段大小与预期片段大小一致,而阴性对照中仅扩增出 *zSSIIb* 基因片段,空白对照中没有任何扩增片段,表明 PCR 反应体系正常工作,否则重新检测。

8.2 试样检测结果分析和表述

a) *zSSIIb* 内标准基因、转化体特异性序列均得到了扩增,且扩增片段大小与预期片段大小一致,表明试样中检测出转基因抗虫玉米 MON810,表述为“试样中检测出转基因抗虫玉米 MON810,检测结果为阳性”。

b) *zSSIIb* 内标准基因片段得到扩增,且扩增片段大小与预期片段大小一致,而转化体特异性序列未得到扩增,或扩增片段大小与预期片段大小不一致,表明试样中未检测出转基因抗虫玉米 MON810,表述为“试样中未检测出转基因抗虫玉米 MON810,检测结果为阴性”。

c) *zSSIIb* 内标准基因片段未得到扩增,或扩增片段大小与预期片段大小不一致,不作判定。

ICS 67.050
X 04

中华人民共和国国家标准

农业部869号公告—10—2007

转基因植物及其产品成分检测 抗虫玉米MON863及其衍生品种 定性PCR方法

Detection of genetically modified plants and derived products Qualitative PCR method for insect-resistant maize MON863 and its derivates

2007-06-11 发布　　2007-08-01 实施

中华人民共和国农业部 发布

前 言

本标准由中华人民共和国农业部提出。

本标准归口全国农业转基因生物安全管理标准化技术委员会。

本标准起草单位:农业部科技发展中心、上海交通大学、上海市农业科学院、山东省农业科学院。

本标准主要起草人:张大兵、刘信、杨立桃、潘爱虎、沈平、宋贵文、路兴波。

转基因植物及其产品成分检测 抗虫玉米 MON863 及其衍生品种定性 PCR 方法

1 范围

本标准规定了转基因抗虫玉米 MON863 转化体特异性定性 PCR 检测方法。

本标准适用于转基因抗虫玉米 MON863 及其衍生品种,以及制品中 MON863 的定性 PCR 检测。

2 规范性引用文件

下列文件中的条款通过本标准的引用而成为本标准的条款。凡是注日期的引用文件,其随后所有的修改单(不包括勘误的内容)或修订版均不适用于本标准,然而,鼓励根据本标准达成协议的各方研究是否可使用这些文件的最新版本。凡是不注明日期的引用文件,其最新版本适合于本标准。

NY/T 672 转基因植物及其产品检测 通用要求

NY/T 673 转基因植物及其产品检测 抽样

NY/T 674 转基因植物及其产品检测 DNA 提取和纯化

3 术语和定义

下列术语和定义适用于本标准。

3.1

***zSSIIb* 基因 *zSSIIb* gene**

编码玉米淀粉合酶异构体 zSTSⅡ-2 的基因。

3.2

MON863 转化体特异性序列 event-specific sequence of MON863

外源插入片段 5′端与玉米基因组的连接区序列,包括 CaMV35s 启动子 5′端部分序列和玉米基因组的部分序列。

4 原理

根据转基因抗虫玉米 MON863 转化体特异性序列设计特异性引物,对试样进行 PCR 扩增。依据是否扩增获得预期的 411 bp DNA 片段,检测试样中是否含有 MON863。

5 试剂和材料

除非另有说明,仅使用分析纯试剂和重蒸馏水。

5.1 琼脂糖。

5.2 10 g/L 溴化乙锭溶液:称取 1.0 g 溴化乙锭(EB),溶于 100 mL 水中。

注:溴化乙锭有致癌作用,配制和使用时应戴一次性手套操作并妥善处理废液。

5.3 10 mol/L 氢氧化钠溶液:称取氢氧化钠(NaOH)80.0 g,先用 160 mL 水溶解后,再加水定容到 200 mL。

5.4 500 mmol/L 乙二铵四乙酸二钠溶液(pH8.0):称取 18.6 g 乙二铵四乙酸二钠(EDTA-Na_2),加入 70 mL 水中,再加入适量氢氧化钠溶液(5.3),加热至完全溶解后,冷却至室温,用氢氧化钠溶液(5.3)

调 pH 至 8.0,加水定容至 100 mL。在 103.4 kPa(121℃)条件下灭菌 20 min。

5.5 1 mol/L 三羟甲基氨基甲烷—盐酸溶液(pH8.0):称取 121.1 g 三羟甲基氨基甲烷(Tris)溶解于 800 mL 水中,用盐酸调 pH 至 8.0,加水定容至 1 000 mL。在 103.4 kPa(121℃)条件下灭菌 20 min。

5.6 TE 缓冲液(pH 8.0):分别量取 10 mL 三羟甲基氨基甲烷—盐酸溶液(5.5)和 2 mL 乙二铵四乙酸二钠溶液(5.4),加水定容至 1 000 mL。在 103.4 kPa(121℃)条件下灭菌 20 min。

5.7 50×TAE 缓冲液:称取 242.2 g 三羟甲基氨基甲烷(Tris),先用 300 mL 水加热搅拌溶解后,加 100 mL 乙二铵四乙酸二钠溶液(5.4),用冰乙酸调 pH 至 8.0,然后加水定容到 1 000 mL。使用时用水稀释成 1×TAE。

5.8 加样缓冲液:称取 250.0 mg 溴酚蓝,加 10 mL 水,在室温下溶解 12 h;称取 250.0 mg 二甲基苯腈蓝,用 10 mL 水溶解;称取 50.0 g 蔗糖,用 30 mL 水溶解,混合三种溶液,加水定容至 100 mL,在 4℃下保存。

5.9 DNA 分子量标准:可以清楚的区分 50 bp～1 000 bp 的 DNA 片段。

5.10 dNTPs 混合溶液:将浓度为 10 mmol/L 的 dATP、dTTP、dGTP、dCTP 四种脱氧核糖核苷酸溶液等体积混合。

5.11 Taq DNA 聚合酶(5 u/μL)及 PCR 反应缓冲液。

5.12 引物。

5.12.1 zSSIIb 基因。

zSSIIb - F:5′- CGGTGGATGCTAAGGCTGATG - 3′;

zSSIIb - R:5′- AAAGGGCCAGGTTCATTATCCTC - 3′;

预期扩增片段大小为 88 bp。

5.12.2 MON863 转化体特异性序列。

MON863 - F:5′- GCACTCAAAGACCTGGCGAATGA - 3′;

MON863 - R:5′- CCATCTTTGGGACCACTGTCG - 3′;

预期扩增片段大小为 411 bp。

5.13 引物溶液:用 TE 缓冲液(5.6)分别将上述引物稀释到 10 μmol/L。

5.14 石蜡油。

5.15 PCR 产物回收试剂盒。

6 仪器

6.1 分析天平,感量 0.1 mg。

6.2 PCR 扩增仪。

6.3 电泳槽、电泳仪等电泳装置。

6.4 紫外透射仪。

6.5 凝胶成像系统或照相系统。

6.6 重蒸馏水发生器或超纯水仪。

6.7 其他分子生物学实验室仪器设备。

7 操作步骤

7.1 抽样

按 NY/T 672 和 NY/T 673 规定执行。

7.2 制样

按 NY/T 672 和 NY/T 673 规定执行。

7.3　**试样预处理**

按 NY/T 674 规定执行。

7.4　**DNA 模板制备**

按 NY/T 674 规定执行。

7.5　**PCR 反应**

7.5.1　**试样 PCR 反应**

7.5.1.1　每个试样 PCR 反应设置 3 次重复。

7.5.1.2　在 PCR 反应管中按表 1 依次加入反应试剂，用手指轻弹混匀，再加约 50 μL 石蜡油（有热盖设备的 PCR 仪可不加）。

7.5.1.3　将 PCR 管放入台式离心机中离心 10 s 后插入 PCR 仪中。

7.5.1.4　运行 PCR 反应。反应程序为：95℃变性 5 min；进行 35 次循环扩增反应（94℃变性 30 s，58℃退火 30 s，72℃延伸 30 s。根据不同型号的 PCR 仪，可将 PCR 反应的退火和延伸时间适当延长）；72℃延伸 7 min。

7.5.1.5　反应结束后取出 PCR 反应管，对 PCR 反应产物进行电泳检测。

表 1　PCR 检测反应体系

试　剂	终浓度	体　积
无菌水		31.75 μL
10×PCR 缓冲液	1×	5 μL
25 mmol/L 氯化镁溶液	2.5 mmol/L	5 μL
dNTPs	0.2 mmol/L	1 μL
10 μmol/L 上游引物	0.5 μmol/L	2.5 μL
10 μmol/L 下游引物	0.5 μmol/L	2.5 μL
5 u/μL Taq 酶	0.025 u/μL	0.25 μL
25 mg/L DNA 模板	1 mg/L	2.0 μL
总体积		50 μL

注 1：如果 PCR 缓冲液中含有氯化镁，则不加氯化镁溶液，加等体积无菌水。

注 2：玉米内标准基因 PCR 检测反应体系中，上、下游引物分别为 zSSIIb - F 和 zSSIIb - R；转基因玉米 MON863 转化体 PCR 检测反应体系中，上、下游引物分别为 MON863 - F 和 MON863 - R。

7.5.2　**对照 PCR 反应**

7.5.2.1　在试样 PCR 反应的同时，应设置阴性对照、阳性对照和空白对照，各对照 PCR 反应体系中，除模板外其余组分及 PCR 反应条件与 7.5.1 相同。

7.5.2.2　以非转基因玉米中提取的 DNA 作为阴性对照 PCR 反应体系的模板。

7.5.2.3　以转基因抗虫玉米 MON863 含量为 0.1%～1.0%的玉米中提取的 DNA 作为阳性对照 PCR 反应体系的模板。

7.5.2.4　以无菌水作为空白对照 PCR 反应体系的模板。

7.6　**PCR 产物电泳检测**

按 20 g/L 的浓度称取琼脂糖，加入 1×TAE 缓冲液中，加热溶解，配制成琼脂糖溶液。按每 100 mL琼脂糖溶液中加入 5 μL EB 溶液的比例加入 EB 溶液，混匀，稍适冷却后，将其倒入电泳板上，插上梳板，室温下凝固成凝胶后，放入 1×TAE 缓冲液中，垂直向上轻轻拔去梳板。取 7 μL PCR 产物与

3 μL加样缓冲液混合后加入点样孔中，同时在其中一个点样孔中加入 DNA 分子量标准，接通电源在 2 V/cm～5 V/cm 条件下电泳。

7.7 凝胶成像分析

电泳结束后，取出琼脂糖凝胶，置于凝胶成像仪或紫外透射仪上成像。根据 DNA 分子量标准估计扩增条带的大小，将电泳结果形成电子文件存档或用照相系统拍照。根据琼脂糖凝胶电泳结果，按照 8 的规定对 PCR 扩增结果进行分析。如需确认 PCR 扩增片段是否为目的 DNA 片段，按照 7.8 和 7.9 的规定执行。

7.8 PCR 产物回收

按 PCR 产物回收试剂盒说明书回收 PCR 扩增的 DNA 片段。

7.9 PCR 产物的测序验证

将回收的 PCR 产物克隆测序，确定 PCR 扩增的 DNA 片段是否为目的 DNA 片段。

8 结果分析与表述

8.1 对照样品结果分析

阳性对照 PCR 反应中，*zSSIIb* 内标准基因和转化体特异性序列均得到扩增，且扩增片段大小与预期片段大小一致，而阴性对照中仅扩增出 *zSSIIb* 基因片段，空白对照中没有任何扩增片段，表明 PCR 反应体系正常工作，否则重新检测。

8.2 试样检测结果分析和表述

a) *zSSIIb* 内标准基因和转化体特异性序列均得到扩增，且扩增片段大小与预期片段大小一致，表明试样中检测出转基因抗虫玉米 MON863，结果表述为“试样中检测出转基因抗虫玉米 MON863，检测结果为阳性”。

b) *zSSIIb* 内标准基因片段得到扩增，且扩增片段大小与预期片段大小一致，而转化体特异性序列未得到扩增，或扩增片段大小与预期片段大小不一致，表明试样中未检测出转基因抗虫玉米 MON863，结果表述为“试样中未检测出转基因抗虫玉米 MON863，检测结果为阴性”。

c) *zSSIIb* 内标准基因片段未得到扩增，或扩增片段大小与预期片段大小不一致，不作判定。

ICS 67.050
X 04

中华人民共和国国家标准

农业部 869 号公告—11—2007

转基因植物及其产品成分检测 抗除草剂油菜 GT73 及其衍生品种 定性 PCR 方法

Detection of genetically modified plants and derived products Qualitative PCR method for herbicide-tolerant canola GT73 and its derivates

2007-06-11 发布　　2007-08-01 实施

中华人民共和国农业部　发布

前　言

本标准由中华人民共和国农业部提出。

本标准归口全国农业转基因生物安全管理标准化技术委员会。

本标准起草单位:农业部科技发展中心、吉林省农业科学院、上海出入境检验检疫局、上海交通大学、上海市农业科学院、香港基因晶片开发有限公司。

本标准主要起草人:张明、厉建萌、潘良文、杨立桃、李飞武、刘乐庭、刘信、潘爱虎、付仲文、李葱葱。

转基因植物及其产品成分检测
抗除草剂油菜 GT 73 及其衍生品种定性 PCR 方法

1 范围

本标准规定了转基因抗除草剂油菜 GT73 的转化体特异性定性 PCR 检测方法。

本标准适用于转基因抗除草剂油菜 GT73 及其衍生品种，以及制品中 GT73 的定性 PCR 检测。

2 规范性引用文件

下列文件中的条款通过本标准的引用而成为本标准的条款。凡是注明日期的引用文件，其随后所有的修改单(不包括勘误的内容)或修订版均不适用于本标准，然而，鼓励根据本标准达成协议的各方研究是否可使用这些文件的最新版本。凡是不注明日期的引用文件，其最新版本适合于本标准。

NY/T 672 转基因植物及其产品检测 通用要求

NY/T 673 转基因植物及其产品检测 抽样

NY/T 674 转基因植物及其产品检测 DNA 提取和纯化

3 术语和定义

下列术语和定义适用于本标准。

3.1

***HMG I/Y* 基因 *HMG I/Y* gene**

编码高移动簇蛋白 I/Y(high mobile group protein I/Y)的基因。

3.2

E 9 3′终止子 E 9 3′terminator

来源于豌豆二磷酸核酮糖羧化酶基因的终止子。

3.3

GT 73 转化体特异性序列 event-specific sequence of GT 73

外源插入片段 3′端与油菜基因组的连接区序列，包括 E 9 3′终止子部分序列和油菜基因组的部分序列。

4 原理

根据转基因耐除草剂玉米 GT 73 转化体特异性序列设计特异性引物，对试样进行 PCR 扩增。依据是否扩增获得预期 204 bp 的 DNA 片段，检测试样中是否含有 GT 73。

5 试剂和材料

除非另有说明，仅使用分析纯试剂和重蒸馏水。

5.1 琼脂糖。

5.2 10 g/L 溴化乙锭溶液：称取 1.0 g 溴化乙锭(EB)，溶于 100 mL 水中。

注：EB 有致癌作用，配制和使用时应戴一次性手套操作并妥善处理废液。

5.3 10 mol/L 氢氧化钠溶液：称取 80.0 g 氢氧化钠(NaOH)，先用 160 mL 水溶解后，再加水定容至

200 mL。

5.4 500 mmol/L乙二铵四乙酸二钠溶液(pH 8.0):称取18.6 g乙二铵四乙酸二钠(EDTA - Na_2),加入70 mL水中,再加入适量氢氧化钠溶液(5.3),加热至完全溶解后,冷却至室温,用氢氧化钠溶液(5.3)调pH至8.0,加水定容至100 mL。在103.4 kPa(121℃)条件下灭菌20 min。

5.5 1 mol/L三羟甲基氨基甲烷—盐酸溶液(pH 8.0):称取121.1 g三羟甲基氨基甲烷(Tris)溶解于800 mL水中,用盐酸调pH至8.0,加水定容至1 000 mL。在103.4 kPa(121℃)条件下灭菌20 min。

5.6 TE缓冲液(pH 8.0):分别量取10 mL三羟甲基氨基甲烷—盐酸溶液(5.5)和2 mL乙二铵四乙酸二钠溶液(5.4),加水定容至1 000 mL。在103.4 kPa(121℃)条件下灭菌20 min。

5.7 50×TAE缓冲液:称取242.2 g三羟甲基氨基甲烷,先用300 mL水加热搅拌溶解后,加100 mL乙二铵四乙酸二钠溶液(5.4),用冰乙酸调pH至8.0,然后加水定容至1 000 mL。使用时用水稀释成1×TAE。

5.8 加样缓冲液:称取250.0 mg溴酚蓝,加10 mL水,在室温下溶解12 h;称取250.0 mg二甲基苯腈蓝,用10 mL水溶解;称取50.0 g蔗糖,用30 mL水溶解,混合三种溶液,加水定容至100 mL,在4℃下保存。

5.9 DNA分子量标准:能够清楚地区分50 bp~1 000 bp的DNA片段。

5.10 dNTPs混合溶液:将浓度为10 mmol/L的dATP、dTTP、dGTP、dCTP四种脱氧核糖核苷酸等体积混合。

5.11 Taq DNA聚合酶(5 u/μL)及PCR反应缓冲液。

5.12 引物。

5.12.1 *HMG I/Y*基因。

hmg - F:5′- TCCTTCCGTTTCCTCGCC - 3′;

hmg - R:5′- TTCCACGCCCTCTCCGCT - 3′;

预期扩增片段大小为206 bp。

5.12.2 GT 73转化体特异性序列。

GT 73 - F:5′- AATAACGCTGCGGACATCTA - 3′;

GT 73 - R:5′- CAGCAACATTCTCTGTCAACAA - 3′;

预期扩增片段大小为204 bp。

5.13 引物溶液:用TE缓冲液(5.6)分别将上述引物稀释到10 μmol/L。

5.14 石蜡油。

5.15 PCR产物回收试剂盒。

6 仪器

6.1 分析天平,感量0.1 mg。

6.2 PCR扩增仪。

6.3 电泳槽、电泳仪等电泳装置。

6.4 紫外透射仪。

6.5 凝胶成像系统或照相系统。

6.6 重蒸馏水发生器或超纯水仪。

6.7 其他分子生物学实验室仪器设备。

7 操作步骤

7.1 抽样

按NY/T 672和NY/T 673规定执行。

7.2 制样

按NY/T 672和NY/T 673规定执行。

7.3 试样预处理

按NY/T 674规定执行。

7.4 DNA模板制备

按NY/T 674规定执行。

7.5 PCR反应

7.5.1 试样PCR反应

7.5.1.1 每个试样PCR反应设置3次重复。

7.5.1.2 在PCR反应管中按表1依次加入反应试剂,用手指轻弹混匀,再加约50 μL石蜡油(有热盖设备的PCR仪可以不加)。

7.5.1.3 将PCR管在台式离心机上离心10 s后插入PCR仪中。

7.5.1.4 进行PCR反应。反应程序为:94℃变性5 min;进行35次循环扩增反应(94℃变性30 s,59℃退火30 s,72℃延伸40 s。根据不同型号的PCR仪,可将PCR反应的退火和延伸时间适当延长);72℃延伸7 min。

7.5.1.5 反应结束后取出PCR反应管,对PCR反应产物进行电泳检测。

表1 PCR检测反应体系

试 剂	终浓度	体 积
无菌水		31.75 μL
10×PCR缓冲液	1×	5 μL
25 mmol/L氯化镁溶液	2.5 mmol/L	5 μL
dNTPs混合溶液	0.2 mmol/L	1 μL
10 μmol/L上游引物	0.5 μmol/L	2.5 μL
10 μmol/L下游引物	0.5 μmol/L	2.5 μL
5 u/μL Taq酶	0.025 u/μL	0.25 μL
25 mg/L DNA模板	1 mg/L	2.0 μL
总体积		50 μL

注1:如果PCR缓冲液中含有氯化镁,则不加氯化镁溶液,加等体积无菌水。

注2:油菜内标准基因PCR检测反应体系中,上、下游引物分别为hmg-F和hmg-R;转基因油菜GT 73转化体PCR检测反应体系中,上、下游引物分别为GT 73-F和GT 73-R。

7.5.2 对照PCR反应

7.5.2.1 在试样PCR反应的同时,应设置阴性对照、阳性对照和空白对照。上述各对照PCR反应体系中,除模板外其余组分及PCR反应条件与7.5.1相同。

7.5.2.2 以非转基因油菜DNA作为阴性对照PCR反应体系的模板。

7.5.2.3 以GT 73含量为0.1%~1%的油菜中提取的DNA作为阳性对照PCR反应体系的模板。

7.5.2.4 以无菌水作为空白对照PCR反应体系的模板。

7.6 PCR产物电泳检测

按20 g/L的浓度称取琼脂糖加入1×TAE缓冲液中,加热溶解,配制成琼脂糖溶液。按每100 mL琼脂糖溶液中加入5 μL EB溶液的比例加入EB溶液,混匀,稍适冷却后,将其倒入电泳板上,插上梳板，室温下凝固成凝胶后，放入1×TAE缓冲液中，垂直向上轻轻拔去梳板。取7 μL PCR产物与3 μL加样缓冲液混合后加入凝胶点样孔中，同时在其中一个点样孔中加入DNA分子量标准，接通电源在2 V/cm～5 V/cm条件下电泳。

7.7 凝胶成像分析

电泳结束后，取出琼脂糖凝胶，置于凝胶成像仪上或紫外透射仪上成像。根据DNA分子量标准估计扩增条带的大小，将电泳结果形成电子文件存档或用照相系统拍照。根据琼脂糖凝胶电泳结果，按照8的规定对PCR扩增结果进行分析。如需确认PCR扩增片段是否为目的DNA片段，按照7.8和7.9的规定执行。

7.8 PCR产物回收

按PCR产物回收试剂盒说明书回收PCR扩增的DNA片段。

7.9 PCR产物测序验证

将回收的PCR产物克隆测序，确定PCR扩增的DNA片段是否为目的DNA片段。

8 结果分析与表述

8.1 对照样品结果分析

阳性对照PCR反应中，*HMG I/Y*内标准基因、转化体特异性序列均得到了扩增，且扩增片段大小与预期片段大小一致，而阴性对照中仅扩增出*HMG I/Y*基因片段，空白对照中没有任何扩增片段，表明PCR反应体系正常工作，否则重新检测。

8.2 试样检测结果分析和表述

a) *HMG I/Y*内标准基因、转化体特异性序列均得到了扩增，且扩增片段大小与预期片段大小一致，表明试样中检测出转基因油菜GT 73，表述为“试样中检测出转基因抗除草剂油菜GT 73，检测结果为阳性”。

b) *HMG I/Y*内标准基因片段得到扩增，且扩增片段大小与预期片段大小一致，而转化体特异性序列未得到扩增，或扩增片段大小与预期片段大小不一致，表明试样中未检测出转基因油菜GT 73，表述为“试样中未检测出转基因抗除草剂油菜GT 73，检测结果为阴性”。

c) *HMG I/Y*内标准基因片段未得到扩增，或扩增片段大小与预期片段大小不一致，不作判定。

ICS 67.050
X 04

中华人民共和国国家标准

农业部869号公告—12—2007

转基因植物及其产品成分检测 耐除草剂玉米GA21及其衍生品种 定性PCR方法

Detection of genetically modified plants and derived products Qualitative PCR method for herbicide-tolerant maize GA21 and its derivates

2007-06-11 发布　　2007-08-01 实施

中华人民共和国农业部 发布

前　言

本标准由中华人民共和国农业部提出。

本标准归口全国农业转基因生物安全管理标准化技术委员会。

本标准起草单位：农业部科技发展中心、山东省农业科学院、上海交通大学、吉林省农业科学院。

本标准主要起草人：路兴波、宋贵文、孙红炜、张大兵、沈平、杨崇良、张明、林香青、尚佑芬、李飞武、连庆。

转基因植物及其产品成分检测
耐除草剂玉米 GA21 及其衍生品种定性 PCR 方法

1 范围

本标准规定了转基因耐除草剂玉米 GA21 转化体特异性定性 PCR 检测方法。

本标准适用于转基因耐除草剂玉米 GA21 及其衍生品种，以及制品中 GA21 的定性 PCR 检测。

2 规范性引用文件

下列文件中的条款通过本标准的引用而成为本标准的条款。凡是注日期的引用文件，其随后所有的修改单(不包括勘误的内容)或修订版均不适用于本标准，然而，鼓励根据本标准达成协议的各方研究是否可使用这些文件的最新版本。凡是不注明日期的引用文件，其最新版本适合于本标准。

NY/T 672 转基因植物及其产品检测 通用要求

NY/T 673 转基因植物及其产品检测 抽样

NY/T 674 转基因植物及其产品检测 DNA 提取和纯化

3 术语和定义

下列术语和定义适用于本标准。

3.1

zSSIIb **基因** ***zSSIIb*** **gene**

编码玉米淀粉合酶异构体 zSTSⅡ-2 的基因。

3.2

R-act I 启动子 R-actI promoter

来源于水稻肌动蛋白 I 基因的启动子。

3.3

GA21 转化体特异性序列 event-specific sequence of GA21

转基因耐除草剂玉米 GA21 的外源插入片段 5′端与玉米基因组的连接区序列，包括玉米基因组的部分序列和 R-actI 启动子 5′端部分序列。

4 原理

根据转基因耐除草剂玉米 GA21 转化体特异性序列设计特异性引物，对试样进行 PCR 扩增。依据是否扩增获得预期 112 bp 的 DNA 片段，检测试样中是否含有耐除草剂玉米 GA21。

5 试剂和材料

除非另有说明，仅使用分析纯试剂和重蒸馏水。

5.1 琼脂糖。

5.2 10 g/L 溴化乙锭溶液：称取 1.0 g 溴化乙锭(EB)，溶于 100 mL 水中。

注：EB 有致癌作用，配制和使用时应戴一次性手套操作并妥善处理废液。

5.3 10 mol/L 氢氧化钠溶液：称取 80.0 g 氢氧化钠(NaOH)，先用 160 mL 水溶解后，再加水定容到

200 mL。

5.4 500 mmol/L 乙二铵四乙酸二钠溶液(pH 8.0):称取 18.6 g 乙二铵四乙酸二钠(EDTA - Na_2),加入 70 mL 水中,再加入适量氢氧化钠溶液(5.3),加热至完全溶解后,冷却至室温,用氢氧化钠溶液(5.3)调 pH 至 8.0,加水定容至 100 mL。在 103.4 kPa(121℃)条件下灭菌 20 min。

5.5 1 mol/L 三羟甲基氨基甲烷—盐酸溶液(pH 8.0):称取 121.1 g 三羟甲基氨基甲烷(Tris)溶解于 800 mL 水中,用盐酸调 pH 至 8.0,加水定容至 1 000 mL。在 103.4 kPa(121℃)条件下灭菌 20 min。

5.6 TE 缓冲液(pH 8.0):分别量取 10 mL 三羟甲基氨基甲烷—盐酸溶液(5.5)和 2 mL 乙二铵四乙酸二钠溶液(5.4),加水定容至 1 000 mL。在 103.4 kPa(121℃)条件下灭菌 20 min。

5.7 50×TAE 缓冲液:称取 242.2 g 三羟甲基氨基甲烷,先用 300 mL 水加热搅拌溶解后,加 100 mL 乙二铵四乙酸二钠溶液(5.4),用冰乙酸调 pH 至 8.0,然后加水定容到 1 000 mL。使用时用水稀释成 1×TAE。

5.8 加样缓冲液:称取 250.0 mg 溴酚蓝,加 10 mL 水,在室温下溶解 12 h;称取 250.0 mg 二甲基苯腈蓝,用 10 mL 水溶解;称取 50.0 g 蔗糖,用 30 mL 水溶解,混合三种溶液,加水定容至 100 mL,在 4 ℃下保存。

5.9 DNA 分子量标准:能够清楚地区分 50 bp~1 000 bp 的 DNA 片段。

5.10 dNTPs 混合溶液:将浓度为 10 mmol/L 的 dATP、dTTP、dGTP、dCTP 四种脱氧核糖核苷酸等体积混合。

5.11 Taq DNA 聚合酶(5 u/μL)及 PCR 反应缓冲液。

5.12 引物。

5.12.1 *zSSIIb* 基因。

zSSIIb - F:5′- CGGTGGATGCTAAGGCTGATG - 3′;

zSSIIb - R:5′- AAAGGGCCAGGTTCATTATCCTC - 3′;

预期扩增片段大小为 88 bp。

5.12.2 GA21 转化体特异性序列。

GA21 - F:5′- CTTATCGTTATGCTATTTGCAACTT - 3′

GA21 - R:5′- TGGCTCGCGATCCTCCTCGCGTTTC - 3′

预期扩增片段大小为 112 bp。

5.13 引物溶液:用 TE 缓冲液(5.6)分别将上述引物稀释到 10 μmol/L。

5.14 石蜡油。

5.15 PCR 产物回收试剂盒。

6 仪器

6.1 分析天平,感量 0.1 mg。

6.2 PCR 扩增仪。

6.3 泳槽、电泳仪等电泳装置。

6.4 紫外透射仪。

6.5 凝胶成像系统或照相系统。

6.6 重蒸馏水发生器或超纯水仪。

6.7 其他分子生物学实验室仪器设备。

7 操作步骤

7.1 抽样

按 NY/T 672 和 NY/T 673 规定执行。

7.2 制样

按 NY/T 672 和 NY/T 673 规定执行。

7.3 试样预处理

按 NY/T 674 规定执行。

7.4 DNA 模板制备

按 NY/T 674 规定执行。

7.5 PCR 反应

7.5.1 试样 PCR 反应

7.5.1.1 每个试样 PCR 反应设置 3 次重复。

7.5.1.2 在 PCR 反应管中按表 1 依次加入反应试剂，用手指轻弹混匀，再加 50 μL 石蜡油(有热盖设备的 PCR 仪可不加)。

7.5.1.3 将 PCR 管在台式离心机上离心 10 s 后插入 PCR 仪中。

7.5.1.4 进行 PCR 反应。反应程序为：94℃变性 5 min；进行 35 次循环扩增反应(94℃变性 30 s，58℃退火 30 s，72℃延伸 30 s。根据不同型号的 PCR 仪，可将 PCR 反应的退火和延伸时间适当延长)；72℃延伸 7 min。

7.5.1.5 反应结束后取出 PCR 反应管，对 PCR 反应产物进行电泳检测。

表 1 PCR 检测反应体系

试 剂	终浓度	体 积
无菌水		31.75 μL
10×PCR 缓冲液	1×	5 μL
25 mmol/L 氯化镁溶液	2.5 mmol/L	5 μL
dNTPs 混合溶液	0.2 mmol/L	1 μL
10 μmol/L 上游引物	0.5 μmol/L	2.5 μL
10 μmol/L 下游引物	0.5 μmol/L	2.5 μL
5 u/μL Taq 酶	0.025 u/μL	0.25 μL
25 mg/L DNA 模板	1 mg/L	2.0 μL
总体积		50 μL

注 1：如果 PCR 缓冲液中含有氯化镁，则不加氯化镁溶液，加等体积无菌水。

注 2：玉米内标准基因 PCR 检测反应体系中，上、下游引物分别为 zSSIIb - F 和 zSSIIb - R；转基因玉米 GA21 转化体 PCR 检测反应体系中，上、下游引物分别为 GA21 - F 和 GA21 - R。

7.5.2 对照 PCR 反应

7.5.2.1 在试样 PCR 反应的同时，应设置阴性对照、阳性对照和空白对照。各对照 PCR 反应体系中，除模板外其余组分及 PCR 反应条件与 7.5.1 相同。

7.5.2.2 以非转基因玉米 DNA 作为阴性对照 PCR 反应体系的模板。

7.5.2.3 以 GA21 含量为 0.1%～1.0%的玉米中提取的 DNA 作为阳性对照 PCR 反应体系的模板。

7.5.2.4 以无菌水作为空白对照 PCR 反应体系的模板。

7.6 PCR 产物电泳检测

按 20 g/L 的浓度称取琼脂糖加入 1×TAE 缓冲液中，加热溶解，配制成琼脂糖溶液。按每 100 mL

琼脂糖溶液中加入5 μL EB溶液的比例加入EB溶液,混匀,稍适冷却后,将其倒入电泳板上,插上梳板,室温下凝固成凝胶后,放入1×TAE缓冲液中,垂直向上轻轻拔去梳板。取7 μL PCR产物与3 μL加样缓冲液混合后加入凝胶点样孔中,同时在其中一个点样孔中加入DNA分子量标准,接通电源在2 V/cm~5 V/cm条件下电泳。

7.7 凝胶成像分析

电泳结束后,取出琼脂糖凝胶,置于凝胶成像仪或紫外透射仪上成像。根据DNA分子量标准估计扩增条带的大小,将电泳结果形成电子文件存档或用照相系统拍照。根据琼脂糖凝胶电泳结果,按照8的规定对PCR扩增结果进行分析。如需确认PCR扩增片段是否为目的DNA片段,按照7.8和7.9的规定执行。

7.8 PCR产物回收

按PCR产物回收试剂盒说明书回收PCR扩增的DNA片段。

7.9 PCR产物的测序验证

将回收的PCR产物克隆测序,确定PCR扩增的DNA片段是否为目的DNA片段。

8 结果分析与表述

8.1 对照样品结果分析

阳性对照PCR反应中,*zSSIIb*内标准基因和转化体特异性序列均得到扩增,且扩增片段大小与预期片段大小一致,而阴性对照中仅扩增出*zSSIIb*基因片段,空白对照中没有任何扩增片段,表明PCR反应体系正常工作。否则重新检测。

8.2 试样检测结果分析和表述

a) *zSSIIb*内标准基因、转化体特异性序列均得到了扩增,且扩增片段大小与预期片段大小一致,表明试样中检测出转基因耐除草剂玉米GA21,表述为“试样中检测出转基因耐除草剂玉米GA21,检测结果为阳性”。

b) *zSSIIb*内标准基因片段得到扩增,且扩增片段大小与预期片段大小一致,而转化体特异性序列未得到扩增,或扩增片段大小与预期片段大小不一致,表明试样中未检测出转基因耐除草剂玉米GA21,表述为“试样中未检测出转基因耐除草剂玉米GA21,检测结果为阴性”。

c) *zSSIIb*内标准基因片段未得到扩增,或扩增片段大小与预期片段大小不一致,不作判定。

ICS 67.050
X 04

中华人民共和国国家标准

农业部869号公告—13—2007

转基因植物及其产品成分检测 耐除草剂玉米NK603及其衍生品种 定性PCR方法

**Detection of genetically modified plants and derived products
Qualitative PCR method for herbicide-tolerant maize NK603 and
its derivates**

2007-06-11 发布　　　　2007-08-01 实施

中华人民共和国农业部　发布

前　言

本标准由中华人民共和国农业部提出。

本标准归口全国农业转基因生物安全管理标准化技术委员会。

本标准起草单位:农业部科技发展中心、山东省农业科学院、中国农业科学院生物技术研究所。

本标准主要起草人:杨崇良、沈平、路兴波、孙红炜、金芜军、尚佑芬、赵玖华、宋贵文、李宁。

转基因植物及其产品成分检测 耐除草剂玉米 NK603 及其衍生品种定性 PCR 方法

1 范围

本标准规定了转基因耐除草剂玉米 NK603 转化体特异性定性 PCR 检测方法。

本标准适用于转基因耐除草剂玉米 NK603 及其衍生品种，以及制品中 NK603 的定性 PCR 检测。

2 规范性引用文件

下列文件中的条款通过本标准的引用而成为本标准的条款。凡是注日期的引用文件，其随后所有的修改单(不包括勘误的内容)或修订版均不适用于本标准，然而，鼓励根据本标准达成协议的各方研究是否可使用这些文件的最新版本。凡是不注明日期的引用文件，其最新版本适合于本标准。

NY/T 672 转基因植物及其产品检测 通用要求

NY/T 673 转基因植物及其产品检测 抽样

NY/T 674 转基因植物及其产品检测 DNA 提取和纯化

3 术语和定义

下列术语和定义适用于本标准。

3.1

***zSSIIb* 基因 *zSSIIb* gene**

编码玉米淀粉合酶异构体 zSTSⅡ-2 的基因。

3.2

NK603 转化体特异性序列 event-specific sequence of NK603

转基因耐除草剂玉米 NK603 的外源插入片段 3′端与玉米基因组的连接区序列，包括 NOS 终止子 3′端部分序列和玉米基因组的部分序列。

4 原理

根据转基因耐除草剂玉米 NK603 转化体特异性序列设计特异性引物，对试样进行 PCR 扩增。依据是否扩增获得预期 108 bp 的 DNA 片段，检测试样中是否含有耐除草剂玉米 NK603。

5 试剂、材料及溶液配制

除非另有说明，仅使用分析纯试剂和重蒸馏水。

5.1 琼脂糖。

5.2 10 mg/mL 溴化乙锭溶液：称取 1.0 g 溴化乙锭(EB)，溶于 100 mL 水中。

注：EB 有致癌作用，配制和使用时应戴一次性手套操作并妥善处理废液。

5.3 10 mol/L 氢氧化钠溶液：称取 80.0 g 氢氧化钠(NaOH)，先用 160 mL 水溶解后，再加水定容到 200 mL。

5.4 500 mmol/L 乙二铵四乙酸二钠溶液(pH8.0)：称取 18.6 g 乙二铵四乙酸二钠(EDTA-Na_2)，加入 70 mL 水中，再加入适量氢氧化钠溶液(5.3)，加热至完全溶解后，冷却至室温，用氢氧化钠溶液(5.3)

调 pH 至 8.0，加水定容至 100 mL。在 103.4 kPa(121℃)条件下灭菌 20 min。

5.5 1 mol/L 三羟甲基氨基甲烷—盐酸溶液(pH8.0)：称取 121.1 g 三羟甲基氨基甲烷(Tris)溶解于 800 mL 水中，用盐酸调 pH 至 8.0，加水定容至 1 000 mL。在 103.4 kPa(121℃)条件下灭菌 20 min。

5.6 TE 缓冲液(pH8.0)：分别量取 10 mL 三羟甲基氨基甲烷—盐酸溶液(5.5)和 2 mL 乙二铵四乙酸二钠溶液(5.4)，加水定容至 1 000 mL。在 103.4 kPa(121℃)条件下灭菌 20 min。

5.7 50×TAE 缓冲液：称取 242.2 g 三羟甲基氨基甲烷，先用 300 mL 水加热搅拌溶解后，加 100 mL 乙二铵四乙酸二钠溶液(5.4)，用冰乙酸调 pH 至 8.0，然后加水定容到 1 000 mL。使用时用水稀释成 1×TAE。

5.8 加样缓冲液：称取 250.0 mg 溴酚蓝，加 10 mL 水，在室温下溶解 12 h；称取 250.0 mg 二甲基苯腈蓝，用 10 mL 水溶解；称取 50.0 g 蔗糖，用 30 mL 水溶解，混合三种溶液，加水定容至 100 mL，在 4℃下保存。

5.9 DNA 分子量标准：能够清楚地区分 50 bp～1 000 bpDNA 片段。

5.10 dNTPs 混合溶液：将浓度为 10 mmol/L 的 dATP、dTTP、dGTP、dCTP 四种脱氧核糖核苷酸等体积混合。

5.11 Taq DNA 聚合酶(5 u/μL)及 PCR 反应缓冲液。

5.12 引物。

5.12.1 *zSSIIb* 基因。

zSSIIb-F：5′-CGGTGGATGCTAAGGCTGATG-3′；

zSSIIb-R：5′-AAAGGGCCAGGTTCATTATCCTC-3′；

预期扩增片段大小为 88 bp。

5.12.2 NK603 转化体特异性序列。

NK603-F：5′-ATGAATGACCTCGAGTAATCTTGTTAA-3′；

NK603-R：5′-AAGAGATAACAGGATCCACTCAAACACT-3′；

预期扩增片段大小为 108 bp。

5.13 引物溶液：用 TE 缓冲液(5.6)分别将上述引物稀释到 10 μmol/L。

5.14 石蜡油。

5.15 PCR 产物回收试剂盒。

6 仪器

6.1 分析天平，感量 0.1 mg。

6.2 PCR 扩增仪。

6.3 泳槽、电泳仪等电泳装置。

6.4 紫外透射仪。

6.5 凝胶成像系统或照相系统。

6.6 重蒸馏水发生器或超纯水仪。

6.7 其他分子生物学实验室仪器设备。

7 操作步骤

7.1 抽样

按 NY/T 672 和 NY/T 673 规定执行。

7.2 制样

按NY/T 672和NY/T 673规定执行。

7.3 **试样预处理**

按NY/T 674规定执行。

7.4 **DNA模板制备**

按NY/T 674规定执行。

7.5 **PCR反应**

7.5.1 **试样PCR反应**

7.5.1.1 每个试样PCR反应设置3次重复。

7.5.1.2 在PCR反应管中按表1依次加入反应试剂，用手指轻弹混匀，再加50 μL石蜡油(有热盖设备的PCR仪可不加)。

7.5.1.3 将PCR管在台式离心机上离心10 s后插入PCR仪中。

7.5.1.4 进行PCR反应。反应程序为：94℃变性5 min；进行35次循环扩增反应(94℃变性30 s，58℃退火30 s，72℃延伸30 s。根据不同型号的PCR仪，可将PCR反应的退火和延伸时间适当延长)；72℃延伸7 min。

7.5.1.5 反应结束后取出PCR反应管，对PCR反应产物进行电泳检测。

表1 PCR检测反应体系

试　剂	终浓度	体　积
无菌水		31.75 μL
10×PCR缓冲液	1×	5 μL
25 mmol/L氯化镁溶液	2.5 mmol/L	5 μL
dNTPs混合溶液	0.2 mmol/L	1 μL
10 μmol/L上游引物	0.5 μmol/L	2.5 μL
10 μmol/L下游引物	0.5 μmol/L	2.5 μL
5 u/μL Taq酶	0.025 u/μL	0.25 μL
25 mg/L DNA模板	1 mg/L	2.0 μL
总体积		50 μL

注1：如果PCR缓冲液中含有氯化镁，则不加氯化镁溶液，加等体积无菌水。

注2：玉米内标准基因PCR检测反应体系中，上、下游引物分别为zSSIIb-F和zSSIIb-R；转基因玉米NK603转化体PCR检测反应体系中，上、下游引物分别为NK603-F和NK603-R。

7.5.2 **对照PCR反应**

7.5.2.1 在试样PCR反应的同时，应设置阴性对照、阳性对照和空白对照。各对照PCR反应体系中，除模板外其余组分及PCR反应条件与7.5.1相同。

7.5.2.2 以非转基因玉米DNA作为阴性对照PCR反应体系的模板。

7.5.2.3 以NK603含量为0.1%～1.0%的玉米中提取的DNA作为阳性对照PCR反应体系的模板。

7.5.2.4 以无菌水作为空白对照PCR反应体系的模板。

7.6 **PCR产物电泳检测**

按20 g/L的浓度称取琼脂糖加入1×TAE缓冲液中，加热溶解，配制成琼脂糖溶液。按每100 mL琼脂糖溶液中加入5 μL EB溶液的比例加入EB溶液，混匀，稍适冷却后，将其倒入电泳板上，插上梳板，室温下凝固成凝胶后，放入1×TAE缓冲液中，垂直向上轻轻拔去梳板。取7 μL PCR产物与3μL

加样缓冲液混合后加入凝胶点样孔中，同时在其中一个点样孔中加入DNA分子量标准，接通电源在2 V/cm～5 V/cm条件下电泳。

7.7 凝胶成像分析

电泳结束后，取出琼脂糖凝胶，置于凝胶成像仪或紫外透射仪上成像。根据DNA分子量标准估计扩增条带的大小，将电泳结果形成电子文件存档或用照相系统拍照。根据琼脂糖凝胶电泳结果，按照8的规定对PCR扩增结果进行分析。如需确认PCR扩增片段是否为目的DNA片段，按照7.8和7.9的规定执行。

7.8 PCR产物回收

按PCR产物回收试剂盒说明书回收PCR扩增的DNA片段。

7.9 PCR产物的测序验证

将回收的PCR产物克隆测序，确定PCR扩增的DNA片段是否为目的DNA片段。

8 结果分析与表述

8.1 对照样品结果分析

阳性对照PCR反应中，*zSSIIb*内标准基因和转化体特异性序列均得到扩增，且扩增片段大小与预期片段大小一致，而阴性对照中仅扩增出*zSSIIb*基因片段，空白对照中没有任何扩增片段，表明PCR反应体系正常工作。否则重新检测。

8.2 试样检测结果分析和表述

a） *zSSIIb*内标准基因、转化体特异性序列均得到了扩增，且扩增片段大小与预期片段大小一致，表明试样中检测出转基因耐除草剂玉米NK603，表述为“试样中检测出转基因耐除草剂玉米NK603，检测结果为阳性”。

b） *zSSIIb*内标准基因片段得到扩增，且扩增片段大小与预期片段大小一致，而转化体特异性序列未得到扩增，或扩增片段大小与预期片段大小不一致，表明试样中未检测出转基因耐除草剂玉米NK603，表述为“试样中未检测出转基因耐除草剂玉米NK603，检测结果为阴性”。

c） *zSSIIb*内标准基因片段未得到扩增，或扩增片段大小与预期片段大小不一致，不作判定。

ICS 67.050
X 04

中华人民共和国国家标准

农业部869号公告—14—2007

转基因植物及其产品成分检测 耐除草剂玉米T25及其衍生品种 定性PCR方法

Detection of genetically modified plant and derived products Qualitative PCR method for herbicide-tolerant maize T25 and its derivates

2007-06-11 发布　　2007-08-01 实施

中华人民共和国农业部　发布

前　　言

本标准由中华人民共和国农业部提出。

本标准归口全国农业转基因生物安全管理标准化技术委员会。

本标准起草单位:农业部科技发展中心、上海交通大学、上海市农业科学院、吉林省农业科学院。

本标准主要起草人:张大兵、刘信、杨立桃、潘爱虎、宋贵文、沈平、梁婉琪、张明。

转基因植物及其产品成分检测
耐除草剂玉米 T25 及其衍生品种定性 PCR 方法

1 范围

本标准规定了转基因耐除草剂玉米 T25 转化体特异性定性 PCR 检测方法。

本标准适用于转基因耐除草剂玉米 T25 及其衍生品种，以及制品中 T25 的定性 PCR 检测。

2 规范性引用文件

下列文件中的条款通过本标准的引用而成为本标准的条款。凡是注日期的引用文件，其随后所有的修改单(不包括勘误的内容)或修订版均不适用于本标准，然而，鼓励根据本标准达成协议的各方研究是否可使用这些文件的最新版本。凡是不注明日期的引用文件，其最新版本适合于本标准。

NY/T 672 转基因植物及其产品检测 通用要求

NY/T 673 转基因植物及其产品检测 抽样

NY/T 674 转基因植物及其产品检测 DNA 提取和纯化

3 术语和定义

下列术语和定义适用于本标准。

3.1

***zSSIIb* 基因 *zSSIIb* gene**

编码玉米淀粉合酶异构体 zSTSⅡ-2 的基因。

3.2

T25 转化体特异性序列 event-specific sequence of T25

外源插入片段 3′端与玉米基因组的连接区序列，包括 CaMV 35S 终止子 3′端部分序列和玉米基因组的部分序列。

4 原理

根据转基因耐除草剂玉米 T25 转化体特异性序列设计特异性引物，对试样进行 PCR 扩增。依据是否扩增获得预期 255 bp 的 DNA 片段，检测试样中是否含有转基因耐除草剂玉米 T25。

5 试剂和材料

除非另有说明，仅使用分析纯试剂和重蒸馏水。

5.1 琼脂糖。

5.2 10 g/L 溴化乙锭溶液：称取 1.0 g 溴化乙锭(EB)，溶于 100 mL 水中。

注：溴化乙锭有致癌作用，配制和使用时应戴一次性手套操作并妥善处理废液。

5.3 10 mol/L 氢氧化钠溶液：称取氢氧化钠(NaOH)80.0 g，先用 160 mL 水溶解后，再加水定容到 200 mL。

5.4 500 mmol/L 乙二铵四乙酸二钠溶液(pH 8.0)：称取 18.6 g 乙二铵四乙酸二钠(EDTA-Na_2)，加入 70 mL 水中，再加入适量氢氧化钠溶液(5.3)，加热至完全溶解后，冷却至室温，用氢氧化钠溶液(5.3)

调 pH 至 8.0,加水定容至 100 mL。在 103.4 kPa(121℃)条件下灭菌 20 min。

5.5 1 mol/L 三羟甲基氨基甲烷—盐酸溶液(pH 8.0):称取 121.1 g 三羟甲基氨基甲烷(Tris)溶解于 800 mL 水中,用盐酸调 pH 至 8.0,加水定容至 1 000 mL。在 103.4 kPa(121℃)条件下灭菌 20 min。

5.6 TE 缓冲液(pH 8.0):分别量取 10 mL 三羟甲基氨基甲烷—盐酸溶液(5.5)和 2 mL 乙二铵四乙酸二钠溶液(5.4),加水定容至 1 000 mL。在 103.4 kPa(121℃)条件下灭菌 20 min。

5.7 50×TAE 缓冲液:称取 242.2 g 三羟甲基氨基甲烷(Tris),先用 300 mL 水加热搅拌溶解后,加 100 mL 乙二铵四乙酸二钠溶液(5.4),用冰乙酸调 pH 至 8.0,然后加水定容到 1 000 mL。使用时用水稀释成 1×TAE。

5.8 加样缓冲液:称取 250.0 mg 溴酚蓝,加 10 mL 水,在室温下溶解 12 h;称取 250.0 mg 二甲基苯腈蓝,用 10 mL 水溶解;称取 50.0 g 蔗糖,用 30 mL 水溶解,混合三种溶液,加水定容至 100 mL,在 4℃下保存。

5.9 DNA 分子量标准:可以清楚的区分50 bp～1 000 bp 的 DNA 片段。

5.10 dNTPs 混合溶液:将浓度为 10 mmol/L 的 dATP、dTTP、dGTP、dCTP 四种脱氧核糖核苷酸溶液等体积混合。

5.11 Taq DNA 聚合酶(5 u/μL)及 PCR 反应缓冲液。

5.12 引物。

5.12.1 *zSSIIb* 基因。

zSSIIb - F:5′- CGGTGGATGCTAAGGCTGATG - 3′;

zSSIIb - R:5′- AAAGGGCCAGGTTCATTATCCTC - 3′;

预期扩增片段大小为 88 bp。

5.12.2 T25 转化体特异性序列。

T25 - F:5′- CAGCGACAATGGCGGAACGACTCAA - 3′;

T25 - R:5′- CCTTTCCTTTATCGCAATGATGGCA - 3′;

预期扩增片段大小为 255 bp。

5.13 引物溶液:用 TE 缓冲液(5.6)分别将上述引物稀释到 10 μmol/L。

5.14 石蜡油。

5.15 PCR 产物回收试剂盒。

6 仪器

6.1 分析天平,感量 0.1 mg。

6.2 PCR 扩增仪。

6.3 电泳槽、电泳仪等电泳装置。

6.4 紫外透射仪。

6.5 凝胶成像系统或照相系统。

6.6 重蒸馏水发生器或超纯水仪。

6.7 其他分子生物学实验室仪器设备。

7 操作步骤

7.1 抽样

按 NY/T 672 和 NY/T 673 规定执行。

7.2 制样

按NY/T 672和NY/T 673规定执行。

7.3 **试样预处理**

按NY/T 674规定执行。

7.4 **DNA模板制备**

按NY/T 674规定执行。

7.5 **PCR反应**

7.5.1 **试样PCR反应**

7.5.1.1 每个试样PCR反应设置3次重复。

7.5.1.2 在PCR反应管中按表1依次加入反应试剂,用手指轻弹混匀,再加50 μL石蜡油(有热盖设备的PCR仪可不加)。

7.5.1.3 将PCR管放入台式离心机中离心10 s后插入PCR仪中。

7.5.1.4 运行PCR反应。反应程序为:95℃变性5 min;进行35次循环扩增反应(94℃变性30 s,58℃退火30 s,72℃延伸30 s。根据不同型号的PCR仪,可将PCR反应的退火和延伸时间适当延长);72℃延伸7 min。

7.5.1.5 反应结束后取出PCR反应管,对PCR反应产物进行电泳检测。

表1 PCR检测反应体系

试　剂	终浓度	体　积
无菌水		31.75 μL
10×PCR缓冲液	1×	5 μL
25 mmol/L氯化镁溶液	2.5 mmol/L	5 μL
dNTPs	0.2 mmol/L	1 μL
10 μmol/L上游引物	0.5 μmol/L	2.5 μL
10 μmol/L下游引物	0.5 μmol/L	2.5 μL
5 u/μL Taq酶	0.025 u/μL	0.25 μL
25 mg/L DNA模板	1 mg/L	2.0 μL
总体积		50 μL

注1:如果PCR缓冲液中含有氯化镁,则不加氯化镁溶液,加等体积无菌水。

注2:玉米内标准基因PCR检测反应体系中,上、下游引物分别为zSSIIb-F和zSSIIb-R;转基因玉米T25转化体PCR检测反应体系中,上、下游引物分别为T25-F和T25-R。

7.5.2 **对照PCR反应**

7.5.2.1 在试样PCR反应的同时,应设置阴性对照、阳性对照和空白对照,各对照PCR反应体系中,除模板外其余组分及PCR反应条件与7.5.1相同。

7.5.2.2 以非转基因玉米材料中提取的DNA作为阴性对照PCR反应体系的模板。

7.5.2.3 以转基因耐除草剂玉米T25含量为0.1%~1.0%的玉米材料中提取的DNA作为阳性对照PCR反应体系的模板。

7.5.2.4 以无菌水作为空白对照PCR反应体系的模板。

7.6 **PCR产物电泳检测**

按20 g/L的浓度称取琼脂糖,加入1×TAE缓冲液中,加热溶解,配制成琼脂糖溶液。按每100 mL琼脂糖溶液中加入5 μL EB溶液的比例加入EB溶液,混匀,稍适冷却后,将其倒入电泳板上,插上梳板,室温下凝固成凝胶后,放入1×TAE缓冲液中,垂直向上轻轻拔去梳板。取7 μL PCR产物与

3 μL加样缓冲液混合后加入点样孔中,同时在其中一个点样孔中加入 DNA 分子量标准,接通电源在 2 V/cm~5 V/cm 条件下电泳。

7.7 凝胶成像分析

电泳结束后,取出琼脂糖凝胶,置于凝胶成像仪或紫外透射仪上成像。根据 DNA 分子量标准估计扩增条带的大小,将电泳结果形成电子文件存档或用照相系统拍照。根据琼脂糖凝胶电泳结果,按照 8 的规定对 PCR 扩增结果进行分析。如需确认 PCR 扩增片段是否为目的 DNA 片段,按照 7.8 和 7.9 的规定执行。

7.8 PCR 产物回收

按 PCR 产物回收试剂盒说明书回收 PCR 扩增的 DNA 片段。

7.9 PCR 产物的测序验证

将回收的 PCR 产物克隆测序,确定 PCR 扩增的 DNA 片段是否为目的 DNA 片段。

8 结果分析与表述

8.1 对照样品结果分析

阳性对照 PCR 反应中,*zSSIIb* 内标准基因和转化体特异性序列均得到扩增,且扩增片段大小与预期片段大小一致,而阴性对照中仅扩增出 *zSSIIb* 基因片段,空白对照中没有任何扩增片段,表明 PCR 反应体系正常工作,否则重新检测。

8.2 试样检测结果分析和表述

a) *zSSIIb* 内标准基因和转化体特异性序列均得到扩增,且扩增片段大小与预期片段大小一致,表明试样中检测出转基因耐除草剂玉米 T25,表述为"试样中检测出转基因耐除草剂玉米 T25,检测结果为阳性"。

b) *zSSIIb* 内标准基因片段得到扩增,且扩增片段大小与预期片段大小一致,而转化体特异性序列未得到扩增,或扩增片段大小与预期片段大小不一致,表明试样中未检测出转基因耐除草剂玉米 T25,表述为"试样中未检测出转基因耐除草剂玉米 T25,检测结果为阴性"。

c) *zSSIIb* 内标准基因片段未得到扩增,或扩增片段大小与预期片段大小不一致,不作判定。

ICS 65.020
B 04

中华人民共和国国家标准

农业部953号公告—1—2007

转基因植物及其产品成分检测 抗虫玉米Bt10及其衍生品种 定性PCR方法

Detection of genetically modified plants and derived products
Qualitative PCR method for insect-resistant maize Bt10 and its derivates

2007-12-18 发布　　2008-03-01 实施

中华人民共和国农业部　发布

前　言

本标准由中华人民共和国农业部科技教育司提出。

本标准由全国农业转基因生物安全管理标准化技术委员会归口。

本标准起草单位:农业部科技发展中心、上海交通大学。

本标准主要起草人:张大兵、刘信、杨立桃、沈平。

本标准为首次发布。

转基因植物及其产品成分检测
抗虫玉米 Bt10 及其衍生品种定性 PCR 方法

1 范围

本标准规定了转基因抗虫玉米 Bt10 转化体特异性定性 PCR 检测方法。

本标准适用于转基因抗虫玉米 Bt10 及其衍生品种，以及制品中 Bt10 的定性 PCR 检测。

2 规范性引用文件

下列文件中的条款通过本标准的引用而成为本标准的条款。凡是注日期的引用文件，其随后所有的修改单（不包括勘误的内容）或修订版均不适用于本标准，然而，鼓励根据本标准达成协议的各方研究是否可使用这些文件的最新版本。凡是不注明日期的引用文件，其最新版本适合于本标准。

NY/T 672　转基因植物及其产品检测　通用要求

NY/T 673　转基因植物及其产品检测　抽样

NY/T 674　转基因植物及其产品检测　DNA 提取和纯化

3 术语和定义

下列术语和定义适用于本标准。

3.1

***zSSIIb* 基因　*zSSIIb* gene**

编码玉米淀粉合酶异构体 zSTSⅡ-2 的基因。

3.2

Bt10 转化体特异性序列　event-specific sequence of Bt10

外源插入片段 5′端与玉米基因组的连接区序列，包括外源插入载体氨苄青霉素抗性基因 5′端序列和玉米基因组的部分序列。

4 原理

根据转基因抗虫玉米 Bt10 转化体特异性序列设计特异性引物，对试样进行 PCR 扩增。依据是否扩增获得预期 130 bp 的特异性 DNA 片段，判断试样中是否含有转基因抗虫玉米 Bt10。

5 试剂和材料

除非另有说明，仅使用分析纯试剂和重蒸馏水。

5.1 琼脂糖。

5.2 10 g/L 溴化乙锭溶液：称取 1.0 g 溴化乙锭（EB），溶于 100 mL 水中。

注：溴化乙锭有致癌作用，配制和使用时应戴一次性手套操作并妥善处理废液。

5.3 10mol/L 氢氧化钠溶液：称取氢氧化钠（NaOH）80.0 g，先用 160 mL 水溶解后，再加水定容到 200 mL。

5.4 500 mmol/L 乙二铵四乙酸二钠溶液（pH8.0）：称取 18.6 g 乙二铵四乙酸二钠（EDTA-Na_2），加入 70 mL 水中，再加入适量氢氧化钠溶液（5.3），加热至完全溶解后，冷却至室温，用氢氧化钠溶液（5.3）

调 pH 至 8.0，加水定容至 100 mL。在 103.4kPa(121℃)条件下灭菌 20 min。

5.5 1 mol/L 三羟甲基氨基甲烷—盐酸溶液(pH 8.0)：称取 121.1 g 三羟甲基氨基甲烷(Tris)溶解于 800 mL 水中，用盐酸调 pH 至 8.0，加水定容至 1 000 mL。在 103.4 kPa(121℃)条件下灭菌 20 min。

5.6 TE 缓冲液(pH 8.0)：分别量取 10 mL 三羟甲基氨基甲烷—盐酸溶液(5.5)和 2 mL 乙二铵四乙酸二钠溶液(5.4)，加水定容至 1 000 mL。在 103.4 kPa(121℃)条件下灭菌 20 min。

5.7 50×TAE 缓冲液：称取 242.2 g 三羟甲基氨基甲烷(Tris)，先用 300 mL 水加热搅拌溶解后，加 100 mL 乙二铵四乙酸二钠溶液(5.4)，用冰乙酸调 pH 至 8.0，然后加水定容到 1 000 mL。使用时用水稀释成 1×TAE 缓冲液。

5.8 加样缓冲液：称取 250.0 mg 溴酚蓝，加 10 mL 水，在室温下溶解 12 h；称取 250.0 mg 二甲基苯腈蓝，用 10 mL 水溶解；称取 50.0 g 蔗糖，用 30 mL 水溶解，混合三种溶液，加水定容至 100 mL，在 4℃下保存。

5.9 DNA 分子量标准：可以清楚地区分 50 bp～1 000 bp 的 DNA 片段。

5.10 dNTPs 混合溶液：将浓度为 10 mmol/L 的 dATP、dTTP、dGTP、dCTP 四种脱氧核糖核苷酸溶液等体积混合。

5.11 Taq DNA 聚合酶(5 U/μL)及 PCR 反应缓冲液。

5.12 引物。

5.12.1 *zSSIIb* 基因。

zSSIIb - F：5′- CGGTGGATGCTAAGGCTGATG - 3′；

zSSIIb - R：5′- AAAGGGCCAGGTTCATTATCCTC - 3′；

预期扩增片段大小为 88 bp。

5.12.2 Bt10 转化体特异性序列。

Bt10 - F：5′- CACACAGGAGATTATTATAGGGTTACTCA - 3′；

Bt10 - R：5′- GGGAATAAGGGCGACACGG - 3′；

预期扩增片段大小为 130 bp。

5.13 引物溶液。

用 TE 缓冲液(5.6)分别将上述引物稀释到 10 μmol/L。

5.14 石蜡油。

5.15 PCR 产物回收试剂盒。

6 仪器

6.1 分析天平，感量 0.1 mg。

6.2 PCR 扩增仪。

6.3 电泳槽、电泳仪等电泳装置。

6.4 紫外透射仪。

6.5 凝胶成像系统或照相系统。

6.6 重蒸馏水发生器或超纯水仪。

6.7 其他分子生物学实验室仪器设备。

7 操作步骤

7.1 抽样

按 NY/T 672 和 NY/T 673 规定执行。

7.2 制样

按NY/T 672和NY/T 673规定执行。

7.3 试样预处理

按NY/T 674规定执行。

7.4 DNA模板制备

按NY/T 674规定执行。

7.5 PCR反应

7.5.1 试样PCR反应

7.5.1.1 每个试样PCR反应设置三次重复。

7.5.1.2 在PCR反应管中按表1依次加入反应试剂，用手指轻弹混匀，再加50 μL石蜡油(有热盖设备的PCR仪可不加)。

7.5.1.3 将PCR管放入台式离心机中离心10 s后插入PCR仪中。

7.5.1.4 运行PCR反应。反应程序为:95℃变性5 min;进行35次循环扩增反应(94℃变性30 s,58℃退火30 s,72℃延伸30 s。根据不同型号的PCR仪，可将PCR反应的退火和延伸时间适当调整);72℃延伸7 min。

7.5.1.5 反应结束后取出PCR反应管，对PCR反应产物进行电泳检测。

表1 PCR检测反应体系

试 剂	终 浓 度	体 积
无菌水		31.75 μL
10×PCR缓冲液	1×	5 μL
25 mmol/L氯化镁溶液	2.5 mmol/L	5 μL
dNTPs	0.2 mmol/L	1 μL
10 μmol/L上游引物 10 μmol/L下游引物	0.5 μmol/L 0.5 μmol/L	2.5 μL 2.5 μL
5 U/μL Taq酶	0.025 U/μL	0.25 μL
25 mg/L DNA模板	1 mg/L	2.0 μL
总体积		50 μL
注1:如果PCR缓冲液中含有氯化镁，则不加氯化镁溶液，加等体积无菌水。 注2:玉米内标准基因PCR检测反应体系中，上下游引物分别为zSSIIb-F和zSSIIb-R;转基因玉米Bt10转化体PCR检测反应体系中，上下游引物分别为Bt10-F和Bt10-R。		

7.5.2 对照PCR反应

在试样PCR反应的同时，应设置阴性对照、阳性对照和空白对照，各对照PCR反应体系中，除模板外其余组分及PCR反应条件与7.5.1相同。以非转基因玉米材料中提取的DNA作为阴性对照PCR反应体系的模板;以Bt10玉米DNA含量为0.1%~1.0%的玉米DNA作为阳性对照PCR反应体系的模板;空白对照中用无菌水代替PCR反应体系模板。

7.6 PCR产物电泳检测

按20 g/L的浓度称取琼脂糖，加入1×TAE缓冲液中，加热溶解，配制成琼脂糖溶液。按每100 mL琼脂糖溶液中加入5 μL EB溶液的比例加入EB溶液，混匀，适当冷却后，将其倒入电泳板上，插上梳板，室温下凝固成凝胶后，放入1×TAE缓冲液中，垂直向上轻轻拔去梳板。取7 μL PCR产物与3 μL加样缓冲液混合后加入点样孔中，同时在其中一个点样孔中加入DNA分子量标准，接通电源在2 V/cm~5 V/cm条件下电泳。

7.7 凝胶成像分析

电泳结束后，取出琼脂糖凝胶，置于凝胶成像仪或紫外透射仪上成像。根据DNA分子量标准估计扩增条带的大小，将电泳结果形成电子文件存档或用照相系统拍照。根据琼脂糖凝胶电泳结果，按照8的规定对PCR扩增结果进行分析。如需确认PCR扩增片段是否为目的DNA片段，按照7.8和7.9的规定执行。

7.8 PCR产物回收

按PCR产物回收试剂盒说明书回收PCR扩增的DNA片段。

7.9 PCR产物的测序验证

将回收的PCR产物克隆测序，确定PCR扩增的DNA片段是否为目的DNA片段。

8 结果分析与表述

8.1 对照样品结果分析

阳性对照PCR反应中，*zSSIIb*内标准基因和转化体特异性序列均得到扩增，且扩增片段大小与预期片段大小一致，而阴性对照中仅扩增出*zSSIIb*基因片段，空白对照中没有任何扩增片段，表明PCR反应体系正常工作，否则重新检测。

8.2 试样检测结果分析和表述

a) *zSSIIb*内标准基因和转化体特异性序列均得到扩增，且扩增片段大小与预期片段大小一致，表明试样中检测出转基因抗虫玉米Bt10，表述为“试样中检测出转基因抗虫玉米Bt10，检测结果为阳性”。

b) *zSSIIb*内标准基因片段得到扩增，且扩增片段大小与预期片段大小一致，而转化体特异性序列未得到扩增，或扩增片段大小与预期片段大小不一致，表明试样中未检测出转基因抗虫玉米Bt10，表述为“试样中未检测出转基因抗虫玉米Bt10，检测结果为阴性”。

c) *zSSIIb*内标准基因片段未得到扩增，或扩增片段大小与预期片段大小不一致，表明试样中未检测出玉米成分，表述为“试样中未检测出玉米成分，检测结果为阴性”。

ICS 65.020
B 04

中华人民共和国国家标准

农业部953号公告—2—2007

转基因植物及其产品成分检测 抗虫玉米CBH351及其衍生品种 定性PCR方法

Detection of genetically modified plants and derived products Qualitative PCR method for insect-resistant maize CBH351 and its derivates

2007-12-18 发布 2008-03-01 实施

中华人民共和国农业部 发布

前　言

本标准由中华人民共和国农业部提出。

本标准由全国农业转基因生物安全管理标准化技术委员会归口。

本标准起草单位：农业部科技发展中心、上海交通大学。

本标准主要起草人：张大兵、刘信、杨立桃、宋贵文。

转基因植物及其产品成分检测
抗虫玉米 CBH351 及其衍生品种定性 PCR 方法

1 范围

本标准规定了转基因抗虫玉米 CBH351 转化体特异性定性 PCR 检测方法。

本标准适用于转基因抗虫玉米 CBH351 及其衍生品种，以及制品中 CBH351 的定性 PCR 检测。

2 规范性引用文件

下列文件中的条款通过本标准的引用而成为本标准的条款。凡是注日期的引用文件，其随后所有的修改单(不包括勘误的内容)或修订版均不适用于本标准，然而，鼓励根据本标准达成协议的各方研究是否可使用这些文件的最新版本。凡是不注明日期的引用文件，其最新版本适合于本标准。

NY/T 672　转基因植物及其产品检测　通用要求

NY/T 673　转基因植物及其产品检测　抽样

NY/T 674　转基因植物及其产品检测　DNA 提取和纯化

3 术语和定义

下列术语和定义适用于本标准。

3.1

***zSSIIb* 基因　*zSSIIb* gene**

编码玉米淀粉合酶异构体 zSTSⅡ-2 的基因。

3.2

CBH351 转化体特异性序列　event-specific sequence of CBH351

外源插入片段 3′端与玉米基因组的连接区序列，包括 NOS 终止子 3′端部分序列和玉米基因组的部分序列。

4 原理

根据转基因抗虫玉米 CBH351 转化体特异性序列设计特异性引物，对试样进行 PCR 扩增。依据是否扩增获得预期 225 bp 的特异性 DNA 片段，判断试样中是否含有转基因抗虫玉米 CBH351。

5 试剂和材料

除非另有说明，仅使用分析纯试剂和重蒸馏水。

5.1 琼脂糖

5.2 10 g/L 溴化乙锭溶液

称取 1.0 g 溴化乙锭(EB)，溶于 100 mL 水中。

注：溴化乙锭有致癌作用，配制和使用时应戴一次性手套操作并妥善处理废液。

5.3 10 mol/L 氢氧化钠溶液

称取氢氧化钠(NaOH)80.0 g，先用 160 mL 水溶解后，再加水定容到 200 mL。

5.4 500 mmol/L 乙二铵四乙酸二钠溶液(pH 8.0)

称取18.6 g乙二铵四乙酸二钠(EDTA-Na_2),加入70 mL水中,再加入适量氢氧化钠溶液(5.3),加热至完全溶解后,冷却至室温,用氢氧化钠溶液(5.3)调pH至8.0,加水定容至100 mL。在103.4 kPa(121℃)条件下灭菌20 min。

5.5 **1 mol/L三羟甲基氨基甲烷-盐酸溶液(pH 8.0)**

称取121.1 g三羟甲基氨基甲烷(Tris)溶解于800 mL水中,用盐酸调pH至8.0,加水定容至1 000 mL。在103.4 kPa(121℃)条件下灭菌20 min。

5.6 **TE缓冲液(pH 8.0)**

分别量取10 mL三羟甲基氨基甲烷-盐酸溶液(5.5)和2 mL乙二铵四乙酸二钠溶液(5.4),加水定容至1 000 mL。在103.4 kPa(121℃)条件下灭菌20 min。

5.7 **50×TAE缓冲液**

称取242.2 g三羟甲基氨基甲烷(Tris),先用300 mL水加热搅拌溶解后,加100 mL乙二铵四乙酸二钠溶液(5.4),用冰乙酸调pH至8.0,然后加水定容到1 000 mL。使用时用水稀释成1×TAE缓冲液。

5.8 **加样缓冲液**

称取250.0 mg溴酚蓝,加10 mL水,在室温下溶解12 h;称取250.0 mg二甲基苯腈蓝,用10 mL水溶解;称取50.0 g蔗糖,用30 mL水溶解,混合三种溶液,加水定容至100 mL,在4℃下保存。

5.9 **DNA分子量标准**

可以清楚地区分50 bp~1 000 bp的DNA片段。

5.10 **dNTPs混合溶液**

将浓度为10 mmol/L的dATP、dTTP、dGTP、dCTP四种脱氧核糖核甘酸溶液等体积混合。

5.11 Taq DNA聚合酶(5 U/μL)及PCR反应缓冲液。

5.12 引物。

5.12.1 ***zSSIIb*基因**

zSSIIb-F:5′-CGGTGGATGCTAAGGCTGATG-3′;

zSSIIb-R:5′-AAAGGGCCAGGTTCATTATCCTC-3′;

预期扩增片段大小为88 bp。

5.12.2 **CBH351转化体特异性序列**

CBH351-F:5′-GCGCGGTGTCATCTATGTTACTA-3′;

CBH351-R:5′-TCAGTTTTCCATCTTCCATA-3′;

预期扩增片段大小为225 bp。

5.13 引物溶液:用TE缓冲液(5.6)分别将上述引物稀释到10 μmol/L。

5.14 石蜡油。

5.15 PCR产物回收试剂盒。

6 仪器

6.1 分析天平,感量0.1 mg。

6.2 PCR扩增仪。

6.3 电泳槽、电泳仪等电泳装置。

6.4 紫外透射仪。

6.5 凝胶成像系统或照相系统。

6.6 重蒸馏水发生器或超纯水仪。

6.7 其他分子生物学实验室仪器设备。

7 操作步骤

7.1 抽样

按NY/T 672和NY/T 673规定执行。

7.2 制样

按NY/T 672和NY/T 673规定执行。

7.3 试样预处理

按NY/T 674规定执行。

7.4 DNA模板制备

按NY/T 674规定执行。

7.5 PCR反应

7.5.1 试样PCR反应

7.5.1.1 每个试样PCR反应设置3次重复。

7.5.1.2 在PCR反应管中按表1依次加入反应试剂，用手指轻弹混匀，再加50 μL石蜡油(有热盖设备的PCR仪可不加)。

7.5.1.3 将PCR管放入台式离心机中离心10 s后插入PCR仪中。

7.5.1.4 运行PCR反应。反应程序为：95℃变性5 min；进行35次循环扩增反应(94℃变性30 s，58℃退火30 s，72℃延伸30 s。根据不同型号的PCR仪，可将PCR反应的退火和延伸时间适当调整)；72℃延伸7 min。

7.5.1.5 反应结束后取出PCR反应管，对PCR反应产物进行电泳检测。

表1 PCR检测反应体系

试　剂	终浓度	体　积
无菌水		31.75 μL
10×PCR缓冲液	1×	5 μL
25 mmol/L氯化镁溶液	2.5 mmol/L	5 μL
dNTPs	0.2 mmol/L	1 μL
10 μmol/L上游引物	0.5 μmol/L	2.5 μL
10 μmol/L下游引物	0.5 μmol/L	2.5 μL
5 U/μL Taq酶	0.025 U/μL	0.25 μL
25 mg/L DNA模板	1 mg/L	2.0 μL
总体积		50 μL

注1：如果PCR缓冲液中含有氯化镁，则不加氯化镁溶液，加等体积无菌水。

注2：玉米内标准基因PCR检测反应体系中，上下游引物分别为zSSⅡb-F和zSSⅡb-R；转基因玉米CBH351转化体PCR检测反应体系中，上下游引物分别为CBH351-F和CBH351-R。

7.5.2 对照PCR反应

在试样PCR反应的同时，应设置阴性对照、阳性对照和空白对照，各对照PCR反应体系中，除模板外其余组分及PCR反应条件与7.5.1相同。以非转基因玉米材料中提取的DNA作为阴性对照PCR反应体系的模板；以CBH351玉米DNA含量为0.1%～1.0%的玉米DNA作为阳性对照PCR反应体系的模板；空白对照中用无菌水代替PCR反应体系模板。

7.6 PCR产物电泳检测

按20 g/L的浓度称取琼脂糖，加入1×TAE缓冲液中，加热溶解，配制成琼脂糖溶液。按每

100 mL琼脂糖溶液中加入5 μL EB溶液的比例加入EB溶液，混匀，稍适冷却后，将其倒入电泳板上，插上梳板，室温下凝固成凝胶后，放入1×TAE缓冲液中，垂直向上轻轻拔去梳板。取7 μLPCR产物与3 μL加样缓冲液混合后加入点样孔中，同时在其中一个点样孔中加入DNA分子量标准，接通电源在2 V/cm～5 V/cm条件下电泳。

7.7 凝胶成像分析

电泳结束后，取出琼脂糖凝胶，置于凝胶成像仪或紫外透射仪上成像。根据DNA分子量标准估计扩增条带的大小，将电泳结果形成电子文件存档或用照相系统拍照。根据琼脂糖凝胶电泳结果，按照8的规定对PCR扩增结果进行分析。如需确认PCR扩增片段是否为目的DNA片段，按照7.8和7.9的规定执行。

7.8 PCR产物回收

按PCR产物回收试剂盒说明书回收PCR扩增的DNA片段。

7.9 PCR产物的测序验证

将回收的PCR产物克隆测序，确定PCR扩增的DNA片段是否为目的DNA片段。

8 结果分析与表述

8.1 对照样品结果分析

阳性对照PCR反应中，*zSSⅡb*内标准基因和转化体特异性序列均得到扩增，且扩增片段大小与预期片段大小一致，而阴性对照中仅扩增出*zSSⅡb*基因片段，空白对照中没有任何扩增片段，表明PCR反应体系正常工作，否则重新检测。

8.2 试样检测结果分析和表述

a) *zSSⅡb*内标准基因和转化体特异性序列均得到扩增，且扩增片段大小与预期片段大小一致，表明试样中检测出转基因抗虫玉米CBH351，表述为“试样中检测出转基因抗虫玉米CBH351，检测结果为阳性”。

b) *zSSⅡb*内标准基因片段得到扩增，且扩增片段大小与预期片段大小一致，而转化体特异性序列未得到扩增，或扩增片段大小与预期片段大小不一致，表明试样中未检测出转基因抗虫玉米CBH351，表述为“试样中未检测出转基因抗虫玉米CBH351，检测结果为阴性”。

c) *zSSⅡb*内标准基因片段未得到扩增，或扩增片段大小与预期片段大小不一致，表明试样中未检测出玉米成分，表述为“试样中未检测出玉米成分，检测结果为阴性”。

ICS 65.020
B 04

中华人民共和国国家标准

农业部953号公告—3—2007

转基因植物及其产品成分检测 耐除草剂油菜T45及其衍生品种定性PCR方法

**Detection of genetically modified plants and derived products
Qualitative PCR method for herbicide-tolerant canola T45 and its derivates**

2007-12-18 发布　　2008-03-01 实施

中华人民共和国农业部　发布

前　言

本标准由中华人民共和国农业部科技教育司提出。

本标准由全国农业转基因生物安全管理标准化技术委员会归口。

本标准起草单位：农业部科技发展中心、上海交通大学、上海市农业科学院。

本标准主要起草人：杨立桃、沈平、张大兵、潘爱虎、厉建萌。

本标准为首次发布。

转基因植物及其产品成分检测
耐除草剂油菜 T45 及其衍生品种定性 PCR 方法

1 范围

本标准规定了转基因耐除草剂油菜 T45 转化体特异性定性 PCR 检测方法。

本标准适用于转基因耐除草剂油菜 T45 及其衍生品种，以及制品中 T45 的定性 PCR 检测。

2 规范性引用文件

下列文件中的条款通过本标准的引用而成为本标准的条款。凡是注日期的引用文件，其随后所有的修改单(不包括勘误的内容)或修订版均不适用于本标准，然而，鼓励根据本标准达成协议的各方研究是否可使用这些文件的最新版本。凡是不注明日期的引用文件，其最新版本适合于本标准。

NY/T 672　转基因植物及其产品检测　通用要求

NY/T 673　转基因植物及其产品检测　抽样

NY/T 674　转基因植物及其产品检测　DNA 提取和纯化

3 术语和定义

下列术语和定义适用于本标准。

3.1

HMG I/Y 基因　HMG I/Y gene

编码高移动簇蛋白 I/Y 的基因。

3.2

T45 转化体特异性序列　event-specific sequence of T45

外源插入片段 5′端与油菜基因组的连接区序列，包括 CaMV 35S 启动子 5′端部分序列和油菜基因组的部分序列。

4 原理

根据转基因耐除草剂油菜 T45 转化体特异性序列设计特异性引物，对试样进行 PCR 扩增。依据是否扩增获得预期 233 bp 的特异性 DNA 片段，判断试样中是否含有转基因耐除草剂油菜 T45。

5 试剂和材料

除非另有说明，仅使用分析纯试剂和重蒸馏水。

5.1　琼脂糖。

5.2　10 g/L 溴化乙锭溶液：称取 1.0 g 溴化乙锭(EB)，溶于 100 mL 水中。

注：溴化乙锭有致癌作用，配制和使用时应戴一次性手套操作并妥善处理废液。

5.3　10 mol/L 氢氧化钠溶液：称取氢氧化钠(NaOH)80.0 g，先用 160 mL 水溶解后，再加水定容到 200 mL。

5.4　500 mmol/L 乙二铵四乙酸二钠溶液(pH 8.0)：称取 18.6 g 乙二铵四乙酸二钠($EDTA-Na_2$)，加入 70 mL 水中，再加入适量氢氧化钠溶液(5.3)，加热至完全溶解后，冷却至室温，用氢氧化钠溶液(5.3)

调 pH 至 8.0，加水定容至 100 mL。在 103.4 kPa (121℃)条件下灭菌20 min。

5.5　1 mol/L 三羟甲基氨基甲烷—盐酸溶液(pH 8.0)：称取 121.1 g 三羟甲基氨基甲烷(Tris)溶解于 800 mL 水中，用盐酸调 pH 至 8.0，加水定容至 1 000 mL。在 103.4 kPa (121℃)条件下灭菌 20 min。

5.6　TE 缓冲液(pH 8.0)：分别量取 10 mL 三羟甲基氨基甲烷—盐酸溶液(5.5)和 2 mL 乙二铵四乙酸二钠溶液(5.4)，加水定容至 1 000 mL。在 103.4 kPa(121℃)条件下灭菌 20 min。

5.7　50×TAE 缓冲液：称取 242.2 g 三羟甲基氨基甲烷(Tris)，先用 300 mL 水加热搅拌溶解后，加 100 mL 乙二铵四乙酸二钠溶液(5.4)，用冰乙酸调 pH 至 8.0，然后加水定容到 1 000 mL。使用时用水稀释成 1×TAE 缓冲液。

5.8　加样缓冲液：称取 250.0 mg 溴酚蓝，加 10 mL 水，在室温下溶解 12 h；称取 250.0 mg 二甲基苯腈蓝，用 10 mL 水溶解；称取 50.0 g 蔗糖，用 30 mL 水溶解，混合三种溶液，加水定容至 100 mL，在 4℃下保存。

5.9　DNA 分子量标准：可以清楚地区分 50 bp～1 000 bp 的 DNA 片段。

5.10　dNTPs 混合溶液：将浓度为 10 mmol/L 的 dATP、dTTP、dGTP、dCTP 四种脱氧核糖核苷酸溶液等体积混合。

5.11　Taq DNA 聚合酶(5 U/μL)及 PCR 反应缓冲液。

5.12　引物。

5.12.1　*HMG I/Y* 基因。

hmg-F：5′-TCCTTCCGTTTCCTCGCC-3′；

hmg-R：5′-TTCCACGCCCTCTCCGCT-3′；

预期扩增片段大小 206 bp。

5.12.2　T45 转化体特异性序列。

T45-F：5′-TCCCATTTATTTACGGTCAC-3′；

T45-R：5′-CCATGGGAATTCATTTACAA-3′；

预期扩增片段大小为 233 bp。

5.13　引物溶液。

用 TE 缓冲液(5.6)分别将上述引物稀释到 10 μmol/L。

5.14　石蜡油。

5.15　PCR 产物回收试剂盒。

6　仪器

6.1　分析天平，感量 0.1 mg。

6.2　PCR 扩增仪。

6.3　电泳槽、电泳仪等电泳装置。

6.4　紫外透射仪。

6.5　凝胶成像系统或照相系统。

6.6　重蒸馏水发生器或超纯水仪。

6.7　其他分子生物学实验室仪器设备。

7　操作步骤

7.1　抽样

按 NY/T 672 和 NY/T 673 规定执行。

7.2 **制样**

按NY/T 672和NY/T 673规定执行。

7.3 **试样预处理**

按NY/T 674规定执行。

7.4 **DNA模板制备**

按NY/T 674规定执行。

7.5 **PCR反应**

7.5.1 **试样PCR反应**

7.5.1.1 每个试样PCR反应设置三次重复。

7.5.1.2 在PCR反应管中按表1依次加入反应试剂，用手指轻弹混匀，再加50 μL石蜡油(有热盖设备的PCR仪可不加)。

7.5.1.3 将PCR管放入台式离心机中离心10 s后插入PCR仪中。

7.5.1.4 运行PCR反应。反应程序为：95℃变性5 min；进行35次循环扩增反应(94℃变性30 s，58℃退火30 s，72℃延伸30 s。根据不同型号的PCR仪，可将PCR反应的退火和延伸时间适当调整)；72℃延伸7 min。

7.5.1.5 反应结束后取出PCR反应管，对PCR反应产物进行电泳检测。

表1 PCR检测反应体系

试剂	终浓度	体积
无菌水		31.75 μL
10×PCR缓冲液	1×	5 μL
25 mmol/L氯化镁溶液	2.5 mmol/L	5 μL
dNTPs	0.2 mmol/L	1 μL
10 μmol/L上游引物	0.5 μmol/L	2.5 μL
10 μmol/L下游引物	0.5 μmol/L	2.5 μL
5 U/μL Taq酶	0.025 U/μL	0.25 μL
25 mg/L DNA模板	1 mg/L	2.0 μL
总体积		50 μL

注1：如果PCR缓冲液中含有氯化镁，则不加氯化镁溶液，加等体积无菌水。

注2：油菜内标准基因PCR检测反应体系中，上下游引物分别为hmg-F和hmg-R；转基因油菜T45转化体PCR检测反应体系中，上下游引物分别为T45-F和T45-R。

7.5.2 **对照PCR反应**

在试样PCR反应的同时，应设置阴性对照、阳性对照和空白对照，各对照PCR反应体系中，除模板外其余组分及PCR反应条件与7.5.1相同。以非转基因油菜材料中提取的DNA作为阴性对照PCR反应体系的模板；以T45油菜DNA含量为0.1%～1.0%的油菜DNA作为阳性对照PCR反应体系的模板；空白对照中用无菌水代替PCR反应体系模板。

7.6 **PCR产物电泳检测**

按20 g/L的浓度称取琼脂糖，加入1×TAE缓冲液中，加热溶解，配制成琼脂糖溶液。按每100 mL琼脂糖溶液中加入5 μL EB溶液的比例加入EB溶液，混匀，稍适冷却后，将其倒入电泳板上，插上梳板，室温下凝固成凝胶后，放入1×TAE缓冲液中，垂直向上轻轻拔去梳板。取7 μL PCR产物与3 μL加样缓冲液混合后加入点样孔中，同时在其中一个点样孔中加入DNA分子量标准，接通电源在2 V/cm～5 V/cm条件下电泳。

7.7 **凝胶成像分析**

电泳结束后，取出琼脂糖凝胶，置于凝胶成像仪或紫外透射仪上成像。根据DNA分子量标准估计扩增条带的大小，将电泳结果形成电子文件存档或用照相系统拍照。根据琼脂糖凝胶电泳结果，按照8的规定对PCR扩增结果进行分析。如需确认PCR扩增片段是否为目的DNA片段，按照7.8和7.9的规定执行。

7.8 PCR产物回收

按PCR产物回收试剂盒说明书回收PCR扩增的DNA片段。

7.9 PCR产物的测序验证

将回收的PCR产物克隆测序，确定PCR扩增的DNA片段是否为目的DNA片段。

8 结果分析与表述

8.1 对照样品结果分析

阳性对照PCR反应中，*HMG I/Y*内标准基因和转化体特异性序列均得到扩增，且扩增片段大小与预期片段大小一致，而阴性对照中仅扩增出*HMG I/Y*基因片段，空白对照中没有任何扩增片段，表明PCR反应体系正常工作，否则重新检测。

8.2 试样检测结果分析和表述

a) *HMG I/Y*内标准基因和转化体特异性序列均得到扩增，且扩增片段大小与预期片段大小一致，表明试样中检测出转基因耐除草剂油菜T 45，表述为"试样中检测出转基因耐除草剂油菜T 45，检测结果为阳性"。

b) *HMG I/Y*内标准基因片段得到扩增，且扩增片段大小与预期片段大小一致，而转化体特异性序列未得到扩增，或扩增片段大小与预期片段大小不一致，表明试样中未检测出转基因耐除草剂油菜T 45，表述为"试样中未检测出转基因耐除草剂油菜T 45，检测结果为阴性"。

c) *HMG I/Y*内标准基因片段未得到扩增，或扩增片段大小与预期片段大小不一致，表明试样中未检测出油菜成分，表述为"试样中未检测出油菜成分，检测结果为阴性"。

ICS 65.020
B 04

中华人民共和国国家标准

农业部953号公告—4—2007

转基因植物及其产品成分检测 耐除草剂油菜Oxy-235及其衍生品种定性PCR方法

Detection of genetically modified plants and derived products Qualitative PCR method for herbicide-tolerant canola Oxy-235 and its derivates

2007-12-18 发布　　2008-03-01 实施

中华人民共和国农业部 发布

前　言

本标准由中华人民共和国农业部科技教育司提出。

本标准由全国农业转基因生物安全管理标准化技术委员会归口。

本标准起草单位:农业部科技发展中心、上海交通大学、上海市农业科学院。

本标准主要起草人:杨立桃、宋贵文、张大兵、潘爱虎、刘信。

本标准为首次发布。

转基因植物及其产品成分检测
耐除草剂油菜 Oxy-235 及其衍生品种定性 PCR 方法

1 范围

本标准规定了转基因耐除草剂油菜 Oxy-235 转化体特异性定性 PCR 检测方法。

本标准适用于转基因耐除草剂油菜 Oxy-235 及其衍生品种，以及制品中 Oxy-235 的定性 PCR 检测。

2 规范性引用文件

下列文件中的条款通过本标准的引用而成为本标准的条款。凡是注日期的引用文件，其随后所有的修改单(不包括勘误的内容)或修订版均不适用于本标准，然而，鼓励根据本标准达成协议的各方研究是否可使用这些文件的最新版本。凡是不注明日期的引用文件，其最新版本适合于本标准。

NY/T 672 转基因植物及其产品检测 通用要求

NY/T 673 转基因植物及其产品检测 抽样

NY/T 674 转基因植物及其产品检测 DNA 提取和纯化

3 术语和定义

下列术语和定义适用于本标准。

3.1

HMG I/Y 基因 HMG I/Y gene

编码高移动簇蛋白 I/Y 的基因。

3.2

Oxy-235 转化体特异性序列 event-specific sequence of Oxy-235

外源插入片段 5′端与油菜基因组的连接区序列，包括 CaMV 35 S 启动子 5′端部分序列和油菜基因组的部分序列。

4 原理

根据转基因耐除草剂油菜 Oxy-235 转化体特异性序列设计特异性引物，对试样进行 PCR 扩增。依据是否扩增获得预期 331 bp 的特异性 DNA 片段，判断试样中是否含有转基因耐除草剂油菜 Oxy-235。

5 试剂和材料

除非另有说明，仅使用分析纯试剂和重蒸馏水。

5.1 琼脂糖。

5.2 10 g/L 溴化乙锭溶液：称取 1.0 g 溴化乙锭(EB)，溶于 100 mL 水中。

注：溴化乙锭有致癌作用，配制和使用时应戴一次性手套操作并妥善处理废液。

5.3 10 mol/L 氢氧化钠溶液：称取氢氧化钠(NaOH)80.0 g，先用 160 mL 水溶解后，再加水定容到 200 mL。

5.4 500 mmol/L 乙二铵四乙酸二钠溶液(pH8.0):称取 18.6 g 乙二铵四乙酸二钠(EDTA - Na_2),加入 70 mL 水中,再加入适量氢氧化钠溶液(5.3),加热至完全溶解后,冷却至室温,用氢氧化钠溶液(5.3)调 pH 至 8.0,加水定容至 100 mL。在 103.4 kPa(121℃)条件下灭菌 20 min。

5.5 1 mol/L 三羟甲基氨基甲烷—盐酸溶液(pH8.0):称取 121.1 g 三羟甲基氨基甲烷(Tris)溶解于 800 mL 水中,用盐酸调 pH 至 8.0,加水定容至 1 000 mL。在 103.4 kPa(121℃)条件下灭菌 20 min。

5.6 TE 缓冲液(pH8.0):分别量取 10 mL 三羟甲基氨基甲烷—盐酸溶液(5.5)和 2 mL 乙二铵四乙酸二钠溶液(5.4),加水定容至 1 000 mL。在 103.4 kPa(121℃)条件下灭菌 20 min。

5.7 50×TAE 缓冲液:称取 242.2 g 三羟甲基氨基甲烷(Tris),先用 300 mL 水加热搅拌溶解后,加 100 mL 乙二铵四乙酸二钠溶液(5.4),用冰乙酸调 pH 至 8.0,然后加水定容到 1 000 mL。使用时用水稀释成 1×TAE 缓冲液。

5.8 加样缓冲液:称取 250.0 mg 溴酚蓝,加 10 mL 水,在室温下溶解 12 h;称取 250.0 mg 二甲基苯腈蓝,用 10 mL 水溶解;称取 50.0 g 蔗糖,用 30 mL 水溶解,混合三种溶液,加水定容至 100 mL,在 4℃下保存。

5.9 DNA 分子量标准:可以清楚地区分 50 bp～1 000 bp 的 DNA 片段。

5.10 dNTPs 混合溶液:将浓度为 10 mmol/L 的 dATP、dTTP、dGTP、dCTP 四种脱氧核糖核苷酸溶液等体积混合。

5.11 Taq DNA 聚合酶(5 U/μL)及 PCR 反应缓冲液。

5.12 引物。

5.12.1 HMG I/Y 基因。

hmg - F:5′- TCCTTCCGTTTCCTCGCC - 3′;

hmg - R:5′- TTCCACGCCCTCTCCGCT - 3′;

预期扩增片段大小 206 bp。

5.12.2 Oxy - 235 转化体特异性序列。

Oxy - 235 - F:5′- TTTGTTTATTGCTTTCGCC - 3′;

Oxy - 235 - R:5′- CCAGGGGATTCAGTTGGA - 3′;

预期扩增片段大小为 331 bp。

5.13 引物溶液。

用 TE 缓冲液(5.6)分别将上述引物稀释到 10 μmol/L。

5.14 石蜡油。

5.15 PCR 产物回收试剂盒。

6 仪器

6.1 分析天平,感量 0.1 mg。

6.2 PCR 扩增仪。

6.3 电泳槽、电泳仪等电泳装置。

6.4 紫外透射仪。

6.5 凝胶成像系统或照相系统。

6.6 重蒸馏水发生器或超纯水仪。

6.7 其他分子生物学实验室仪器设备。

7 操作步骤

7.1 抽样

按 NY/T 672 和 NY/T 673 规定执行。

7.2 制样

按 NY/T 672 和 NY/T 673 规定执行。

7.3 试样预处理

按 NY/T 674 规定执行。

7.4 DNA 模板制备

按 NY/T 674 规定执行。

7.5 PCR 反应

7.5.1 试样 PCR 反应

7.5.1.1 每个试样 PCR 反应设置三次重复。

7.5.1.2 在 PCR 反应管中按表 1 依次加入反应试剂，用手指轻弹混匀，再加 50 μL 石蜡油(有热盖设备的 PCR 仪可不加)。

7.5.1.3 将 PCR 管放入台式离心机中离心 10 s 后插入 PCR 仪中。

7.5.1.4 运行 PCR 反应。反应程序为：95℃变性 5 min；进行 35 次循环扩增反应[94℃变性 30 s，52℃(Oxy－235 转化体特异性序列)或 58℃(HMG I/Y)退火 30 s，72℃延伸 30 s。根据不同型号的 PCR 仪，可将 PCR 反应的退火和延伸时间适当调整]；72℃延伸 7 min。

7.5.1.5 反应结束后取出 PCR 反应管，对 PCR 反应产物进行电泳检测。

表 1 PCR 检测反应体系

试　　剂	终 浓 度	体　　积
无菌水		31.75 μL
10×PCR 缓冲液	1×	5 μL
25 mmol/L 氯化镁溶液	2.5 mmol/L	5 μL
dNTPs	0.2 mmol/L	1 μL
10 μmol/L 上游引物	0.5 μmol/L	2.5 μL
10 μmol/L 下游引物	0.5 μmol/L	2.5 μL
5 U/μL　Taq 酶	0.025 U/μL	0.25 μL
25 mg/L　DNA 模板	1 mg/L	2.0 μL
总体积		50 μL

注 1：如果 PCR 缓冲液中含有氯化镁，则不加氯化镁溶液，加等体积无菌水。

注 2：油菜内标准基因 PCR 检测反应体系中，上下游引物分别为 hmg－F 和 hmg－R；转基因油菜 Oxy－235 转化体 PCR 检测反应体系中，上下游引物分别为 Oxy－235－F 和 Oxy－235－R。

7.5.2 对照 PCR 反应

在试样 PCR 反应的同时，应设置阴性对照、阳性对照和空白对照，各对照 PCR 反应体系中，除模板外其余组分及 PCR 反应条件与 7.5.1 相同。以非转基因油菜材料中提取的 DNA 作为阴性对照 PCR 反应体系的模板；以 Oxy－235 油菜 DNA 含量为 0.1%～1.0%的油菜 DNA 作为阳性对照 PCR 反应体系的模板；空白对照中用无菌水代替 PCR 反应体系模板。

7.6 PCR 产物电泳检测

按 20 g/L 的浓度称取琼脂糖，加入 1×TAE 缓冲液中，加热溶解，配制成琼脂糖溶液。按每 100 mL琼脂糖溶液中加入 5 μL EB 溶液的比例加入 EB 溶液，混匀，稍适冷却后，将其倒入电泳板上，插上梳板，室温下凝固成凝胶后，放入 1×TAE 缓冲液中，垂直向上轻轻拔去梳板。取 7 μL PCR 产物与 3 μL加样缓冲液混合后加入点样孔中，同时在其中一个点样孔中加入 DNA 分子量标准，接通电源在 2 V/cm～5 V/cm 条件下电泳。

7.7 凝胶成像分析

电泳结束后，取出琼脂糖凝胶，置于凝胶成像仪或紫外透射仪上成像。根据DNA分子量标准估计扩增条带的大小，将电泳结果形成电子文件存档或用照相系统拍照。根据琼脂糖凝胶电泳结果，按照8的规定对PCR扩增结果进行分析。如需确认PCR扩增片段是否为目的DNA片段，按照7.8和7.9的规定执行。

7.8 PCR产物回收

按PCR产物回收试剂盒说明书回收PCR扩增的DNA片段。

7.9 PCR产物的测序验证

将回收的PCR产物克隆测序，确定PCR扩增的DNA片段是否为目的DNA片段。

8 结果分析与表述

8.1 对照样品结果分析

阳性对照PCR反应中，HMG I/Y内标准基因和转化体特异性序列均得到扩增，且扩增片段大小与预期片段大小一致，而阴性对照中仅扩增出HMG I/Y基因片段，空白对照中没有任何扩增片段，表明PCR反应体系正常工作，否则重新检测。

8.2 试样检测结果分析和表述

a) HMG I/Y内标准基因和转化体特异性序列均得到扩增，且扩增片段大小与预期片段大小一致，表明试样中检测出转基因耐除草剂油菜Oxy-235，表述为“试样中检测出转基因耐除草剂油菜Oxy-235，检测结果为阳性”。

b) HMG I/Y内标准基因片段得到扩增，且扩增片段大小与预期片段大小一致，而转化体特异性序列未得到扩增，或扩增片段大小与预期片段大小不一致，表明试样中未检测出转基因耐除草剂油菜Oxy-235，表述为“试样中未检测出转基因耐除草剂油菜Oxy-235，检测结果为阴性”。

c) HMG I/Y内标准基因片段未得到扩增，或扩增片段大小与预期片段大小不一致，表明试样中未检测出油菜成分，表述为“试样中未检测出油菜成分，检测结果为阴性”。

ICS 67.120.30
B 52

中华人民共和国国家标准

农业部953号公告—5—2007

转基因动物及其产品成分检测 促生长转ScGH基因鲤鱼 定性PCR方法

Detection of genetically modified animals and derived products Qualitative PCR method for growth promoting common carp

2007-12-18 发布 2008-03-01 实施

中华人民共和国农业部 发布

前　言

本标准由中华人民共和国农业部科技教育司提出。

本标准归口全国农业转基因生物安全管理标准化技术委员会。

本标准起草单位:农业部科技发展中心、中国水产科学研究院黑龙江水产研究所。

本标准主要起草人:梁利群、历建萌、孙效文、沈平、闫学春、常玉梅。

本标准为首次发布。

转基因动物及其产品成分检测
促生长转 ScGH 基因鲤鱼定性 PCR 方法

1 范围

本标准规定了转 ScGH 基因促生长鲤鱼基因特异性定性 PCR 检测方法。

本标准适用于转 ScGH 基因促生长鲤鱼中转基因成分的定性 PCR 检测。

2 规范性引用文件

下列文件中的条款通过本标准的引用而成为本标准的条款。凡是注日期的引用文件，其随后所有的修改单(不包括勘误的内容)或修订版均不适用于本标准，然而，鼓励根据本标准达成协议的各方研究是否可使用这些文件的最新版本。凡是不注日期的引用文件，其最新版本适用于本标准。

GB/T 18654.2 养殖鱼类种质检验 第 2 部分：抽样方法

NY/T 672 转基因植物及其产品检测 通用要求

SC/T 3016 水产品抽样方法

3 术语和定义

下列术语和定义适用于本标准。

3.1

cytb 基因 cytb gene

编码鲤鱼细胞色素 b 的基因。

3.2

ScGH 基因 ScGH gene

大麻哈鱼生长激素基因。

4 原理

针对转 ScGH 基因促生长鲤鱼含有的 ScGH 基因序列，设计基因特异性引物进行 PCR 扩增，以检测试样中是否含有 ScGH 基因。

5 试剂与材料

除非另有说明，仅使用分析纯试剂和重蒸馏水。对实验室的要求按 NY/T 672 执行。

5.1 Taq DNA 聚合酶(5 U/μL)及 PCR 反应缓冲液(含 25 mmol/L Mg^{2+})。

5.2 DNA 分子量标准：能够区分 50 bp～1 000 bp 的 DNA 片段。

5.3 dNTPs 混合溶液：将浓度为 10 mmol/L 的 dATP、dTTP、dGTP、dCTP 四种脱氧核糖核苷酸等体积混合。

5.4 氯仿：异戊醇(24：1，v/v)。

5.5 酚：氯仿：异戊醇(25：24：1，v/v)。

5.6 琼脂糖。

5.7 10 g/L 溴化乙锭溶液：称取 1.0 g 溴化乙锭(EB)，溶于 100 mL 水中。

注：EB有致癌作用，配制和使用时应戴一次性手套操作并妥善处理废液。

5.8 10 mol/L氢氧化钠溶液：称取80.0 g氢氧化钠（NaOH），加入160 mL水中完全溶解，加水定容至200 mL。

5.9 500 mmol/L乙二铵四乙酸二钠溶液（pH 8.0）：称取18.6 g乙二铵四乙酸二钠（EDTA-Na_2），加入70 mL水中，再加入适量氢氧化钠溶液（5.8），加热至完全溶解后，冷却至室温，用氢氧化钠溶液（5.8）调pH至8.0，加水定容至100 mL。在103.4 kPa（121℃）条件下灭菌20 min。

5.10 1 mol/L三羟甲基氨基甲烷-盐酸溶液（pH 8.0）：称取121.1 g三羟甲基氨基甲烷（Tris）溶解于800 mL水中，用盐酸调pH至8.0，加水定容至1 L。在103.4 kPa（121℃）条件下灭菌20 min。

5.11 1 mol/L三羟甲基氨基甲烷-盐酸溶液（pH 7.5）：称取121.1 g三羟甲基氨基甲烷（Tris）溶解于800 mL水中，用盐酸调pH至7.5，加水定容至1 L。

5.12 TE缓冲液（pH 8.0）：分别量取10 mL三羟甲基氨基甲烷-盐酸溶液（5.10）和2 mL乙二铵四乙酸二钠溶液（5.9），加水定容至1 L。在103.4 kPa（121℃）条件下灭菌20 min。

5.13 TE缓冲液（pH 7.5）：分别量取10 mL三羟甲基氨基甲烷-盐酸溶液（5.11）和2 mL乙二铵四乙酸二钠溶液（5.9），加水定容至1 L。在103.4 kPa（121℃）条件下灭菌20 min。

5.14 5×TBE缓冲液：称取54 g Tris，27.5 g硼酸，加500 mL水搅拌溶解后，加入20 mL乙二铵四乙酸二钠溶液（5.9），然后用水定容到1 L。

5.15 加样缓冲液：称取250.0 mg溴酚蓝，加10 mL水，在室温下溶解12 h；称取250.0 mg二甲基苯腈蓝，用10 mL水溶解；称取50.0 g蔗糖，用30 mL水溶解。混合三种溶液，加水定容至100 mL，在4℃下保存。

5.16 DNA裂解液：0.5 mol/L EDTA（pH 8.0），200 mg/L蛋白酶K（Proteinase K），0.5%十二烷基硫酸钠（SDS）。

5.17 透析液：50 mL 1 mol/L三羟甲基氨基甲烷-盐酸溶液（5.10），20 mL 500 mmol/L乙二铵四乙酸二钠溶液（5.9），加水定容至1 L。

5.18 1 mg/mL无DNA的RNA酶：将2 mg RNA酶A溶于2 mL TE（5.13）中，于100℃加热15 min，缓慢冷却至室温，保存于−20℃。

5.19 70%乙醇溶液：取700 mL无水乙醇，加水定容至1 L。

5.20 **引物**

5.20.1 ScGH基因。

GH-F：5′-AGGATGAAACGGGTGGGT-3′；

GH-R：5′-GGGTAGGAGGTCGCCAAAA-3′；

预期扩增片段152 bp。

5.20.2 cytb基因。

L：5′-GACTTGAAAAACCACCGTTG-3′；

H：5′-CCTCAGAAGGATATTTGTCCTC-3′；

预期扩增片段475 bp。

5.21 引物溶液：用1×TE缓冲液（5.12）分别将上述引物稀释到25 μmol/L。

6 仪器

6.1 PCR扩增仪。

6.2 电泳槽、电泳仪等电泳装置。

6.3 凝胶成像系统或紫外透射仪。

6.4 重蒸馏水发生器或超纯水仪。

6.5 其他分子生物学实验室仪器设备。

7 操作步骤

7.1 抽样

按 GB/T 18654.2 和 SC/T 3016 执行。

7.2 制样

将待测样品(鱼肌肉、鳍条等组织)用消毒剪刀剪碎,颗粒大小在 4 mm 以下进行 DNA 提取。

7.3 DNA 模板制备

7.3.1 DNA 模板的提取

将剪碎样品 30 mg 放入 1.5 mL 离心管中,加入 300 μL DNA 裂解液,50℃消化过夜,加入等体积的酚∶氯仿∶异戊醇溶液,震荡混匀,室温 2 500 g 离心 5 min,吸取上层水相,重复抽提两次。将上清液转入透析袋中进行数次透析,直到透析液 OD_{270}<0.05,将透析袋中的液体转入离心管中,加入无 DNA 的 RNA 酶,终浓度为 100 mg/L,37℃温浴 30 min。先用冰预冷的无水乙醇沉淀,4℃,15 000 g 离心 20 min,弃上清液,用 70%乙醇洗涤沉淀,15 000 g 离心,2 次～3 次,室温干燥后加 TE(pH 8.0)溶解,并保存于 4℃备用。

7.3.2 DNA 溶液纯度的测定和保存

将 DNA 适当稀释,测定并记录其在 260 nm 和 280 nm 的紫外分光吸收率,以一个 OD_{260} 值相当于 50 mg/L DNA 浓度来计算纯化的 DNA 浓度。要求 DNA 溶液 OD_{260}/OD_{280} 的比值在 1.7～1.8 之间。依据测得的浓度将 DNA 溶液稀释至 25 mg/L～50 mg/L,于－20℃保存。

注:由于基因组 DNA 不宜反复冻融,建议多管分装保存,融化后应立即使用。剩余的 DNA 应在 4℃冰箱中短期保存,存放时间不宜超过 14 d。

7.4 PCR 反应

7.4.1 试样的 PCR 反应

7.4.1.1 每个试样 PCR 反应设置三次重复。

7.4.1.2 在 PCR 反应管中按表 1 依次加入反应试剂,用手指轻弹混匀,再加 50 μL 石蜡油(有热盖设备的 PCR 仪可以不加)。

表 1 PCR 检测反应体系

单位为微升

试 剂	体 积
无菌水	18.3
10×PCR 缓冲液	2.5
dNTPs 混合溶液	1
25 μmol/L 上游引物	1
25 μmol/L 下游引物	1
5 U/μL Taq 酶	0.2
25 mg/L DNA 模板	1.0
总体积	25
注:鲤鱼内标准基因 PCR 检测反应体系中上、下游引物分别为 L 和 H;ScGH 基因 PCR 检测反应体系上、下游引物分别为 GH-F 和 GH-R。	

7.4.1.3 将 PCR 管在台式离心机上离心 10 s 后插入 PCR 仪中。

7.4.1.4 进行 PCR 反应。反应程序为:94℃变性 3 min;进行 35 次循环扩增反应(93℃变性 30 s,55℃(ScGH 引物)或 58℃(cytb 引物)退火 30 s,72℃延伸 40 s。根据不同型号的 PCR 仪,可将 PCR 反

应的退火和延伸时间适当延长）；72℃延伸5 min。

7.4.1.5 反应结束后取出PCR反应管，对PCR反应产物进行电泳检测。

7.4.2 对照PCR反应

在试样PCR反应的同时，应设置阴性对照、阳性对照和空白对照。各对照PCR反应体系中，除模板外其余组分及PCR反应条件与7.4.1相同。以非转基因鲤鱼DNA作为阴性对照PCR反应体系的模板；以转ScGH基因促生长鲤鱼材料中提取的DNA作为阳性对照PCR反应体系的模板；以无菌水代替空白对照PCR反应体系的模板。

7.5 PCR产物的电泳检测

按15 g/L的浓度称取琼脂糖加入0.5×TBE缓冲液中，加热溶解，配制成琼脂糖溶液。按每100 mL琼脂糖溶液中加入5 μL EB溶液的比例加入EB溶液，混匀，适当冷却后，将其倒入电泳板上，插上梳板，室温下凝固成凝胶后，放入0.5×TBE缓冲液中，垂直向上轻轻拔去梳板。取7 μL PCR产物与3 μL加样缓冲液混合后加入凝胶点样孔中，其中一个泳道中加入DNA分子量标准，接通电源在2 V/cm～5 V/cm条件下电泳。

7.6 凝胶成像分析

电泳结束后，取出琼脂糖凝胶，置于凝胶成像仪或紫外透射仪上成像。根据DNA分子量标准估计扩增条带的大小，将电泳结果形成电子文件存档或用照相系统拍照。根据琼脂糖凝胶电泳结果，按照8的规定对PCR扩增结果进行分析。如需确认PCR扩增片段是否为目的DNA片段，按照7.7和7.8执行。

7.7 PCR产物回收

按PCR产物回收试剂盒说明书回收PCR扩增的DNA片段。

7.8 PCR产物的测序验证

将回收的PCR产物克隆测序，确定PCR扩增的DNA片段是否为目的DNA片段。

8 结果分析与表述

8.1 对照样品结果分析

阳性对照PCR反应中，cytb内标准基因和ScGH基因均得到了扩增，且扩增片段大小与预期片段大小一致，而阴性对照中仅扩增出cytb基因片段，空白对照中没有任何扩增片段，表明PCR反应体系正常工作，否则重新检测。

8.2 试样检测结果分析和表述

a) cytb内标准基因和ScGH基因均得到了扩增，且扩增片段大小与预期片段大小一致，表明试样中检测出ScGH基因，表述为“试样中检测出ScGH基因，检测结果为阳性”。

b) cytb内标准基因片段得到扩增，且扩增片段大小与预期片段大小一致，而ScGH基因未得到扩增，或扩增片段大小与预期片段大小不一致，表明试样中未检测出ScGH基因，表述为“试样中未检测出ScGH基因，检测结果为阴性”。

ICS 65.020
B 04

中华人民共和国国家标准

农业部953号公告—6—2007

转基因植物及其产品成分检测 抗虫转*Bt*基因水稻定性PCR方法

Detection of genetically modified plants and their derived products—Qualitative PCR methods for pest-resistant rice transgenic for *Bt* gene

2007-12-18发布　　2008-03-01实施

中华人民共和国农业部　发布

前　言

本标准附录A、附录B为规范性附录。

本标准由中华人民共和国农业部提出。

本标准由全国农业转基因生物安全管理标准化技术委员会归口。

本标准起草单位:农业部科技发展中心、中国农业科学院生物技术研究所、上海交通大学、中国农业科学院植物保护研究所、中国农业大学、中国检验检疫科学研究院。

本标准主要起草人:金芜军、刘信、杨立桃、张永军、黄昆仑、宋贵文、李宁、沈平、彭于发、黄文胜、宛煜嵩。

转基因植物及其产品成分检测
抗虫转 *Bt* 基因水稻定性 PCR 方法

1 范围

本标准规定了转 *Bt* 基因抗虫水稻的定性 PCR 检测方法。

本标准适用于转基因水稻及其产品中的 *CaMV* 35*S* 启动子、*NOS* 终止子、*Bt* 基因的定性 PCR 检测。

2 规范性引用文件

下列文件中的条款通过本标准的引用而成为本规范的条款。凡是注明日期的引用文件，其随后所有的修改单(不包括勘误的内容)或修订版均不适用于本标准，然而，鼓励根据本标准达成协议的各方研究是否可使用这些文件的最新版本。凡是不注明日期的引用文件，其最新版本适合于本标准。

NY/T 672 转基因植物及其产品检测 通用要求

NY/T 673 转基因植物及其产品检测 抽样

NY/T 674 转基因植物及其产品检测 DNA 提取和纯化

SN/T 1193—2003 基因检验实验室技术要求

SN/T 1194—2003 植物及其产品中转基因成分检测 抽样和制样方法

3 术语和定义

下列术语和定义适用于本标准。

3.1

***SPS* 基因 *SPS* gene**

蔗糖磷酸合酶(sucrose phosphate synthase)基因，在本标准中用作水稻内标准基因。

3.2

***GOS* 基因 *GOS* gene**

一个根部表达的水稻基因，在本标准中用作水稻内标准基因。

3.3

***CaMV* 35*S* 启动子 *CaMV* 35*S* promoter**

花椰菜花叶病毒(*Cauliflower mosaic* virus) 35*S* 的启动子。

3.4

***NOS* 终止子 *NOS* terminator**

根癌农杆菌(*Agrobacterium tumefaciens*) Ti 质粒胭脂碱合酶(nopaline synthase)基因的终止子。

3.5

***CrylAc* 基因 *CrylAc* gene**

编码苏云金芽胞杆菌(*Bacillus thuringiensis*) CrylAc 杀虫晶体蛋白的基因。

3.6

***CrylAb* 基因 *CrylAb* gene**

编码苏云金芽胞杆菌(*Bacillus thuringiensis*) CrylAb 杀虫晶体蛋白的基因。

3.7

CrylAb/CrylAc 融合基因　CrylAb/CrylAc fusion gene

CrylAb 基因与 *CrylAc* 基因经人工拼接形成的基因。

3.8

转 *Bt* 基因抗虫水稻　transgenic insect-resistant rice with *Bt*(*Bacillus thuringiensis*)gene

通过基因工程技术将外源 *CrylAc* 基因或 *CrylAb* 基因或 *CrylAb*/*CrylAc* 融合基因导入水稻而培育出的抗虫水稻。

3.9

Ct 值　cycle threshold

每个反应管内的荧光信号到达设定的阈值时所经历的循环数。

4 原理

根据转 *Bt* 基因抗虫水稻中 *CaMV 35S* 启动子、*NOS* 终止子、*CrylAc* 基因或 *CrylAb* 基因或 *CrylAb*/*CrylAc* 融合基因，以及水稻的内标准基因 *SPS* 基因、*GOS* 基因，设计特异性引物/探针进行 PCR 扩增检测，以确定水稻及其产品中是否含有转 *Bt* 基因抗虫水稻成分。

5 试剂

除非另有说明，本方法试剂均为分析纯试剂和重蒸馏水。

5.1 琼脂糖。

5.2 溴化乙锭(EB)溶液：10mg/mL。

注：EB有致癌作用，配制和使用时应戴一次性手套操作并妥善处理废液。

5.3 10 mol/L 氢氧化钠(NaOH)溶液：在 160 mL 水中加入 80 g NaOH，溶解后加水定容至 200 mL，塑料瓶中保存。

5.4 500 mmol/L EDTA 溶液(pH 8.0)：称取二水乙二铵四乙酸二钠($Na_2EDTA \cdot 2H_2O$)18.6 g，加入 70 mL水中，加入少量 10 mol/L NaOH 溶液，加热至完全溶解后，冷却至室温，用 10 mol/L NaOH 溶液调 pH 至 8.0，加水定容至 100 mL。在 103.4 kPa(121℃)条件下灭菌 20 min。

5.5 1 mol/L Tris-HCl 溶液(pH 8.0)：称取 121.1 g 三羟甲基氨基甲烷(Tris)溶解于 800 mL 水中，用浓盐酸调 pH 至 8.0，加水定容至 1 000 mL。在 103.4 kPa(121℃)条件下灭菌 20 min。

5.6 TE 缓冲液(pH 8.0)：分别加入 1 mol/L Tris-HCl(pH 8.0)10 mL 和 500 mmol/L EDTA(pH 8.0)溶液 2 mL，加水定容至 1 000 mL。在 103.4 kPa(121℃)条件下灭菌 20 min。

5.7 50×TAE 缓冲液：称取 242.2 g Tris，用 500 mL 水加热搅拌溶解，加入 500 mmol/L EDTA 溶液(pH 8.0)100 mL，用冰乙酸调 pH 至 8.0，然后加水定容至 1 000 mL。使用时用水稀释成 1×TAE。

5.8 加样缓冲液：称取溴酚蓝 0.25 g，加入 10 mL 水，在室温下过夜溶解；再称取二甲基苯腈蓝 0.25 g，用 10 mL 水溶解；称取蔗糖 50 g，用 30 mL 水溶解，混合三种溶液，加水定容至 100 mL，在 4℃下保存备用。

5.9 1 mol/LTris-HCl(pH 7.5)：称取 121.1 g Tris 溶解于 800 mL 水中，用浓盐酸调 pH 至 7.5，用水定容至 1 000 mL。在 103.4 kPa(121℃)条件下灭菌 20 min。

5.10 苯酚：氯仿：异戊醇溶液：将苯酚、氯仿和异戊醇按照 25：24：1 的体积比混合。

5.11 氯仿：异戊醇溶液：将氯仿和异戊醇按照 24：1 的体积比混合。

5.12 10 mg/mL RNase A：将胰 RNA 酶(RNase A)溶于 10 mmol/L Tris-HCl(pH 7.5)、15 mmol/L NaCl 中，配成 10 mg/mL 的浓度，于 100℃加热 15 min，缓慢冷却至室温，分装成小份保存于－20℃。

5.13 异丙醇。

5.14 3 mol/L乙酸钠(pH 5.6)：称取408.3 g三水乙酸钠溶解于800 mL水中，用冰乙酸调pH至5.6，用水定容至1 000 mL。在103.4 kPa(121℃)条件下灭菌20 min。

5.15 70%乙醇(V/V)。

5.16 抽提液(1 000 mL)：在600 mL水中加入69.3 g葡萄糖、20 g聚乙烯吡咯烷酮(K 30)(PVP)、1 g DIECA(diethyldithiocarbamic acid)，充分溶解，然后加入1 mol/L Tris-HCl(pH 7.5)100 mL、0.5 mol/L EDTA(pH 8.0)10 mL，加水定容至1 000 mL，4℃保存，使用时加入0.2%(V/V)的β-巯基乙醇。

5.17 裂解液(1 000 mL)：在600 mL水中加入81.7 g氯化钠、20 g十六烷基三甲基溴化铵(CTAB)、20 g聚乙烯吡咯烷酮(K 30)(PVP)、1 g DIECA(diethyldithiocarbamic acid)，充分溶解，然后加入1 mol/L Tris-HCl(pH 7.5)100 mL、0.5 mol/L EDTA(pH 8.0)4 mL，加水定容至1 000 mL，室温保存，使用时加入0.2%(V/V)的β-巯基乙醇。

5.18 DNA分子量标准。

5.19 dNTPs：浓度为10 mmol/L的dATP、dTTP、dGTP、dCTP四种脱氧核糖核苷酸的等体积混合溶液。

5.20 适用于普通PCR反应*Taq*DNA聚合酶(5U/μL)及其反应缓冲液。

5.21 适用于实时荧光PCR反应*Taq* DNA聚合酶(5U/μL)及其反应缓冲液。

5.22 植物DNA提取试剂盒。

5.23 石蜡油。

5.24 PCR产物回收试剂盒。

6 仪器

6.1 通常分子生物学实验室仪器设备。

6.2 PCR扩增仪。

6.3 实时荧光PCR扩增仪。

6.4 电泳槽、电泳仪等电泳装置。

6.5 紫外透射仪。

6.6 凝胶成像系统或照相系统。

7 抽样与制样

按NY/T 673或SN/T 1194执行。

8 操作步骤

8.1 DNA提取和纯化

8.1.1 试样预处理

按NY/T 674执行。

8.1.2 DNA模板制备

采用NY/T 674所描述的方法，或经认证适用于水稻及其产品DNA提取的试剂盒方法，或按下述方法执行。DNA模板制备时设置不加任何试样的空白对照。

称取200 mg经预处理的试样，在液氮中充分研磨后装入液氮预冷的1.5 mL或2 mL离心管中(不需研磨的试样直接加入)。加入1 mL预冷至4℃的抽提液，剧烈摇动混匀后，在冰上静置5 min，4℃条件下10 000 *g* 离心15 min，弃上清液。加入600 μL预热到65℃的裂解液，充分重悬沉淀，在65℃恒温保持40 min，期间颠倒混匀5次。室温条件下，10 000 *g* 离心10 min，取上清液转至另一新离心管中。加入5 μL RNase A，37℃恒温保持30 min。分别用等体积苯酚：氯仿：异戊醇溶液和氯仿:异戊醇溶液各抽提一次。室温条件下，10 000 *g* 离心10 min，取上清液转至另一新离心管中。加入2/3体积异丙醇，1/10体积3 mol/L乙酸钠溶液（pH 5.6），－20℃放置2 h～3 h。在4℃条件下，10 000 *g* 离心15 min，弃上清液，用70%乙醇洗涤沉淀一次，倒出乙醇，晾干沉淀。加入50 μL TE(pH 8.0)溶解沉淀，所得溶液即为样品DNA溶液。

8.1.3 DNA溶液纯度测定和保存

将DNA溶液适当稀释，测定并记录其在260 nm和280 nm的紫外光吸收率，OD_{260}值应该在0.05～1的区间内，$OD_{260\ nm}/OD_{280\ nm}$比值应介于1.4～2.0之间，根据$OD_{260}$值计算DNA浓度。

依据测得的浓度将DNA溶液稀释到25 ng/μL，－20℃保存备用。

8.2 PCR反应(8.2.1和8.2.2选一)

8.2.1 方法一

见附录A。

8.2.2 方法二

见附录B。

9 结果表述

9.1 在试样的PCR反应中，未检出*SPS*基因和/或*GOS*基因，结果表述为“样品中未检出水稻成分”。

9.2 在试样PCR反应中，检出*Bt*基因，对于水稻及以水稻为唯一原料的产品，结果表述为“样品中检出转*Bt*基因水稻成分”；对于混合原料产品，结果表述为“样品中检出*Bt*基因”，需要进一步对加工原料进行检测确认。

9.3 在试样PCR反应中，未检出*Bt*基因，但检出*CaMV* 35*S*启动子和/或*NOS*终止子，表明该样品含有转基因成分，结果表述为“样品中检出*CaMV* 35*S*启动子和/或*NOS*终止子，未检出转*Bt*基因水稻成分”。

9.4 在试样的PCR反应中，检出水稻内标准基因，但未检出*Bt*基因、*CaMV* 35*S*启动子和*NOS*终止子，结果表述为“样品中未检出转*Bt*基因水稻成分”。

10 防污染措施

防污染措施应符合SN/T 1193或NY/T 672的规定。

附　录　A
（规范性附录）
普通 PCR 方法

A.1　引物

引物序列见表 A.1，用 TE 缓冲液（pH 8.0）或双蒸水分别将表 A.1 引物稀释到 10 μmol/L。

表 A.1　PCR 引物序列

检测基因	引　物	引物序列(5′—3′)	PCR 产物大小(bp)
SPS	Primer1	SPS-F1:TTGCGCCTGAACGGATAT	277
	Primer2	SPS-R1:GGAGAAGCACTGGACGAGG	
CaMV 35*S*	Primer1	35S-F1:GCTCCTACAAATGCCATCATTGC	195
	Primer2	35S-R1:GATAGTGGGATTGTGCGTCATCCC	
NOS	Primer1	NOS-F1:GAATCCTGTTGCCGGTCTTG	180
	Primer2	NOS-R1:TTATCCTAGTTTGCGCGCTA	
Bt	Primer1	Bt-F1:GAAGGTTTGAGCAATCTCTAC	301
	Primer2	Bt-R1:CGATCAGCCTAGTAAGGTCGT	

A.2　PCR 检测

A.2.1　PCR 反应

A.2.1.1　试样 PCR 反应

在 PCR 反应管中按表 A.2 依次加入反应试剂，轻轻混匀，再加约 50 μL 石蜡油（有热盖设备的 PCR 仪可不加）。每个试样 3 次重复。

离心 10 s 后，将 PCR 管插入 PCR 仪中。反应程序为：95℃变性 5 min；进行 35 次循环扩增反应（94℃变性 1 min，56℃退火 30 s，72℃延伸 30 s。根据不同型号的 PCR 仪，可将 PCR 反应的退火和延伸时间适当延长）；72℃延伸 7 min。反应结束后取出 PCR 反应管，对 PCR 反应产物进行电泳检测或在 4℃下保存待用。

表 A.2　PCR 反应体系

试　剂	终　浓　度	单样品体积
ddH_2O		28.75 μL
10×PCR 缓冲液	1×	5 μL
25 mmol/L $MgCl_2$	2.5 mmol/L	5 μL
dNTPs	0.2 mmol/L	4 μL
10 μmol/L Primer 1	0.5 μmol/L	2.5 μL
10 μmol/L Primer2	0.5 μmol/L	2.5 μL
5 U/μL Taq 酶	0.025 U/μL	0.25 μL
25 ng/μL DNA 模板	1 ng/μL	2.0 μL
总体积		50 μL
注：PCR 缓冲液中有 Mg^{2+} 的，不应再加 $MgCl_2$。		

A.2.1.2　对照 PCR 反应

在试样 PCR 反应的同时，应设置阴性对照、阳性对照和空白对照。

阴性对照是指用非转基因水稻材料中提取的DNA作为PCR反应体系的模板；设置两个阳性对照，分别用转*Bt*基因抗虫水稻材料中提取的DNA、以及转*Bt*基因水稻含量为0.1%的水稻DNA作为PCR反应体系的模板；设置两个空白对照，分别用无菌重蒸水和DNA制备空白对照作为PCR反应体系的模板。上述各对照PCR反应体系中，除模板外其余组分及PCR反应条件与A.2.1.1相同。

A.2.2 PCR产物电泳检测

将适量的琼脂糖加入1×TAE缓冲液中，加热溶解，配制成浓度为2.0%(W/V)的琼脂糖溶液，然后按每100 mL琼脂糖溶液中加入5 μL EB溶液的比例加入EB溶液，混匀，稍适冷却后，将其倒入电泳板上，插上梳板，室温下凝固成凝胶后，放入1×TAE缓冲液中，轻轻垂直向上拔去梳板。吸取7 μL的PCR产物与适量的加样缓冲液混合后加入点样孔中，在其中一个点样孔中加入DNA分子量标准，接通电源在2 V/cm条件下电泳。

A.2.3 凝胶成像分析

电泳结束后，取出琼脂糖凝胶，轻轻地置于凝胶成像仪上或紫外透射仪上成像。根据DNA分子量标准估计扩增条带的大小，将电泳结果形成电子文件存档或用照相系统拍照。根据琼脂糖凝胶电泳结果，按照A.3的规定对PCR扩增结果进行分析。如需进一步确认PCR扩增片段是否为目的DNA片段，需对PCR扩增的DNA片段参照A.2.4和A.2.5的规定执行。

A.2.4 PCR产物回收

按PCR产物回收试剂盒说明书回收PCR扩增的DNA片段。

A.2.5 PCR产物测序验证

回收的PCR产物进行序列测定，并对测序结果进行比对和分析，确定PCR扩增的DNA片段是否为目的DNA片段。

A.3 结果分析

如果阳性对照的PCR反应中，水稻内标准*SPS*基因、*CaMV* 35*S*启动子和/或*NOS*终止子和*Bt*基因得到了扩增，且扩增片段大小与预期片段大小一致，而在阴性对照中仅扩增出*SPS*基因片段，空白对照中没有任何扩增片段，表明PCR反应体系正常工作。否则，表明PCR反应体系不正常，需要查找原因重新检测。

在PCR反应体系正常工作的前提下，检测结果通常有以下几种情况：

a) 在试样的PCR反应中，内标准*SPS*基因片段没有得到扩增，或扩增出的DNA片段与预期大小不一致，表明样品未检出*SPS*基因。

b) 在试样PCR反应中，内标准*SPS*基因和*Bt*基因均得到了扩增，且扩增出的DNA片段大小与预期片段大小一致，无论*CaMV* 35*S*启动子和/或*NOS*终止子是否得到扩增，表明样品检出*Bt*基因。

c) 在试样PCR反应中，内标准*SPS*基因、*CaMV* 35*S*启动子和/或*NOS*终止子得到了扩增，且扩增片段大小与预期片段大小一致，但*Bt*基因没有得到扩增，或扩增出的DNA片段与预期大小不一致，表明样品检出*CaMV* 35*S*启动子和/或*NOS*终止子，未检出*Bt*基因。

d) 在试样的PCR反应中，内标准*SPS*基因片段得到扩增，且扩增片段大小与预期片段大小一致，*Bt*基因、*CaMV* 35*S*启动子和*NOS*终止子没有得到扩增，表明样品未检出*Bt*基因。

附　录　B
（规范性附录）
实时荧光 PCR 方法

B.1　引物/探针

引物/探针序列见表 B.1，用 TE 缓冲液（pH 8.0）或双蒸水分别将表 B.1 引物/探针稀释到 10 μmol/L。

表 B.1　荧光 PCR 引物/探针序列

检测基因	引物/探针	引物/探针序列（5′—3′）	PCR 产物大小（bp）
SPS	Primer1 Primer2 Probe	SPS - F2：TTGCGCCTGAACGGATAT SPS - R2：CGGTTGATCTTTTCGGGATG SPS - P：FAM - TCCGAGCCGTCCGTGCGTC - TAMRA	81
GOS	Primer1 Primer2 Probe	GOS - F：TTAGCCTCCCGCTGCAGA GOS - R：AGAGTCCACAAGTGCTCCCG GOS - P：FAM - CGGCAGTGTGGTTGGTTTCTTCGG - TAMRA	68
CaMV 35S	Primer1 Primer2 Probe	35S - F：- CGACAGTGGTCCCAAAGA - 35S - R：- AAGACGTGGTTGGAACGTCTTC - 35S - P：FAM - TGGACCCCCACCCACGAGGAGCATC - TAMRA	74
NOS	Primer1 Primer2 Probe	NOS - F2：ATCGTTCAAACATTTGGCA NOS - R2：ATTGCGGGACTCTAATCATA NOS - P：FAM - CATCGCAAGACCGGCAACAGG - TAMRA	165
Bt	Primer1 Primer2 Probe	Bt - F2：GGGAAATGCGTATTCAATTCAAC Bt - R2：TTCTGGACTGCGAACAATGG Bt - P2：FAM - ACATGAACAGCGCCTTGACCACAGC - TAMRA	73
	Primer1 Primer2 Probe	Bt - F3：GACCCTCACAGTTTTGGACATTG Bt - R3：ATTTCTCTGGTAAGTTGGGACACT Bt - P3：FAM - TCCCGAACTATGACTCCAGAACCTACCCTAT - CC - TAMRA	93

注：*SPS* 基因和 *GOS* 基因任选其一；2 组 *Bt* 基因扩增检测的引物/探针任选其一。

B.2　PCR 检测

B.2.1　对照设置

阴性对照以非转基因水稻 DNA 为模板；设置两个阳性对照，分别用转 *Bt* 基因抗虫水稻材料中提取的 DNA，以及转 *Bt* 基因水稻含量为 0.1%的水稻 DNA 作为 PCR 反应体系的模板；空白对照以重蒸馏水代替 DNA 模板。

B.2.2　PCR 反应体系

按表 B.2 配制 PCR 扩增反应体系，也可采用等效的实时荧光 PCR 反应试剂盒配制反应体系，每个试样和对照设 3 次重复。

表 B.2 实时荧光 PCR 反应体系

试 剂	终 浓 度	单样品体积
ddH_2O		26.6 μL
10×PCR 缓冲液	1×	5 μL
25 mmol/L $MgCl_2$	2.5 mmol/L	5 μL
dNTPs	0.2 mmol/L	4 μL
10 μmol/L Probe	0.2 μmol/L	1 μL
10 μmol/L Primer1	0.4 μmol/L	2.0 μL
10 μmol/L Primer2	0.4 μmol/L	2.0 μL
5 U/μL Taq 酶	0.04 U/μL	0.4 μL
25 ng/μL DNA 模板	2 ng/μL	4.0 μL
总体积		50 μL
注:PCR 缓冲液中有 Mg^{2+} 的,不应再加 $MgCl_2$。		

B.2.3 PCR 反应

PCR 反应按以下程序运行。

第一阶段 95℃/10 min;第二阶段 95℃/15 s、60℃/60 s,循环数 40;在第二阶段的退火延伸时段收集荧光值,PCR 反应结束后,根据收集的荧光曲线和 Ct 值判定结果。

B.3 结果分析

B.3.1 阈值设定

实时荧光 PCR 反应结束后,设置荧光信号阈值,阈值设定原则根据仪器噪声情况进行调整,以阈值线刚好超过正常阴性样品扩增曲线的最高点为准。

B.3.2 质量控制

在内源参照基因 *SPS* 和 *GOS* 基因扩增时,空白荧光曲线平直,阴性对照和阳性对照出现典型的扩增曲线,或空白对照荧光值低于阴性对照和阳性对照荧光值的 15%;在外源基因(序列)*CaMV* 35*S*、*NOS* 和 *Bt* 扩增时,空白对照和阴性对照的荧光曲线平直,阳性对照出现典型的扩增曲线,或空白对照和阴性对照的荧光值低于阳性对照荧光值的 15%,表明反应体系工作正常。否则,表明 PCR 反应体系不正常,需要查找原因重新检测。

B.3.3 结果判定

在 PCR 反应体系正常工作的前提下:

待测样品基因(序列)检测 Ct 值大于或等于 40,则判定样品未检出该基因(序列);

待测样品基因(序列)出现典型的扩增曲线,且检测 Ct 值小于或等于阳性对照的 Ct 值,则判定样品检出该基因(序列);

待测样品基因(序列)出现典型的扩增曲线,检测 Ct 值大于阳性对照的 Ct 值但小于 40,应进行重复实验,如重复实验的外源基因(序列)出现典型的扩增曲线,且检测 Ct 值小于 40,则判定样品检出该基因(序列)。

ICS 65.020.01
B 04

中华人民共和国国家标准

农业部1193号公告—1—2009

转基因植物及其产品成分检测 耐贮藏番茄D2及其衍生品种 定性PCR方法

Detection of genetically modified plants and derived products Qualitative PCR method for ripen-delay tomato D2 and its derivates

2009-04-23 发布 2009-04-23 实施

中华人民共和国农业部 发布

前　　言

本标准由中华人民共和国农业部科技教育司提出。

本标准由全国农业转基因生物安全管理标准化技术委员会归口。

本标准起草单位:农业部科技发展中心、上海交通大学。

本标准主要起草人:杨立桃、沈平、张大兵、宋贵文、李想。

转基因植物及其产品成分检测
耐贮藏番茄 D2 及其衍生品种定性 PCR 方法

1 范围

本标准规定了转基因耐贮藏番茄 D2 转化体特异性定性 PCR 检测方法。

本标准适用于转基因耐贮藏番茄 D2 及其衍生品种，以及制品中 D2 的定性 PCR 检测。

2 规范性引用文件

下列文件中的条款通过本标准的引用而成为本标准的条款。凡是注日期的引用文件，其随后所有的修改单(不包括勘误的内容)或修订版均不适用于本标准，然而，鼓励根据本标准达成协议的各方研究是否可使用这些文件的最新版本。凡是不注明日期的引用文件，其最新版本适合于本标准。

NY/T 672 转基因植物及其产品检测 通用要求

NY/T 673 转基因植物及其产品检测 抽样

NY/T 674 转基因植物及其产品检测 DNA 提取和纯化

3 术语和定义

下列术语和定义适用于本标准。

3.1

***LAT*52 基因 *LAT*52 gene**

编码富含半胱氨酸蛋白的基因，在番茄花粉中特异性表达。

3.2

D2 转化体特异性序列 event-specific sequence of D2

外源插入片段 3′-端与番茄基因组的连接区序列，包括外源插入载体 3′-端 NOS 终止子序列和番茄基因组的部分序列。

4 原理

根据转基因耐贮藏番茄 D2 转化体特异性序列设计特异性引物，对试样进行 PCR 扩增。依据是否扩增获得预期 228 bp 的特异性 DNA 片段，判断样品中是否含有 D2 转化体成分。

5 试剂和材料

使用分析纯试剂和重蒸馏水。

5.1 琼脂糖。

5.2 10 g/L 溴化乙锭溶液：称取 1.0 g 溴化乙锭(EB)，溶于 100 mL 水中。

注：溴化乙锭有致癌作用，配制和使用时应戴一次性手套操作并妥善处理废液。

5.3 10 mol/L 氢氧化钠溶液：称取氢氧化钠(NaOH)80.0 g，先用 160 mL 水溶解后，再加水定容到 200 mL。

5.4 500 mmol/L 乙二铵四乙酸二钠溶液(pH 8.0)：称取 18.6 g 乙二铵四乙酸二钠(EDTA - Na_2)，加入 70 mL 水中，再加入适量氢氧化钠溶液(5.3)，加热至完全溶解后，冷却至室温，用氢氧化钠溶液(5.3)

调 pH 至 8.0,加水定容至 100 mL。在 103.4 kPa(121℃)条件下灭菌 20 min。

5.5 1 mol/L 三羟甲基氨基甲烷—盐酸溶液(pH 8.0):称取 121.1 g 三羟甲基氨基甲烷(Tris)溶解于 800 mL 水中,用盐酸调 pH 至 8.0,加水定容至 1 000 mL。在 103.4 kPa(121℃)条件下灭菌 20 min。

5.6 TE 缓冲液(pH 8.0):分别量取 10 mL 三羟甲基氨基甲烷—盐酸溶液(5.5)和 2 mL 乙二铵四乙酸二钠溶液(5.4),加水定容至 1 000 mL。在 103.4 kPa(121℃)条件下灭菌 20 min。

5.7 50×TAE 缓冲液:称取 242.2 g 三羟甲基氨基甲烷(Tris),先用 300 mL 水加热搅拌溶解后,加入 100 mL 乙二铵四乙酸二钠溶液(5.4),用冰乙酸调 pH 至 8.0,然后加水定容到 1 000 mL。使用时用水稀释成 1×TAE。

5.8 加样缓冲液:称取 250.0 mg 溴酚蓝,加 10 mL 水,在室温下溶解 12 h;称取 250.0 mg 二甲基苯腈蓝,用 10 mL 水溶解;称取 50.0 g 蔗糖,用 30 mL 水溶解,混合三种溶液,加水定容至 100 mL,在 4℃下保存。

5.9 DNA 分子量标准:可以清楚的区分 50 bp~1 000 bp 的 DNA 片段。

5.10 dNTPs 混合溶液:将浓度为 10 mmol/L 的 dATP、dTTP、dGTP、dCTP 四种脱氧核糖核苷酸溶液等体积混合。

5.11 Taq DNA 聚合酶(5 U/μL)及 PCR 反应缓冲液。

5.12 引物。

5.12.1 *LAT*52 基因

LAT-F:5′-AGACCACGAGAACGATATTTGC-3′

LAT-R:5′-TTCTTGCCTTTTCATATCCAGACA-3′

预期扩增片段大小为 92 bp。

5.12.2 D2 转化体特异性序列

HF-F:5′-CTGTTGCCCGTCTCACTG-3′

HF-R:5′-AATCGTGTATGACCTTTTAG-3′

预期扩增片段大小为 228 bp。

5.13 引物溶液

用 TE 缓冲液(5.6)分别将上述引物稀释到 10 μmol/L。

5.14 石蜡油。

5.15 PCR 产物回收试剂盒。

6 仪器

6.1 分析天平,感量 0.1 mg。

6.2 PCR 扩增仪。

6.3 电泳槽、电泳仪等电泳装置。

6.4 紫外透射仪。

6.5 凝胶成像系统或照相系统。

6.6 重蒸馏水发生器或超纯水仪。

6.7 其他相关仪器设备。

7 操作步骤

7.1 抽样

按 NY/T 672 和 NY/T 673 规定执行。

7.2 制样

按 NY/T 672 和 NY/T 673 规定执行。

7.3 试样预处理

按 NY/T 674 规定执行。

7.4 DNA 模板制备

按 NY/T 674 规定执行。

7.5 PCR 反应

7.5.1 试样 PCR 反应

7.5.1.1 每个试样 PCR 反应设置 3 次重复。

7.5.1.2 在 PCR 反应管中按表 1 依次加入反应试剂，用手指轻弹混匀，再加 50μL 石蜡油(有热盖设备的 PCR 仪可不加)。

7.5.1.3 将 PCR 管放入台式离心机中离心 10 s 后插入 PCR 仪中。

7.5.1.4 运行 PCR 反应。反应程序为：95℃变性 7 min；94℃变性 30 s，56℃退火 30 s，72℃延伸 30 s，共进行 35 次循环；72℃延伸 7 min。

7.5.1.5 反应结束后取出 PCR 反应管，对 PCR 反应产物进行电泳检测。

表 1 PCR 检测反应体系

试 剂	终 浓 度	体 积
重蒸馏水		31.75 μL
10×PCR 缓冲液	1×	5 μL
25 mmol/L 氯化镁溶液	2.5 mmol/L	5 μL
dNTPs	0.2 mmol/L	1 μL
10 μmol/L 上游引物	0.5 μmol/L	2.5 μL
10 μmol/L 下游引物	0.5 μmol/L	2.5 μL
5 U/μL Taq 酶	0.025 U/μL	0.25 μL
25 mg/L DNA 模板	1 mg/L	2.0 μL
总体积		50 μL

注 1：如果 PCR 缓冲液中含有氯化镁，则不加氯化镁溶液，加等体积重蒸馏水。

注 2：番茄内标准基因 PCR 检测反应体系中，上、下游引物分别为 LAT - F 和 LAT - R；转基因番茄 D2 转化体 PCR 检测反应体系中，上、下游引物分别为 HF - F 和 HF - R。

7.5.2 对照 PCR 反应

在试样 PCR 反应的同时，应设置阴性对照、阳性对照和空白对照。以非转基因番茄材料中提取的 DNA 作为阴性对照 PCR 反应体系的模板；以转基因番茄 D2DNA 含量为 0.1%～1.0%的番茄 DNA 作为阳性对照 PCR 反应体系的模板；空白对照中用重蒸馏水代替 PCR 反应体系模板。各对照 PCR 反应体系中，除模板外，其余组分及 PCR 反应条件与 7.5.1 相同。

7.6 PCR 产物电泳检测

按 20 g/L 的浓度称取琼脂糖，加入 1×TAE 缓冲液中，加热溶解，配制成琼脂糖溶液。每 100 mL 琼脂糖溶液中加入 5 μL EB 溶液，混匀，适当冷却后，将其倒入电泳板上，插上梳板，室温下凝固成凝胶后，放入 1×TAE 缓冲液中，垂直向上轻轻拔去梳板。取 7 μL PCR 产物与 3 μL 加样缓冲液混合后加入点样孔中，同时在其中一个点样孔中加入 DNA 分子量标准，接通电源在 2 V/cm～5 V/cm 条件下电泳。

7.7 凝胶成像分析

电泳结束后，取出琼脂糖凝胶，置于凝胶成像仪或紫外透射仪上成像。根据 DNA 分子量标准估计扩增条带的大小，将电泳结果形成电子文件存档或用照相系统拍照。根据琼脂糖凝胶电泳结果，按照 8

的规定对 PCR 扩增结果进行分析。如需通过序列分析确认 PCR 扩增片段是否为目的 DNA 片段，按照 7.8 和 7.9 的规定执行。

7.8 PCR 产物回收

按 PCR 产物回收试剂盒说明书回收 PCR 扩增的 DNA 片段。

7.9 PCR 产物的测序验证

将回收的 PCR 产物克隆测序，确定 PCR 扩增的 DNA 片段是否为目的 DNA 片段。

8 结果分析与表述

8.1 对照检测结果分析

阳性对照 PCR 反应中，*LAT*52 内标准基因和 D2 转化体特异性序列均得到扩增，且扩增片段大小与预期片段大小一致，而阴性对照中仅扩增出 *LAT*52 基因片段，空白对照中除引物二聚体外，没有其他扩增片段，表明 PCR 反应体系正常工作，否则重新检测。

8.2 样品检测结果分析和表述

a) *LAT*52 内标准基因和 D2 转化体特异性序列均得到扩增，且扩增片段大小与预期片段大小一致，表明试样中检测出转基因耐贮藏番茄 D2，表述为"样品中检测出转基因耐贮藏番茄 D2 转化体成分，检测结果为阳性"。

b) *LAT*52 内标准基因片段得到扩增，且扩增片段大小与预期片段大小一致，而 D2 转化体特异性序列未得到扩增，或扩增片段大小与预期片段大小不一致，表明试样中未检测出转基因耐贮藏番茄 D2，表述为"样品中未检测出转基因耐贮藏番茄 D2 转化体成分，检测结果为阴性"。

c) *LAT*52 内标准基因片段未得到扩增，或扩增片段大小与预期片段大小不一致，表明试样中未检测出番茄成分，表述为"样品中未检测出番茄成分，检测结果为阴性"。

ICS 65.020.01
B 04

中华人民共和国国家标准

农业部1193号公告—2—2009

转基因植物及其产品成分检测 耐除草剂油菜Topas19/2及其衍生品种 定性PCR方法

Detection of genetically modified plants and derived products
Qualitative PCR method for herbicide-tolerant rapeseed Topas 19/2
and its derivates

2009-04-23 发布 2009-04-23 实施

中华人民共和国农业部 发布

前　　言

本标准由中华人民共和国农业部科技教育司提出。

本标准由全国农业转基因生物安全管理标准化技术委员会归口。

本标准起草单位：农业部科技发展中心、中国农业科学院油料作物研究所。

本标准主要起草人：卢长明、刘信、武玉花、吴刚、雷绍荣、肖玲、厉建萌。

转基因植物及其产品成分检测
耐除草剂油菜 Topas 19/2 及其衍生品种定性 PCR 方法

1 范围

本标准规定了转基因耐除草剂油菜 Topas 19/2 转化体特异性定性 PCR 检测方法。

本标准适用于转基因耐除草剂油菜 Topas 19/2 及其衍生品种，以及制品中 Topas 19/2 的定性 PCR 检测。

2 规范性引用文件

下列文件中的条款通过本标准的引用而成为本标准的条款。凡是注明日期的引用文件，其随后所有的修改单（不包括勘误的内容）或修订版均不适用于本标准，然而，鼓励根据本标准达成协议的各方研究是否可使用这些文件的最新版本。凡是不注明日期的引用文件，其最新版本适合于本标准。

NY/T 672 转基因植物及其产品检测 通用要求

NY/T 673 转基因植物及其产品检测 抽样

NY/T 674 转基因植物及其产品检测 DNA 提取和纯化

3 术语和定义

下列术语和定义适用于本标准。

3.1

***HMG I/Y* 基因 *HMG I/Y* gene**

编码高移动簇蛋白 I/Y(High Mobile Group Protein I/Y)的基因。

3.2

Topas 19/2 转化体特异性序列 event-specific sequence of Topas 19/2

Topas 19/2 外源插入片段 3′-端与油菜基因组的连接区序列，包括 Nos 启动子 5′-端部分序列和油菜基因组的部分序列。

4 原理

根据耐除草剂油菜 Topas 19/2 转化体特异性序列设计特异性引物，对试样 DNA 进行 PCR 扩增。依据是否扩增获得 110 bp 的预期 DNA 片段，判断样品中是否含有 Topas19/2 转化体成分。

5 试剂和材料

使用分析纯试剂和重蒸馏水。

5.1 琼脂糖。

5.2 10 g/L 溴化乙锭溶液：称取 1.0 g 溴化乙锭(EB)，溶解于 100 mL 水中。

注：EB 有致癌作用，配制和使用时应戴一次性手套操作并妥善处理废液。

5.3 10 mol/L 氢氧化钠溶液：称取 80.0 g 氢氧化钠(NaOH)，加 160 mL 水溶解后，再加水定容到 200 mL。

5.4 500 mmol/L 乙二铵四乙酸二钠溶液(pH 8.0)：称取 18.6 g 乙二铵四乙酸二钠($EDTA-Na_2$)，加

入 70 mL 水中，加入适量氢氧化钠溶液（5.3），加热溶解后，冷却至室温，再用氢氧化钠溶液（5.3）调 pH 至 8.0，用水定容到 100 mL。在 103.4 kPa（121℃）条件下灭菌20 min。

5.5 1 mol/L 三羟甲基氨基甲烷-盐酸溶液（pH 8.0）：称取 121.1 g 三羟甲基氨基甲烷（Tris）溶解于 800 mL 水中，用盐酸（HCl）调 pH 至 8.0，加水定容至 1 000 mL。在 103.4 kPa（121℃）条件下灭菌 20 min。

5.6 TE 缓冲液（pH 8.0）：分别量取 10 mL 三羟甲基氨基甲烷—盐酸溶液（5.5）和 2 mL 乙二铵四乙酸二钠溶液（5.4）溶液，加水定容至 1 000 mL。在 103.4 kPa（121℃）条件下灭菌 20 min。

5.7 50×TAE 缓冲液：称取 242.2 g 三羟甲基氨基甲烷，加入 300 mL 水加热搅拌溶解后，加入 100 mL 乙二铵四乙酸二钠溶液（5.4），用冰乙酸调 pH 至 8.0，然后加水定容到 1 000 mL。使用时用水稀释成 1×TAE。

5.8 加样缓冲液：称取 250.0 mg 溴酚蓝，加入 10 mL 水，在室温下溶解 12 h；称取 250.0 mg 二甲基苯腈蓝，加 10 mL 水溶解；称取 50.0 g 蔗糖，加 30 mL 水溶解，混合三种溶液，加水定容至 100 mL，在 4℃下保存备用。

5.9 DNA 分子量标准：可以清楚的区分 50 bp～1 000 bp 的 DNA 片段。

5.10 dNTPs 混合溶液：将浓度为 10 mmol/L 的 dATP、dTTP、dGTP、dCTP 四种脱氧核糖核苷酸等体积混合。

5.11 Taq DNA 聚合酶（5 U/μL）及 PCR 反应缓冲液。

5.12 引物。

5.12.1 ***HMG I/Y* 基因**

HMG-F：5′-TCCTTCCGTTTCCTCGCC-3′

HMG-R：5′-TTCCACGCCCTCTCCGCT-3′

预期扩增片段大小为 206 bp。

5.12.2 **Topas 19/2 转化体特异性序列**

Topas-F：5′-AGTTCCAAACGTAAAACGGCTT-3′

Topas-R：5′-CGGCCTTAATCCCACCCCAG-3′

预期扩增片段大小为 110 bp。

5.13 **引物溶液**

用 TE 缓冲液（5.6）分别将上述引物稀释到 10 μmol/L。

5.14 PCR 产物回收试剂盒。

6 仪器

6.1 重蒸馏水发生器或超纯水仪。

6.2 PCR 扩增仪：升降温速度＞1.5℃/s，孔间温度差异＜1℃，带有防蒸发热盖。

6.3 电泳槽、电泳仪等电泳装置。

6.4 紫外透射仪。

6.5 凝胶成像系统或照相系统。

6.6 分析天平，感量 0.1 mg。

6.7 其他相关仪器设备。

7 操作步骤

7.1 抽样

按 NY/T 672 和 NY/T 673 规定执行。

7.2 制样

按 NY/T 672 和 NY/T 673 规定执行。

7.3 试样预处理

按 NY/T 674 规定执行。

7.4 DNA 模板制备

按 NY/T 674 规定执行。

7.5 PCR 反应

7.5.1 试样 PCR 反应

7.5.1.1 每个试样 PCR 反应设置 3 次重复。

7.5.1.2 在 PCR 反应管中按表 1 依次加入反应试剂，用手指轻弹混匀。

7.5.1.3 将 PCR 管在台式离心机上离心 10 s 后插入 PCR 仪中。

7.5.1.4 进行 PCR 反应。反应程序为：94℃变性 5 min；94℃变性 30 s，60℃退火 30 s，72℃延伸 30 s，共进行 35 次循环；72℃延伸 7 min。

7.5.1.5 反应结束后取出 PCR 反应管，对 PCR 反应产物进行电泳检测。

表 1 PCR 反应体系

试　剂	终 浓 度	体　积
重蒸馏水		34.25 μL
10×RCR 缓冲液	1×	5 μL
25 mmol/L 氯化镁溶液	2.5 mmol/L	5 μL
10 mmol/L dNTPs 混合溶液	0.2 mmol/L	1 μL
10 μmol/L 上游引物	0.25 μmol/L	1.25 μL
10 μmol/L 下游引物	0.25 μmol/L	1.25 μL
5 U/μL Taq 酶	0.025 U/μL	0.25 μL
25 mg/L DNA 模板	1 mg/L	2.0 μL
总体积		50 μL

注 1：如果 10×PCR 缓冲液中含有氯化镁，则不加氯化镁溶液，加等体积重蒸馏水。

注 2：油菜内标准基因 PCR 检测反应体系中，上、下游引物分别为 HMG-F 和 HMG-R；Topas 19/2 转化体 PCR 检测反应体系中，上、下游引物分别为 Topas-F 和 Topas-R。

7.5.2 对照 PCR 反应

在试样 PCR 反应的同时，应设置阴性对照、阳性对照和空白对照。以非转基因油菜材料提取的 DNA 作为阴性对照 PCR 反应体系的模板；以耐除草剂油菜 Topas 19/2 含量为 0.1%～1.0%的油菜基因组 DNA 作为阳性对照 PCR 反应体系的模板；空白对照中用重蒸馏水代替 PCR 反应体系模板。各对照 PCR 反应体系中，除模板外，其余组分及 PCR 反应条件与 7.5.1 相同。

7.6 PCR 产物电泳检测

按 20 g/L 的浓度称量琼脂糖加入 1×TAE 缓冲液中，加热溶解，配制成琼脂糖溶液。每 100 mL 琼脂糖溶液中加入 5 μL EB 溶液，混匀，稍适冷却后，将其倒入电泳板上，插上梳板，室温下凝固成凝胶后，放入 1×TAE 缓冲液中，垂直向上轻轻拔去梳板。取 7 μL PCR 产物与 3 μL 加样缓冲液混合后加入凝胶点样孔，同时在其中一个点样孔中加入 DNA 分子量标准，接通电源在 2 V/cm～5 V/cm 条件下电泳。

7.7 凝胶成像分析

电泳结束后，取出琼脂糖凝胶，置于凝胶成像仪上或紫外透射仪上成像。根据 DNA 分子量标准估计扩增条带的大小，将电泳结果形成电子文件存档或用照相系统拍照。根据琼脂糖凝胶电泳结果，按照

8 的规定对 PCR 扩增结果进行分析。如需通过序列分析确认 PCR 扩增片段是否为目的 DNA 片段，按照 7.8 和 7.9 的规定执行。

7.8 PCR 产物回收

按 PCR 产物回收试剂盒说明书回收 PCR 扩增的 DNA 片段。

7.9 PCR 产物的测序验证

将回收的 PCR 产物克隆测序，确定 PCR 扩增的 DNA 片段是否为目的 DNA 片段。

8 结果分析与表述

8.1 对照检测结果分析

阳性对照的 PCR 反应中，*HMG I/Y* 内标准基因和 Topas 19/2 转化体特异性序列均得到扩增，且扩增片段大小与预期片段大小一致，而阴性对照中仅扩增出 *HMG I/Y* 基因片段，空白对照中除引物二聚体外没有其他扩增片段，表明 PCR 反应体系正常工作，否则重新检测。

8.2 样品检测结果分析和表述

a） *HMG I/Y* 内标准基因和 Topas 19/2 转化体特异性序列均得到了扩增，且扩增片段大小与预期片段大小一致，表明试样中检出转基因耐除草剂油菜 Topas 19/2，表述为"样品中检测出转基因耐除草剂油菜 Topas 19/2 转化体成分，检测结果为阳性"。

b） *HMG I/Y* 内标准基因片段得到扩增，且扩增片段大小与预期片段大小一致，而 Topas 19/2 转化体特异性序列未得到扩增，或扩增片段大小与预期片段大小不一致，表明试样中未检出耐除草剂油菜 Topas 19/2，表述为"样品中未检测出耐除草剂油菜 Topas 19/2 转化体成分，检测结果为阴性"。

c） *HMG I/Y* 内标准基因片段未得到扩增，或扩增片段大小与预期片段大小不一致，表明试样中未检测出甘蓝型油菜成分，表述为"样品中未检测出甘蓝型油菜成分，检测结果为阴性"。

ICS 65.020.01
B 04

中华人民共和国国家标准

农业部1193号公告—3—2009

转基因植物及其产品成分检测 抗虫水稻TT51-1及其衍生品种 定性PCR方法

Detection of genetically modified plants and derived products Qualitative PCR method for insect-resistant rice TT51-1 and its derivates

2009-04-23 发布　　2009-04-23 实施

中华人民共和国农业部 发布

前　　言

本标准由中华人民共和国农业部科技教育司提出。

本标准由全国农业转基因生物安全管理标准化技术委员会归口。

本标准起草单位：农业部科技发展中心、中国农业科学院油料作物研究所、中国检验检疫科学研究院食品安全研究所、中国农业科学院生物技术研究所。

本标准主要起草人：卢长明、沈平、武玉花、黄文胜、金芜军、祝长青。

转基因植物及其产品成分检测
抗虫水稻 TT51-1 及其衍生品种定性 PCR 方法

1 范围

本标准规定了转基因抗虫水稻 TT51-1 转化体特异性定性 PCR 检测方法。

本标准适用于转基因抗虫水稻 TT51-1 及其衍生品种，以及制品中 TT51-1 的定性 PCR 检测。

2 规范性引用文件

下列文件中的条款通过本标准的引用而成为本标准的条款。凡是注日期的引用文件，其随后所有的修改单(不包括勘误的内容)或修订版均不适用于本标准，然而，鼓励根据本标准达成协议的各方研究是否可使用这些文件的最新版本。凡是不注明日期的引用文件，其最新版本适合于本标准。

NY/T 672 转基因植物及其产品检测 通用要求

NY/T 673 转基因植物及其产品检测 抽样

NY/T 674 转基因植物及其产品检测 DNA 提取和纯化

农业部 953 号公告—6—2007 转基因植物及其产品成分检测 抗虫转 *Bt* 基因水稻定性 PCR 方法

3 术语和定义

下列术语和定义适用于本标准。

3.1

***SPS* 基因 *SPS* gene**

编码蔗糖磷合酸酶(Sucrose Phosphate Synthase)的基因。

3.2

TT51-1 转化体特异性序列 event-specific sequence of TT51-1

TT51-1 外源插入片段 3′端与水稻基因组的连接区序列，包括转化载体的部分序列和水稻基因组的部分序列。

4 原理

根据转基因抗虫水稻 TT51-1 转化体特异性序列设计特异性引物，对试样进行 PCR 扩增。依据是否扩增获得 274 bp 的预期 DNA 片段，判断样品中是否含有来源于转基因抗虫水稻 TT51-1 转化体的成分。

5 试剂和材料

使用分析纯试剂和重蒸馏水。

5.1 琼脂糖。

5.2 10 g/L 溴化乙锭溶液：称取 1.0 g 溴化乙锭(EB)，溶于 100 mL 水中。

注：溴化乙锭有致癌作用，配制和使用时应戴一次性手套操作并妥善处理废液。

5.3 10 mol/L 氢氧化钠溶液：称取氢氧化钠(NaOH) 80.0 g，先用 160 mL 水溶解后，再加水定容到 200 mL。

5.4 500 mmol/L 乙二铵四乙酸二钠溶液(pH 8.0):称取 18.6 g 乙二铵四乙酸二钠($EDTA-Na_2$),加入 70 mL 水中,再加入适量氢氧化钠溶液(5.3),加热至完全溶解后,冷却至室温,用氢氧化钠溶液(5.3)调 pH 至 8.0,加水定容至 100 mL。在 103.4 kPa(121℃)条件下灭菌 20 min。

5.5 1 mol/L 三羟甲基氨基甲烷—盐酸溶液(pH 8.0):称取 121.1 g 三羟甲基氨基甲烷(Tris)溶解于 800 mL 水中,用盐酸调 pH 至 8.0,加水定容至 1 000 mL。在 103.4 kPa(121℃)条件下灭菌 20 min。

5.6 TE 缓冲液(pH 8.0):分别量取 10 mL 三羟甲基氨基甲烷—盐酸溶液(5.5)和 2 mL 乙二铵四乙酸二钠溶液(5.4),加水定容至 1 000 mL。在 103.4 kPa(121℃)条件下灭菌 20 min。

5.7 50×TAE 缓冲液:称取 242.2 g 三羟甲基氨基甲烷(Tris),先用 300 mL 水加热搅拌溶解后,加入 100 mL 乙二铵四乙酸二钠溶液(5.4),用冰乙酸调 pH 至 8.0,然后加水定容到 1 000 mL。使用时用水稀释成 1×TAE。

5.8 加样缓冲液:称取 250.0 mg 溴酚蓝,加 10 mL 水,在室温下溶解 12 h;称取 250.0 mg 二甲基苯腈蓝,用 10 mL 水溶解;称取 50.0 g 蔗糖,用 30 mL 水溶解,混合三种溶液,加水定容至 100 mL,在 4℃下保存。

5.9 DNA 分子量标准:可以清楚的区分 50 bp~1 000 bp 的 DNA 片段。

5.10 dNTPs 混合溶液:将浓度为 10 mmol/L 的 dATP、dTTP、dGTP、dCTP 四种脱氧核糖核苷酸溶液等体积混合。

5.11 优质热启动 Taq DNA 聚合酶(5 U/μL)及 PCR 反应缓冲液。

5.12 引物。

5.12.1 ***SPS* 基因**

SPS-F1:5′-TTGCGCCTGAACGGATAT-3′

SPS-R1:5′-GGAGAAGCACTGGACGAGG-3′

预期扩增片段大小为 277 bp。

5.12.2 **TT51-1 转化体特异性序列**

TT51-1-F:5′-AGCAGAACTTTAACCCCCGAA-3′

TT51-1-R:5′-AGAGCCTCGTTGGATTTCTTACAT-3′

预期扩增片段大小为 274 bp。

5.13 引物溶液。

用 TE 缓冲液(5.6)分别将上述引物稀释到 10 μmol/L。

5.14 PCR 产物回收试剂盒。

6 仪器

6.1 分析天平,感量 1 mg。

6.2 PCR 扩增仪:升降温速度>1.5℃/s,孔间温度差异<1℃,带有防蒸发热盖。

6.3 电泳槽、电泳仪等电泳装置。

6.4 紫外透射仪。

6.5 凝胶成像系统或照相系统。

6.6 重蒸馏水发生器或超纯水仪。

6.7 其他相关实验室仪器设备。

7 操作步骤

7.1 抽样

按NY/T 672和NY/T 673规定执行。

7.2 制样

按NY/T 672和NY/T 673规定执行。

7.3 试样预处理

按NY/T 674规定执行。

7.4 DNA模板制备

按农业部953号公告—6—2007规定执行。

7.5 PCR反应

7.5.1 试样PCR反应

7.5.1.1 每个试样PCR反应设置3次重复。

7.5.1.2 在PCR反应管中按表1依次加入反应试剂，用手指轻弹混匀。

7.5.1.3 将PCR管放入台式离心机中离心10 s后插入PCR仪中。

7.5.1.4 运行PCR反应。反应程序为：94℃变性2 min；94℃变性30 s，56℃退火30 s，72℃延伸30 s，共进行35次循环；72℃延伸7 min。

7.5.1.5 反应结束后取出PCR反应管，对PCR反应产物进行电泳检测。

表1 PCR反应体系

试　　剂	终 浓 度	体　　积
重蒸馏水		37.75 μL
10×PCR缓冲液	1×	5 μL
25 mmol/L氯化镁溶液	1.5 mmol/L	3 μL
10 mmol/L dNTPs混合溶液	0.2 mmol/L	1 μL
10 μmol/L上游引物	0.1 μmol/L	0.5 μL
10 μmol/L下游引物	0.1 μmol/L	0.5 μL
5×10^6 U/L Taq酶	2.5×10^4 U/L	0.25 μL
25 mg/L DNA模板	1 mg/L	2.0 μL
总体积		50 μL

注1：如果10×PCR缓冲液中含有氯化镁，则不加氯化镁溶液，加等体积重蒸馏水。

注2：水稻内标准基因PCR检测反应体系中，上、下游引物分别为SPS-F1和SPS-R1；TT51-1转化体PCR检测反应体系中，上、下游引物分别为TT51-1-F和TT51-1-R。

7.5.2 对照PCR反应

在试样PCR反应的同时，应设置阴性对照、阳性对照和空白对照。以非转基因水稻材料中提取的DNA作为阴性对照PCR反应体系的模板；以抗虫水稻TT51-1 DNA含量为0.1%～1.0%的水稻DNA作为阳性对照PCR反应体系的模板；空白对照中用重蒸馏水代替PCR反应体系模板。各对照PCR反应体系中，除模板外，其余组分及PCR反应条件与7.5.1相同。

7.6 PCR产物电泳检测

PCR产物用2%琼脂糖凝胶电泳检测。按20 g/L的浓度称取琼脂糖，加入1×TAE缓冲液中，加热溶解，配制成琼脂糖溶液。每100 mL琼脂糖溶液加入5 μL EB溶液，混匀，适当冷却后，将其倒入电泳板中，插上梳板，室温下凝固成凝胶后，放入1×TAE缓冲液中，垂直向上轻轻拔去梳板。取7 μL PCR产物与3 μL加样缓冲液混合后加入点样孔中，同时在其中一个点样孔中加入DNA分子量标准，接通电源在2 V/cm～5 V/cm条件下电泳。

7.7 凝胶成像分析

电泳结束后，取出琼脂糖凝胶，置于凝胶成像仪或紫外透射仪上成像。根据DNA分子量标准估计扩增条带的大小，将电泳结果形成电子文件存档或用照相系统拍照。根据琼脂糖凝胶电泳结果，按照8

的规定对 PCR 扩增结果进行分析。如需通过序列分析确认 PCR 扩增片段是否为目的 DNA 片段,按照 7.8 和 7.9 的规定执行。

7.8 PCR 产物回收

按 PCR 产物回收试剂盒说明书回收 PCR 扩增的 DNA 片段。

7.9 PCR 产物的测序验证

将回收的 PCR 产物克隆测序,确定 PCR 扩增的 DNA 片段是否为目的 DNA 片段。

8 结果分析与表述

8.1 对照检测结果分析

阳性对照 PCR 反应中,*SPS* 内标准基因和 TT51-1 转化体特异性序列均得到扩增,且扩增片段大小与预期片段大小一致,而阴性对照中仅扩增出 *SPS* 基因片段,空白对照中除引物二聚体外没有其他扩增片段,表明 PCR 反应体系正常工作,否则重新检测。

8.2 样品检测结果分析和表述

a) *SPS* 内标准基因和 TT51-1 转化体特异性序列均得到扩增,且扩增片段大小与预期片段大小一致,表明样品中检测出转基因抗虫水稻 TT51-1,表述为"样品中检测出来源于转基因抗虫水稻 TT51-1 转化体的成分,检测结果为阳性"。

b) *SPS* 内标准基因片段得到扩增,且扩增片段大小与预期片段大小一致,而 TT51-1 转化体特异性序列未得到扩增,或扩增片段大小与预期片段大小不一致,表明样品中未检测出转基因抗虫水稻 TT51-1 转化体,表述为"样品中未检测出来源于转基因抗虫水稻 TT51-1 转化体的成分,检测结果为阴性"。

c) *SPS* 内标准基因片段未得到扩增,或扩增片段大小与预期片段大小不一致,表明样品中未检测出水稻成分,表述为"样品中未检测出水稻成分,检测结果为阴性"。

ICS 65.00
B 04

中 华 人 民 共 和 国 国 家 标 准

农业部1485号公告—1—2010

转基因植物及其产品成分检测
耐除草剂棉花MON1445及其衍生品种
定性PCR方法

Detection of genetically modified plants and derived products—Qualitative PCR method for herbicide-tolerant cotton MON1445 and its derivates

2010-11-15 发布　　2011-01-01 实施

中华人民共和国农业部 发布

前　言

本标准按照 GB/T 1.1—2009 给出的规则起草。

本标准由中华人民共和国农业部科技教育司提出。

本标准由全国农业转基因生物安全管理标准化技术委员会(SAC/TC 276)归口。

本标准起草单位:农业部科技发展中心、山东省农业科学院、上海交通大学、中国农业科学院棉花研究所。

本标准主要起草人:孙红炜、宋贵文、路兴波、张大兵、沈平、杨立桃、韩伟、李萌、雒珺瑜。

转基因植物及其产品成分检测
耐除草剂棉花 MON1445 及其衍生品种定性 PCR 方法

1 范围

本标准规定了转基因耐除草剂棉花 MON1445 转化体特异性的定性 PCR 检测方法。

本标准适用于转基因耐除草剂棉花 MON1445 及其衍生品种，以及制品中 MON1445 转化体成分的定性 PCR 检测。

2 规范性引用文件

下列文件对于本文件的应用是必不可少的。凡是注日期的引用文件，仅注日期的版本适用于本文件。凡是不注日期的引用文件，其最新版本（包括所有的修改单）适用于本文件。

GB/T 6682 分析实验室用水规格和试验方法

NY/T 672 转基因植物及其产品检测 通用要求

NY/T 673 转基因植物及其产品检测 抽样

NY/T 674 转基因植物及其产品检测 DNA 提取和纯化

3 术语和定义

下列术语和定义适用于本文件。

3.1

***Sad1* 基因 *Sad1* gene**

编码棉花硬脂酰—酰基载体蛋白脱饱和酶（stearoyl-acyl carrier protein desaturase）的基因。

3.2

MON1445 转化体特异性序列 event-specific sequence of MON1445

转基因耐除草剂棉花 MON1445 的外源插入片段 3′端与棉花基因组的连接区序列，包括 Ori 3′端部分序列和棉花基因组的部分序列。

4 原理

根据转基因耐除草剂棉花 MON1445 转化体特异性序列设计特异性引物，对试样进行 PCR 扩增。依据是否扩增获得预期 99 bp 的特异性 DNA 片段，判断样品中是否含有 MON1445 转化体成分。

5 试剂和材料

除非另有说明，仅使用分析纯试剂和重蒸馏水或符合 GB/T 6682 规定的一级水。

5.1 琼脂糖。

5.2 10 g/L 溴化乙锭溶液：称取 1.0 g 溴化乙锭（EB），溶于 100 mL 水中，避光保存。

注：溴化乙锭有致癌作用，配制和使用时宜戴一次性手套操作并妥善处理废液。

5.3 10 mol/L 氢氧化钠溶液：在 160 mL 水中加入 80.0 g 氢氧化钠（NaOH），溶解后再加水定容至 200 mL。

5.4 500 mmol/L 乙二铵四乙酸二钠溶液（pH 8.0）：称取 18.6 g 乙二铵四乙酸二钠（EDTA - Na_2），加

入70 mL水中，再加入适量氢氧化钠溶液(5.3)，加热至完全溶解后，冷却至室温，再用氢氧化钠溶液(5.3)调pH至8.0，加水定容至100 mL。在103.4 kPa(121℃)条件下灭菌20 min。

5.5 1 mol/L三羟甲基氨基甲烷—盐酸溶液(pH 8.0)：称取121.1 g三羟甲基氨基甲烷(Tris)溶解于800 mL水中，用盐酸(HCl)调pH至8.0，加水定容至1 000 mL。在103.4 kPa(121℃)条件下灭菌20 min。

5.6 TE缓冲液(pH 8.0)：分别量取10 mL三羟甲基氨基甲烷—盐酸溶液(5.5)和2 mL乙二铵四乙酸二钠溶液(5.4)，加水定容至1 000 mL。在103.4 kPa(121℃)条件下灭菌20 min。

5.7 50×TAE缓冲液：称取242.2 g三羟甲基氨基甲烷(Tris)，先用500 mL水加热搅拌溶解后，加入100 mL乙二铵四乙酸二钠溶液(5.4)，用冰乙酸调pH至8.0，然后加水定容到1 000 mL。使用时，用水稀释成1×TAE。

5.8 加样缓冲液：称取250.0 mg溴酚蓝，加10 mL水，在室温下溶解12 h；称取250.0 mg二甲基苯腈蓝，加10 mL水溶解；称取50.0 g蔗糖，加30 mL水溶解。混合以上三种溶液，加水定容至100 mL，在4℃下保存。

5.9 1 mol/L三羟甲基氨基甲烷—盐酸溶液(pH 7.5)：称取121.1 g三羟甲基氨基甲烷(Tris)溶解于800 mL水中，用盐酸(HCl)调pH至7.5，加水定容至1 000 mL。在103.4 kPa(121℃)条件下灭菌20 min。

5.10 平衡酚—氯仿—异戊醇溶液(25+24+1)。

5.11 氯仿—异戊醇溶液(24+1)。

5.12 5 mol/L氯化钠溶液：称取292.2 g氯化钠，溶解于800 mL水中，加水定容至1 000 mL，在103.4 kPa(121℃)条件下灭菌20 min。

5.13 10 mg/mL RNase A：称取10 mg胰RNA酶(RNase A)溶解于987 μL水中，然后加入10 μL三羟甲基氨基甲烷—盐酸溶液(5.9)和3 μL氯化钠溶液(5.12)，于100℃水浴中保温15 min，缓慢冷却至室温，分装成小份保存于－20℃。

5.14 异丙醇。

5.15 3 mol/L乙酸钠(pH 5.6)：称取408.3 g三水乙酸钠溶解于800 mL水中，用冰乙酸调pH至5.6，加水定容至1 000 mL。在103.4 kPa(121℃)条件下灭菌20 min。

5.16 体积分数为70%的乙醇溶液。

5.17 抽提缓冲液：在600 mL水中加入69.3 g葡萄糖，20 g聚乙烯吡咯烷酮(PVP，K30)，1 g二乙胺基二硫代甲酸钠(DIECA)，充分溶解，然后加入100 mL三羟甲基氨基甲烷—盐酸溶液(5.9)，10 mL乙二铵四乙酸二钠溶液(5.4)，加水定容至1 000 mL，4℃保存，使用时加入体积分数为0.2%的β-巯基乙醇。

5.18 裂解缓冲液：在600 mL水中加入81.7 g氯化钠，20 g十六烷基三甲基溴化铵(CTAB)，20 g聚乙烯吡咯烷酮(PVP，K30)，1 g二乙胺基二硫代甲酸钠(DIECA)，充分溶解，然后加入100 mL三羟甲基氨基甲烷—盐酸溶液(5.9)，4 mL乙二铵四乙酸二钠溶液(5.4)，加水定容至1 000 mL，室温保存，使用时加入体积分数为0.2%的β-巯基乙醇。

5.19 DNA分子量标准：可以清楚地区分50 bp～1 000 bp的DNA片段。

5.20 dNTPs混合溶液：将浓度为10 mmol/L的dATP、dTTP、dGTP、dCTP四种脱氧核糖核苷酸溶液等体积混合。

5.21 Taq DNA聚合酶及PCR反应缓冲液。

5.22 植物DNA提取试剂盒。

5.23 引物。

5.23.1 ***Sad1*** **基因**

Sad1 - F:5′- CCAAAGGAGGTGCCTGTTCA - 3′

Sad1 - R:5′- TTGAGGTGAGTCAGAATGTTGTTC - 3′

预期扩增片段大小为 107 bp。

5.23.2 **MON1445 转化体特异性序列**

MON1445 - F:5′- AATGCTGGATTTTCTGCCTGTG - 3′

MON1445 - R:5′- TCCAAAAGTCATGCATCATTTCTCA - 3′

预期扩增片段大小为 99 bp。

5.24 引物溶液:用 TE 缓冲液(5.6)分别将上述引物稀释到 10 μmol/L。

5.25 石蜡油。

5.26 PCR 产物回收试剂盒。

6 仪器

6.1 分析天平:感量 0.1 g 和 0.1 mg。

6.2 PCR 扩增仪:升降温速度>1.5℃/s,孔间温度差异<1.0℃。

6.3 电泳槽、电泳仪等电泳装置。

6.4 紫外透射仪。

6.5 凝胶成像系统或照相系统。

6.6 重蒸馏水发生器或超纯水仪。

6.7 其他相关仪器和设备。

7 操作步骤

7.1 抽样

按 NY/T 672 和 NY/T 673 的规定执行。

7.2 制样

按 NY/T 672 和 NY/T 673 的规定执行。

7.3 试样预处理

按 NY/T 674 的规定执行。

7.4 DNA 模板制备

按 NY/T 674 的规定执行,或使用经验证适用于棉花 DNA 提取与纯化的植物 DNA 提取试剂盒,或按下述方法执行。DNA 模板制备时设置不加任何试样的空白对照。

称取 200 mg 经预处理的试样,在液氮中充分研磨后装入液氮预冷的 1.5 mL 或 2 mL 离心管中(不需研磨的试样直接加入)。加入 1 mL 预冷至 4℃的抽提缓冲液,剧烈摇动混匀后,在冰上静置 5 min,4℃条件下 10 000 g 离心 15 min,弃上清液。加入 600 μL 预热到 65℃的裂解缓冲液,充分重悬沉淀,在 65℃恒温保持 40 min,期间颠倒混匀 5 次。10 000 g 离心 10 min,取上清液转至另一新离心管中。加入 5 μL RNase A,37℃恒温保持 30 min。分别用等体积平衡酚—氯仿—异戊醇溶液和氯仿—异戊醇溶液各抽提一次。10 000 g 离心 10 min,取上清液转至另一新离心管中。加入 2/3 体积异丙醇,1/10 体积乙酸钠溶液,−20℃放置 2 h~3 h。在 4℃条件下,10 000 g 离心 15 min,弃上清液,用 70%乙醇溶液洗涤沉淀一次,倒出乙醇溶液,晾干沉淀。加入 50 μL TE 缓冲液溶解沉淀,所得溶液即为样品 DNA 溶液。

7.5 PCR 反应

7.5.1 试样 PCR 反应

7.5.1.1 每个试样 PCR 反应设置 3 次重复。

7.5.1.2 在 PCR 反应管中按表 1 依次加入反应试剂，混匀，再加 25 μL 石蜡油(有热盖设备的 PCR 仪可不加)。

表 1 PCR 检测反应体系

试剂	终浓度	体积
水		—
10×PCR 缓冲液	1×	2.5 μL
25 mmol/L 氯化镁溶液	2.5 mmol/L	2.5 μL
dNTPs 混合溶液(各 2.5 mmol/L)	各 0.2 mmol/L	2 μL
10 μmol/L 上游引物	0.4 μmol/L	1 μL
10 μmol/L 下游引物	0.4 μmol/L	1 μL
Taq 酶	0.05 U/μL	—
25 mg/L DNA 模板	2 mg/L	2.0 μL
总体积		25.0 μL

注 1：根据 Taq 酶的浓度确定其体积，并相应调整水的体积，使反应体系总体积达到 25.0 μL。如果 PCR 缓冲液中含有氯化镁，则不加氯化镁溶液，加等体积水。

注 2：棉花内标准基因 PCR 检测反应体系中，上、下游引物分别为 Sad1 - F 和 Sad1 - R；MON1445 转化体 PCR 检测反应体系中，上、下游引物分别为 MON1445 - F 和 MON1445 - R。

7.5.1.3 将 PCR 管放在离心机上，500 g～3 000 g 离心 10 s，然后取出 PCR 管，放入 PCR 仪中。

7.5.1.4 进行 PCR 反应。反应程序为：95℃变性 5 min；95℃变性 30 s，58℃退火 30 s，72℃延伸 30 s，共进行 35 次循环；72℃延伸 7 min。

7.5.1.5 反应结束后取出 PCR 管，对 PCR 反应产物进行电泳检测。

7.5.2 对照 PCR 反应

在试样 PCR 反应的同时，应设置阴性对照、阳性对照和空白对照。

以非转基因棉花材料提取的 DNA 作为阴性对照；以转基因棉花 MON1445 质量分数为 0.1%～1.0%的棉花 DNA 作为阳性对照；以水作为空白对照。

各对照 PCR 反应体系中，除模板外，其余组分及 PCR 反应条件与 7.5.1 相同。

7.6 PCR 产物电泳检测

按 20 g/L 的质量浓度称取琼脂糖，加入 1×TAE 缓冲液中，加热溶解，配制成琼脂糖溶液。每 100 mL琼脂糖溶液中加入 5 μL EB 溶液，混匀，稍适冷却后，将其倒入电泳板上，插上梳板，室温下凝固成凝胶后，放入 1×TAE 缓冲液中，垂直向上轻轻拔去梳板。取 12 μL PCR 产物与 3 μL 加样缓冲液混合后加入凝胶点样孔中，同时在其中一个点样孔中加入 DNA 分子量标准，接通电源在 2 V/cm～5 V/cm 条件下电泳检测。

7.7 凝胶成像分析

电泳结束后，取出琼脂糖凝胶，置于凝胶成像仪或紫外透射仪上成像。根据 DNA 分子量标准估计扩增条带的大小，将电泳结果形成电子文件存档或用照相系统拍照。如需通过序列分析确认 PCR 扩增片段是否为目的 DNA 片段，按照 7.8 和 7.9 的规定执行。

7.8 PCR 产物回收

按 PCR 产物回收试剂盒说明书，回收 PCR 扩增的 DNA 片段。

7.9 PCR 产物测序验证

将回收的 PCR 产物克隆测序，与耐除草剂棉花 MON1445 转化体特异性序列(参见附录 A)进行比对，确定 PCR 扩增的 DNA 片段是否为目的 DNA 片段。

8 结果分析与表述

8.1 对照检测结果分析

阳性对照PCR反应中,*Sad1*内标准基因和MON1445转化体特异性序列均得到扩增,且扩增片段大小与预期片段大小一致,而阴性对照中仅扩增出*Sad1*基因片段,空白对照中没有任何扩增片段,表明PCR反应体系正常工作,否则重新检测。

8.2 样品检测结果分析和表述

8.2.1 *Sad1*内标准基因和MON1445转化体特异性序列均得到扩增,且扩增片段大小与预期片段大小一致,表明样品中检测出转基因耐除草剂棉花MON1445转化体成分,表述为“样品中检测出转基因耐除草剂棉花MON1445转化体成分,检测结果为阳性”。

8.2.2 *Sad1*内标准基因片段得到扩增,且扩增片段大小与预期片段大小一致,而MON1445转化体特异性序列未得到扩增,或扩增片段大小与预期片段大小不一致,表明样品中未检测出转基因耐除草剂棉花MON1445转化体成分,表述为“样品中未检测出转基因耐除草剂棉花MON1445转化体成分,检测结果为阴性”。

8.2.3 *Sad1*内标准基因片段未得到扩增或扩增片段大小与预期片段大小不一致,表明样品中未检测出棉花成分,表述为“样品中未检测出棉花成分,检测结果为阴性”。

附 录 A
(资料性附录)
耐除草剂棉花 MON1445 转化体特异性序列

1 AATGCTGGAT TTTCTGCCTG TGGACAGCCC CTCAAATGTC AATAGGTGCG
51 CCCCTCAAAT GTCAATAGCT TGGCTGAGAA ATGATGCATG ACTTTTGGA

注:划线部分为耐除草剂棉花 MON1445 转化体特异性引物序列。

ICS 65.020.01
B 04

中华人民共和国国家标准

农业部1485号公告—2—2010

转基因微生物及其产品成分检测 猪伪狂犬 $TK^-/gE^-/gI^-$毒株（SA215株）及其产品定性PCR方法

Detection of genetically modified microorganisms and derived products—Qualitative PCR method for $TK^-/gE^-/gI^-$ deleted porcine pseudorabies virus(SA215 strain)and its derived products

2010-11-15发布　　2011-01-01实施

中华人民共和国农业部　发布

前言

本标准按照 GB/T 1.1—2009 给出的规则起草。

本标准由中华人民共和国农业部科技教育司提出。

本标准由全国农业转基因生物安全管理标准化技术委员会(SAC/TC 276)归口。

本标准起草单位:农业部科技发展中心、中国兽医药品监察所、四川农业大学。

本标准主要起草人:沈青春、段武德、宁宜宝、郭万柱、李飞武、刘信。

转基因微生物及其产品成分检测 猪伪狂犬 $TK^-/gE^-/gI^-$ 毒株(SA215 株)及其产品定性 PCR 方法

1 范围

本标准规定了猪伪狂犬 $TK^-/gE^-/gI^-$ 毒株(SA215 株)及其产品的定性 PCR 检测方法。

本标准适用于猪伪狂犬疫苗中 $TK^-/gE^-/gI^-$ 毒株(SA215 株)的检测。

2 规范性引用文件

下列文件对于本文件的应用是必不可少的。凡是注日期的引用文件,仅注日期的版本适用于本文件。凡是不注日期的引用文件,其最新版本(包括所有的修改单)适用于本文件。

GB 2828 计数抽样检验程序

GB/T 6682 分析实验室用水规格和试验方法

3 术语和定义

下列术语和定义适用于本文件。

3.1

野毒株 wild strain

从田间自然感染动物或动物尸体内分离的病毒毒株。

3.2

亲本毒株 parental strain

某病毒毒株经物理、化学或基因工程方式改造而得到了具有新的病毒学特性的新毒株,则该毒株为新毒株的亲本毒株。

3.3

TK 基因 thymidine kinase gene

编码猪伪狂犬病毒胸苷激酶的基因。

3.4

gE 基因 envelope glycoprotein E gene

编码猪伪狂犬病毒囊膜糖蛋白 E 的基因。

3.5

gI 基因 envelope glycoprotein I gene

编码猪伪狂犬病毒囊膜糖蛋白 I 的基因。

4 原理

根据猪伪狂犬疫苗毒株 SA215 与其亲本毒株之间的两处序列(包含 TK、gE 和 gI 三个基因)上的差异,设计三对引物进行 PCR 扩增,通过比较扩增条带的差异,确定猪伪狂犬疫苗中是否含有 SA215 株,参见附录 A。

5 试剂和材料

除非另有说明,仅使用分析纯试剂和重蒸馏水或符合 GB/T 6682 规定的一级水。

5.1 无水乙醇。

5.2 氯仿。

5.3 异戊醇。

5.4 Tris 平衡酚(pH 8.0)。

5.5 平衡酚—氯仿—异戊醇溶液(25+24+1)。

5.6 体积分数为 70%的乙醇溶液。

5.7 琼脂糖。

5.8 10 g/L 溴化乙锭溶液:称取 1.0 g 溴化乙锭(EB),溶于 100 mL 水中,避光保存。

注:溴化乙锭有致癌作用,配制和使用时宜戴一次性手套操作并妥善处理废液。

5.9 10 mol/L 氢氧化钠溶液:在 160 mL 水中加入 80.0 g 氢氧化钠(NaOH),溶解后再加水定容至 200 mL。

5.10 1 mol/L 三羟甲基氨基甲烷—盐酸溶液(pH 8.0):称取 121.1 g 三羟甲基氨基甲烷(Tris)溶解于 800 mL 水中,用盐酸调 pH 至 8.0,加水定容至 1 000 mL,在 103.4 kPa(121℃)条件下灭菌 20 min。

5.11 500 mmol/L 乙二胺四乙酸二钠溶液(pH 8.0):称取 18.6 g 乙二胺四乙酸二钠(EDTA - Na_2),加入 70 mL 水中,再加入适量氢氧化钠溶液(5.9),加热至完全溶解后,冷却至室温,用氢氧化钠溶液(5.9)调 pH 至 8.0,加水定容至 100 mL。在 103.4 kPa(121℃)条件下灭菌 20 min。

5.12 TE 缓冲液(pH 8.0):分别量取 10 mL 三羟甲基氨基甲烷—盐酸溶液(5.10)和 2 mL 乙二铵四乙酸二钠溶液(5.11),加水定容至 1 000 mL。在 103.4 kPa(121℃)条件下灭菌 20 min。

5.13 50×TAE 缓冲液:称取 242.2 g 三羟甲基氨基甲烷(Tris),先用 300 mL 水加热搅拌溶解后,加入 100 mL 乙二铵四乙酸二钠溶液(5.11),用冰乙酸调 pH 至 8.0,然后加水定容到 1 000 mL。使用时用水稀释成 1×TAE。

5.14 加样缓冲液:称取 250.0 mg 溴酚蓝,加 10 mL 水,在室温下溶解 12 h;称取 250.0 mg 二甲基苯腈蓝,用 10 mL 水溶解;称取 50.0 g 蔗糖,用 30 mL 水溶解。混合以上三种溶液,加水定容至 100 mL,在 4℃下保存。

5.15 病毒 DNA 提取试剂盒。

5.16 引物序列:见表 1。

5.17 Taq DNA 聚合酶及 PCR 反应缓冲液:适用于高 GC 含量的 DNA 片段扩增。

5.18 DNA 分子量标准:可以清楚地区分 200 bp～3 000 bp 的 DNA 片段。

5.19 dNTPs 混合溶液:将浓度为 10 mmol/L 的 dATP、dTTP、dGTP、dCTP 四种脱氧核糖核苷酸溶液等体积混合。

5.20 引物溶液:用 TE 缓冲液(5.12)分别将上述引物稀释到 10 μmol/L。

5.21 石蜡油。

5.22 PCR 产物回收试剂盒。

表 1 PCR 引物序列及目的片段长度

引物名称	引物序列	扩增产物预期片段大小,bp		目的基因名称
		猪伪狂犬 SA215 的亲本毒株和野毒株	猪伪狂犬 SA215 株	
TK - F	5′- CATCCTCCGGATCTACCTCGACGGC - 3′	957	681	TK
TK - R	5′- CACACCCCCATCTCCGACGTGAAGG - 3′			
gIE - F	5′- CCCTGGACGCGAACGGCACGAT - 3′	2 948	296	gI、gE
gIE - R	5′- CTCCGAGGAGCGCAGCACCACGTGTT - 3′			
gIME - F	5′- CATGGTGCTGGGGCCCACGATCGTC - 3′	531	—	gI、gE
gIME - R	5′- CGTTGAGGTCGCCGTCGAGGTCAT - 3′			

6 仪器和设备

6.1 分析天平:感量 0.1 g 和 0.1 mg。

6.2 重蒸馏水发生器或超纯水仪。

6.3 PCR 扩增仪:升降温速度>1.5℃/s,孔间温度差异<1.0℃。

6.4 电泳槽、电泳仪等电泳装置。

6.5 紫外透射仪。

6.6 凝胶成像系统或照相系统。

6.7 其他相关仪器和设备。

7 操作步骤

7.1 抽样

按 GB 2828 的规定执行。

7.2 DNA 模板制备

7.2.1 采用下述方法,或经验证适用于病毒 DNA 提取的试剂盒方法

取 1.0 mL 疫苗样品稀释物或细胞培养液置于 2.5 mL 离心管中,反复冻融三次后,4℃下 12 000 g 离心 5 min,取上清液,加入 0.5 mL Tris 平衡酚,颠倒震摇 2 min,4℃下 8 000 g 离心 2 min,取上清液,加入 0.5 mL 平衡酚—氯仿—异戊醇溶液,颠倒震摇 2 min,4℃下 12 000 g 离心 5 min,取上清液,加入等体积的异丙醇混匀,置于−20℃沉淀 1 h,4℃下 12 000 g 离心 10 min,弃上清,加入 1.0 mL 70%乙醇溶液洗涤一次后晾干,加入 50 μL TE 缓冲液溶解 DNA,置于−20℃冻存。

7.2.2 DNA 溶液纯度测定和保存

将 DNA 适当稀释或浓缩,使其 OD_{260} 值应在 0.1~0.8 的区间内,测定并记录其在 260 nm 和 280 nm的吸光度。以 1 个 OD_{260} 值相当于 50 mg/L DNA 浓度来计算纯化 DNA 的浓度,DNA 溶液的 OD_{260}/OD_{280} 值应在 1.7~2.0 之间。依据测得的浓度将 DNA 溶液稀释到 25 mg/L,−20℃保存备用。

7.3 PCR 反应

7.3.1 试样 PCR 反应

7.3.1.1 每个试样 PCR 反应设置 3 次重复。

7.3.1.2 在 PCR 反应管中按表 2 依次加入反应试剂,混匀,再加 25 μL 石蜡油(有热盖设备的 PCR 仪可不加)。

表 2 PCR 反应体系

试 剂	终 浓 度	体 积
水		—
PCR 缓冲液	1×	—
25 mmol/L 氯化镁溶液	2.5 mmol/L	2.5 μL
dNTPs 混合溶液(各 2.5 mmol/L)	各 0.2 mmol/L	2 μL
10 μmol/L 上游引物	0.8 μmol/L	2 μL
10 μmol/L 下游引物	0.8 μmol/L	2 μL
Taq 酶	0.05 U/μL	—
25 mg/L DNA 模板	2 mg/L	2.0 μL
总体积		25.0 μL
注:根据 Taq 酶的浓度和 PCR 缓冲液的倍数分别确定其体积,相应调整水的体积,使反应体系总体积达到 25.0 μL。如果 PCR 缓冲液中含有氯化镁,则不加氯化镁溶液,加等体积水。		

7.3.1.3 将 PCR 管放在台式离心机上，500 g～3 000 g 离心 10 s，然后取出 PCR 管，放入 PCR 仪中，设定热盖温度为 99℃。

7.3.1.4 进行 PCR 反应。引物 TK - F/R 和 gIME - F/R 反应程序为：95℃预变性 5 min；94℃变性 40 s，68.5℃退火 40 s，72.0℃延伸 55 s，共进行 35 个循环；72℃延伸 5 min。引物 gIE - F/R 反应程序为：95℃预变性 5 min；94.0℃变性 30 s，67.0℃退火 30 s，72.0℃延伸 30 s，共进行 35 个循环，72℃延伸 5 min。

7.3.1.5 反应结束后取出 PCR 管，对 PCR 反应产物进行电泳检测。

7.3.2 对照 PCR 反应

在试样 PCR 反应的同时，应设置阴性对照、阳性对照和空白对照。

以猪伪狂犬 SA215 株的亲代 Fa 株 SPF 鸡成纤维细胞毒(蚀斑数≥10^4 PFU/mL)冻干制品提取的 DNA 作为阴性对照；以猪伪狂犬 SA215 株 SPF 鸡成纤维细胞毒(蚀斑数≥10^4 PFU/mL)冻干制品提取的 DNA 作为阳性对照；以 SPF 鸡成纤维细胞培养物制备成冻干制品作为空白对照。

各对照 PCR 反应体系中，除模板外，其余组分及 PCR 反应条件与 7.3.1 相同。

7.4 PCR 产物电泳检测

按 10 g/L 的质量浓度称取琼脂糖，加入 1×TAE 缓冲液中，加热溶解，配制成琼脂糖溶液。每 100 mL琼脂糖溶液中加入 5 μL EB 溶液，混匀，适当冷却后，将其倒入电泳板上，插上梳板，室温下凝固成凝胶后，放入 1×TAE 缓冲液中，垂直向上轻轻拔去梳板。取 12 μL PCR 产物与 3 μL 加样缓冲液混合后加入点样孔中，同时在其中一个点样孔中加入 DNA 分子量标准，接通电源在 2 V/cm～5 V/cm 条件下电泳检测。

7.5 凝胶成像分析

电泳结束后，取出琼脂糖凝胶，置于凝胶成像仪或紫外透射仪上成像。根据 DNA 分子量标准估计扩增条带的大小，将电泳结果形成电子文件存档或用照相系统拍照。如需通过序列分析确认 PCR 扩增片段是否为目的 DNA 片段，按照 7.6 和 7.7 的规定执行。

7.6 PCR 产物回收

按 PCR 产物回收试剂盒说明书，回收 PCR 扩增的 DNA 片段。

7.7 PCR 产物测序验证

将回收的 PCR 产物克隆测序，与猪伪狂犬病毒 SA215 株相应序列(参见附录 B)进行比对，确定 PCR 扩增的 DNA 片段是否为目的 DNA 片段。

8 结果分析与表述

8.1 对照检测结果分析

阳性对照 PCR 反应中，TK - F/R 和 gIE - F/R 分别扩增出 681 bp 和 296 bp 的片段，gIME - F/R 引物没有扩增片段，阴性对照中 TK - F/R 扩增出 957 bp 片段，gIME - F/R 扩增出 531 bp 片段；空白对照三对引物均没有任何扩增片段，表明 PCR 反应体系正常工作，否则需重新检测。

8.2 样品检测结果分析和表述

8.2.1 TK - F/R 引物扩增出 681 bp 的条带，gIE - F/R 引物扩增出 296 bp 的条带，表明样品中检测出猪伪狂犬病毒 SA215 株，检测结果为阳性。

8.2.2 TK - F/R 引物未扩增出 681 bp 的条带，gIE - F/R 引物未扩增出 296 bp 的条带，表明样品中未检测出猪伪狂犬病毒 SA215 株，检测结果为阴性。

8.2.3 TK - F/R 引物扩增出 957 bp 的条带，gIME - F/R 引物扩增出 531 bp 条带，表明样品中检测出猪伪狂犬 SA215 的亲本毒株或野毒株。

附　录　A
（资料性附录）
猪伪狂犬病毒 SA215 株和其亲本毒株基因结构及检测引物所在位置示意图

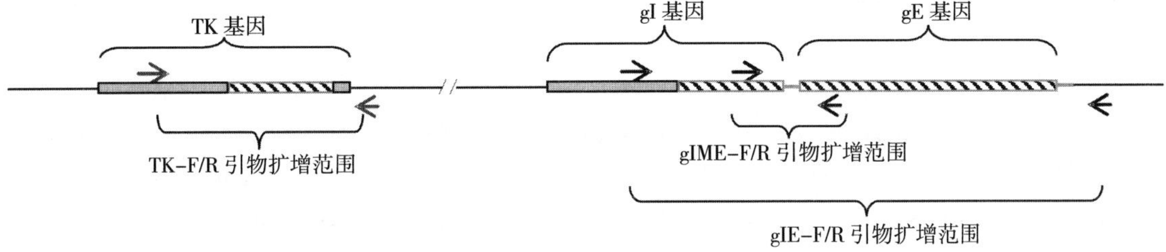

注："▨"部分为猪伪狂犬病毒 SA215 株不具有而其亲本毒株和野毒株具有的序列，即缺失部分的序列，SA215 株在 TK 基因处的缺失长度为 276 bp，而在 gI 和 gE 基因处缺失长度为 2 652 bp。

附 录 B

（资料性附录）

猪伪狂犬病毒 SA215 株缺失部分核苷酸序列及其在亲本毒株 Fa 株的相应序列

B.1 TK 基因缺失处的核苷酸序列

1 GGATCCCCGC CCGGAAGCGC GCCGGGATGC GCATCCTCCG GATCTACCTC GACGGCGCCT
61 ACGGCACCGG CAAGAGCACC ACTGCCCGGG TGATGGCGCT CGGCGGGGCG CTGTACGTGC
121 CCGAGCCGAT GGCGTACTGG CGCACTCTGT TCGACACGGA CACGGTGGCC GGTATTTACG
181 ATGCGCAGAC CCGGAAGCAG AACGGCAGCC TGAGCGAGGA GGACGCGGCC CTCGTCACGG
241 CGCAGCACCA GGCCGCCTTC GCGACGCCGT ACCTGCTGCT GCACACGCGC CTGGTCCCGC
301 TCTTCGGGCC CGCGGTCGAG GGCCCGCCCG AGATGACGGT CGTCTTTGAC CGCCACCCGG
361 TGGCCGCGAC GGTGTGCTTC CCGCTGGCGC GCTTCATCGT CGGGGACATC AGCGCGGCGG
421 CCTTCGTGGG CCTGGCGGCC ACGCTGCCCG GGGAGCCCCC CGGCGGCAAC CTGGTGGTGG
481 CCTCGCTGGA CCCGGACGAG CACCTGCGGC GCCTGCGCGC CCGCGCGCGC GCCGGGGAGC
541 ACGTGGACGC GCGCCTGCTC ACGGCCCTGC GCAACGTCTA CGCCATGCTG GTCAACACGT
601 CGCGCTACCT GAGCTCGGGG CGCCGCTGGC GCGACGACTG GGGGCGCGCG CCGCGCTTCG
661 ACCAGACCGT GCGCGACTGC CTCGCGCTCA ACGAGCTCTG CCGCCCGCGC GACGACCCCG
721 AGCTCCAGGA CACCCTCTTC GGCGCGTACA AGGCGCCCGA GCTCTGCGAC CGGCGCGGGC
781 GCCCGCTCGA GGTGCACGCG TGGGCGATGG ACGCGCTCGT GGCCAAGCTG CTGCCGCTGC
841 GCGTCTCCAC CGTCGACCTG GGGCCCTCGC CGCGCGTCTG CGCCGCGGCC GTGGCGGCGC
901 AGACGCGCGG CATGGAGGTG ACGGAGTCCG CGTACGGCGA CCACATCCGG CAGTGCGTGT
961 GCGCCTTCAC GTCGGAGATG GGGGTGTGAC CCTCGCCCCT CCCACCCGCG CCGCGGCCAG
1021 ATGGAGACCGCGACGGAGGCAACGACGACGGCGTGGGAGG GGGCTCGGGG CGCGTATAAA
1081 GCTATGTGTA TGTCATCCCA ATAAAGTTTG CCGTGCCCGT CACCATGCCC GCGTCGTCCG
1141 TGCGCCTCCC GCTGCGCCTC CTGACCCTCG CGGGCCTCCT GGCCCTCGCG GGGGCCGCCG
1201 CCCTCGCCCG CGGCGCGCCG CAGGGTGGGC CGCCCT

注：单下划线为 TK－F/R 引物所在位置；

□部分的序列为猪伪狂犬病毒 SA215 株缺失部分的序列。

B.2 gI 和 gE 基因缺失处的核苷酸序列

1 ATGATGATGG TGGCGCGCGA CGTGACCCGG CTCCCCGCGG GGCTCCTCCT CGCCGCCCTG
61 ACCCTGGCCG CCCTGACCCC GCGCGTCGGG GGCGTCCTCT TCAGGGGCGC CGGCGTCAGC
121 GTGCACGTCG CCGGCAGCGC CGTCCTCGTG CCCGGCGACG CGCCCAACCT GACGATCGAC
181 GGGACGCTGC TGTTTCTGGA GGGGCCCTCG CCGAGCAACT ACAGCGGGCG CGTGGAGCTG
241 CTGCGCCTCG ACCCCAAGCG CGCCTGCTAC ACGCGCGAGT ACGCCGCCGA GTACGACCTC
301 TGCCCCCGCG TGCACCACGA GGCCTTCCGC GGCTGTCTGC GCAAGCGCGA GCCGCTCGCC
361 CGGCGCGCGT CCGCCGCGGT GGAGGCGCGC CGGCTGCTGT TCGTCTCGCG CCCGGCCCCG
421 CCGGACGCGG GGTCGTACGT GCTGCGGGTC CGCGTGAACG GGACCACGGA CCTCTTTGTG
481 CTGACGGCCC TGGTGCCGCC CAGGGGGCGC CCCCACCACC CCACGCCGTC GTCCGCGGAC

541 GAGTGCCGGC CCGTCGTCGG ATCGTGGCAC GACAGCCTGC GCGTCGTGGA CCCCGCCGAG
601 GACGCCGTGT TCACCACGCC GCCCCCGATC GAGCCAGAGC CGCCGACGAC CCCCGCGCCC
661 CCCCGGGGGACCGGCGCCACCCCCGAGCCC CGCTCCGACG AAGAGGAGGA GGACGAGGAG
721 GGGGCGACGA CGGCGATGAC CCCGGTGCCC GGGACCCTGG ACGCGAACGG CACGATGGTG
781 CTGAACGCCA GCGTCGTGTC GCGCGTCCTG CTCGCCGCCG CCAACGCCAC GGCGGGCGCC
841 CGGGGCCCCG GGAAGATAGC CATGGTGCTG GGGCCCACGA TCGTCGTCCT CCTGATCTTC
901 TTGGGCGGGG TCGCCTGCGC GGCCCGGCGC TGCGCGCGGA ATCGCATCTA CCGGCCGCGA
961 CCCGGGCGCG GCCCGGCGGT CCACGCGCCG CCCCCGCGGC GCCCGCCCCC CAGCCCCGTC
1021 GCCGGGGCGC CCGTCCCCCA GCCCAAGATG ACGTTGGCCG AGCTTCGCCA GAAGCTGGCC
1081 ACCATCGCAG AGGAACAATA AAAAGGTGGT GTTTGCATAA TTTTGTGGGT GGCGTTTTAT
1141 CTCCGTCCGC GCCGTTTTAA ACCTGGGCAC CCCCGCGAGT CTCGCACACA CCGGGGTTGA
1201 GACCATGCGG CCCTTTCTGC TGCGCGCCGC GCAGCTCCTG GCGCTGCTGG CCCTGGCGCT
1261 CTCCACCGAG GCCCCGAGCC TCTCCGCCGA GACGACCCCG GGCCCCGTCA CCGAGGTCCC
1321 GAGTCCCTCGGCCGAGGTCT GGGACCTCTC CACCGAGGCC GGCGACGATG ACCTCGACGG
1381 CGACCTCAACGGCGACGACC GCCGCGCGGG CTTCGGCTCG GCCCTCGCCT CCCTGAGGGA
1441 GGCACCCCCG GCCCATCTGG TGAACGTGTC CGAGGGCGCC AACTTCACCC TCGACGCGCG
1501 CGGCGACGGC GCCGTGGTGGCCGGGATCTG GACGTTCCTG CCCGTCCGCG GCTGCGACGC
1561 CGTGGCGGTG ACCATGGTGT GCTTCGAGAC CGCCTGCCAC CCGGACCTGG TGCTGGGCCG
1621 CGCCTGCGTC CCCGAGGCCCCGGAGCGGGG CATCGGCGAC TACCTGCCGC CCGAGGTGCC
1681 GCGGCTCCAG CGCGAGCCGC CCATCGTCAC CCCGGAGCGG TGGTCGCCGC ACCTGACCGT
1741 CCGGCGGGCC ACGCCCAACGACACGGGCCTCTACACGCTG CACGACGCCT CGGGGCCGCG
1801 GGCCGTGTTC TTTGTGGCGG TGGGCGACCG GCCGCCCGCG CCGCTGGCCC CGGTGGGCCC
1861 CGCGCGCCAC GAGCCCCGCT TCCACGCGCT CGGCTTCCAC TCGCAGCTCT TCTCGCCCGG
1921 GGACACGTTC GACCTGATGC CGCGCGTGGT CTCGGACATG GGCGACTCGC GCGAGAACTT
1981 CACCGCCACG CTGGACTGGT ACTACGCGCG CGCGCCCCCG CGGTGCCTGC TGTACTACGT
2041 GTACGAGCCC TGCATCTACC ACCCGCGCGC GCCCGAGTGC CTGCGCCCGG TGGACCCGGC
2101 GTGCAGCTTC ACCTCGCCGG CGCGCGCGCG GCTGGTGGCG CGCCGCGCGT ACGCCTCGTG
2161 CAGCCCGCTG CTCGGGGACC GGTGGCTGAC CGCCTGCCCC TTCGACGCCT TCGGCGAGGA
2221 GGTGCACACG AACGCCACCGCGGACGAGTC GGGGCTGTAC GTGCTCGTGA TGACCCACAA
2281 CGGCCACGTC GCCACCTGGG ACTACACGCT CGTCGCCACC GCGGCCGAGT ACGTCACGGT
2341 CATCAAGGAGCTGACGGCCCCGGCCCGGGC CCCGGGCACC CCGTGGGGCC CCGGCGGCGG
2401 CGACGACGCGATCTACGTGGACGGCGTCAC GACGCCGGCG CCGCCCGCGC GCCCGTGGAA
2461 CCCGTACGGC CGGACGACGC CCGGGCGGCT GTTTGTGCTG GCGCTGGGCT CCTTCGTGAT
2521 GACGTGCGTC GTCGGGGGGG CCGTCTGGCT CTGCGTGCTG TGCTCCCGCC GCCGGGCGGC
2581 CTCGCGGCCG TTCCGGGTGC CGACGCGGGC GGGGACGCGC ATGCTCTCGC CGGTGTACAC
2641 CAGCCTGCCCACGCACGAGGACTACTACGACGGCGACGAC GACGACGAGG AGGCGGGCGA
2701 CGCCCGCCGGCGGCCCTCCT CCCCCGGCGG GGACAGCGGC TACGAGGGGC CGTACGTGAG
2761 CCTGGACGCCGAGGACGAGTTCAGCAGCGACGAGGACGAC GGGCTGTACG TGCGCCCCGA
2821 GGAGGCGCCC CGCTCCGGCTTCGACGTCTG GTTCCGCGAT CCGGAGAAAC CGGAAGTGAC
2881 GAATGGGCCC AACTATGGCG TGACCGCCAG CCGCCTGTTG AATGCCCGCC CCGCTTAAAT
2941 ACCGGGAGAA CCGGCCCGCC CGCATTCCGA CATGCCCGCC GCCGCCCCCG CCGACATGGA
3001 CACGTTCGAC CCCAGCGCCC CCGTCCCGAC GAGCGTCTCT AACCCGGCCG CCGACGTCCT
3061 GCTGGCCCCC AAGGGACCCC GCTCCCCGCT GCGCCCCCAG GACGACTCGG ACTGCTACTA

3121 CAGCGAGAGCGACAACGAGACGCCCAGCGAGTTCCTGCGCCGCGTGGGAC GCCGGCAGGC
3181 GGCGCGCCGG AGACGCCGCC GCTGCCTGAT GGGCGTCGCG ATCAGCGCCG CCGCGCTGGT
3241 CATCTGCTCG CTGTCGGCGC TGATCGGGGG CATCATCGCC CGGCACGTGT AGCGAGCGGG
3301 TGGTGGCCGCCCGCCCCGCCGCGCCCAGGAGGGGGGGTCCGGGGGGGCGA AGCGGGCGGA
3361 GGAGAGCGAG CCACGTGGTT GTGGGCTCGG ACTTGTCACA ATAAATGGGC CCCGGCGCAC
3421 CCGGGCGCAC ACAGCAGCCT TCCTCGTCTC CGCGTCTCTG CTGTTCCTCT CGTCGGTCTT
3481 CTCCCACTCC GCCGTCGCGA ACGCGCTCGC GCCATGGGGG TGACGGCCAT CACCGTGGTC
3541 ACGCTGATGG ACGGGTCCGG GCGCATCCCC GCCTTCGTGG GCGAGGCGCA CCCGGACCTG
3601 TGGAAGGTGC TCACCGAGTG GTGCTACGCG TCGCTGGTGC AGCAGCGGCG GCCGCCGAC
3661 GAGGACACGC CGCGGCAACA CGTGGTGCTG CGCTCCTCGG AGATCGCCCC CGGCTCGCTG
3721 GCCCTGCTGCCGCGCGCCAC GCGCCCCGTC GTGCGGACAC GGTCCGACCC CACGGCGCCG
3781 TTCTACATCA CCACCGAGAC GCACGAGCTG ACGCGGCGCC CCCCGGCGGA CGGCTCGAAG
3841 CCCGGGGAGC CCCTCCGTAT CAGCCCGCCC CCGCGGCTGG ACACGGAGTG GTCCTCCGTC
3901 ATCAACGGGA TCC

注:单下划线为 gIE - F/R 引物所在位置;

双下划线为 gIME - F / R 引物所在位置;

□部分的序列为猪伪狂犬病毒 SA215 株缺失部分的序列。

ICS 65.020.01
B 04

中华人民共和国国家标准

农业部1485号公告—3—2010

转基因植物及其产品成分检测 耐除草剂甜菜H7-1及其衍生品种 定性PCR方法

Detection of genetically modified plants and derived products—Qualitative PCR method for herbicide-tolerant sugar beet H7-1 and its derivates

2010-11-15 发布　　2011-01-01 实施

中华人民共和国农业部　发布

前　言

本标准按照 GB/T 1.1—2009 给出的规则起草。

本标准由中华人民共和国农业部科技教育司提出。

本标准由全国农业转基因生物安全管理标准化技术委员会(SAC/TC 276)归口。

本标准起草单位:农业部科技发展中心、吉林省农业科学院。

本标准主要起草人:张明、厉建萌、李飞武、邵改革、刘信、李葱葱、康岭生、刘娜、宋新元。

转基因植物及其产品成分检测
耐除草剂甜菜 H7-1 及其衍生品种定性 PCR 方法

1 范围

本标准规定了转基因耐除草剂甜菜 H7－1 转化体特异性的定性 PCR 检测方法。

本标准适用于转基因耐除草剂甜菜 H7－1 及其衍生品种，以及制品中 H7－1 转化体成分的定性 PCR 检测。

2 规范性引用文件

下列文件对于本文件的应用是必不可少的。凡是注日期的引用文件，仅注日期的版本适用于本文件。凡是不注日期的引用文件，其最新版本(包括所有的修改单)适用于本文件。

GB/T 6682 分析实验室用水规格和试验方法

NY/T 672 转基因植物及其产品检测 通用要求

NY/T 673 转基因植物及其产品检测 抽样

NY/T 674 转基因植物及其产品检测 DNA 提取和纯化

3 术语和定义

下列术语和定义适用于本文件。

3.1

***GluA* 基因 *GluA* gene**

编码甜菜谷氨酰胺合成酶的基因。

3.2

H7－1 转化体特异性序列 event-specific sequence of H7－1

H7－1 外源插入片段 5′端与甜菜基因组的连接区序列，包括 FMV 35S 启动子 5′端部分序列和甜菜基因组的部分序列。

4 原理

根据耐除草剂甜菜 H7－1 转化体特异性序列设计特异性引物，对试样 DNA 进行 PCR 扩增。依据是否扩增获得预期 254 bp 的特异性 DNA 片段，判断样品中是否含有 H7－1 转化体成分。

5 试剂和材料

除非另有说明，仅使用分析纯试剂和重蒸馏水或符合 GB/T 6682 规定的一级水。

5.1 琼脂糖。

5.2 10 g/L 溴化乙锭溶液：称取 1.0 g 溴化乙锭(EB)，溶解于 100 mL 水中，避光保存。

注：溴化乙锭有致癌作用，配制和使用时宜戴一次性手套操作并妥善处理废液。

5.3 10 mol/L 氢氧化钠溶液：在 160 mL 水中加入 80.0 g 氢氧化钠(NaOH)，溶解后再加水定容至 200 mL。

5.4 500 mmol/L 乙二铵四乙酸二钠溶液(pH 8.0)：称取 18.6 g 乙二铵四乙酸二钠($EDTA-Na_2$)，加

入 70 mL 水中，加入适量氢氧化钠溶液(5.3)，加热溶解后，冷却至室温，再用氢氧化钠溶液(5.3)调 pH 至 8.0，加水定容至 100 mL。在 103.4 kPa(121℃)条件下灭菌 20 min。

5.5 1 mol/L 三羟甲基氨基甲烷—盐酸溶液(pH 8.0)：称取 121.1 g 三羟甲基氨基甲烷(Tris)溶解于 800 mL 水中，用盐酸(HCl)调 pH 至 8.0，加水定容至 1 000 mL。在 103.4 kPa(121℃)条件下灭菌 20 min。

5.6 TE 缓冲液(pH 8.0)：分别量取 10 mL 三羟甲基氨基甲烷—盐酸溶液(5.5)和 2 mL 乙二铵四乙酸二钠溶液(5.4)溶液，加水定容至 1 000 mL。在 103.4 kPa(121℃)条件下灭菌 20 min。

5.7 50×TAE 缓冲液：称取 242.2 g 三羟甲基氨基甲烷，加入 500 mL 水加热搅拌溶解后，加入 100 mL 乙二铵四乙酸二钠溶液(5.4)，用冰乙酸调 pH 至 8.0，然后加水定容至 1 000 mL。使用时用水稀释成 1×TAE。

5.8 加样缓冲液：称取 250.0 mg 溴酚蓝，加入 10 mL 水，在室温下溶解 12 h；称取 250.0 mg 二甲基苯腈蓝，加 10 mL 水溶解；称取 50.0 g 蔗糖，加 30 mL 水溶解。混合以上三种溶液，加水定容至 100 mL，在 4℃下保存。

5.9 DNA 分子量标准：可以清楚地区分 100 bp～1 000 bp 的 DNA 片段。

5.10 dNTPs 混合溶液：将浓度为 10 mmol/L 的 dATP、dTTP、dGTP、dCTP 四种脱氧核糖核苷酸溶液等体积混合。

5.11 Taq DNA 聚合酶及 PCR 反应缓冲液。

5.12 引物。

5.12.1 ***GluA* 基因**

GS-F：5′-GACCTCCATATTACTGAAAGGAAG-3′

GS-R：5′-GAGTAATTGCTCCATCCTGTTCA-3′

预期扩增片段大小为 118 bp。

5.12.2 **H7-1 转化体特异性序列**

H7-1-F：5′-AGGTGATGGTGGCTGTTATG-3′

H7-1-R：5′-ATGGGAGTTCCTTCTTGGTT-3′

预期扩增片段大小为 254 bp。

5.13 引物溶液：用 TE 缓冲液(5.6)或水分别将上述引物稀释到 10 μmol/L。

5.14 石蜡油。

5.15 PCR 产物回收试剂盒。

5.16 DNA 提取试剂盒。

6 仪器

6.1 分析天平：感量 0.1 g 和 0.1 mg。

6.2 PCR 扩增仪：升降温速度>1.5℃/s，孔间温度差异<1.0℃。

6.3 电泳槽、电泳仪等电泳装置。

6.4 紫外透射仪。

6.5 凝胶成像系统或照相系统。

6.6 重蒸馏水发生器或超纯水仪。

6.7 其他相关仪器和设备。

7 操作步骤

7.1 抽样

按 NY/T 672 和 NY/T 673 的规定执行。

7.2 制样

按 NY/T 672 和 NY/T 673 的规定执行。

7.3 试样预处理

按 NY/T 674 的规定执行。

7.4 DNA 模板制备

按 NY/T 674 的规定执行，或使用经验证适用于甜菜 DNA 提取与纯化的 DNA 提取试剂盒。

7.5 PCR 反应

7.5.1 试样 PCR 反应

7.5.1.1 每个试样 PCR 反应设置 3 次重复。

7.5.1.2 在 PCR 反应管中按表 1 依次加入反应试剂，混匀，再加 25 μL 石蜡油(有热盖设备的 PCR 仪可不加)。

表 1 PCR 检测反应体系

试 剂	终 浓 度	体 积
水		—
10×PCR 缓冲液	1×	2.5 μL
25 mmol/L 氯化镁溶液	1.5 mmol/L	1.5 μL
dNTPs 混合溶液(各 2.5 mmol/L)	各 0.2 mmol/L	2 μL
10 μmol/L 上游引物	0.2 μmol/L	0.5 μL
10 μmol/L 下游引物	0.2 μmol/L	0.5 μL
Taq 酶	0.025 U/μL	—
25 mg/L DNA 模板	2 mg/L	2.0 μL
总体积		25.0 μL

注 1：根据 Taq 酶的浓度确定其体积，并相应调整水的体积，使反应体系总体积达到 25.0 μL。如果 PCR 缓冲液中含有氯化镁，则不加氯化镁溶液，加等体积水。

注 2：甜菜内标准基因 PCR 检测反应体系中，上、下游引物分别为 GS-F 和 GS-R；H7-1 转化体 PCR 检测反应体系中，上、下游引物分别为 H7-1-F 和 H7-1-R。

7.5.1.3 将 PCR 管放在离心机上，500 g～3 000 g 离心 10 s，然后取出 PCR 管，放入 PCR 仪中。

7.5.1.4 进行 PCR 反应。反应程序为：94℃变性 5 min；94℃变性 30 s，56℃退火 30 s，72℃延伸 30 s，共进行 35 次循环；72℃延伸 7 min。

7.5.1.5 反应结束后取出 PCR 管，对 PCR 反应产物进行电泳检测。

7.5.2 对照 PCR 反应

在试样 PCR 反应的同时，应设置阴性对照、阳性对照和空白对照。

以非转基因甜菜材料提取的 DNA 作为阴性对照；以转基因甜菜 H7-1 质量分数为 0.1%～1.0%的甜菜基因组 DNA 作为阳性对照；以水作为空白对照。

各对照 PCR 反应体系中，除模板外，其余组分及 PCR 反应条件与 7.5.1 相同。

7.6 PCR 产物电泳检测

按 20 g/L 的质量浓度称量琼脂糖，加入 1×TAE 缓冲液中，加热溶解，配制成琼脂糖溶液。每 100 mL琼脂糖溶液中加入 5 μL EB 溶液，混匀，稍适冷却后，将其倒入电泳板上，插上梳板，室温下凝固成凝胶后，放入 1×TAE 缓冲液中，垂直向上轻轻拔去梳板。取 12 μL PCR 产物与 3 μL 加样缓冲液混合后加入凝胶点样孔，同时在其中一个点样孔中加入 DNA 分子量标准，接通电源在 2 V/cm～5 V/cm 条件下电泳检测。

7.7 凝胶成像分析

电泳结束后，取出琼脂糖凝胶，置于凝胶成像仪上或紫外透射仪上成像。根据 DNA 分子量标准估计扩增条带的大小，将电泳结果形成电子文件存档或用照相系统拍照。如需通过序列分析确认 PCR 扩增片段是否为目的 DNA 片段，按照 7.8 和 7.9 的规定执行。

7.8 PCR 产物回收

按 PCR 产物回收试剂盒说明书，回收 PCR 扩增的 DNA 片段。

7.9 PCR 产物测序验证

将回收的 PCR 产物克隆测序，与耐除草剂甜菜 H7－1 转化体特异性序列（参见附录 A）进行比对，确定 PCR 扩增的 DNA 片段是否为目的 DNA 片段。

8 结果分析与表述

8.1 对照检测结果分析

阳性对照的 PCR 反应中，*GluA* 内标准基因和 H7－1 转化体特异性序列均得到扩增，且扩增片段大小与预期片段大小一致，而阴性对照中仅扩增出 *GluA* 基因片段，空白对照没有任何扩增片段，表明 PCR 反应体系正常工作，否则重新检测。

8.2 样品检测结果分析和表述

8.2.1 *GluA* 内标准基因和 H7－1 转化体特异性序列均得到扩增，且扩增片段大小与预期片段大小一致，表明样品中检测出转基因耐除草剂甜菜 H7－1 转化体成分，表述为“样品中检测出转基因耐除草剂甜菜 H7－1 转化体成分，检测结果为阳性”。

8.2.2 *GluA* 内标准基因片段得到扩增，且扩增片段大小与预期片段大小一致，而 H7－1 转化体特异性序列未得到扩增，或扩增片段大小与预期片段大小不一致，表明样品中未检测出耐除草剂甜菜 H7－1 转化体成分，表述为“样品中未检测出耐除草剂甜菜 H7－1 转化体成分，检测结果为阴性”。

8.2.3 *GluA* 内标准基因片段未得到扩增，或扩增片段大小与预期片段大小不一致，表明样品中未检测出甜菜成分，表述为“样品中未检测出甜菜成分，检测结果为阴性”。

附　录　A
(资料性附录)
耐除草剂甜菜 H7－1 转化体特异性序列

1 AGGTGATGGT GGCTGTTATG AGCATTTTGT GTTTGATGTT TCTTTCTTCT
51 CATTACGGTT TTATTGGGAT CTGGGTGGCT CTAACTATT ACATGAGCCT
101 CCGCGCGTTT GCTGAAGGCG GGAAACGACA ATCTGATCCC CATCAAGCTT
151 GAGCTCAGGA TTTAGCAGCA TTCCAGATTG GGTTCAATCA ACAAGGTACG
201 AGCCATATCA CTTTGTTCAA ATTGGTATCG CCAAAACCAA GAAGGAACTC
251 CCAT

注:划线部分为引物序列。

ICS 65.020.01
B 04

中华人民共和国国家标准

农业部1485号公告—4—2010
代替 NY/T 674—2003

转基因植物及其产品成分检测 DNA提取和纯化

Detection of genetically modified plants and derived products—DNA extraction and purification

2010-11-15 发布 2011-01-01 实施

中华人民共和国农业部 发布

前　言

本标准按照 GB/T 1.1—2009 给出的规则起草。

本标准代替 NY/T 674—2003《转基因植物及其产品检测　DNA 提取和纯化》。本标准与 NY/T 674—2003 相比，除编辑性修改外主要技术变化如下：

——修改了“规范性引用文件”(见 2，2003 年版的 2)；

——修改了“原理”中的相关表述(见 3，2003 年版的 3)；

——修改了“试剂与溶液”，将有关的内容移入附录 A(见 4、附录 A，2003 年版的 4)；

——增加了“凝胶成像系统或照相系统”(见 5.6)；

——修改了“仪器和设备”的相关表述(见 5.1、5.2、5.7 和 2003 年版的 5.1、5.2、5.3)；

——增加了“试样的制备”(见 6.1)；

——修改了“DNA 的提取与纯化”，将 DNA 提取与纯化方法移入附录 A(见 6.3、附录 A，2003 年版的 6.2)；

——修改了 DNA 的浓度和质量测定以及 DNA 溶液保存的规定(见 6.4、6.5，2003 年版的 6.3)；

——增加了规范性附录 A。

本标准由中华人民共和国农业部科技教育司提出。

本标准由全国农业转基因生物安全管理标准化技术委员会(SAC/TC 276)归口。

本标准起草单位：农业部科技发展中心、中国农业科学院生物技术研究所、中国农业科学院植物保护研究所、上海交通大学、中国农业大学。

本标准主要起草人：金芜军、沈平、张秀杰、彭于发、宋贵文、黄昆仑、张大兵、宛煜嵩。

本标准于 2003 年 4 月首次发布，本次为第一次修订。

转基因植物及其产品成分检测 DNA提取和纯化

1 范围

本标准规定了转基因植物及其产品中DNA提取和纯化的方法和技术要求。

本标准适用于转基因植物及其产品中DNA的提取和纯化。

2 规范性引用文件

下列文件对于本文件的应用是必不可少的。凡是注日期的引用文件，仅注日期的版本适用于本文件。凡是不注日期的引用文件，其最新版本（包括所有的修改单）适用于本文件。

GB/T 6682 分析实验室用水规格和试验方法

NY/T 672 转基因植物及其产品检测 通用要求

NY/T 673 转基因植物及其产品检测 抽样

3 原理

通过物理和化学方法使DNA从样品的不同组分中分离出来。利用不同的纯化方法，弃除样品中的蛋白质、脂肪、多糖、其他次生代谢物以及DNA提取过程中加入的氯仿、异戊醇、异丙醇等化合物，获得纯化的DNA。

4 试剂和溶液

见附录A。

5 仪器和设备

5.1 高速冷冻离心机。

5.2 高速台式离心机。

5.3 紫外分光光度计。

5.4 磁力搅拌器。

5.5 高压灭菌锅。

5.6 凝胶成像系统或照相系统。

5.7 其他相关仪器和设备。

6 分析步骤

6.1 试样的制备

按NY/T 673和NY/T 672规定的要求执行。

6.2 试样的预处理

6.2.1 固态试样

待检测的固体试样研磨成颗粒状，颗粒直径大小在2 mm以下。

6.2.2 非油脂类液态试样

如面酱等黏稠状食品可直接用于DNA的提取。酱油、豆奶、番茄酱等液态加工品可取50 mL以上试样（根据不同试样和不同检测要求，可以适当增加试样量），经10 000 g离心10 min，弃去上清液，保留沉淀用于 DNA 的抽提;或者 80℃加热蒸发水分后,取干物质用于 DNA 提取;或者在冷冻干燥后,取干物质用于 DNA 提取。

6.2.3 油脂类液态试样

不需要预处理。

6.3 DNA 的提取与纯化

固态试样及非油脂类液态试样经预处理并充分混匀后,取 2 份相同的测试样进行 DNA 提取和纯化。每份测试样 0.1 g~0.5 g。对于 DNA 含量较低的样品,可适当增加测试样的量,但不宜超过2.0 g。油脂类试样 DNA 提取的测试样按 A.5 执行。应根据测试样量的改变,按比例改变 DNA 提取与纯化过程中溶液和试剂的用量。

DNA 提取与纯化方法见附录 A。应根据试样的不同,选择适当的方法提取 DNA。

在试样 DNA 提取和纯化的同时,应设置阴性提取对照。

6.4 DNA 的浓度和质量

将 DNA 适当稀释或浓缩,使其 OD_{260} 值在 0.1~0.8 的区间内,测定并记录其在 260 nm 和 280 nm 的吸光度。以 1 个 OD_{260} 值相当于 50 mg/L DNA 浓度来计算纯化 DNA 的浓度,并进行 DNA 凝胶电泳检测 DNA 完整性。DNA 溶液 OD_{260}/OD_{280} 值应在 1.7~2.0 之间,或质量能符合检测要求。

6.5 DNA 溶液的稀释和保存

依据测得的浓度将 DNA 溶液用 0.1×TE 溶液或水稀释到 25 mg/L~50 mg/L,分装成多管,−20℃保存。需要使用时,取出融化后立即使用。

附　录　A
（规范性附录）
DNA 提取与纯化方法

A.1　CTAB 法

A.1.1　范围

应用于实验室常规 DNA 制备。适用于富含多糖的植物及其粗加工测试样品 DNA 提取和纯化，如植物叶片、种子及粗加工材料等。

A.1.2　试剂和材料

除非另有说明，仅使用分析纯试剂和重蒸馏水或符合 GB/T 6682 规定的二级水。

A.1.2.1　α-淀粉酶（1 500 U/mg～3 000 U/mg）。

A.1.2.2　氯仿（$CHCl_3$）。

A.1.2.3　乙醇（C_2H_5OH），体积分数为 95%：－20℃保存备用。

A.1.2.4　二水乙二铵四乙酸二钠盐（$C_{10}H_{14}N_2O_8Na_2 \cdot 2H_2O$，$Na_2EDTA \cdot 2H_2O$）。

A.1.2.5　十六烷基三甲基溴化铵（$C_{19}H_{42}BrN$，CTAB）。

A.1.2.6　盐酸（HCl），体积分数为 37%。

A.1.2.7　异丙醇[$CH_3CH(OH)CH_3$]。

A.1.2.8　蛋白酶 K（>20 U/mg）。

A.1.2.9　无 DNA 酶的 RNA 酶 A（>50 U/mg）。

A.1.2.10　氯化钠（NaCl）。

A.1.2.11　氢氧化钠（NaOH）。

A.1.2.12　三羟甲基氨基甲烷（$C_4H_{11}NO_3$，Tris）。

A.1.2.13　异硫氰酸胍（CH_5N_3HSCN）。

A.1.2.14　曲拉通 100[$C_{14}H_{22}O(C_2H_4O)_n$]。

A.1.2.15　10 g/L α-淀粉酶溶液：称取 10 mg α-淀粉酶，溶解于 1 mL 无菌水中。不可高压灭菌。分装成数管后于－20℃保存，避免反复冻融。

A.1.2.16　1 mol/L 三羟甲基氨基甲烷—盐酸溶液（pH 7.5）：称取 121.1 g 三羟甲基氨基甲烷（Tris）溶解于约 800 mL 水中，用盐酸溶液调 pH 至 7.5，加水定容至1 000 mL，在 103.4 kPa、121℃条件下，灭菌 15 min 后使用。

A.1.2.17　1 mol/L 三羟甲基氨基甲烷—盐酸溶液（pH 6.4）：称取 121.1 g 三羟甲基氨基甲烷（Tris）溶解于约 800 mL 水中，用盐酸溶液调 pH 至 6.4，加水定容至1 000 mL，在 103.4 kPa、121℃条件下，灭菌 15 min 后使用。

A.1.2.18　10 mol/L 氢氧化钠溶液：在约 160 mL 水中加入 80.0 g 氢氧化钠（NaOH），溶解后加水定容至 200 mL。

A.1.2.19　0.5 mol/L 乙二铵四乙酸二钠溶液（pH 8.0）：称取 18.6 g 乙二铵四乙酸二钠（$Na_2EDTA \cdot 2H_2O$），加入约 70 mL 水中，再加入适量氢氧化钠溶液（A.1.2.18），加热至完全溶解后，冷却至室温，用氢氧化钠溶液（A.1.2.18）调 pH 至 8.0，加水定容至 100 mL，在 103.4 kPa、121℃条件下，灭菌 15 min

后使用。

A.1.2.20 CTAB 提取缓冲液(pH 8.0):在约 600 mL 水中加入 81.7 g 氯化钠(NaCl),20 g 十六烷基三甲基溴化铵(CTAB),充分溶解后,加入 100 mL 三羟甲基氨基甲烷—盐酸溶液(A.1.2.16)和 40 mL 乙二铵四乙酸二钠溶液(A.1.2.19),用盐酸或氢氧化钠溶液(A.1.2.18)调 pH 至 8.0,加水定容至 1 000 mL,在 103.4 kPa、121℃条件下,灭菌 15 min 后使用。

A.1.2.21 70%乙醇溶液:量取 737 mL95%乙醇,加水定容至 1 000 mL。

A.1.2.22 20 g/L 蛋白酶 K 溶液:称取 20 mg 蛋白酶 K,溶解于 1 mL 无菌水中。不可高压灭菌。分装成数管后于−20℃保存,避免反复冻融。

A.1.2.23 10 g/L RNA 酶 A 溶液:称取 10 mg 无 DNA 酶的 RNA 酶 A,溶解于 1 mL 无菌水中,在 100℃沸水中温浴 15 min～20 min,冷却至室温后,分装成数管后于−20℃保存,避免反复冻融。

A.1.2.24 3 mol/L 乙酸钾溶液(pH 5.2):在约 60 mL 水中加入 29.4 g 乙酸钾,充分溶解,用冰乙酸调 pH 至 5.2,加水定容至 100 mL。不要高压灭菌。必要时,使用 0.22 μm 微孔滤膜过滤除菌。

A.1.2.25 TE 缓冲液(pH 8.0):在约 800 mL 水中依次加入 10 mL 三羟甲基氨基甲烷—盐酸溶液(A.1.2.16)和 2 mL 乙二铵四乙酸二钠溶液(A.1.2.19),用盐酸或氢氧化钠溶液(A.1.2.18)调 pH 至 8.0,加水定容至 1 000 mL,在 103.4 kPa、121℃条件下,灭菌 15 min 后使用。

A.1.2.26 过柱缓冲液:在约 600 mL 水中加入 590.8 g 异硫氰酸胍,充分溶解后加入 50 mL 三羟甲基氨基甲烷—盐酸溶液(A.1.2.17),20 mL 乙二铵四乙酸二钠溶液(A.1.2.19),1 mL 曲拉通 100,用盐酸或氢氧化钠溶液(A.1.2.18)调 pH 至 6.4,加水定容至 1 000 mL。

A.1.2.27 洗脱缓冲液Ⅰ:在约 600 mL 水中加入 590.8 g 异硫氰酸胍,充分溶解后,加入 10 mL 三羟甲基氨基甲烷—盐酸溶液(A.1.2.17),用盐酸或氢氧化钠溶液(A.1.2.18)调 pH 至 6.4,加水定容至 1 000 mL。

A.1.2.28 洗脱缓冲液Ⅱ:称取 2.9 g 氯化钠(NaCl),加入约 100 mL 水中充分溶解后,加入 10 mL 三羟甲基氨基甲烷—盐酸溶液(A.1.2.16),737 mL 95%乙醇,加水定容至 1 000 mL。

A.1.2.29 离心柱:硅胶膜 DNA 离心吸附柱,其硅胶膜饱和 DNA 吸附效率不低于 800 μg/m^2。

A.1.3 操作步骤

A.1.3.1 称取 0.1 g 待测样品(依试样的不同,可适当增加待测样品量,并在提取过程中相应增加试剂及溶液用量),在液氮中充分研磨成粉末后转移至离心管中(不需研磨的试样直接加入)。

A.1.3.2 加入 1.0 mL 预热至 65℃的 CTAB 提取缓冲液,充分混合、悬浮试样(依试样不同,可适当增加缓冲液的用量)。加入 10 μL α-淀粉酶溶液(依试样不同,可不加),10 μL RNA 酶 A 溶液,并轻柔混合。65℃温浴 30 min,期间每 3 min～5 min 颠倒混匀一次(依试样不同可不加 RNA 酶-A 溶液,或在 A.1.3.7 步骤获得的 DNA 溶液中加入)。

A.1.3.3 加入 10 μL 蛋白酶 K 溶液,轻柔混合,并于 65℃温浴 30 min,期间每 3 min～5 min 颠倒混匀一次。依试样不同,可略过此步骤直接进行 A.1.3.4。

A.1.3.4 12 000 g 离心 15 min。转移上清至一新离心管,加入 0.7 倍～1 倍体积氯仿,充分混合。12 000 g离心 15 min。转移上清至一新离心管中。

A.1.3.5 加入 0.6 倍体积异丙醇、0.1 倍体积的乙酸钾溶液,轻柔颠倒混合,室温放置 20 min。12 000 g离心 15 min。弃上清。

A.1.3.6 加入 500 μL 70%乙醇溶液,并颠倒混合数次。12 000 g 离心 10 min。弃上清。

A.1.3.7 干燥 DNA 沉淀。加 100 μL 水或 TE 缓冲液溶解 DNA。必要时,可按 A.1.3.8 至 A.1.3.16 步骤对 DNA 进行纯化。

A.1.3.8 加 300 μL 过柱缓冲液,上下颠倒 10 次,充分混匀。

A.1.3.9 将离心柱放置在 2 mL 的配套管上，将 DNA 溶液加入到离心柱中，放置 2 min。

A.1.3.10 将离心柱和套管一起用 8 000 g 离心 30 s，弃去套管中的溶液，在离心柱中加入 200 μL 洗脱缓冲液Ⅰ，8 000 g 离心 30 s，弃去套管中的溶液。

A.1.3.11 在离心柱中加入 200 μL 洗脱缓冲液Ⅰ，8 000 g 离心 30 s，弃去溶液。

A.1.3.12 在离心柱中加入 200 μL 洗脱缓冲液Ⅱ，8 000 g 离心 30 s，弃去溶液。

A.1.3.13 在离心柱中加入 200 μL 洗脱缓冲液Ⅱ，8 000 g 离心 30 s，弃去溶液。

A.1.3.14 12 000 g 离心 30 s，以除去离心柱中痕量残余溶液。

A.1.3.15 将离心柱放置在一个新的 2 mL 离心管中，在离心柱底部中央小心加入 50 μL TE 缓冲液或水，37℃放置 2 min，12 000 g 离心 30 s；若需提高 DNA 得率，可吸取离心管中 DNA 溶液再次加入到离心柱底部中央，37℃放置 2 min，12 000 g 离心 30 s。

A.1.3.16 离心管中的溶液即为 DNA 溶液。

A.2 改良 CTAB 法

A.2.1 范围

适用于植物深加工样品 DNA 提取和纯化，如饼干、挂面、爆米花、淀粉和膨化食品等。

A.2.2 试剂和材料

除非另有说明，仅使用分析纯试剂和重蒸馏水或符合 GB/T 6682 规定的二级水。

A.2.2.1 氯化钠(NaCl)。

A.2.2.2 氯化钾(KCl)。

A.2.2.3 磷酸氢二钠(Na_2HPO_4)。

A.2.2.4 磷酸二氢钠(NaH_2PO_4)。

A.2.2.5 山梨醇($C_6H_{14}O_6$)。

A.2.2.6 三羟甲基氨基甲烷($C_4H_{11}NO_3$，Tris)。

A.2.2.7 二水乙二铵四乙酸二钠盐($C_{10}H_{14}N_2O_8Na_2 \cdot 2H_2O$，$Na_2EDTA \cdot 2H_2O$)。

A.2.2.8 十六烷基三甲基溴化铵($C_{19}H_{42}BrN$，CTAB)。

A.2.2.9 十二烷基肌氨酸钠[$(CH_3(CH_2)_{10}CON(CH_3)CH_2COONa)$]。

A.2.2.10 氢氧化钠(NaOH)。

A.2.2.11 盐酸(HCl)，体积分数为 37%。

A.2.2.12 乙醇(C_2H_5OH)，体积分数为 95%：－20℃保存备用。

A.2.2.13 氯仿($CHCl_3$)。

A.2.2.14 异丙醇[$CH_3CH(OH)CH_3$]。

A.2.2.15 平衡酚(0.1 mol/L Tris 饱和，pH 8.0)。

A.2.2.16 平衡酚—氯仿溶液(1＋1)。

A.2.2.17 10 mol/L 氢氧化钠溶液：在约 160 mL 水中加入 80.0 g 氢氧化钠(NaOH)，溶解后加水定容至 200 mL。

A.2.2.18 0.5 mol/L 乙二铵四乙酸二钠溶液(pH 8.0)：称取 18.6 g 乙二铵四乙酸二钠($Na_2EDTA \cdot 2H_2O$)，加入约 70 mL 水中，再加入适量氢氧化钠溶液(A.2.2.17)，加热至完全溶解后，冷却至室温，用盐酸或氢氧化钠溶液(A.2.2.17)调 pH 至 8.0，加水定容至 100 mL，在 103.4 kPa、121℃条件下，灭菌 15 min 后使用。

A.2.2.19 1 mol/L 三羟甲基氨基甲烷—盐酸溶液(pH 8.0)：称取 121.1 g 三羟甲基氨基甲烷(Tris)溶

解于约 800 mL 水中，用盐酸溶液调 pH 至 8.0，加水定容至 1 000 mL，在 103.4 kPa、121℃条件下，灭菌 15 min 后使用。

A.2.2.20　PBS 缓冲液：在约 800 mL 水中加入 8.0 g 氯化钠（NaCl）、0.2 g 氯化钾（KCl）、2.98 g 磷酸氢二钠（Na_2HPO_4）和 0.22 g 磷酸二氢钠（NaH_2PO_4），充分溶解后用盐酸调 pH 至 7.4，加水定容至 1 000 mL，在 103.4 kPa、121℃条件下，灭菌 15 min 后使用。

A.2.2.21　提取缓冲液：在约 800 mL 水中加入 63.77 g 山梨醇、12.1 g 三羟甲基氨基甲烷（Tris）、1.68 g乙二铵四乙酸二钠（$Na_2EDTA \cdot 2H_2O$），充分溶解后加水定容至 1 000 mL，在 103.4 kPa、121℃条件下，灭菌 15 min 后使用。

A.2.2.22　裂解缓冲液Ⅰ：在约 500 mL 水中加入 117.0 g 氯化钠（NaCl）、20 g 十六烷基三甲基溴化铵（CTAB），充分溶解后，加入 200 mL 三羟甲基氨基甲烷—盐酸溶液（A.2.2.19），100 mL 乙二铵四乙酸二钠溶液（A.2.2.18），加水定容至 1 000 mL，在 103.4 kPa、121℃条件下，灭菌 15 min 后使用。

A.2.2.23　裂解缓冲液Ⅱ：在约 800 mL 水中加入 50 g 十二烷基肌氨酸钠，充分溶解后，加水定容至 1 000 mL，在 103.4 kPa、121℃条件下，灭菌 15 min 后使用。

A.2.2.24　3 mol/L 乙酸钾溶液（pH 5.2）：在约 60 mL 水中加入 29.4 g 乙酸钾，充分溶解，用冰乙酸调 pH 至 5.2，加水定容至 100 mL。不要高压灭菌。必要时，使用 0.22 μm 微孔滤膜过滤除菌。

A.2.2.25　TE 缓冲液（pH 8.0）：在约 800 mL 水中依次加入 10 mL 三羟甲基氨基甲烷—盐酸溶液（A.2.2.19）和 2 mL 乙二铵四乙酸二钠溶液（A.2.2.18），用盐酸或氢氧化钠溶液（A.2.2.17）调 pH 至 8.0，加水定容至 1 000 mL，在 103.4 kPa、121℃条件下，灭菌 15 min 后使用。

A.2.2.26　70％乙醇溶液：量取 737 mL 95％乙醇，加水定容至 1 000 mL。

A.2.3　操作步骤

A.2.3.1　称取 0.1 g 待测样品（依试样的不同，可适当增加待测样品量，加工程度高的淀粉类样品，可最多增加至 2.0 g，并在提取过程中相应增加试剂及溶液用量），充分研磨成粉末后转移至离心管中（不需研磨的试样直接加入）。

A.2.3.2　加入 1.0 mL PBS 缓冲液，充分混匀，20℃，12 000 g 离心 10 min，弃上清。

A.2.3.3　加入 1.0 mL 提取缓冲液，充分混匀，20℃，12 000 g 离心 15 min，弃上清（依样品的不同，可略过 A.2.3.2 及 A.2.3.3，直接转入 A.2.3.4）。

A.2.3.4　加入 1.0 mL 裂解缓冲液Ⅰ和 0.4 mL 裂解缓冲液Ⅱ，充分混匀，65℃温浴 40 min。

A.2.3.5　20℃，12 000 g 离心 15 min，吸取上清到另一新的离心管中。

A.2.3.6　加入等体积平衡酚—氯仿溶液，轻轻混匀，20℃，12 000 g 离心 10 min，吸取上清到另一新的离心管中。

A.2.3.7　加入等体积氯仿，轻缓混匀，20℃，12 000 g 离心 10 min，吸取上清到另一新的离心管中。

A.2.3.8　加入 0.6 倍体积异丙醇、0.1 倍体积的乙酸钾溶液，轻轻颠倒混匀，－20℃静置 2 h 以上，12 000 g 离心 10 min，弃上清。

A.2.3.9　加入 0.5 mL～1.0 mL 70％乙醇溶液，颠倒混合。12 000 g 离心 10 min，弃上清。

A.2.3.10　干燥 DNA 沉淀。加 100 μL 水或 TE 缓冲液溶解 DNA。必要时，可按 A.1.3.8 至 A.1.3.16 对 DNA 进行纯化。

A.3　SDS 法

A.3.1　范围

适用于蛋白含量较高的植物及其粗加工测试样品 DNA 提取和纯化，如大豆、豆粕等。

A.3.2　试剂和材料

除非另有说明，仅使用分析纯试剂和重蒸馏水或符合 GB/T 6682 规定的二级水。

A.3.2.1 乙醇（C_2H_5OH），体积分数为 95%，−20℃保存备用。

A.3.2.2 冰醋酸（CH_3COOH）。

A.3.2.3 乙酸钾（$C_2H_3O_2K$）。

A.3.2.4 盐酸（HCl），体积分数为 37%。

A.3.2.5 异戊醇[$(CH_3)_2CHCH_2CH_2OH$]。

A.3.2.6 氯仿（$CHCl_3$）。

A.3.2.7 三羟甲基氨基甲烷（$C_4H_{11}NO_3$，Tris）。

A.3.2.8 二水乙二铵四乙酸二钾盐（$C_{10}H_{14}N_2O_8K_2 \cdot 2H_2O$，$K_2EDTA \cdot 2H_2O$）。

A.3.2.9 氢氧化钾（KOH）。

A.3.2.10 十二烷基磺酸钠（$C_{12}H_{25}O_4SNa$，SDS）。

A.3.2.11 蛋白酶 K（>20 U/mg）。

A.3.2.12 无 DNA 酶的 RNA 酶 A（>50 U/mg）。

A.3.2.13 平衡酚（0.1 mol/L Tris 饱和，pH 8.0）。

A.3.2.14 氯仿—异戊醇溶液（24+1）。

A.3.2.15 平衡酚—氯仿—异戊醇溶液（25+24+1）。

A.3.2.16 10 mol/L 氢氧化钾溶液：在约 160 mL 水中加入 112.2 g 氢氧化钾（KOH），溶解后加水定容至 200 mL。

A.3.2.17 1 mol/L 三羟甲基氨基甲烷—盐酸溶液（pH 8.0）：称取 121.1 g 三羟甲基氨基甲烷（Tris）溶解于约 800 mL 水中，用盐酸溶液调 pH 至 8.0，加水定容至 1 000 mL，在 103.4 kPa、121℃条件下，灭菌 15 min 后使用。

A.3.2.18 0.5 mol/L 乙二铵四乙酸二钾溶液（pH 8.0）：称取 20.2 g 乙二铵四乙酸二钾（$K_2EDTA \cdot 2H_2O$），加入约 70 mL 水中，再加入适量氢氧化钾溶液（A.3.2.16），加热至完全溶解后，冷却至室温，用氢氧化钾溶液（A.3.2.16）调 pH 至 8.0，用水定容至 100 mL，在 103.4 kPa、121℃条件下，灭菌 15 min 后使用。

A.3.2.19 提取/裂解缓冲液：在约 600 mL 水中加入 30 g 十二烷基磺酸钠（SDS），充分溶解后，加入 50 mL三羟甲基氨基甲烷—盐酸溶液（A.3.2.17），100 mL 乙二铵四乙酸二钾溶液（A.3.2.18），用盐酸或氢氧化钾溶液（A.3.2.16）调 pH 至 8.0，加水定容至 1 000 mL，在 103.4 kPa、121℃条件下，灭菌 15 min后使用。

A.3.2.20 TE 缓冲液（pH 8.0）：在约 800 mL 水中依次加入 10 mL 三羟甲基氨基甲烷—盐酸溶液（A.3.2.17），2 mL 乙二铵四乙酸二钾溶液（A.3.2.18），用盐酸或氢氧化钾溶液（A.3.2.16）调 pH 至 8.0，加水定容至 1 000 mL，在 103.4 kPa、121℃条件下，灭菌 15 min 后使用。

A.3.2.21 20 g/L 蛋白酶 K 溶液：称取 20 mg 蛋白酶 K，溶解于 1 mL 无菌水中。不可高压灭菌。分装成数管后于−20℃保存，避免反复冻融。

A.3.2.22 10 g/L RNA 酶 A 溶液：称取 10 mg 无 DNA 酶的 RNA 酶 A，溶解于 1 mL 无菌水中，在 100℃沸水中温浴 15 min～20 min，冷却至室温后，分装成数管后于−20℃保存，避免反复冻融。

A.3.2.23 70%乙醇溶液：量取 737 mL 95%乙醇，加水定容至 1 000 mL。

A.3.2.24 3 mol/L 乙酸钾溶液（pH 5.2）：在约 60 mL 水中加入 29.4 g 乙酸钾，充分溶解，用冰乙酸调 pH 至 5.2，加水定容至 100 mL。不要高压灭菌。必要时，使用 0.22 μm 微孔滤膜过滤除菌。

A.3.3 操作步骤

A.3.3.1 称取 0.1 g 待测样品(依试样的不同,可适当增加待测样品量,并在提取过程中相应增加试剂及溶液用量),在液氮中充分研磨成粉末后转移至离心管中(不需研磨的试样直接加入)。

A.3.3.2 加入 1.0 mL 提取/裂解缓冲液,加 50 μL 蛋白酶 K 溶液,60℃~70℃温浴 30 min~2 h。

A.3.3.3 加入 RNA 酶 A 溶液至终浓度为 100 mg/L,37℃放置 30 min,12 000 g 离心 15 min,转移上清至一新离心管中(依试样不同可不加 RNA 酶-A 溶液,或在 A.3.3.9 步骤获得的 DNA 溶液中加入)。

A.3.3.4 加入 1 倍体积平衡酚,轻缓颠倒混匀。12 000 g 离心 10 min,转移上层水相至一新离心管中。

A.3.3.5 加入 1 倍体积平衡酚—氯仿—异戊醇溶液,轻缓颠倒混匀,12 000 g 离心 10 min,转移上层水相至一新离心管中。重复此步骤,直到相间界面清洁。

A.3.3.6 加入 1 倍体积氯仿—异戊醇溶液,轻缓颠倒混匀,12 000 g 离心 10 min,转移上层水相至一新离心管中。如有必要,需重复此步骤直到相间界面清洁。

A.3.3.7 加入 0.1 倍体积乙酸钾溶液和 2 倍体积 95%乙醇,充分混合。液氮中放置 5 min,或-80℃放置 30 min,或-20℃放置 1 h。12 000 g,离心 10 min 后小心倾倒上清。

A.3.3.8 加入 500 μL 70%乙醇溶液小心洗涤 DNA 沉淀。12 000 g,离心 10 min 后小心倾倒上清。

A.3.3.9 干燥沉淀。将 DNA 沉淀溶解于 100 μL 水或 TE 缓冲液中。必要时,可按 A.1.3.8 至 A.1.3.16 对 DNA 进行纯化。

A.4 SDS-PVP 法

A.4.1 范围

适用于多酚复合物含量较高的测试样品 DNA 提取和纯化,如棉花种子、叶片、带壳水稻种子等。

A.4.2 试剂和材料

除非另有说明,仅使用分析纯试剂和重蒸馏水或符合 GB/T 6682 规定的二级水。

A.4.2.1 乙醇(C_2H_5OH),体积分数为 95%,-20℃保存备用。

A.4.2.2 异丙醇($CH_3CHOHCH_3$)。

A.4.2.3 聚乙烯吡咯烷酮(PVP),K=80~100。

A.4.2.4 盐酸(HCl),体积分数为 37%。

A.4.2.5 氯化钠(NaCl)。

A.4.2.6 氢氧化钠(NaOH)。

A.4.2.7 三羟甲基氨基甲烷($C_4H_{11}NO_3$,Tris)。

A.4.2.8 二水乙二铵四乙酸二钠盐($C_{10}H_{14}N_2O_8Na_2 \cdot 2H_2O$,$Na_2EDTA \cdot 2H_2O$)。

A.4.2.9 十二烷基磺酸钠($C_{12}H_{25}O_4SNa$,SDS)。

A.4.2.10 乙酸铵($C_2H_3O_2NH_4$)。

A.4.2.11 异戊醇[$(CH_3)_2CHCH_2CH_2OH$]。

A.4.2.12 氯仿($CHCl_3$)。

A.4.2.13 平衡酚(0.1 mol/L Tris 饱和,pH 8.0)。

A.4.2.14 氯仿—异戊醇溶液(24+1)。

A.4.2.15 平衡酚—氯仿—异戊醇溶液(25+24+1)。

A.4.2.16 70%乙醇溶液:量取 737 mL 95%乙醇,加水定容至 1 000 mL。-20℃保存备用。

A.4.2.17 1 mol/L 三羟甲基氨基甲烷—盐酸溶液(pH 8.0):称取 121.1 g 三羟甲基氨基甲烷(Tris)溶解于约 800 mL 水中,用盐酸溶液调 pH 至 8.0,加水定容至 1 000 mL,在 103.4 kPa、121℃条件下,灭菌 15 min 后使用。

A.4.2.18 10 mol/L 氢氧化钠溶液:在约 160 mL 水中加入 80.0 g 氢氧化钠($NaOH$),溶解后加水定容到 200 mL。

A.4.2.19 0.5 mol/L 乙二铵四乙酸二钠溶液(pH 8.0):称取 18.6 g 乙二铵四乙酸二钠($Na_2EDTA \cdot 2H_2O$),加入约 70 mL 水中,再加入适量氢氧化钠溶液(A.4.2.18),加热至完全溶解后,冷却至室温,用氢氧化钠溶液(A.4.2.18)调 pH 至 8.0,加水定容至 100 mL,在 103.4 kPa、121℃条件下,灭菌 15 min 后使用。

A.4.2.20 提取缓冲液:在约 600 mL 水中加入 50 g 十二烷基磺酸钠(SDS),14.6 g 氯化钠($NaCl$),充分溶解后,加入 200 mL 三羟甲基氨基甲烷—盐酸溶液(A.4.2.17),50 mL 乙二铵四乙酸二钠溶液(A.4.2.19),用盐酸或氢氧化钠溶液(A.4.2.18)调 pH 至 8.0,加水定容至 1 000 mL,在 103.4 kPa、121℃条件下,灭菌 15 min 后使用。

A.4.2.21 TE 缓冲液(pH 8.0):在约 800 mL 水中依次加入 10 mL 三羟甲基氨基甲烷—盐酸溶液(A.4.2.17)和 2 mL 乙二铵四乙酸二钠溶液(A.4.2.19),用盐酸或氢氧化钠溶液(A.4.2.18)调 pH 至 8.0,加水定容至 1 000 mL,在 103.4 kPa、121℃条件下,灭菌 15 min 后使用。

A.4.3 操作步骤

A.4.3.1 称取 0.1 g 待测样品(依试样的不同,可适当增加待测样品量,并在提取过程中相应增加试剂及溶液用量),在液氮中充分研磨成粉末后转移至离心管中(不需研磨的试样直接加入)。

A.4.3.2 加入 1 mL 提取缓冲液,充分混合、悬浮试样。悬浮液在 65℃下振荡 1 h 后,冷却至室温。依次加入 60 mg PVP 粉末和 0.5 倍体积的乙酸铵溶液。冰上放置 30 min。

A.4.3.3 12 000 g 离心 15 min,转移上清至一新离心管中。依试样的不同,按 A.4.3.4 至 A.4.3.6 进行抽提后,转至 A.4.3.7。也可直接转至 A.4.3.7。

A.4.3.4 加入 1 倍体积平衡酚,轻缓颠倒混匀。12 000 g 离心 10 min,转移上层水相至一新离心管中。

A.4.3.5 加入 1 倍体积平衡酚一氯仿一异戊醇溶液,轻缓颠倒混匀,12 000 g 离心 10 min,转移上层水相至一新离心管中。如有必要,重复此步骤,直到相间界面清洁。

A.4.3.6 加入 1 倍体积氯仿—异戊醇溶液,轻缓颠倒混匀,12 000 g 离心 10 min,转移上层水相至一新离心管中。如有必要,重复此步骤,直到相间界面清洁。

A.4.3.7 加入 1 倍体积异丙醇,−20℃静置 1 h。12 000 g,离心 10 min 并小心倾倒上清。

A.4.3.8 用 500 μL 70%乙醇溶液洗涤 DNA 沉淀,小心倾倒上清。在沉淀不牢固时,可 12 000 g 离心 10 min,再小心倾倒上清。

A.4.3.9 干燥沉淀。将 DNA 沉淀溶解于 100 μL 水或 TE 缓冲液中。必要时,可按 A.1.3.8 至 A.1.3.16 对 DNA 进行纯化。

A.5 油脂类加工品 DNA 提取方法

A.5.1 范围

适用于从液态或固态油脂产品中提取 DNA,包括以大豆、油菜子、玉米等为原料加工的粗油或精炼油等。

A.5.2 试剂与材料

除非另有说明,仅使用分析纯试剂和重蒸馏水或符合 GB/T 6682 规定的二级水。

A.5.2.1 乙醇(C_2H_5OH),体积分数 95%:−20℃保存备用。

A.5.2.2 正己烷[$CH_3(CH_2)_4CH_3$]。

A.5.2.3 氯仿($CHCl_3$)。

A.5.2.4 异戊醇[$(CH_3)_2CHCH_2CH_2OH$]。

A.5.2.5 异丙醇[$CH_3CH(OH)CH_3$]。

A.5.2.6 盐酸(HCl),体积分数为 37%。

A.5.2.7 氯化钠(NaCl)。

A.5.2.8 氢氧化钠(NaOH)。

A.5.2.9 三羟甲基氨基甲烷($C_4H_{11}NO_3$,Tris)。

A.5.2.10 二水乙二铵四乙酸二钠盐($C_{10}H_{14}N_2O_8Na_2 \cdot 2H_2O$,$Na_2EDTA \cdot 2H_2O$)。

A.5.2.11 十六烷基三甲基溴化铵($C_{19}H_{42}BrN$,CTAB)。

A.5.2.12 氯仿—异戊醇溶液(24+1)。

A.5.2.13 70%乙醇溶液:量取 737 mL 95%乙醇,加水定容至 1 000 mL。

A.5.2.14 1 mol/L 三羟甲基氨基甲烷—盐酸溶液(pH 8.0):称取 121.1 g 三羟甲基氨基甲烷(Tris)溶解于约 800 mL 水中,用盐酸溶液调 pH 至 8.0,加水定容至 1 000 mL,在 103.4 kPa、121℃条件下,灭菌 15 min 后使用。

A.5.2.15 10 mol/L 氢氧化钠溶液:在约 160 mL 水中加入 80.0 g 氢氧化钠(NaOH),溶解后加水定容到 200 mL。

A.5.2.16 0.5 mol/L 乙二铵四乙酸二钠溶液(pH 8.0):称取 18.6 g 乙二铵四乙酸二钠($Na_2EDTA \cdot 2H_2O$),加入约 70 mL 水中,再加入适量氢氧化钠溶液(A.5.2.15),加热至完全溶解后,冷却至室温,用氢氧化钠溶液(A.5.2.15)调 pH 至 8.0,加水定容至 100 mL,在 103.4 kPa、121℃条件下,灭菌 15 min 后使用。

A.5.2.17 CTAB 提取缓冲液(pH 8.0):约 600 mL 水中加入 81.7 g 氯化钠(NaCl),20 g 十六烷基三甲基溴化铵(CTAB),充分溶解后,加入 100 mL 三羟甲基氨基甲烷—盐酸溶液(A.5.2.14)和 40 mL 乙二铵四乙酸二钠溶液(A.5.2.16),用盐酸或氢氧化钠溶液(A.5.2.15)调 pH 至 8.0,加水定容至 1 000 mL,在 103.4 kPa、121℃条件下,灭菌 15 min 后使用。

A.5.2.18 TE 缓冲液(pH 8.0):在约 800 mL 水中依次加入 10 mL 三羟甲基氨基甲烷—盐酸溶液(A.5.2.14)和 2 mL 乙二铵四乙酸二钠溶液(A.5.2.16),用盐酸或氢氧化钠溶液(A.5.2.15)调 pH 至 8.0,加水定容至 1 000 mL,在 103.4 kPa、121℃条件下,灭菌 15 min 后使用。

A.5.3 操作步骤

A.5.3.1 取油脂食品适量(液态油取 30 mL、磷脂类和固态油脂取 5 g)放入 100 mL 离心管中,加入 25 mL正己烷,不断振荡混合 2 h 后,加入 25 mL CTAB 提取缓冲液,继续振荡混合 2 h。

A.5.3.2 10 000 g 离心 10 min 至分相,取水相,加入等体积异丙醇,轻缓颠倒混匀,−20℃下静置 1 h。10 000 g 离心 10 min,沉淀 DNA。

A.5.3.3 按 A.1.3.8 至 A.1.3.16 纯化 DNA,或按 A.5.3.4 至 A.5.3.7 操作。

A.5.3.4 用 400 μL TE 缓冲液溶解沉淀后,加入 200 μL 氯仿—异戊醇,轻缓颠倒混匀,10 000 g 离心 2 min至分相。

A.5.3.5 将上清液转移至干净离心管中,加入等体积异丙醇,轻缓颠倒混匀,−20℃下静置 1 h。10 000 g离心 10 min,沉淀 DNA。

A.5.3.6 弃上清液后,用 1 mL 70%乙醇溶液洗涤 DNA 沉淀,小心倾倒上清。在沉淀不牢固时,可 10 000 g离心 10 min,再小心倾倒上清。

A.5.3.7 干燥沉淀,将 DNA 沉淀溶解于 100 μL 水或 TE 缓冲液中。

A.6 试剂盒方法

经验证适合转基因植物及其产品成分检测 DNA 提取和纯化的试剂盒方法。

ICS 65.020.01
B 04

中华人民共和国国家标准

农业部 1485 号公告—5—2010

转基因植物及其产品成分检测 抗病水稻 M12 及其衍生品种定性 PCR 方法

Detection of genetically modified plants and derived products—Qualitative PCR method for disease-resistant rice M12 and its derivates

2010-11-15 发布　　2011-01-01 实施

中华人民共和国农业部 发布

前　言

本标准按照 GB/T 1.1—2009 给出的规则起草。

本标准由中华人民共和国农业部科技教育司提出。

本标准由全国农业转基因生物安全管理标准化技术委员会(SAC/TC 276)归口。

本标准起草单位:农业部科技发展中心、中国农业科学院生物技术研究所、中国农业科学院植物保护研究所、安徽省农业科学院水稻研究所。

本标准主要起草人:张秀杰、段武德、金芜军、谢家建、刘信、宛煜嵩、倪大虎。

转基因植物及其产品成分检测
抗病水稻 M12 及其衍生品种定性 PCR 方法

1 范围

本标准规定了转基因抗病水稻 M12 转化体特异性的定性 PCR 检测方法。

本标准适用于转基因抗病水稻 M12 及其衍生品种，以及制品中 M12 转化体成分的定性 PCR 检测。

2 规范性引用文件

下列文件对于本文件的应用是必不可少的。凡是注日期的引用文件，仅注日期的版本适用于本文件。凡是不注日期的引用文件，其最新版本(包括所有的修改单)适用于本文件。

GB/T 6682 分析实验室用水规格和试验方法

NY/T 672 转基因植物及其产品检测 通用要求

NY/T 673 转基因植物及其产品检测 抽样

NY/T 674 转基因植物及其产品检测 DNA 提取和纯化

3 术语和定义

下列术语和定义适用于本文件。

3.1

***sps* 基因 *sps* gene**

编码蔗糖磷酸合酶(Sucrose Phosphate Synthase)的基因。

3.2

M12 转化体特异性序列 event-specific sequence of M12

M12 外源 DNA 插入受体水稻后经重组产生的特异性序列，包括 *Xa*21 基因序列及载体骨架序列。

4 原理

根据抗病水稻 M12 转化体特异性序列设计特异性引物，对试样进行 PCR 扩增。依据是否扩增获得预期 380 bp 的特异性 DNA 片段，判断样品中是否含有 M12 转化体成分。

5 试剂和材料

除非另有说明，仅使用分析纯试剂和重蒸馏水或符合 GB/T 6682 规定的一级水。

5.1 琼脂糖。

5.2 10 g/L 溴化乙锭溶液：称取 1.0 g 溴化乙锭(EB)，溶解于 100 mL 水中，避光保存。

注：溴化乙锭有致癌作用，配制和使用时宜戴一次性手套操作并妥善处理废液。

5.3 10 mol/L 氢氧化钠溶液：在 160 mL 水中加入 80.0 g 氢氧化钠(NaOH)，溶解后再加水定容至 200 mL。

5.4 500 mmol/L 乙二铵四乙酸二钠溶液(pH 8.0)：称取 18.6 g 乙二铵四乙酸二钠($EDTA-Na_2$)，加入 70 mL 水中，加入适量氢氧化钠溶液(5.3)，加热至完全溶解后，冷却至室温，用氢氧化钠溶液(5.3)调

pH至8.0,用水定容到100 mL。在103.4 kPa(121℃)条件下灭菌20 min。

5.5 1 mol/L三羟甲基氨基甲烷—盐酸溶液(pH 8.0):称取121.1 g三羟甲基氨基甲烷(Tris)溶解于800 mL水中,用盐酸(HCl)调pH至8.0,加水定容至1 000 mL。在103.4 kPa(121℃)条件下灭菌20 min。

5.6 TE缓冲液(pH 8.0):分别量取10 mL三羟甲基氨基甲烷—盐酸溶液(5.5)和2 mL乙二铵四乙酸二钠溶液(5.4)溶液,加水定容至1 000 mL。在103.4 kPa(121℃)条件下灭菌20 min。

5.7 50×TAE缓冲液:称取242.2 g三羟甲基氨基甲烷(Tris),加入300 mL水加热搅拌溶解后,加入100 mL乙二铵四乙酸二钠溶液溶液(5.4),用冰乙酸调pH至8.0,然后加水定容到1 000 mL。使用时用水稀释成1×TAE。

5.8 加样缓冲液:称取250.0 mg溴酚蓝,加入10 mL水,在室温下溶解12 h;称取250.0 mg二甲基苯腈蓝,加10 mL水溶解;称取50.0 g蔗糖,加30 mL水溶解。混合以上三种溶液,加水定容至100 mL,在4℃下保存。

5.9 DNA分子量标准:可以清楚地区分50 bp~1 000 bp的DNA片段。

5.10 dNTPs混合溶液:将浓度为10 mmol/L的dATP、dTTP、dGTP、dCTP四种脱氧核糖核苷酸溶液等体积混合。

5.11 Taq DNA聚合酶及其PCR反应缓冲液。

5.12 引物。

5.12.1 ***sps*基因**

SPS-F1:5′-TTGCGCCTGAACGGATAT-3′

SPS-R1:5′-GGAGAAGCACTGGACGAGG-3′

预期扩增片段大小为277 bp。

5.12.2 **M12转化体特异性序列**

M12-F:5′-GTTGGAGATTTTGGGCTTG-3′

M12-R:5′-ATAGCCTCTCCACCCAAGCG-3′

预期扩增片段大小380 bp。

5.13 引物溶液:用TE缓冲液(5.6)分别将上述引物稀释到10 μmol/L。

5.14 石蜡油。

5.15 PCR产物回收试剂盒。

5.16 DNA提取试剂盒。

6 仪器

6.1 分析天平:感量0.1 g和0.1 mg。

6.2 PCR扩增仪:升降温速度>1.5℃/s,孔间温度差异<1.0℃。

6.3 电泳槽、电泳仪等电泳装置。

6.4 紫外透射仪。

6.5 凝胶成像系统或照相系统。

6.6 重蒸馏水发生器或超纯水仪。

6.7 其他相关仪器和设备。

7 操作步骤

7.1 抽样

按 NY/T 672 和 NY/T 673 的规定执行。

7.2 制样

按 NY/T 672 和 NY/T 673 的规定执行。

7.3 试样预处理

按 NY/T 674 的规定执行。

7.4 DNA 模板制备

按 NY/T 674 的规定执行,或使用经验证适用于水稻 DNA 提取与纯化的 DNA 提取试剂盒。

7.5 PCR 反应

7.5.1 试样 PCR 反应

7.5.1.1 每个试样 PCR 反应设置 3 次重复。

7.5.1.2 在 PCR 反应管中按表 1 依次加入反应试剂,混匀,再加 25 μL 石蜡油(有热盖设备的 PCR 仪可不加)。

表 1 PCR 检测反应体系

试剂	终浓度	体积
水		—
10×PCR 缓冲液	1×	2.5 μL
25 mmol/L 氯化镁溶液	1.5 mmol/L	1.5 μL
dNTPs 混合溶液(各 2.5 mmol/L)	各 0.2 mmol/L	2.0 μL
10 μmol/L 上游引物	0.4 μmol/L	1.0 μL
10 μmol/L 下游引物	0.4 μmol/L	1.0 μL
Taq 酶	0.025 U/μL	—
50 mg/L DNA 模板	2 mg/L	1.0 μL
总体积		25.0 μL

注 1:根据 Taq 酶的浓度确定其体积,并相应调整水的体积,使反应体系总体积达到 25.0 μL。如果 PCR 缓冲液中含有氯化镁,则不加氯化镁溶液,加等体积水。

注 2:水稻内标准基因 PCR 检测反应体系中,上、下游引物分别为 SPS-F1 和 SPS-R1;M12 转化体 PCR 检测反应体系中,上、下游引物分别为 M12-F 和 M12-R。

7.5.1.3 将 PCR 管放在离心机上,500 g~3 000 g 离心 10 s,然后取出 PCR 管,放入 PCR 仪中。

7.5.1.4 进行 PCR 反应。*sps* 基因扩增的反应程序为:95℃变性 5 min;94℃变性 1 min,56℃退火 30 s,72℃延伸 30 s,共进行 35 次循环;72℃延伸 7 min。M12 转化体特异性序列扩增的反应程序为:94℃变性 5 min;94℃变性 30 s,58℃退火 30 s,72℃延伸 30 s,共进行 35 次循环;72℃延伸 7 min。

7.5.1.5 反应结束后取出 PCR 管,对 PCR 反应产物进行电泳检测。

7.5.2 对照 PCR 反应

在试样 PCR 反应的同时,应设置阴性对照、阳性对照和空白对照。

以非转基因水稻材料提取的 DNA 作为阴性对照;以转基因水稻 M12 质量分数为 0.1%~1.0%的水稻 DNA 作为阳性对照;以水作为空白对照。

各对照 PCR 反应体系中,除模板外,其余组分及 PCR 反应条件与 7.5.1 相同。

7.6 PCR 产物电泳检测

按 20 g/L 的质量浓度称取琼脂糖,加入 1×TAE 缓冲液中,加热溶解,配制成琼脂糖溶液。每 100 mL琼脂糖溶液中加入 5 μL EB 溶液,混匀,稍适冷却后,将其倒入电泳板上,插上梳板,室温下凝固成凝胶后,放入 1×TAE 缓冲液中,垂直向上轻轻拔去梳板。取 12 μL PCR 产物与 3 μL 加样缓冲液混合后加入凝胶点样孔,同时在其中一个点样孔中加入 DNA 分子量标准,接通电源在 2 V/cm~5 V/cm 条件下电泳检测。

7.7 凝胶成像分析

电泳结束后，取出琼脂糖凝胶，置于凝胶成像仪上或紫外透射仪上成像。根据 DNA 分子量标准估计扩增条带的大小，将电泳结果形成电子文件存档或用照相系统拍照。如需通过序列分析确认 PCR 扩增片段是否为目的 DNA 片段，按照 7.8 和 7.9 的规定执行。

7.8 PCR 产物回收

按 PCR 产物回收试剂盒说明书，回收 PCR 扩增的 DNA 片段。

7.9 PCR 产物测序验证

将回收的 PCR 产物克隆测序，与抗病水稻 M12 转化体特异性序列（参见附录 A）进行比对，确定 PCR 扩增的 DNA 片段是否为目的 DNA 片段。

8 结果分析与表述

8.1 对照检测结果分析

阳性对照的 PCR 反应中，*sps* 内标准基因和 M12 转化体特异性序列均得到扩增，且扩增片段大小与预期片段大小一致，而阴性对照中仅扩增出 *sps* 基因片段，空白对照中没有任何扩增片段，表明 PCR 反应体系正常工作，否则重新检测。

8.2 样品检测结果分析和表述

8.2.1 *sps* 内标准基因和 M12 转化体特异性序列均得到了扩增，且扩增片段大小与预期片段大小一致，表明样品中检测出转基因抗病水稻 M12 转化体成分，表述为“样品中检测出转基因抗病水稻 M12 转化体成分，检测结果为阳性”。

8.2.2 *sps* 内标准基因片段得到扩增，且扩增片段大小与预期片段大小一致，而 M12 转化体特异性序列未得到扩增，或扩增片段大小与预期片段大小不一致，表明样品中未检测出抗病水稻 M12 转化体成分，表述为“样品中未检测出抗病水稻 M12 转化体成分，检测结果为阴性”。

8.2.3 *sps* 内标准基因片段未得到扩增，或扩增片段大小与预期片段大小不一致，表明样品中未检测出水稻成分，结果表述为“样品中未检测出水稻成分，检测结果为阴性”。

附　录　A
（资料性附录）
抗病水稻 M12 转化体特异性序列

1 GTTGGAGATTTTGGGCTTG CAAGAATACTTGTTGATGGGACCTCATTGATACAACAGTCA
61 ACAAGCTCGATGGGATTTATAGGGACAATTGGCTATGCAGCACCAGGTCAGCAAGTCCTT
121 CCAGTATTTTGCATTTTCTGATCTCTAGTGCTCCAGCGAGTCAGTGAGCGAGGAAGCGGA
181 AGAGCGCCTGATGCGGTATTTTCTCCTTACGCATCTGTGCGGTATTTCACACAAAGTAAA
241 CTGGATGGCTTTCTTGCCGCCAAGGATCTGATGGCGCAGGGGATCAAGATCTGATCAAGA
301 GACAGGATGAGGATCGTTTCGCATGATTGAACAAGATGGATTGCACGCAGGTTCTCCGGC
361 CGCTTGGGTGGAGAGGCTAT

注：划线部分为引物序列。

ICS 65.020.01
B 04

中华人民共和国国家标准

农业部1485号公告—6—2010

转基因植物及其产品成分检测 耐除草剂大豆MON89788及其衍生品种定性PCR方法

Detection of genetically modified plants and derived products—Qualitative PCR method for herbicide-tolerant soybean MON89788 and its derivates

2010-11-15 发布　　2011-01-01 实施

中华人民共和国农业部　发布

前　言

本标准按照 GB/T 1.1—2009 给出的规则起草。

本标准由中华人民共和国农业部科技教育司提出。

本标准由全国农业转基因生物安全管理标准化技术委员会(SAC/TC 276)归口。

本标准起草单位:农业部科技发展中心、吉林省农业科学院、上海交通大学。

本标准主要起草人:张明、宋贵文、李飞武、李葱葱、沈平、董立明、邢珍娟、赵宁、刘乐庭、杨立桃。

转基因植物及其产品成分检测
耐除草剂大豆 MON89788 及其衍生品种定性 PCR 方法

1 范围

本标准规定了转基因耐除草剂大豆 MON89788 转化体特异性的定性 PCR 检测方法。

本标准适用于转基因耐除草剂大豆 MON89788 及其衍生品种，以及制品中 MON89788 转化体成分的定性 PCR 检测。

2 规范性引用文件

下列文件对于本文件的应用是必不可少的。凡是注日期的引用文件，仅注日期的版本适用于本文件。凡是不注日期的引用文件，其最新版本(包括所有的修改单)适用于本文件。

GB/T 6682 分析实验室用水规格和试验方法

NY/T 672 转基因植物及其产品检测 通用要求

NY/T 673 转基因植物及其产品检测 抽样

NY/T 674 转基因植物及其产品检测 DNA 提取和纯化

3 术语和定义

下列术语和定义适用于本文件。

3.1

***Lectin* 基因 *Lectin* gene**

编码凝集素前体蛋白的基因。

3.2

MON89788 转化体特异性序列 event-specific sequence of MON89788

MON89788 外源插入片段 5′端与大豆基因组的连接区序列，包括 FMV 35S 启动子 5′端部分序列和大豆基因组的部分序列。

4 原理

根据转基因耐除草剂大豆 MON89788 转化体特异性序列设计特异性引物，对试样 DNA 进行 PCR 扩增。依据是否扩增获得预期 223 bp 的特异性 DNA 片段，判断样品中是否含有 MON89788 转化体成分。

5 试剂和材料

除非另有说明，仅使用分析纯试剂和重蒸馏水或符合 GB/T 6682 规定的一级水。

5.1 琼脂糖。

5.2 10 g/L 溴化乙锭溶液：称取 1.0 g 溴化乙锭(EB)，溶解于 100 mL 水中，避光保存。

注：溴化乙锭有致癌作用，配制和使用时宜戴一次性手套操作并妥善处理废液。

5.3 10 mol/L 氢氧化钠溶液：在 160 mL 水中加入 80.0 g 氢氧化钠(NaOH)，溶解后再加水定容至 200 mL。

5.4 500 mmol/L 乙二铵四乙酸二钠溶液(pH 8.0):称取 18.6 g 乙二铵四乙酸二钠($EDTA-Na_2$),加入 70 mL 水中,再加入适量氢氧化钠溶液(5.3),加热至完全溶解后,冷却至室温,用氢氧化钠溶液(5.3)调 pH 至 8.0,加水定容至 100 mL。在 103.4 kPa(121℃)条件下灭菌 20 min。

5.5 1 mol/L 三羟甲基氨基甲烷—盐酸溶液(pH 8.0):称取 121.1 g 三羟甲基氨基甲烷(Tris)溶解于 800 mL 水中,用盐酸(HCl)调 pH 至 8.0,加水定容至 1 000 mL。在 103.4 kPa(121℃)条件下灭菌 20 min。

5.6 TE 缓冲液(pH 8.0):分别量取 10 mL 三羟甲基氨基甲烷—盐酸溶液(5.5)和 2 mL 乙二铵四乙酸二钠溶液(5.4)溶液,加水定容至 1 000 mL。在 103.4 kPa(121℃)条件下灭菌 20 min。

5.7 50×TAE 缓冲液:称取 242.2 g 三羟甲基氨基甲烷(Tris),先用 500 mL 水加热搅拌溶解后,加入 100 mL 乙二铵四乙酸二钠溶液(5.4),用冰乙酸调 pH 至 8.0,然后加水定容到 1 000 mL。使用时用水稀释成 1×TAE。

5.8 加样缓冲液:称取 250.0 mg 溴酚蓝,加入 10 mL 水,在室温下溶解 12 h;称取 250.0 mg 二甲基苯腈蓝,加 10 mL 水溶解;称取 50.0 g 蔗糖,加 30 mL 水溶解。混合以上三种溶液,加水定容至 100 mL,在 4℃下保存。

5.9 DNA 分子量标准:可以清楚地区分 100 bp~1 000 bp 的 DNA 片段。

5.10 dNTPs 混合溶液:将浓度为 10 mmol/L 的 dATP、dTTP、dGTP、dCTP 四种脱氧核糖核苷酸溶液等体积混合。

5.11 Taq DNA 聚合酶及 PCR 反应缓冲液。

5.12 引物。

5.12.1 ***Lectin* 基因**

lec-F:5′-GCCCTCTACTCCACCCCCATCC-3′

lec-R:5′-GCCCATCTGCAAGCCTTTTTGTG-3′

预期扩增片段大小为 118 bp。

5.12.2 **MON89788 转化体特异性序列**

Mon89788-F:5′-CTGCTCCACTCTTCCTTT-3′

Mon89788-R:5′-AGACTCTGTACCCTGACCT-3′

预期扩增片段大小为 223 bp。

5.13 引物溶液:用 TE 缓冲液(5.6)或水分别将上述引物稀释到 10 μmol/L。

5.14 石蜡油。

5.15 PCR 产物回收试剂盒。

5.16 DNA 提取试剂盒。

6 仪器

6.1 分析天平:感量 0.1 g 和 0.1 mg。

6.2 PCR 扩增仪:升降温速度>1.5℃/s,孔间温度差异<1.0℃。

6.3 电泳槽、电泳仪等电泳装置。

6.4 紫外透射仪。

6.5 凝胶成像系统或照相系统。

6.6 重蒸馏水发生器或超纯水仪。

6.7 其他相关仪器和设备。

7 操作步骤

7.1 抽样

按 NY/T 672 和 NY/T 673 的规定执行。

7.2 制样

按 NY/T 672 和 NY/T 673 的规定执行。

7.3 试样预处理

按 NY/T 674 的规定执行。

7.4 DNA 模板制备

按 NY/T 674 的规定执行,或使用经验证适用于大豆 DNA 提取与纯化的 DNA 提取试剂盒。

7.5 PCR 反应

7.5.1 试样 PCR 反应

7.5.1.1 每个试样 PCR 反应设置 3 次重复。

7.5.1.2 在 PCR 反应管中按表 1 依次加入反应试剂,混匀,再加 25 μL 石蜡油(有热盖设备的 PCR 仪可不加)。

表 1 PCR 检测反应体系

试　剂	终 浓 度	体　积
水		—
10×PCR 缓冲液	1×	2.5 μL
25 mmol/L 氯化镁溶液	1.5 mmol/L	1.5 μL
dNTPs 混合溶液(各 2.5 mmol/L)	各 0.2 mmol/L	2 μL
10 μmol/L 上游引物	0.2 μmol/L	0.5 μL
10 μmol/L 下游引物	0.2 μmol/L	0.5 μL
Taq 酶	0.025 U/μL	
25 mg/L DNA 模板	2 mg/L	2.0 μL
总体积		25.0 μL

注 1:根据 Taq 酶的浓度确定其体积,并相应调整水的体积,使反应体系总体积达到 25.0 μL。如果 PCR 缓冲液中含有氯化镁,则不加氯化镁溶液,加等体积水。

注 2:大豆内标准基因 PCR 检测反应体系中,上、下游引物分别为 lec-F 和 lec-R;MON89788 转化体 PCR 检测反应体系中,上、下游引物分别为 MON89788-F 和 MON89788-R。

7.5.1.3 将 PCR 管放在离心机上,500 g～3 000 g 离心 10 s,然后取出 PCR 管,放入 PCR 仪中。

7.5.1.4 进行 PCR 反应。反应程序为:94℃变性 5 min;94℃变性 30 s,56℃退火 30 s,72℃延伸 30 s,共进行 35 次循环;72℃延伸 7 min。

7.5.1.5 反应结束后取出 PCR 管,对 PCR 反应产物进行电泳检测。

7.5.2 对照 PCR 反应

在试样 PCR 反应的同时,应设置阴性对照、阳性对照和空白对照。

以非转基因大豆材料提取的 DNA 作为阴性对照;以转基因大豆 MON89788 质量分数为 0.1%～1.0%的大豆基因组 DNA 作为阳性对照;以水作为空白对照。

各对照 PCR 反应体系中,除模板外,其余组分及 PCR 反应条件与 7.5.1 相同。

7.6 PCR 产物电泳检测

按 20 g/L 的质量浓度称量琼脂糖,加入 1×TAE 缓冲液中,加热溶解,配制成琼脂糖溶液。每 100 mL琼脂糖溶液中加入 5 μL EB 溶液,混匀,稍适冷却后,将其倒入电泳板上,插上梳板,室温下凝固成凝胶后,放入 1×TAE 缓冲液中,垂直向上轻轻拔去梳板。取 12 μL PCR 产物与 3 μL 加样缓冲液混合后加入凝胶点样孔，同时在其中一个点样孔中加入 DNA 分子量标准，接通电源在 2 V/cm～5 V/cm 条件下电泳检测。

7.7 凝胶成像分析

电泳结束后，取出琼脂糖凝胶，置于凝胶成像仪上或紫外透射仪上成像。根据 DNA 分子量标准估计扩增条带的大小，将电泳结果形成电子文件存档或用照相系统拍照。如需通过序列分析确认 PCR 扩增片段是否为目的 DNA 片段，按照 7.8 和 7.9 的规定执行。

7.8 PCR 产物回收

按 PCR 产物回收试剂盒说明书，回收 PCR 扩增的 DNA 片段。

7.9 PCR 产物测序验证

将回收的 PCR 产物克隆测序，与耐除草剂大豆 MON89788 转化体特异性序列（参见附录 A）进行比对，确定 PCR 扩增的 DNA 片段是否为目的 DNA 片段。

8 结果分析与表述

8.1 对照检测结果分析

阳性对照的 PCR 反应中，*Lectin* 内标准基因和 MON89788 转化体特异性序列均得到扩增，且扩增片段大小与预期片段大小一致，而阴性对照中仅扩增出 *Lectin* 基因片段，空白对照中没有任何扩增片段，表明 PCR 反应体系正常工作，否则重新检测。

8.2 样品检测结果分析和表述

8.2.1 *Lectin* 内标准基因和 MON89788 转化体特异性序列均得到扩增，且扩增片段大小与预期片段大小一致，表明样品中检测出转基因耐除草剂大豆 MON89788 转化体成分，表述为“样品中检测出转基因耐除草剂大豆 MON89788 转化体成分，检测结果为阳性”。

8.2.2 *Lectin* 内标准基因片段得到扩增，且扩增片段大小与预期片段大小一致，而 MON89788 转化体特异性序列未得到扩增，或扩增片段大小与预期片段大小不一致，表明样品中未检测出耐除草剂大豆 MON89788 转化体成分，表述为“样品中未检测出耐除草剂大豆 MON89788 转化体成分，检测结果为阴性”。

8.2.3 *Lectin* 内标准基因片段未得到扩增，或扩增片段大小与预期片段大小不一致，表明样品中未检测出大豆成分，表述为“样品中未检测出大豆成分，检测结果为阴性”。

附 录 A
(资料性附录)
耐除草剂大豆 MON89788 转化体特异性序列

1 CTGCTCCACT CTTCCTTTTG GGCTTTTTTG TTTCCCGCTC TAGCGCTTCA
51 ATCGTGGTTA TCAAGCTCCA AACACTGATA GTTTAAACTG AAGGCGGGAA
101 ACGACAATCT GATCCCCATC AAGCTCTAGC TAGAGCGGCC GCGTTATCAA
151 GCTTCTGCAG GTCCTGCTCG AGTGGAAGCT AATTCTCAGT CCAAAGCCTC
201 AACAAGGTCA GGGTACAGAG TCT

注:划线部分为引物序列。

ICS 65.020.01
B 04

中华人民共和国国家标准

农业部 1485 号公告—7—2010

转基因植物及其产品成分检测 耐除草剂大豆 A2704-12 及其衍生品种 定性 PCR 方法

Detection of genetically modified plants and derived products—Qualitative PCR method for herbicide-tolerant soybean A2704-12 and its derivates

2010-11-15 发布 2011-01-01 实施

中华人民共和国农业部 发布

前　言

本标准按照 GB/T 1.1—2009 给出的规则起草。

本标准由中华人民共和国农业部科技教育司提出。

本标准由全国农业转基因生物安全管理标准化技术委员会(SAC/TC 276)归口。

本标准起草单位:农业部科技发展中心、安徽省农业科学院水稻研究所、上海交通大学、中国农业科学院生物技术研究所。

本标准主要起草人:杨剑波、沈平、汪秀峰、杨立桃、宋贵文、李莉、马卉、陆徐忠、倪大虎、宋丰顺、金芜军。

转基因植物及其产品成分检测 耐除草剂大豆 A2704-12 及其衍生品种定性 PCR 方法

1 范围

本标准规定了转基因耐除草剂大豆 A2704-12 转化体特异性的定性 PCR 检测方法。

本标准适用于转基因耐除草剂大豆 A2704-12 及其衍生品种，以及制品中 A2704-12 转化体成分的定性 PCR 检测。

2 规范性引用文件

下列文件对于本文件的应用是必不可少的。凡是注日期的引用文件，仅注日期的版本适用于本文件。凡是不注日期的引用文件，其最新版本(包括所有的修改单)适用于本文件。

GB/T 6682 分析实验室用水规格和试验方法

NY/T 672 转基因植物及其产品检测 通用要求

NY/T 673 转基因植物及其产品检测 抽样

NY/T 674 转基因植物及其产品检测 DNA 提取和纯化

3 术语和定义

下列术语和定义适用于本文件。

3.1

***Lectin* 基因 *Lectin* gene**

编码凝集素前体蛋白的基因。

3.2

A2704-12 转化体特异性序列 event-specific sequence of A2704-12

外源插入片段 5′端与大豆基因组的连接区序列，包括大豆基因组部分序列、转化载体部分序列和外源 *pat* 基因部分序列。

4 原理

根据转基因耐除草剂大豆 A2704-12 转化体特异性序列设计特异性引物，对试样进行 PCR 扩增。依据是否扩增获得预期 239 bp 的特异性 DNA 片段，判断样品中是否含有 A2704-12 转化体成分。

5 试剂和材料

除非另有说明，仅使用分析纯试剂和重蒸馏水或符合 GB/T 6682 规定的一级水。

5.1 琼脂糖。

5.2 10 g/L 溴化乙锭溶液：称取 1.0 g 溴化乙锭(EB)，溶于 100 mL 水中，避光保存。

注：溴化乙锭有致癌作用，配制和使用时宜戴一次性手套操作并妥善处理废液。

5.3 10 mol/L 氢氧化钠溶液：在 160 mL 水中加入 80.0 g 氢氧化钠(NaOH)，溶解后再加水定容至 200 mL。

5.4 500 mmol/L 乙二铵四乙酸二钠溶液(pH 8.0)：称取 18.6 g 乙二铵四乙酸二钠($EDTA-Na_2$)，加

入 70 mL 水中，再加入适量氢氧化钠溶液(5.3)，加热至完全溶解后，冷却至室温，再用氢氧化钠溶液(5.3)调 pH 至 8.0，加水定容至 100 mL。在 103.4 kPa(121℃)条件下灭菌 20 min。

5.5 1 mol/L 三羟甲基氨基甲烷—盐酸溶液(pH 8.0)：称取 121.1 g 三羟甲基氨基甲烷(Tris)溶解于 800 mL 水中，用盐酸调 pH 至 8.0，加水定容至 1 000 mL。在 103.4 kPa(121℃)条件下灭菌 20 min。

5.6 TE 缓冲液(pH 8.0)：分别量取 10 mL 三羟甲基氨基甲烷—盐酸溶液(5.5)和 2 mL 乙二铵四乙酸二钠溶液(5.4)，加水定容至 1 000 mL。在 103.4 kPa(121℃)条件下灭菌 20 min。

5.7 50×TAE 缓冲液：称取 242.2 g 三羟甲基氨基甲烷(Tris)，先用 300 mL 水加热搅拌溶解后，加 100 mL 乙二铵四乙酸二钠溶液(5.4)，用冰乙酸调 pH 至 8.0，然后加水定容到 1 000 mL。使用时用水稀释成 1×TAE。

5.8 加样缓冲液：称取 250.0 mg 溴酚蓝，加 10 mL 水，在室温下溶解 12 h；称取 250.0 mg 二甲基苯腈蓝，用 10 mL 水溶解；称取 50.0 g 蔗糖，用 30 mL 水溶解。混合以上三种溶液，加水定容至 100 mL，在 4℃下保存。

5.9 DNA 分子量标准：可以清楚地区分 50 bp～1 000 bp 的 DNA 片段。

5.10 dNTPs 混合溶液：将浓度为 10 mmol/L 的 dATP、dTTP、dGTP、dCTP 四种脱氧核糖核苷酸溶液等体积混合。

5.11 Taq DNA 聚合酶及 PCR 反应缓冲液。

5.12 引物。

5.12.1 ***Lectin* 基因**

Lec-F：5′-GCCCTCTACTCCACCCCCATCC-3′

Lec-R：5′-GCCCATCTGCAAGCCTTTTTGTG-3′

预期扩增片段大小为 118 bp。

5.12.2 **A2704-12 转化体特异性序列**

A2704-F：5′-TGAGGGGGTCAAAGACCAAG-3′

A2704-R：5′-CCAGTCTTTACGGCGAGT-3′

预期扩增片段大小为 239 bp。

5.13 引物溶液：用 TE 缓冲液(5.6)分别将上述引物稀释到 10 μmol/L。

5.14 石蜡油。

5.15 PCR 产物回收试剂盒。

5.16 DNA 提取试剂盒。

6 仪器

6.1 分析天平：感量 0.1 g 和 0.1 mg。

6.2 PCR 扩增仪：升降温速度＞1.5℃/s，孔间温度差异＜1.0℃。

6.3 电泳槽、电泳仪等电泳装置。

6.4 紫外透射仪。

6.5 凝胶成像系统或照相系统。

6.6 重蒸馏水发生器或超纯水仪。

6.7 其他相关仪器和设备。

7 操作步骤

7.1 抽样

按 NY/T 672 和 NY/T 673 的规定执行。

7.2 制样

按 NY/T 672 和 NY/T 673 的规定执行。

7.3 试样预处理

按 NY/T 674 的规定执行。

7.4 DNA 模板制备

按 NY/T 674 的规定执行,或使用经验证适用于大豆 DNA 提取和纯化的 DNA 提取试剂盒。

7.5 PCR 反应

7.5.1 试样 PCR 反应

7.5.1.1 每个试样 PCR 反应设置三次重复。

7.5.1.2 在 PCR 反应管中按表 1 依次加入反应试剂,混匀,再加 25 μL 石蜡油(有热盖设备的 PCR 仪可不加)。

表 1 PCR 检测反应体系

试　剂	终 浓 度	体　积
水		—
10×PCR 缓冲液	1×	2.5 μL
25 mmol/L 氯化镁溶液	1.5 mmol/L	1.5 μL
dNTPs 混合溶液(各 2.5 mmol/L)	各 0.2 mmol/L	2 μL
10 μmol/L 上游引物	0.2 μmol/L	0.5 μL
10 μmol/L 下游引物	0.2 μmol/L	0.5 μL
Taq 酶	0.025 U/μL	—
25 mg/L DNA 模板	2 mg/L	2.0 μL
总体积		25.0 μL

注 1:根据 Taq 酶的浓度确定其体积,并相应调整水的体积,使反应体系总体积达到 25.0 μL。如果 PCR 缓冲液中含有氯化镁,则不加氯化镁溶液,加等体积水。

注 2:大豆内标准基因 PCR 检测反应体系中,上、下游引物分别为 Lec-F 和 Lec-R;转基因大豆 A2704 - 12 转化体 PCR 检测反应体系中,上、下游引物分别为 A2704 - F 和 A2704 - R。

7.5.1.3 将 PCR 管放在离心机上,500 g～3 000 g 离心 10 s,然后取出 PCR 管,放入 PCR 仪中。

7.5.1.4 进行 PCR 反应。反应程序为:95℃变性 5 min;94℃变性 30 s,58℃退火 30 s,72℃延伸 30 s,共进行 35 次循环;72℃延伸 7 min。

7.5.1.5 反应结束后取出 PCR 管,对 PCR 反应产物进行电泳检测。

7.5.2 对照 PCR 反应

在试样 PCR 反应的同时,应设置阴性对照、阳性对照和空白对照。

以非转基因大豆材料中提取的 DNA 作为阴性对照;以转基因大豆 A2704 - 12 质量分数为 0.1%～1.0%的大豆 DNA 作为阳性对照;以水作为空白对照。

各对照 PCR 反应体系中,除模板外,其余组分及 PCR 反应条件与 7.5.1 相同。

7.6 PCR 产物电泳检测

按 20 g/L 的质量浓度称取琼脂糖,加入 1×TAE 缓冲液中,加热溶解,配制成琼脂糖溶液。每 100 mL琼脂糖溶液中加入 5 μL EB 溶液,混匀。适当冷却后,将其倒入电泳板上,插上梳板,室温下凝固成凝胶后,放入 1×TAE 缓冲液中,垂直向上轻轻拔去梳板。取 12 μL PCR 产物与 3 μL 加样缓冲液混合后加入点样孔中,同时,在其中一个点样孔中加入 DNA 分子量标准,接通电源在 2 V/cm～5 V/cm 条件下电泳检测。

7.7 凝胶成像分析

电泳结束后，取出琼脂糖凝胶，置于凝胶成像仪或紫外透射仪上成像。根据 DNA 分子量标准估计扩增条带的大小，将电泳结果形成电子文件存档或用照相系统拍照。如需通过序列分析确认 PCR 扩增片段是否为目的 DNA 片段，按照 7.8 和 7.9 的规定执行。

7.8 **PCR 产物回收**

按 PCR 产物回收试剂盒说明书，回收 PCR 扩增的 DNA 片段。

7.9 **PCR 产物测序验证**

将回收的 PCR 产物克隆测序，与耐除草剂大豆 A2704 - 12 转化体特异性序列(参见附录 A)进行比对，确定 PCR 扩增的 DNA 片段是否为目的 DNA 片段。

8 结果分析与表述

8.1 对照检测结果分析

阳性对照 PCR 反应中，*Lectin* 内标准基因和 A2704 - 12 转化体特异性序列均得到扩增，且扩增片段大小与预期片段大小一致，而阴性对照中仅扩增出 *Lectin* 基因片段，空白对照中没有任何扩增片段，这表明 PCR 反应体系正常工作，否则重新检测。

8.2 样品检测结果分析和表述

8.2.1 *Lectin* 内标准基因和 A2704 - 12 转化体特异性序列均得到扩增，且扩增片段大小与预期片段大小一致，表明样品中检测出转基因耐除草剂大豆 A2704 - 12 转化体成分，表述为“样品中检测出转基因耐除草剂大豆 A2704 - 12 转化体成分，检测结果为阳性”。

8.2.2 *Lectin* 内标准基因片段得到扩增，且扩增片段大小与预期片段大小一致，而 A2704 - 12 转化体特异性序列未得到扩增，或扩增片段大小与预期片段大小不一致，表明样品中未检测出转基因耐除草剂大豆 A2704 - 12 转化体成分，表述为“样品中未检测出转基因耐除草剂大豆 A2704 - 12 转化体成分，检测结果为阴性”。

8.2.3 *Lectin* 内标准基因片段未得到扩增，或扩增片段大小与预期片段大小不一致，表明样品中未检测出大豆成分，表述为“样品中未检测出大豆成分，检测结果为阴性”。

附　录　A
(资料性附录)
转基因耐除草剂大豆 A2704－12 转化体特异性序列

1 TGAGGGGGTC AAAGACCAAG AAGTGAGTTA TTTATCAGCC AAGCATTCTA
51 TTCTTCTTAT GTCGGTGCGG GCCTCTTCGC TATTACGCCA GCTGGCGAAA
101 GGGGGATGTG CTGCAAGGCG ATTAAGTTGG GTAACGCCAG GGTTTTCCCA
151 GTCACGACGT TGTAAAACGA CGGCCAGTGA ATTCCCATGG AGTCAAAGAT
201 TCAAATAGAG GACCTAACAG AACTCGCCGT AAAGACTGG

注:划线部分为引物序列。

ICS 65.020.01
B 04

中 华 人 民 共 和 国 国 家 标 准

农业部1485号公告—8—2010

转基因植物及其产品成分检测 耐除草剂大豆A5547-127及其衍生品种 定性PCR方法

Detection of genetically modified plants and derived products—Qualitative PCR method for herbicide-tolerant soybean A5547-127 and its derivates

2010-11-15 发布 2011-01-01 实施

中华人民共和国农业部 发布

前　　言

本标准按照 GB/T 1.1—2009 给出的规则起草。

本标准由中华人民共和国农业部科技教育司提出。

本标准由全国农业转基因生物安全管理标准化技术委员会(SAC/TC 276)归口。

本标准起草单位:农业部科技发展中心、上海交通大学、安徽省农业科学院水稻研究所。

本标准主要起草人:杨立桃、沈平、张大兵、宋贵文、汪秀峰、马卉。

转基因植物及其产品成分检测 耐除草剂大豆 A5547 - 127 及其衍生品种定性 PCR 方法

1 范围

本标准规定了转基因耐除草剂大豆 A5547 - 127 转化体特异性的定性 PCR 检测方法。

本标准适用于转基因耐除草剂大豆 A5547 - 127 及其衍生品种，以及制品中 A5547 - 127 转化体成分的定性 PCR 检测。

2 规范性引用文件

下列文件对于本文件的应用是必不可少的。凡是注日期的引用文件，仅注日期的版本适用于本文件。凡是不注日期的引用文件，其最新版本(包括所有的修改单)适用于本文件。

GB/T 6682 分析实验室用水规格和试验方法

NY/T 672 转基因植物及其产品检测 通用要求

NY/T 673 转基因植物及其产品检测 抽样

NY/T 674 转基因植物及其产品检测 DNA 提取和纯化

3 术语和定义

下列术语和定义适用于本文件。

3.1

***Lectin* 基因 *Lectin* gene**

编码凝集素前体蛋白的基因。

3.2

A5547 - 127 转化体特异性序列 event-specific sequence of A5547 - 127

外源插入片段 5′端与大豆基因组的连接区序列，包括大豆基因组和外源插入 *bla* 基因序列的部分序列。

4 原理

根据转基因耐除草剂大豆 A5547 - 127 转化体特异性序列设计特异性引物，对试样进行 PCR 扩增。依据是否扩增获得预期 317 bp 的特异性 DNA 片段，判断样品中是否含有 A5547 - 127 转化体成分。

5 试剂和材料

除非另有说明，仅使用分析纯试剂和重蒸馏水或符合 GB/T 6682 规定的一级水。

5.1 琼脂糖。

5.2 10 g/L 溴化乙锭溶液：称取 1.0 g 溴化乙锭(EB)，溶于 100 mL 水中，避光保存。

注：溴化乙锭有致癌作用，配制和使用时宜戴一次性手套操作并妥善处理废液，避光保存。

5.3 10 mol/L 氢氧化钠溶液：在 160 mL 水中加入 80.0 g 氢氧化钠(NaOH)，溶解后再加水定容至 200 mL。

5.4 500 mmol/L 乙二铵四乙酸二钠溶液(pH 8.0)：称取 18.6 g 乙二铵四乙酸二钠($EDTA-Na_2$)，加

入70 mL水中，再加入适量氢氧化钠溶液(5.3)，加热至完全溶解后，冷却至室温，用氢氧化钠溶液(5.3)调pH至8.0，加水定容至100 mL。在103.4 kPa(121℃)条件下灭菌20 min。

5.5 1 mol/L三羟甲基氨基甲烷—盐酸溶液(pH 8.0)：称取121.1 g三羟甲基氨基甲烷(Tris)溶解于800 mL水中，用盐酸调pH至8.0，加水定容至1 000 mL。在103.4 kPa(121℃)条件下灭菌20 min。

5.6 TE缓冲液(pH 8.0)：分别量取10 mL三羟甲基氨基甲烷—盐酸溶液(5.5)和2 mL乙二铵四乙酸二钠溶液(5.4)，加水定容至1 000 mL。在103.4 kPa(121℃)条件下灭菌20 min。

5.7 50×TAE缓冲液：称取242.2 g三羟甲基氨基甲烷(Tris)，先用300 mL水加热搅拌溶解后，加100 mL乙二铵四乙酸二钠溶液(5.4)，用冰乙酸调pH至8.0，然后加水定容到1 000 mL。使用时用水稀释成1×TAE。

5.8 加样缓冲液：称取250.0 mg溴酚蓝，加10 mL水，在室温下溶解12 h；称取250.0 mg二甲基苯腈蓝，用10 mL水溶解；称取50.0 g蔗糖，用30 mL水溶解。混合以上三种溶液，加水定容至100 mL，在4℃下保存。

5.9 DNA分子量标准：可以清楚地区分50 bp～1 000 bp的DNA片段。

5.10 dNTPs混合溶液：将浓度为10 mmol/L的dATP、dTTP、dGTP、dCTP四种脱氧核糖核苷酸溶液等体积混合。

5.11 Taq DNA聚合酶及PCR反应缓冲液。

5.12 引物。

5.12.1 ***Lectin*** **基因**

Lec-F：5′-GCCCTCTACTCCACCCCCATCC-3′

Lec-R：5′-GCCCATCTGCAAGCCTTTTTGTG-3′

预期扩增片段大小为118 bp。

5.12.2 **A5547-127转化体特异性序列**

A5547-F：5′-CGCCATTATCGCCATTCC-3′

A5547-R：5′-GCGGTATTATCCCGTATTGA-3′

预期扩增片段大小为317 bp。

5.13 引物溶液：用TE缓冲液(5.6)分别将上述引物稀释到10 μmol/L。

5.14 石蜡油。

5.15 PCR产物回收试剂盒。

5.16 DNA提取试剂盒。

6 仪器

6.1 分析天平：感量0.1 g和0.1 mg。

6.2 PCR扩增仪：升降温速度>1.5℃/s，孔间温度差异<1.0℃。

6.3 电泳槽、电泳仪等电泳装置。

6.4 紫外透射仪。

6.5 凝胶成像系统或照相系统。

6.6 重蒸馏水发生器或超纯水仪。

6.7 其他相关仪器和设备。

7 操作步骤

7.1 抽样

按 NY/T 672 和 NY/T 673 的规定执行。

7.2 制样

按 NY/T 672 和 NY/T 673 的规定执行。

7.3 试样预处理

按 NY/T 674 的规定执行。

7.4 DNA 模板制备

按 NY/T 674 的规定执行,或使用经验证适用于大豆 DNA 提取与纯化的 DNA 提取试剂盒。

7.5 PCR 反应

7.5.1 试样 PCR 反应

7.5.1.1 每个试样 PCR 反应设置 3 次重复。

7.5.1.2 在 PCR 反应管中按表 1 依次加入反应试剂,混匀,再加 25 μL 石蜡油(有热盖设备的 PCR 仪可不加)。

表 1 PCR 检测反应体系

试　剂	终 浓 度	体　积
水		—
10×PCR 缓冲液	1×	2.5 μL
25 mmol/L 氯化镁溶液	2.5 mmol/L	2.5 μL
dNTPs 混合溶液(各 2.5 mmol/L)	各 0.2 mmol/L	2 μL
10 μmol/L 上游引物	0.4 μmol/L	1 μL
10 μmol/L 下游引物	0.4 μmol/L	1 μL
Taq 酶	0.05 U/μL	—
25 mg/L DNA 模板	2 mg/L	2.0 μL
总体积		25.0 μL

注 1:根据 Taq 酶的浓度确定其体积,并相应调整水的体积,使反应体系总体积达到 25.0 μL。如果 PCR 缓冲液中含有氯化镁,则不加氯化镁溶液,加等体积水。

注 2:大豆内标准基因 PCR 检测反应体系中,上、下游引物分别为 Lec-F 和 Lec-R;A5547-127 转化体 PCR 检测反应体系中,上、下游引物分别为 A5547-F 和 A5547-R。

7.5.1.3 将 PCR 管放在离心机上,500 g~3 000 g 离心 10 s,然后取出 PCR 管,放入 PCR 仪中。

7.5.1.4 进行 PCR 反应。反应程序为:95℃变性 7 min;94℃变性 30 s,58℃退火 30 s,72℃延伸 30 s,共进行 35 次循环;72℃延伸 7 min。

7.5.1.5 反应结束后取出 PCR 管,对 PCR 反应产物进行电泳检测。

7.5.2 对照 PCR 反应

在试样 PCR 反应的同时,应设置阴性对照、阳性对照和空白对照。

以非转基因大豆材料中提取的 DNA 作为阴性对照;以转基因大豆 A5547-127 质量分数为 0.1%~1.0%的大豆 DNA 作为阳性对照;以水作为空白对照。

各对照 PCR 反应体系中,除模板外,其余组分及 PCR 反应条件与 7.5.1 相同。

7.6 PCR 产物电泳检测

按 20 g/L 的质量浓度称取琼脂糖,加入 1×TAE 缓冲液中,加热溶解,配制成琼脂糖溶液。每 100 mL琼脂糖溶液中加入 5 μL EB 溶液,混匀,适当冷却后,将其倒入电泳板上,插上梳板,室温下凝固成凝胶后,放入 1×TAE 缓冲液中,垂直向上轻轻拔去梳板。取 12 μL PCR 产物与 3 μL 加样缓冲液混合后加入点样孔中,同时在其中一个点样孔中加入 DNA 分子量标准,接通电源在 2 V/cm~5 V/cm 条件下电泳检测。

7.7 凝胶成像分析

电泳结束后，取出琼脂糖凝胶，置于凝胶成像仪或紫外透射仪上成像。根据 DNA 分子量标准估计扩增条带的大小，将电泳结果形成电子文件存档或用照相系统拍照。如需通过序列分析确认 PCR 扩增片段是否为目的 DNA 片段，按照 7.8 和 7.9 的规定执行。

7.8 PCR 产物回收

按 PCR 产物回收试剂盒说明书，回收 PCR 扩增的 DNA 片段。

7.9 PCR 产物测序验证

将回收的 PCR 产物克隆测序，与耐除草剂大豆 A5547－127 转化体特异性序列（参见附录 A）进行比对，确定 PCR 扩增的 DNA 片段是否为目的 DNA 片段。

8 结果分析与表述

8.1 对照检测结果分析

阳性对照 PCR 反应中，*Lectin* 内标准基因和 A5547－127 转化体特异性序列均得到扩增，且扩增片段大小与预期片段大小一致，而阴性对照中仅扩增出 *Lectin* 基因片段，空白对照中没有任何扩增片段，表明 PCR 反应体系正常工作，否则重新检测。

8.2 样品检测结果分析和表述

8.2.1 *Lectin* 内标准基因和 A5547－127 转化体特异性序列均得到扩增，且扩增片段大小与预期片段大小一致，表明样品中检测出转基因耐除草剂大豆 A5547－127 转化体成分，表述为"样品中检测出转基因耐除草剂大豆 A5547－127 转化体成分，检测结果为阳性"。

8.2.2 *Lectin* 内标准基因片段得到扩增，且扩增片段大小与预期片段大小一致，而 A5547－127 转化体特异性序列未得到扩增，或扩增片段大小与预期片段大小不一致，表明样品中未检测出转基因耐除草剂大豆 A5547－127 转化体成分，表述为"样品中未检测出转基因耐除草剂大豆 A5547－127 转化体成分，检测结果为阴性"。

8.2.3 *Lectin* 内标准基因片段未得到扩增，或扩增片段大小与预期片段大小不一致，表明样品中未检测出大豆成分，表述为"样品中未检测出大豆成分，检测结果为阴性"。

附　录　A
(资料性附录)
转基因耐除草剂 A5547－127 转化体特异性序列

1 CGCCATTATC GCCATTCCGC CACGATCATT AAGGCTATGG CGGCCGCAAT
51 GGCGCCGCCA TATGAAACCC GCAATGCCAT CGCTATTTGG TGGCATTTTT
101 CCAAAAACCC GCAATGTCAT ACCGTCATCG TTGTCAGAAG TAAGTTGGCC
151 GCAGTGTTAT CACTCATGGT TATGGCAGCA ATGCATAATT CTCTTACTGT
201 CATGCCATCC GTAAGATGCT TTTCTGTGAC TGGTGAGTAC TCAACCAAGT
251 CATTCTGAGA ATAGTGTATG CGGCGACCGA GTTGCTCTTG CCCGGCGTCA
301 ATACGGGATA ATACCGC

注:划线部分为引物序列。

ICS 65.020.01
B 04

中华人民共和国国家标准

农业部1485号公告—9—2010

转基因植物及其产品成分检测 抗虫耐除草剂玉米59122及其衍生品种定性PCR方法

Detection of genetically modified plants and derived products—Qualitative PCR method for insect-resistant and herbicide-tolerant maize 59122 and its derivates

2010-11-15 发布　　2011-01-01 实施

中华人民共和国农业部　发布

前　言

本标准按照 GB/T 1.1—2009 给出的规则起草。

本标准由中华人民共和国农业部科技教育司提出。

本标准由全国农业转基因生物安全管理标准化技术委员会(SAC/TC 276)归口。

本标准起草单位:农业部科技发展中心、中国农业科学院植物保护研究所。

本标准主要起草人:彭于发、沈平、谢家建、张永军、厉建萌。

转基因植物及其产品成分检测 抗虫耐除草剂玉米 59122 及其衍生品种定性 PCR 方法

1 范围

本标准规定了转基因抗虫耐除草剂玉米 59122 转化体特异性的定性 PCR 检测方法。

本标准适用于转基因抗虫耐除草剂玉米 59122 及其衍生品种，以及制品中 59122 转化体成分的定性 PCR 检测。

2 规范性引用文件

下列文件对于本文件的应用是必不可少的。凡是注日期的引用文件，仅注日期的版本适用于本文件。凡是不注日期的引用文件，其最新版本(包括所有的修改单)适用于本文件。

GB/T 6682 分析实验室用水规格和试验方法

NY/T 672 转基因植物及其产品检测 通用要求

NY/T 673 转基因植物及其产品检测 抽样

NY/T 674 转基因植物及其产品检测 DNA 提取和纯化

3 术语和定义

下列术语和定义适用于本文件。

3.1

***zSSIIb* 基因 *zSSIIb* gene**

编码玉米淀粉合酶异构体 zSTSII-2 的基因。

3.2

59122 转化体特异性序列 event-specific sequence of 59122

外源插入片段 3′端与玉米基因组的连接区序列，包括转化载体 T-DNA 左边界区域部分序列和玉米基因组的部分序列。

4 原理

根据转基因抗虫耐除草剂玉米 59122 转化体特异性序列设计特异性引物，对试样进行 PCR 扩增。依据是否扩增获得预期 273 bp 的 DNA 片段，判断样品中是否含有 59122 转化体成分。

5 试剂和材料

除非另有说明，仅使用分析纯试剂和重蒸馏水或符合 GB/T 6682 规定的一级水。

5.1 琼脂糖。

5.2 10 g/L 溴化乙锭溶液：称取 1.0 g 溴化乙锭(EB)，溶于 100 mL 水中，避光保存。

注：溴化乙锭有致癌作用，配制和使用时宜戴一次性手套操作并妥善处理废液。

5.3 10 mol/L 氢氧化钠溶液：在 160 mL 水中加入 80.0 g 氢氧化钠(NaOH)，溶解后再加水定容至 200 mL。

5.4 500 mmol/L 乙二铵四乙酸二钠溶液(pH 8.0)：称取 18.6 g 乙二铵四乙酸二钠($EDTA-Na_2$)，加

入 70 mL 水中，再加入适量氢氧化钠溶液(5.3)，加热至完全溶解后，冷却至室温，用氢氧化钠溶液(5.3)调 pH 至 8.0，加水定容至 100 mL。在 103.4 kPa(121℃)条件下灭菌 20 min。

5.5　1 mol/L 三羟甲基氨基甲烷—盐酸溶液(pH 8.0)：称取 121.1 g 三羟甲基氨基甲烷(Tris)溶解于 800 mL 水中，用盐酸调 pH 至 8.0，加水定容至 1 000 mL。在 103.4 kPa(121℃)条件下灭菌 20 min。

5.6　TE 缓冲液(pH 8.0)：分别量取 10 mL 三羟甲基氨基甲烷—盐酸溶液(5.5)和 2 mL 乙二铵四乙酸二钠溶液(5.4)，加水定容至 1 000 mL。在 103.4 kPa(121℃)条件下灭菌 20 min。

5.7　50×TAE 缓冲液：称取 242.2 g 三羟甲基氨基甲烷(Tris)，先用 300 mL 水加热搅拌溶解后，加 100 mL 乙二铵四乙酸二钠溶液(5.4)，用冰乙酸调 pH 至 8.0，然后加水定容到 1 000 mL。使用时用水稀释成 1×TAE。

5.8　加样缓冲液：称取 250.0 mg 溴酚蓝，加 10 mL 水，在室温下溶解 12 h；称取 250.0 mg 二甲基苯腈蓝，用 10 mL 水溶解；称取 50.0 g 蔗糖，用 30 mL 水溶解。混合以上三种溶液，加水定容至 100 mL，在 4℃下保存。

5.9　DNA 分子量标准：可以清楚地区分 50 bp～1 000 bp 的 DNA 片段。

5.10　dNTPs 混合溶液：将浓度为 10 mmol/L 的 dATP、dTTP、dGTP、dCTP 四种脱氧核糖核苷酸溶液等体积混合。

5.11　Taq DNA 聚合酶及 PCR 反应缓冲液。

5.12　引物。

5.12.1　***zSSIIb*** **基因**

zSSIIb - F：5′- CGGTGGATGCTAAGGCTGATG - 3′

zSSIIb - R：5′- AAAGGGCCAGGTTCATTATCCTC - 3′

预期扩增片段大小为 88 bp。

5.12.2　**59122 转化体特异性序列**

59122 - F：5′- CGTCCGCAATGTGTTATTAAG - 3′

59122 - R：5′- TGACCAAGTGTCCACTTGAC - 3′

预期扩增片段大小为 273 bp。

5.13　引物溶液：用 TE 缓冲液(5.6)分别将上述引物稀释到 10 μmol/L。

5.14　石蜡油。

5.15　PCR 产物回收试剂盒。

5.16　DNA 提取试剂盒。

6　仪器

6.1　分析天平：感量 0.1 g 和 0.1 mg。

6.2　PCR 扩增仪：升降温速度＞1.5℃/s，孔间温度差异＜1.0℃。

6.3　电泳槽、电泳仪等电泳装置。

6.4　紫外透射仪。

6.5　凝胶成像系统或照相系统。

6.6　重蒸馏水发生器或超纯水仪。

6.7　其他相关仪器和设备。

7　操作步骤

7.1　抽样

按 NY/T 672 和 NY/T 673 的规定执行。

7.2 制样

按 NY/T 672 和 NY/T 673 的规定执行。

7.3 试样预处理

按 NY/T 674 的规定执行。

7.4 DNA 模板制备

按 NY/T 674 的规定执行,或使用经验证适用于玉米 DNA 提取与纯化的 DNA 提取试剂盒。

7.5 PCR 反应

7.5.1 试样 PCR 反应

7.5.1.1 每个试样 PCR 反应设置 3 次重复。

7.5.1.2 在 PCR 反应管中按表 1 依次加入反应试剂,混匀,再加 25 μL 石蜡油(有热盖设备的 PCR 仪可不加)。

表 1 PCR 检测反应体系

试 剂	终 浓 度	体 积
水		—
10×PCR 缓冲液	1×	2.5 μL
25 mmol/L 氯化镁	1.5 mmol/L	1.5 μL
dNTPs 混合溶液(各 2.5 mmol/L)	各 0.2 mmol/L	2.0 μL
10 μmol/L 上游引物	0.4 μmol/L	1.0 μL
10 μmol/L 下游引物	0.4 μmol/L	1.0 μL
Taq 酶	0.025 U/μL	—
25 mg/L DNA 模板	2 mg/L	2.0 μL
总体积		25.0 μL

注 1:根据 Taq 酶的浓度确定其体积,并相应调整水的体积,使反应体系总体积达到 25.0 μL。如果 PCR 缓冲液中含有氯化镁,则不加氯化镁溶液,加等体积水。

注 2:玉米内标准基因 PCR 检测反应体系中,上、下游引物分别为 zSSIIb-F 和 zSSIIb-R;59122 转化体 PCR 检测反应体系中,上、下游引物分别为 59122-F 和 59122-R。

7.5.1.3 将 PCR 管放在离心机上,500 g~3 000 g 离心 10 s,然后取出 PCR 管,放入 PCR 仪中。

7.5.1.4 进行 PCR 反应。反应程序为:95℃变性 5 min;94℃变性 30 s,58℃退火 30 s,72℃延伸 30 s,共进行 35 次循环;72℃延伸 7 min。

7.5.1.5 反应结束后取出 PCR 管,对 PCR 反应产物进行电泳检测。

7.5.2 对照 PCR 反应

在试样 PCR 反应的同时,应设置阴性对照、阳性对照和空白对照。

以非转基因玉米材料中提取的 DNA 作为阴性对照;以转基因玉米 59122 质量分数为 0.1%~1.0%的玉米基因组 DNA 作为阳性对照;以水作为空白对照。

各对照 PCR 反应体系中,除模板外,其余组分及 PCR 反应条件与 7.5.1 相同。

7.6 PCR 产物电泳检测

按 20 g/L 的质量浓度称取琼脂糖,加入 1×TAE 缓冲液中,加热溶解,配制成琼脂糖溶液。每 100 mL琼脂糖溶液中加入 5 μL EB 溶液,混匀,稍适冷却后,将其倒入电泳板上,插上梳板,室温下凝固成凝胶后,放入 1×TAE 缓冲液中,垂直向上轻轻拔去梳板。取 12 μL PCR 产物与 3 μL 加样缓冲液混合后加入点样孔中,同时在其中一个点样孔中加入 DNA 分子量标准,接通电源在 2 V/cm~5 V/cm 条件下电泳检测。

7.7 凝胶成像分析

电泳结束后，取出琼脂糖凝胶，置于凝胶成像仪或紫外透射仪上成像。根据 DNA 分子量标准估计扩增条带的大小，将电泳结果形成电子文件存档或用照相系统拍照。如需通过序列分析确认 PCR 扩增片段是否为目的 DNA 片段，按照 7.8 和 7.9 的规定执行。

7.8 PCR 产物回收

按 PCR 产物回收试剂盒说明书，回收 PCR 扩增的 DNA 片段。

7.9 PCR 产物测序验证

将回收的 PCR 产物克隆测序，与 59122 转化体特异性序列(参见附录 A)进行比对，确定 PCR 扩增的 DNA 片段是否为目的 DNA 片段。

8 结果分析与表述

8.1 对照样品结果分析

阳性对照 PCR 反应中，*zSSIIb* 内标准基因和转化体特异性序列均得到扩增，且扩增片段大小与预期片段大小一致，而阴性对照中仅扩增出 *zSSIIb* 基因片段，空白对照中没有任何扩增片段，表明 PCR 反应体系正常工作，否则重新检测。

8.2 试样检测结果分析和表述

8.2.1 *zSSIIb* 内标准基因和转化体特异性序列均得到扩增，且扩增片段大小与预期片段大小一致，表明样品中检测出转基因抗虫耐除草剂玉米 59122 转化体成分，结果表述为“样品中检测出转基因抗虫耐除草剂玉米 59122 转化体成分，检测结果为阳性”。

8.2.2 *zSSIIb* 内标准基因片段得到扩增，且扩增片段大小与预期片段大小一致，而转化体特异性序列未得到扩增，或扩增片段大小与预期片段大小不一致，表明样品中未检测出转基因抗虫耐除草剂玉米 59122 转化体成分，结果表述为“样品中未检测出转基因抗虫耐除草剂玉米 59122 转化体成分，检测结果为阴性”。

8.2.3 *zSSIIb* 内标准基因片段未得到扩增，或扩增片段大小与预期片段大小不一致，表明样品中未检测出玉米成分，表述为“样品中未检测出玉米成分，检测结果为阴性”。

附　录　A
（资料性附录）
59122 转化体特异性序列

1 CGTCCGCAAT GTGTTATTAA GTTGTCTAAG CGTCAATTTT TCCCTTCTAT
51 GGTCCCGTTT GTTTATCCTC TAAATTATAT AATCCAGCTT AAATAAGTTA
101 AGAGACAAAC AAACAACACA GATTATTAAA TAGATTATGT AATCTAGATA
151 CCTAGATTAT GTAATCCATA AGTAGAATAT CAGGTGCTTA TATAATCTAT
201 GAGCTCGATT ATATAATCTT AAAAGAAAAC AAACAGAGCC CCTATAAAAA
251 GGGGTCAAGT GGACACTTGG TCA

注：划线部分为引物序列。

ICS 65.020.01
B 04

中华人民共和国国家标准

农业部1485号公告—10—2010

转基因植物及其产品成分检测 耐除草剂棉花LLcotton25及其衍生品种 定性PCR方法

Detection of genetically modified plants and derived products—Qualitative PCR method for herbicide-tolerant cotton LLcotton25 and its derivates

2010-11-15 发布　　2011-01-01 实施

中华人民共和国农业部　发布

前　　言

本标准按照 GB/T 1.1—2009 给出的规则起草。

本标准由中华人民共和国农业部科技教育司提出。

本标准由全国农业转基因生物安全管理标准化技术委员会(SAC/TC 276)归口。

本标准起草单位:农业部科技发展中心、中国农业科学院植物保护研究所。

本标准主要起草人:张永军、刘信、谢家建、厉建萌、李飞武。

转基因植物及其产品成分检测
耐除草剂棉花 LLcotton25 及其衍生品种定性 PCR 方法

1 范围

本标准规定了转基因耐除草剂棉花 LLcotton25 转化体特异性的定性 PCR 检测方法。

本标准适用于转基因耐除草剂棉花 LLcotton25 及其衍生品种，以及制品中 LLcotton25 转化体成分的定性 PCR 检测。

2 规范性引用文件

下列文件对于本文件的应用是必不可少的。凡是注日期的引用文件，仅注日期的版本适用于本文件。凡是不注日期的引用文件，其最新版本(包括所有的修改单)适用于本文件。

GB/T 6682 分析实验室用水规格和试验方法

NY/T 672 转基因植物及其产品检测 通用要求

NY/T 673 转基因植物及其产品检测 抽样

NY/T 674 转基因植物及其产品检测 DNA 提取和纯化

3 术语和定义

下列术语和定义适用于本文件。

3.1

***Sad1* 基因 *Sad1* gene**

编码棉花硬脂酰—酰基载体蛋白脱饱和酶(stearoyl-acyl carrier protein desaturase)的基因。

3.2

LLcotton25 转化体特异性序列 event-specific sequence of LLcotton25

外源插入片段 5′端与棉花基因组的连接区序列，包括棉花基因组的部分序列和 CaMV 35S 启动子部分序列。

4 原理

根据转基因耐除草剂棉花 LLcotton25 转化体特异性序列设计特异性引物，对试样进行 PCR 扩增。依据是否扩增获得预期 309 bp 的 DNA 片段，判断样品中是否含有 LLcotton25 转化体成分。

5 试剂和材料

除非另有说明，仅使用分析纯试剂和重蒸馏水或符合 GB/T 6682 规定的一级水。

5.1 琼脂糖。

5.2 10 g/L 溴化乙锭溶液：称取 1.0 g 的溴化乙锭(EB)，溶解于 100 mL 水中，避光保存。

注：溴化乙锭有致癌作用，配制和使用时宜戴一次性手套操作并妥善处理废液。

5.3 10 mol/L 氢氧化钠溶液：在 160 mL 水中加入 80.0 g 氢氧化钠(NaOH)，溶解后再加水定容至 200 mL。

5.4 500 mmol/L 乙二铵四乙酸二钠溶液(pH 8.0)：称取 18.6 g 乙二铵四乙酸二钠($EDTA-Na_2$)，加

入 70 mL 水中，再加入适量氢氧化钠溶液(5.3)，加热至完全溶解后，冷却至室温，用氢氧化钠溶液(5.3)调 pH 至 8.0，加水定容至 100 mL。在 103.4 kPa(121℃)条件下灭菌 20 min。

5.5　1 mol/L 三羟甲基氨基甲烷—盐酸溶液(pH 8.0)：称取 121.1 g 三羟甲基氨基甲烷(Tris)溶解于 800 mL 水中，用盐酸调 pH 至 8.0，加水定容至 1 000 mL。在 103.4 kPa(121℃)条件下灭菌 20 min。

5.6　TE 缓冲液(pH 8.0)：分别量取 10 mL 三羟甲基氨基甲烷—盐酸溶液(5.5)和 2 mL 乙二铵四乙酸二钠溶液(5.4)，加水定容至 1 000 mL。在 103.4 kPa(121℃)条件下灭菌 20 min。

5.7　50×TAE 缓冲液：称取 242.2 g 三羟甲基氨基甲烷(Tris)，先用 300 mL 水加热搅拌溶解后，加入 100 mL 乙二铵四乙酸二钠溶液(5.4)，用冰乙酸调 pH 至 8.0，然后加水定容至 1 000 mL。使用时用水稀释成 1×TAE。

5.8　加样缓冲液：称取 250.0 mg 溴酚蓝，加 10 mL 水，在室温下溶解 12 h；称取 250.0 mg 二甲基苯腈蓝，用 10 mL 水溶解；称取 50.0 g 蔗糖，用 30 mL 水溶解。混合以上三种溶液，加水定容至 100 mL，在 4℃下保存。

5.9　1 mol/L 三羟甲基氨基甲烷—盐酸溶液(pH 7.5)：称取 121.1 g 三羟甲基氨基甲烷(Tris)溶解于 800 mL 水中，用盐酸调 pH 至 7.5，用水定容至 1 000 mL。在 103.4 kPa(121℃)条件下灭菌 20 min。

5.10　苯酚—氯仿—异戊醇溶液(25+24+1)。

5.11　氯仿—异戊醇溶液(24+1)。

5.12　5 mol/L 氯化钠溶液：称取 292.2 g 氯化钠(NaCl)，溶解于 800 mL 水中，加水定容至 1 000 mL，在 103.4 kPa(121℃)条件下灭菌 20 min。

5.13　10 g/L RNase A：称取 10 mg 胰 RNA 酶(RNase A)溶解于 987 μL 水中，然后加入 10 μL 三羟甲基氨基甲烷—盐酸溶液(5.9)和 3 μL 氯化钠溶液(5.12)，于 100℃水浴中保温 15 min，缓慢冷却至室温，分装成小份保存于－20℃。

5.14　异丙醇。

5.15　3 mol/L 乙酸钠(pH 5.6)：称取 408.3 g 三水乙酸钠溶解于 800 mL 水中，用冰乙酸调 pH 至 5.6，用水定容至 1 000 mL。在 103.4 kPa(121℃)条件下灭菌 20 min。

5.16　体积分数为 70%的乙醇溶液。

5.17　抽提缓冲液：在 600 mL 水中加入 69.3 g 葡萄糖，20 g 聚乙烯吡咯烷酮(PVP，K30)，1 g 二乙胺基二硫代甲酸钠(DIECA)，充分溶解，然后加入 100 mL 三羟甲基氨基甲烷—盐酸溶液(5.9)，10 mL 乙二铵四乙酸二钠溶液(5.4)，加水定容至 1 000 mL，4℃保存，使用时加入体积分数为 0.2%的 β-巯基乙醇。

5.18　裂解缓冲液：在 600 mL 水中加入 81.7 g 氯化钠，20 g 十六烷基三甲基溴化铵(CTAB)，20 g 聚乙烯吡咯烷酮(PVP，K30)，1 g 二乙胺基二硫代甲酸钠(DIECA)，充分溶解，然后加入 100 mL 三羟甲基氨基甲烷—盐酸溶液(5.9)，4 mL 乙二铵四乙酸二钠溶液(5.4)，加水定容至 1 000 mL，室温保存，使用时加入体积分数为 0.2%的 β-巯基乙醇。

5.19　DNA 分子量标准：可以清楚地区分 50 bp～1 000 bp 的 DNA 片段。

5.20　dNTPs 混合溶液：将浓度为 10 mmol/L 的 dATP、dTTP、dGTP、dCTP 四种脱氧核糖核苷酸溶液等体积混合。

5.21　Taq DNA 聚合酶及 PCR 反应缓冲液。

5.22　植物 DNA 提取试剂盒。

5.23　引物。

5.23.1　***Sad1*** **基因**

s-F：5′-CCAAAGGAGGTGCCTGTTCA-3′

s-R：5′-TTGAGGTGAGTCAGAATGTTGTTC-3′

预期扩增片段大小为107 bp。

5.23.2 **LLcotton25转化体特异性序列**

25-F:5′-CAAGGAACTATTCAACTGAG-3′

25-R:5′-CAACCTGTCTGTTTGCTGAC-3′

预期扩增片段大小为309 bp。

5.24 引物溶液:用TE缓冲液(5.6)分别将上述引物稀释到10 μmol/L。

5.25 石蜡油。

5.26 PCR产物回收试剂盒。

6 仪器

6.1 分析天平:感量0.1 g和0.1 mg。

6.2 PCR扩增仪:升降温速度>1.5℃/s,孔间温度差异<1.0℃。

6.3 电泳槽、电泳仪等电泳装置。

6.4 紫外透射仪。

6.5 凝胶成像系统或照相系统。

6.6 重蒸馏水发生器或超纯水仪。

6.7 其他相关仪器和设备。

7 操作步骤

7.1 抽样

按NY/T 672和NY/T 673的规定执行。

7.2 制样

按NY/T 672和NY/T 673的规定执行。

7.3 试样预处理

按NY/T 674的规定执行。

7.4 DNA模板制备

按NY/T 674的规定制定,或使用经验证适用于棉花及其产品DNA提取与纯化的DNA提取试剂盒,或按下述方法执行。DNA模板制备时设置不加任何试样的空白对照。

称取200 mg经预处理的试样,在液氮中充分研磨后装入液氮预冷的1.5 mL或2 mL离心管中(不需研磨的试样直接加入)。加入1 mL预冷至4℃的抽提缓冲液,剧烈摇动混匀后,在冰上静置5 min,4℃条件下10 000 g离心15 min,弃上清液。加入600 μL预热到65℃的裂解缓冲液,充分重悬沉淀,在65℃恒温保持40 min,期间颠倒混匀5次。10 000 g离心10 min,取上清液转至另一新离心管中。加入5 μL RNase A,37℃恒温保持30 min。分别用等体积苯酚—氯仿—异戊醇溶液和氯仿—异戊醇溶液各抽提一次。10 000 g离心10 min,取上清液转至另一新离心管中。加入2/3体积异丙醇和1/10体积乙酸钠溶液,−20℃放置2 h~3 h。在4℃条件下,10 000 g离心15 min,弃上清液,用体积分数为70%的乙醇溶液洗涤沉淀一次,倒出乙醇溶液,晾干沉淀。加入50 μL TE缓冲液溶解沉淀,所得溶液即为样品DNA溶液。

7.5 PCR反应

7.5.1 试样PCR反应

7.5.1.1 每个试样PCR反应设置3次重复。

7.5.1.2 在PCR反应管中按表1依次加入反应试剂,混匀,再加25 μL石蜡油(有热盖设备的PCR仪可不加)。

表 1 PCR 反应体系

试　剂	终 浓 度	体　积
水		—
10×PCR 缓冲液	1×	2.5 μL
25 mmol/L 氯化镁	1.5 mmol/L	1.5 μL
dNTPs 混合溶液(各 2.5 mmol/L)	各 0.2 mmol/L	2.0 μL
10 μmol/L 上游引物	0.4 μmol/L	1.0 μL
10 μmol/L 下游引物	0.4 μmol/L	1.0 μL
Taq 酶	0.025 U/μL	—
25 mg/L DNA 模板	2 mg/L	2.0 μL
总体积		25.0 μL

注 1:根据 Taq 酶的浓度确定其体积,并相应调整水的体积,使反应体系总体积达到 25.0 μL。如果 PCR 缓冲液中含有氯化镁,则不加氯化镁溶液,加等体积水。

注 2:棉花内标准基因 PCR 检测反应体系中,上、下游引物分别为 s-F 和 s-R;LLcotton25 转化体 PCR 检测反应体系中,上、下游引物分别为 25-F 和 25-R。

7.5.1.3 将 PCR 管放入离心机上,500 g～3 000 g 离心 10 s,然后取出 PCR 管,放入 PCR 仪中。

7.5.1.4 进行 PCR 反应。反应程序为:95℃变性 5 min;94℃变性 30 s,55℃退火 30 s,72℃延伸 30 s,共进行 35 次循环;72℃延伸 7 min。

7.5.1.5 反应结束后取出 PCR 管,对 PCR 反应产物进行电泳检测。

7.5.2 对照 PCR 反应

在试样 PCR 反应的同时,应设置阴性对照、阳性对照和空白对照。

以非转基因棉花材料中提取的 DNA 作为阴性对照;以转基因棉花 LLcotton25 质量分数为 0.1%～1.0%的棉花基因组 DNA 作为阳性对照板;以水作为空白对照。

各对照 PCR 反应体系中,除模板外,其余组分及 PCR 反应条件与 7.5.1 相同。

7.6 PCR 产物电泳检测

按 20 g/L 的质量浓度称取琼脂糖,加入 1×TAE 缓冲液中,加热溶解,配制成琼脂糖溶液。每 100 mL琼脂糖溶液中加入 5 μL EB 溶液,混匀,适当冷却后,将其倒入电泳板上,插上梳板,室温下凝固成凝胶后,放入 1×TAE 缓冲液中,垂直向上轻轻拔去梳板。取 12 μL PCR 产物与 3 μL 加样缓冲液混合后加入点样孔中,同时在其中一个点样孔中加入 DNA 分子量标准,接通电源在 2 V/cm～5 V/cm 条件下电泳检测。

7.7 凝胶成像分析

电泳结束后,取出琼脂糖凝胶,置于凝胶成像仪或紫外透射仪上成像。根据 DNA 分子量标准估计扩增条带的大小,将电泳结果形成电子文件存档或用照相系统拍照。如需通过序列分析确认 PCR 扩增片段是否为目的 DNA 片段,按照 7.8 和 7.9 的规定执行。

7.8 PCR 产物回收

按 PCR 产物回收试剂盒说明书,回收 PCR 扩增的 DNA 片段。

7.9 PCR 产物测序验证

将回收的 PCR 产物克隆测序,与 LLcotton25 转化体特异性序列(参见附录 A)进行比对,确定 PCR 扩增的 DNA 片段是否为目的 DNA 片段。

8 结果分析与表述

8.1 对照检测结果分析

阳性对照 PCR 反应中，*Sad1* 内标准基因和 LLcotton25 转化体特异性序列均得到扩增，且扩增片段大小与预期片段大小一致，而阴性对照中仅扩增出 *Sad1* 基因片段，空白对照中没有任何扩增片段，表明 PCR 反应体系正常工作，否则重新检测。

8.2 样品检测结果分析和表述

8.2.1 *Sad1* 内标准基因和 LLcotton25 转化体特异性序列均得到扩增，且扩增片段大小与预期片段大小一致，表明样品中检测出转基因耐除草剂棉花 LLcotton25 转化体成分，结果表述为“样品中检测出转基因耐除草剂棉花 LLcotton25 转化体成分，检测结果为阳性”。

8.2.2 *Sad1* 内标准基因片段得到扩增，且扩增片段大小与预期片段大小一致，而 LLcotton25 转化体特异性序列未得到扩增，或扩增片段大小与预期片段大小不一致，表明样品中未检测出转基因耐除草剂棉花 LLcotton25 转化体成分，结果表述为“样品中未检测出转基因耐除草剂棉花 LLcotton25 转化体成分，检测结果为阴性”。

8.2.3 *Sad1* 内标准基因片段未得到扩增，或扩增片段大小与预期片段大小不一致，表明样品中未检测出棉花成分，表述为“样品中未检测出棉花成分，检测结果为阴性”。

附 录 A
(资料性附录)
LLcotton25 转化体特异性序列

1 CAAGGAACTA TTCAACTGAG CTTAACAGTA CTCGGCCGTC GACCGCGGTA
51 CCCCGGAATT CCAATCCCAC AAAAATCTGA GCTTAACAGC ACAGTTGCTC
101 CTCTCAGAGC AGAATCGGGT ATTCAACACC CTCATATCAA CTACTACGTT
151 GTGTATAACG GTCCACATGC CGGTATATAC GATGACTGGG GTTGTACAAA
201 GGCGGCAACA AACGGCGTTC CCGGAGTTGC ACACAAGAAA TTTGCCACTA
251 TTACAGAGGC AAGAGCAGCA GCTGACGCGT ACACAACAAG TCAGCAAACA
301 GACAGGTTG

注:划线部分为引物序列。

ICS 65.020.01
B 04

中华人民共和国国家标准

农业部1485号公告—11—2010

转基因植物及其产品成分检测 抗虫转*Bt*基因棉花定性PCR方法

Detection of genetically modified plants and derived products—Qualitative PCR method for transgenic insect-resistant cotton with *Bt* gene

2010-11-15 发布　　2011-01-01 实施

中华人民共和国农业部　发布

前言

本标准按照 GB/T 1.1—2009 给出的规则起草。

本标准由中华人民共和国农业部科技教育司提出。

本标准由全国农业转基因生物安全管理标准化技术委员会(SAC/TC 276)归口。

本标准起草单位:农业部科技发展中心、山东省农业科学院、南京农业大学、中国农业科学院棉花研究所。

本标准主要起草人:孙红炜、沈平、周宝良、武海斌、厉建萌、王鹏、崔金杰、孙廷林、金芜军、师勇强。

转基因植物及其产品成分检测
抗虫转 *Bt* 基因棉花定性 PCR 方法

1 范围

本标准规定了抗虫转 *Bt* 基因棉花的定性 PCR 检测方法。

本标准适用于抗虫转 *Bt* 基因棉花及其产品中 *cry1Ac* 基因或 *cry1Ab* 基因或 *cry1Ab*/*cry1Ac* 融合基因的定性 PCR 检测。

2 规范性引用文件

下列文件对于本文件的应用是必不可少的。凡是注日期的引用文件，仅注日期的版本适用于本文件。凡是不注日期的引用文件，其最新版本(包括所有的修改单)适用于本文件。

GB/T 6682 分析实验室用水规格和试验方法

NY/T 672 转基因植物及其产品检测 通用要求

NY/T 673 转基因植物及其产品检测 抽样

NY/T 674 转基因植物及其产品检测 DNA 提取和纯化

3 术语和定义

下列术语和定义适用于本文件。

3.1

***Sad1* 基因 *Sad1* gene**

编码棉花硬脂酰—酰基载体蛋白脱饱和酶(stearoyl-acyl carrier protein desaturase)的基因。

3.2

抗虫转 *Bt* 基因棉花 transgenic insect-resistant cotton with *Bt*(*Bacillus thuringiensis*) gene

通过基因工程技术将外源 *cry1Ac* 基因或 *cry1Ab* 基因或 *cry1Ab*/*cry1Ac* 融合基因导入棉花而培育出的抗虫棉花。

4 原理

根据转 *Bt* 基因抗虫棉花中 *cry1Ac* 基因或 *cry1Ab* 基因或 *cry1Ab*/*cry1Ac* 融合基因序列设计特异性引物，对试样进行 PCR 扩增。依据是否扩增获得预期 301 bp 的 DNA 片段，判断样品中是否含有转 *Bt* 基因抗虫棉花成分。

5 试剂和材料

除非另有说明，仅使用分析纯试剂和重蒸馏水或符合 GB/T 6682 规定的一级水。

5.1 琼脂糖。

5.2 10 g/L 溴化乙锭溶液：称取 1.0 g 溴化乙锭(EB)，溶于 100 mL 水中，避光保存。

注：溴化乙锭有致癌作用，配制和使用时宜戴一次性手套操作并妥善处理废液。

5.3 10 mol/L 氢氧化钠溶液：在 160 mL 水中加入 80.0 g 氢氧化钠(NaOH)，溶解后再加水定容至 200 mL。

5.4 500 mmol/L 乙二铵四乙酸二钠溶液(pH 8.0):称取 18.6 g 乙二铵四乙酸二钠($EDTA-Na_2$),加入 70 mL 水中,再加入适量氢氧化钠溶液(5.3),加热至完全溶解后,冷却至室温,再用氢氧化钠溶液(5.3)调 pH 至 8.0,加水定容至 100 mL。在 103.4 kPa(121℃)条件下灭菌 20 min。

5.5 1 mol/L 三羟甲基氨基甲烷—盐酸溶液(pH 8.0):称取 121.1 g 三羟甲基氨基甲烷(Tris)溶解于 800 mL 水中,用盐酸(HCl)调 pH 至 8.0,加水定容至 1 000 mL。在 103.4 kPa(121℃)条件下灭菌 20 min。

5.6 TE 缓冲液(pH 8.0):分别量取 10 mL 三羟甲基氨基甲烷—盐酸溶液(5.5)和 2 mL 乙二铵四乙酸二钠溶液(5.4),加水定容至 1 000 mL。在 103.4 kPa(121℃)条件下灭菌 20 min。

5.7 50×TAE 缓冲液:称取 242.2 g 三羟甲基氨基甲烷(Tris),先用 500 mL 水加热搅拌溶解后,加入 100 mL 乙二铵四乙酸二钠溶液(5.4),用冰乙酸调 pH 至 8.0,然后加水定容到 1 000 mL。使用时用水稀释成 1×TAE。

5.8 加样缓冲液:称取 250.0 mg 溴酚蓝,加 10 mL 水,在室温下溶解 12 h;称取 250.0 mg 二甲基苯腈蓝,加 10 mL 水溶解;称取 50.0 g 蔗糖,加 30 mL 水溶解。混合以上三种溶液,加水定容至 100 mL,在 4℃下保存。

5.9 1 mol/L 三羟甲基氨基甲烷—盐酸溶液(pH 7.5):称取 121.1 g 三羟甲基氨基甲烷(Tris)溶解于 800 mL 水中,用盐酸(HCl)调 pH 至 7.5,加水定容至 1 000 mL。在 103.4 kPa(121℃)条件下灭菌 20 min。

5.10 平衡酚—氯仿—异戊醇溶液(25+24+1)。

5.11 氯仿—异戊醇溶液(24+1)。

5.12 5 mol/L 氯化钠溶液:称取 292.2 g 氯化钠,溶解于 800 mL 水中,加水定容至 1 000 mL,在 103.4 kPa(121℃)条件下灭菌 20 min。

5.13 10 mg/mL RNase A:称取 10 mg 胰 RNA 酶(RNase A)溶解于 987 μL 水中,然后加入 10 μL 三羟甲基氨基甲烷—盐酸溶液(5.9)和 3 μL 氯化钠溶液(5.12),于 100℃水浴中保温 15 min,缓慢冷却至室温,分装成小份保存于−20℃。

5.14 异丙醇。

5.15 3 mol/L 乙酸钠(pH 5.6):称取 408.3 g 三水乙酸钠溶解于 800 mL 水中,用冰乙酸调 pH 至 5.6,加水定容至 1 000 mL。在 103.4 kPa(121℃)条件下灭菌 20 min。

5.16 体积分数为 70%的乙醇溶液。

5.17 抽提缓冲液:在 600 mL 水中加入 69.3 g 葡萄糖,20 g 聚乙烯吡咯烷酮(PVP,K30),1 g 二乙胺基二硫代甲酸钠(DIECA),充分溶解,然后加入 100 mL 三羟甲基氨基甲烷—盐酸溶液(5.9),10 mL 乙二铵四乙酸二钠溶液(5.4),加水定容至 1 000 mL,4℃保存,使用时加入体积分数为 0.2%的 β-巯基乙醇。

5.18 裂解缓冲液:在 600 mL 水中加入 81.7 g 氯化钠,20 g 十六烷基三甲基溴化铵(CTAB),20 g 聚乙烯吡咯烷酮(PVP,K30),1 g 二乙胺基二硫代甲酸钠(DIECA),充分溶解,然后加入 100 mL 三羟甲基氨基甲烷—盐酸溶液(5.9),4 mL 乙二铵四乙酸二钠溶液(5.4),加水定容至 1 000 mL,室温保存,使用时加入体积分数为 0.2%的 β-巯基乙醇。

5.19 DNA 分子量标准:可以清楚地区分 100 bp~1 000 bp 的 DNA 片段。

5.20 dNTPs 混合溶液:将浓度为 10 mmol/L 的 dATP、dTTP、dGTP、dCTP 四种脱氧核糖核苷酸溶液等体积混合。

5.21 Taq DNA 聚合酶及 PCR 反应缓冲液。

5.22 植物 DNA 提取试剂盒。

5.23 引物。

5.23.1 ***Sad1* 基因**

Sad1-F:5′-CCAAAGGAGGTGCCTGTTCA-3′

Sad1-R:5′-TTGAGGTGAGTCAGAATGTTGTTC-3′

预期扩增片段大小为107 bp。

5.23.2 ***Bt* 基因特异性序列**

Bt-F:5′-GAAGGTTTGAGCAATCTCTAC-3′

Bt-R:5′-CGATCAGCCTAGTAAGGTCGT-3′

预期扩增片段大小为301 bp。

5.24 引物溶液:用TE缓冲液(5.6)分别将上述引物稀释到10 μmol/L。

5.25 石蜡油。

5.26 PCR产物回收试剂盒。

6 仪器

6.1 分析天平:感量0.1 g和0.1 mg。

6.2 PCR扩增仪:升降温速度>1.5℃/s,孔间温度差异<1.0℃。

6.3 电泳槽、电泳仪等电泳装置。

6.4 紫外透射仪。

6.5 凝胶成像系统或照相系统。

6.6 重蒸馏水发生器或超纯水仪。

6.7 其他相关仪器和设备。

7 操作步骤

7.1 抽样

按NY/T 672和NY/T 673的规定执行。

7.2 制样

按NY/T 672和NY/T 673的规定执行。

7.3 试样预处理

按NY/T 674的规定执行。

7.4 DNA模板制备

按NY/T 674的规定执行,或使用经验证适用于棉花DNA提取与纯化的植物DNA提取试剂盒,或按下述方法执行。DNA模板制备时设置不加任何试样的空白对照。

称取200 mg经预处理的试样,在液氮中充分研磨后装入液氮预冷的1.5 mL或2 mL离心管中(不需研磨的试样直接加入)。加入1 mL预冷至4℃的抽提缓冲液,剧烈摇动混匀后,在冰上静置5 min,4℃条件下10 000 g离心15 min,弃上清液。加入600 μL预热到65℃的裂解缓冲液,充分重悬沉淀,在65℃恒温保持40 min,期间颠倒混匀5次。10 000 g离心10 min,取上清液转至另一新离心管中。加入5 μL RNase A,37℃恒温保持30 min。分别用等体积平衡酚—氯仿—异戊醇溶液和氯仿—异戊醇溶液各抽提一次。10 000 g离心10 min,取上清液转至另一新离心管中。加入2/3体积异丙醇,1/10体积乙酸钠溶液,−20℃放置2 h~3 h。在4℃条件下,10 000 g离心15 min,弃上清液,用70%乙醇溶液洗涤沉淀一次,倒出乙醇溶液,晾干沉淀。加入50 μL TE缓冲液溶解沉淀,所得溶液即为样品DNA溶液。

7.5 PCR反应

7.5.1 试样PCR反应

7.5.1.1 每个试样PCR反应设置3次重复。

7.5.1.2 在PCR反应管中按表1依次加入反应试剂，混匀，再加25 μL石蜡油(有热盖设备的PCR仪可不加)。

表1 PCR检测反应体系

试剂	终浓度	体积
水		—
10×PCR缓冲液	1×	2.5 μL
25 mmol/L氯化镁溶液	2.5 mmol/L	2.5 μL
dNTPs混合溶液(各2.5 mmol/L)	各0.2 mmol/L	2 μL
10 μmol/L上游引物	0.4 μmol/L	1 μL
10 μmol/L下游引物	0.4 μmol/L	1 μL
Taq酶	0.05 U/μL	—
25 mg/L DNA模板	2 mg/L	2.0 μL
总体积		25.0 μL

注1：根据Taq酶的浓度确定其体积，并相应调整水的体积，使反应体系总体积达到25.0 μL。如果PCR缓冲液中含有氯化镁，则不加氯化镁溶液，加等体积水。

注2：棉花内标准基因PCR检测反应体系中，上、下游引物分别为Sad1-F和Sad1-R；转*Bt*基因棉花特异性PCR检测反应体系中，上、下游引物分别为Bt-F和Bt-R。

7.5.1.3 将PCR管放在离心机上，500 g～3 000 g离心10 s，然后取出PCR管，放入PCR仪中。

7.5.1.4 进行PCR反应。反应程序为：95℃变性5 min；94℃变性1 min，56℃退火30 s，72℃延伸30 s，共进行35次循环；72℃延伸7 min。

7.5.1.5 反应结束后取出PCR管，对PCR反应产物进行电泳检测。

7.5.2 对照PCR反应

在试样PCR反应的同时，应设置阴性对照、阳性对照和空白对照。

以非转基因棉花材料提取的DNA作为阴性对照；以转*Bt*基因棉花质量分数为0.1%～1.0%的棉花DNA作为阳性对照；以水作为空白对照。

各对照PCR反应体系中，除模板外，其余组分及PCR反应条件与7.5.1相同。

7.6 PCR产物电泳检测

按20 g/L的质量浓度称取琼脂糖，加入1×TAE缓冲液中，加热溶解，配制成琼脂糖溶液。每100 mL琼脂糖溶液中加入5 μL EB溶液，混匀，稍适冷却后，将其倒入电泳板上，插上梳板，室温下凝固成凝胶后，放入1×TAE缓冲液中，垂直向上轻轻拔去梳板。取12 μL PCR产物与3 μL加样缓冲液混合后加入凝胶点样孔中，同时在其中一个点样孔中加入DNA分子量标准，接通电源在2 V/cm～5 V/cm条件下电泳检测。

7.7 凝胶成像分析

电泳结束后，取出琼脂糖凝胶，置于凝胶成像仪或紫外透射仪上成像。根据DNA分子量标准估计扩增条带的大小，将电泳结果形成电子文件存档或用照相系统拍照。如需通过序列分析确认PCR扩增片段是否为目的DNA片段，按照7.8和7.9的规定执行。

7.8 PCR产物回收

按PCR产物回收试剂盒说明书，回收PCR扩增的DNA片段。

7.9 PCR产物测序验证

将回收的PCR产物克隆测序，与抗虫转*Bt*基因棉花基因特异性序列(参见附录A)进行比对，确定PCR扩增的DNA片段是否为目的DNA片段。

8 结果分析与表述

8.1 对照检测结果分析

阳性对照 PCR 反应中，*Sad1* 内标准基因和 *Bt* 基因特异性序列均得到扩增，且扩增片段大小与预期片段大小一致，而阴性对照中仅扩增出 *Sad1* 基因片段，空白对照中没有任何扩增片段，表明 PCR 反应体系正常工作，否则重新检测。

8.2 样品检测结果分析和表述

8.2.1 *Sad1* 内标准基因和抗虫转 *Bt* 基因棉花特异性序列均得到扩增，且扩增片段大小与预期片段大小一致，表明样品中检测出 *Sad1* 基因和 *Bt* 基因。对于棉花及以棉花为唯一原料的产品，结果表述为“样品中检测出抗虫转 *Bt* 基因棉花成分”；对于混合原料产品，结果表述为“样品中检测出 *Bt* 基因”，需要进一步对加工原料进行检测确认。

8.2.2 *Sad1* 内标准基因片段得到扩增，且扩增片段大小与预期片段大小一致，而抗虫转 *Bt* 基因棉花特异性序列未得到扩增，或扩增片段大小与预期片段大小不一致，表明样品中未检测出抗虫转 *Bt* 基因棉花，结果表述为“样品中未检出抗虫转 *Bt* 基因棉花成分，检测结果为阴性”。

8.2.3 *Sad1* 内标准基因片段未得到扩增，或扩增片段大小与预期片段大小不一致，表明样品中未检出 *Sad1* 基因，结果表述为“样品中未检出棉花成分，检测结果为阴性”。

附 录 A
(资料性附录)
抗虫转 *Bt* 基因棉花基因特异性序列

1 GAAGGTTTGA GCAATCTCTA CCAAATCTAT GCAGAGAGCT TCAGAGAGTG
51 GGAAGCCGAT CCTACTAACC CAGCTCTCCG CGAGGAAATG CGTATTCAAT
101 TCAACGACAT GAACAGCGCC TTGACCACAG CTATCCCATT GTTCGCAGTC
151 CAGAACTACC AAGTTCCTCT CTTGTCCGTG TACGTTCAAG CAGCTAATCT
201 TCACCTCAGC GTGCTTCGAG ACGTTAGCGT GTTTGGGCAA AGGTGGGGAT
251 TCGATGCTGC AACCATCAAT AGCCGTTACA ACGACCTTAC TAGGCTGATC
301 G

注:划线部分为 *Bt* 基因特异性引物序列。

ICS 65.020.01
B 04

中华人民共和国国家标准

农业部1485号公告—12—2010

转基因植物及其产品成分检测 耐除草剂棉花MON88913及其衍生品种定性PCR方法

Detection of genetically modified plants and derived products—Qualitative PCR method for herbicide-tolerant cotton MON88913 and its derivates

2010-11-15 发布　　2011-01-01 实施

中华人民共和国农业部　发布

前　言

本标准按照 GB/T 1.1—2009 给出的规则起草。

本标准由中华人民共和国农业部科技教育司提出。

本标准由全国农业转基因生物安全管理标准化技术委员会(SAC/TC 276)归口。

本标准起草单位:农业部科技发展中心、山东省农业科学院、中国农业科学院棉花研究所。

本标准主要起草人:路兴波、沈平、武海斌、韩伟、宋贵文、李凡、王鹏、崔金杰。

转基因植物及其产品成分检测 耐除草剂棉花 MON88913 及其衍生品种定性 PCR 方法

1 范围

本标准规定了转基因耐除草剂棉花 MON88913 转化体特异性的定性 PCR 检测方法。

本标准适用于转基因耐除草剂棉花 MON88913 及其衍生品种，以及制品中 MON88913 转化体成分的定性 PCR 检测。

2 规范性引用文件

下列文件对于本文件的应用是必不可少的。凡是注日期的引用文件，仅注日期的版本适用于本文件。凡是不注日期的引用文件，其最新版本(包括所有的修改单)适用于本文件。

GB/T 6682 分析实验室用水规格和试验方法

NY/T 672 转基因植物及其产品检测 通用要求

NY/T 673 转基因植物及其产品检测 抽样

NY/T 674 转基因植物及其产品检测 DNA 提取和纯化

3 术语和定义

下列术语和定义适用于本文件。

3.1

***SadI* 基因 *SadI* gene**

编码棉花硬脂酰—酰基载体蛋白脱饱和酶(stearoyl-acyl carrier protein desaturase)的基因。

3.2

MON88913 转化体特异性序列 event-specific sequence of MON88913

转基因耐除草剂棉花 MON88913 的外源插入片段 3′端与棉花基因组的连接区序列，包括 3′端 E9 部分序列、质粒左边界序列和棉花基因组的部分序列。

4 原理

根据转基因耐除草剂棉花 MON88913 转化体特异性序列设计特异性引物，对试样进行 PCR 扩增。依据是否扩增获得预期 592 bp 的 DNA 片段，判断样品中是否含有 MON88913 转化体成分。

5 试剂和材料

除非另有说明，仅使用分析纯试剂和重蒸馏水或符合 GB/T 6682 规定的一级水。

5.1 琼脂糖。

5.2 10 g/L 溴化乙锭溶液：称取 1.0 g 溴化乙锭(EB)，溶于 100 mL 水中，避光保存。

注：溴化乙锭有致癌作用，配制和使用时宜戴一次性手套操作并妥善处理废液。

5.3 10 mol/L 氢氧化钠溶液：在 160 mL 水中加入 80.0 g 氢氧化钠(NaOH)，溶解后再加水定容至 200 mL。

5.4 500 mmol/L 乙二铵四乙酸二钠溶液(pH 8.0)：称取 18.6 g 乙二铵四乙酸二钠($EDTA-Na_2$)，加

入 70 mL 水中，再加入适量氢氧化钠溶液(5.3)，加热至完全溶解后，冷却至室温，再用氢氧化钠溶液(5.3)调 pH 至 8.0，加水定容至 100 mL。在 103.4 kPa(121℃)条件下灭菌 20 min。

5.5　1 mol/L 三羟甲基氨基甲烷—盐酸溶液(pH 8.0)：称取 121.1 g 三羟甲基氨基甲烷(Tris)溶解于 800 mL 水中，用盐酸(HCl)调 pH 至 8.0，加水定容至 1 000 mL。在 103.4 kPa(121℃)条件下灭菌 20 min。

5.6　TE 缓冲液(pH 8.0)：分别量取 10 mL 三羟甲基氨基甲烷—盐酸溶液(5.5)和 2 mL 乙二铵四乙酸二钠溶液(5.4)，加水定容至 1 000 mL。在 103.4 kPa(121℃)条件下灭菌 20 min。

5.7　50×TAE 缓冲液：称取 242.2 g 三羟甲基氨基甲烷(Tris)，先用 500 mL 水加热搅拌溶解后，加入 100 mL 乙二铵四乙酸二钠溶液(5.4)，用冰乙酸调 pH 至 8.0，然后加水定容到 1 000 mL。使用时用水稀释成 1×TAE。

5.8　加样缓冲液：称取 250.0 mg 溴酚蓝，加 10 mL 水，在室温下溶解 12 h；称取 250.0 mg 二甲基苯腈蓝，加 10 mL 水溶解；称取 50.0 g 蔗糖，加 30 mL 水溶解。混合以上三种溶液，加水定容至 100 mL，在 4℃下保存。

5.9　1 mol/L 三羟甲基氨基甲烷—盐酸溶液(pH 7.5)：称取 121.1 g 三羟甲基氨基甲烷(Tris)溶解于 800 mL 水中，用盐酸(HCl)调 pH 至 7.5，加水定容至 1 000 mL。在 103.4 kPa(121℃)条件下灭菌 20 min。

5.10　平衡酚—氯仿—异戊醇溶液(25＋24＋1)。

5.11　氯仿—异戊醇溶液(24＋1)。

5.12　5 mol/L 氯化钠溶液：称取 292.2 g 氯化钠，溶解于 800 mL 水中，加水定容至 1 000 mL，在 103.4 kPa(121℃)条件下灭菌 20 min。

5.13　10 mg/mL RNase A：称取 10 mg 胰 RNA 酶(RNase A)溶解于 987 μL 水中，然后加入 10 μL 三羟甲基氨基甲烷—盐酸溶液(5.9)和 3 μL 氯化钠溶液(5.12)，于 100℃水浴中保温 15 min，缓慢冷却至室温，分装成小份保存于－20℃。

5.14　异丙醇。

5.15　3 mol/L 乙酸钠(pH 5.6)：称取 408.3 g 三水乙酸钠溶解于 800 mL 水中，用冰乙酸调 pH 至 5.6，加水定容至 1 000 mL。在 103.4 kPa(121℃)条件下灭菌 20 min。

5.16　体积分数为 70%的乙醇溶液。

5.17　抽提缓冲液：在 600 mL 水中加入 69.3 g 葡萄糖，20 g 聚乙烯吡咯烷酮(PVP，K30)，1 g 二乙胺基二硫代甲酸钠(DIECA)，充分溶解，然后加入 100 mL 三羟甲基氨基甲烷—盐酸溶液(5.9)，10 mL 乙二铵四乙酸二钠溶液(5.4)，加水定容至 1 000 mL，4℃保存，使用时加入体积分数为 0.2%的 β-巯基乙醇。

5.18　裂解缓冲液：在 600 mL 水中加入 81.7 g 氯化钠，20 g 十六烷基三甲基溴化铵(CTAB)，20 g 聚乙烯吡咯烷酮(PVP，K30)，1 g 二乙胺基二硫代甲酸钠(DIECA)，充分溶解，然后加入 100 mL 三羟甲基氨基甲烷—盐酸溶液(5.9)，4 mL 乙二铵四乙酸二钠溶液(5.4)，加水定容至 1 000 mL，室温保存，使用时加入体积分数为 0.2%的 β-巯基乙醇。

5.19　DNA 分子量标准：可以清楚地区分 100 bp～1 000 bp 的 DNA 片段。

5.20　dNTPs 混合溶液：将浓度为 10 mmol/L 的 dATP、dTTP、dGTP、dCTP 四种脱氧核糖核苷酸溶液等体积混合。

5.21　Taq DNA 聚合酶及 PCR 反应缓冲液。

5.22　植物 DNA 提取试剂盒。

5.23　引物。

5.23.1　***Sad1* 基因**

Sad1 - F:5′- CCAAAGGAGGTGCCTGTTCA - 3′

Sad1 - R:5′- TTGAGGTGAGTCAGAATGTTGTTC - 3′

预期扩增片段大小为 107 bp。

5.23.2 **MON88913 转化体特异性序列**

MON88913 - F:5′- TGTTACTGAATACAAGTATGTCCTC - 3′

MON88913 - R:5′- AGAGAAGCGAGACCTACAAGC - 3′

预期扩增片段大小为 592 bp。

5.24 引物溶液:用 TE 缓冲液(5.6)分别将上述引物稀释到 10 μmol/L。

5.25 石蜡油。

5.26 PCR 产物回收试剂盒。

6 仪器

6.1 分析天平:感量 0.1 g 和 0.1 mg。

6.2 PCR 扩增仪:升降温速度>1.5℃/s,孔间温度差异<1.0℃。

6.3 电泳槽、电泳仪等电泳装置。

6.4 紫外透射仪。

6.5 凝胶成像系统或照相系统。

6.6 重蒸馏水发生器或超纯水仪。

6.7 其他相关仪器和设备。

7 操作步骤

7.1 抽样

按 NY/T 672 和 NY/T 673 的规定执行。

7.2 制样

按 NY/T 672 和 NY/T 673 的规定执行。

7.3 试样预处理

按 NY/T 674 的规定执行。

7.4 DNA 模板制备

按 NY/T 674 的规定执行,或使用经验证适用于棉花 DNA 提取与纯化的植物 DNA 提取试剂盒,或按下述方法执行。DNA 模板制备时设置不加任何试样的空白对照。

称取 200 mg 经预处理的试样,在液氮中充分研磨后装入液氮预冷的 1.5 mL 或 2 mL 离心管中(不需研磨的试样直接加入)。加入 1 mL 预冷至 4℃的抽提缓冲液,剧烈摇动混匀后,在冰上静置 5 min,4℃条件下 10 000 g 离心 15 min,弃上清液。加入 600 μL 预热到 65℃的裂解缓冲液,充分重悬沉淀,在 65℃恒温保持 40 min,期间颠倒混匀 5 次。10 000 g 离心 10 min,取上清液转至另一新离心管中。加入 5 μL RNase A,37℃恒温保持 30 min。分别用等体积平衡酚—氯仿—异戊醇溶液和氯仿—异戊醇溶液各抽提一次。10 000 g 离心 10 min,取上清液转至另一新离心管中。加入 2/3 体积异丙醇,1/10 体积乙酸钠溶液,−20℃放置 2 h~3 h。在 4℃条件下,10 000 g 离心 15 min,弃上清液,用 70%乙醇溶液洗涤沉淀一次,倒出乙醇溶液,晾干沉淀。加入 50 μL TE 缓冲液溶解沉淀,所得溶液即为样品 DNA 溶液。

7.5 PCR 反应

7.5.1 试样 PCR 反应

7.5.1.1 每个试样 PCR 反应设置 3 次重复。

7.5.1.2 在 PCR 反应管中按表 1 依次加入反应试剂，混匀，再加 25 μL 石蜡油(有热盖设备的 PCR 仪可不加)。

表 1 PCR 检测反应体系

试 剂	终 浓 度	体 积
水		—
10×PCR 缓冲液	1×	2.5 μL
25 mmol/L 氯化镁溶液	2.5 mmol/L	2.5 μL
dNTPs 混合溶液(各 2.5 mmol/L)	各 0.2 mmol/L	2 μL
10 μmol/L 上游引物	0.4 μmol/L	1 μL
10 μmol/L 下游引物	0.4 μmol/L	1 μL
Taq 酶	0.05 U/μL	—
25 mg/L DNA 模板	2 mg/L	2.0 μL
总体积		25.0 μL

注 1：根据 Taq 酶的浓度确定其体积，并相应调整水的体积，使反应体系总体积达到 25.0 μL。如果 PCR 缓冲液中含有氯化镁，则不加氯化镁溶液，加等体积水。

注 2：棉花内标准基因 PCR 检测反应体系中，上、下游引物分别为 Sad1-F 和 Sad1-R；MON88913 转化体特异性 PCR 检测反应体系中，上、下游引物分别为 MON88913-F 和 MON88913-R。

7.5.1.3 将 PCR 管放在离心机上，500 g～3 000 g 离心 10 s，然后取出 PCR 管，放入 PCR 仪中。

7.5.1.4 进行 PCR 反应。反应程序为：95℃变性 5 min；95℃变性 30 s，58℃退火 30 s，72℃延伸 45 s，共进行 38 次循环；72℃延伸 7 min。

7.5.1.5 反应结束后取出 PCR 管，对 PCR 反应产物进行电泳检测。

7.5.2 对照 PCR 反应

在试样 PCR 反应的同时，应设置阴性对照、阳性对照和空白对照。

以非转基因棉花材料提取的 DNA 作为阴性对照；以转基因棉花 MON88913 质量分数为 0.1%～1.0%的棉花 DNA 作为阳性对照；以水作为空白对照。

各对照 PCR 反应体系中，除模板外，其余组分及 PCR 反应条件与 7.5.1 相同。

7.6 PCR 产物电泳检测

按 20 g/L 的质量浓度称取琼脂糖，加入 1×TAE 缓冲液中，加热溶解，配制成琼脂糖溶液。每 100 mL琼脂糖溶液中加入 5 μL EB 溶液，混匀，稍适冷却后，将其倒入电泳板上，插上梳板，室温下凝固成凝胶后，放入 1×TAE 缓冲液中，垂直向上轻轻拔去梳板。取 12 μL PCR 产物与 3 μL 加样缓冲液混合后加入凝胶点样孔中，同时在其中一个点样孔中加入 DNA 分子量标准，接通电源在 2 V/cm～5 V/cm 条件下电泳检测。

7.7 凝胶成像分析

电泳结束后，取出琼脂糖凝胶，置于凝胶成像仪或紫外透射仪上成像。根据 DNA 分子量标准估计扩增条带的大小，将电泳结果形成电子文件存档或用照相系统拍照。如需通过序列分析确认 PCR 扩增片段是否为目的 DNA 片段，按照 7.8 和 7.9 的规定执行。

7.8 PCR 产物回收

按 PCR 产物回收试剂盒说明书，回收 PCR 扩增的 DNA 片段。

7.9 PCR 产物测序验证

将回收的 PCR 产物克隆测序，与耐除草剂棉花 MON88913 转化体特异性序列(参见附录 A)进行比对，确定 PCR 扩增的 DNA 片段是否为目的 DNA 片段。

8 结果分析与表述

8.1 对照样品结果分析

阳性对照 PCR 反应中，*Sad1* 内标准基因和 MON88913 转化体特异性序列均得到扩增，且扩增片段大小与预期片段大小一致，而阴性对照中仅扩增出 *Sad1* 基因片段，空白对照中没有任何扩增，表明 PCR 反应体系正常工作，否则重新检测。

8.2 样品检测结果分析和表述

8.2.1 *Sad1* 内标准基因和 MON88913 转化体特异性序列均得到扩增，且扩增片段大小与预期片段大小一致，表明试样中检测出转基因耐除草剂棉花 MON88913 转化体成分，表述为"样品中检测出转基因耐除草剂棉花 MON88913 转化体成分，检测结果为阳性"。

8.2.2 *Sad1* 内标准基因片段得到扩增，且扩增片段大小与预期片段大小一致，而 MON88913 转化体特异性序列未得到扩增，或扩增片段大小与预期片段大小不一致，表明试样中未检测出转基因耐除草剂棉花 MON88913 转化体成分，表述为"样品中未检测出转基因耐除草剂棉花 MON88913 转化体成分，检测结果为阴性"。

8.2.3 *Sad1* 内标准基因片段未得到扩增，或扩增片段大小与预期片段大小不一致，表明试样中未检测出棉花成分，表述为"样品中未检测出棉花成分，检测结果为阴性"。

附　录　A
(资料性附录)
耐除草剂棉花 MON88913 转化体特异性序列

1 TGTTACTGAA TACAAGTATG TCCTCTTGTG TTTTAGACAT TTATGAACTT
51 TCCTTTATGT AATTTTCCAG AATCCTTGTC AGATTCTAAT CATTGCTTTA
101 TAATTATAGT TATACTCATG GATTTGTAGT TGAGTATGAA AATATTTTTT
151 AATGCATTTT ATGACTTGCC AATTGATTGA CAACATGCAT CAATCGACCT
201 GCAGCCACTC GAGTGGAGGC CTCATCTAAG CCCCCATTTG GACGTGAATG
251 TAGACACGTC GAAATAAAGA TTTCCGAATT AGAATAATTT GTTTATTGCT
301 TTCGCCTATA AATACGACGG ATCGTAATTT GTCGTTTTAT CAAAATGTAC
351 TTTCATTTTA TAATAACGCT GCGGACATCT ACATTTTTGA ATTGAAAAAA
401 AATTGGTAAT TACTCTTTCT TTTTCTCCAT ATTGACCATC ATACTCATTG
451 CTGATCCATG TAGATTTCCC GGACATGAAG CCATTTACAA TTGAATATAT
501 ATTACAAAGC TATTTGCTTA TAACATATGC GAAAAATTTT GTACTATAAT
551 CAGGGGTAAA TTTAGGAGGG GGCTTGTAGG TCTCGCTTCT CT

注:划线部分为耐除草剂棉花 MON88913 转化体特异性引物序列。

ICS 65.020.01
B 04

中华人民共和国国家标准

农业部1485号公告—13—2010

转基因植物及其产品成分检测 抗虫棉花MON15985及其衍生品种定性PCR方法

Detection of genetically modified plants and derived products—Qualitative PCR method for insect-resistant cotton MON15985 and its derivates

2010-11-15发布 2011-01-01实施

中华人民共和国农业部 发布

前　言

本标准按照 GB/T 1.1—2009 给出的规则起草。

本标准由中华人民共和国农业部科技教育司提出。

本标准由全国农业转基因生物安全管理标准化技术委员会(SAC/TC 276)归口。

本标准起草单位:农业部科技发展中心、上海交通大学。

本标准主要起草人:杨立桃、宋贵文、张大兵、赵欣、李飞武、师勇强。

转基因植物及其产品成分检测
抗虫棉花 MON15985 及其衍生品种定性 PCR 方法

1 范围

本标准规定了转基因抗虫棉花 MON15985 转化体特异性的定性 PCR 检测方法。

本标准适用于转基因抗虫棉花 MON15985 及其衍生品种，以及制品中 MON15985 转化体成分的定性 PCR 检测。

2 规范性引用文件

下列文件对于本文件的应用是必不可少的。凡是注日期的引用文件，仅注日期的版本适用于本文件。凡是不注日期的引用文件，其最新版本(包括所有的修改单)适用于本文件。

GB/T 6682 分析实验室用水规格和试验方法

NY/T 672 转基因植物及其产品检测 通用要求

NY/T 673 转基因植物及其产品检测 抽样

NY/T 674 转基因植物及其产品检测 DNA 提取和纯化

3 术语和定义

下列术语和定义适用于本文件。

3.1

***Sad1* 基因 *Sad1* gene**

编码棉花硬脂酰—酰基载体蛋白脱饱和酶(stearoyl-acyl carrier protein desaturase)的基因。

3.2

MON15985 转化体特异性序列 event-specific sequence of MON15985

外源插入片段 5′端与棉花基因组的连接区序列，包括外源插入载体 5′端 CaMV 35S 启动子序列和棉花基因组的部分序列。

4 原理

根据转基因抗虫棉花 MON15985 转化体特异性序列设计特异性引物，对试样进行 PCR 扩增。依据是否扩增获得预期 175 bp 的特异性 DNA 片段，判断样品中是否含有 MON15985 转化体成分。

5 试剂和材料

除非另有说明，仅使用分析纯试剂和重蒸馏水或 GB/T 6682 规定的一级水。

5.1 琼脂糖。

5.2 10 g/L 溴化乙锭溶液：称取 1.0 g 溴化乙锭(EB)，溶于 100 mL 水中，避光保存。

注：溴化乙锭有致癌作用，配制和使用时宜戴一次性手套操作并妥善处理废液。

5.3 10 mol/L 氢氧化钠溶液：在 160 mL 水中加入 80.0 g 氢氧化钠(NaOH)，溶解后再加水定容至 200 mL。

5.4 500 mmol/L 乙二铵四乙酸二钠溶液(pH 8.0)：称取 18.6 g 乙二铵四乙酸二钠($EDTA\text{-}Na_2$)，加

入 70 mL 水中，再加入适量氢氧化钠溶液(5.3)，加热至完全溶解后，冷却至室温，用氢氧化钠溶液(5.3)调 pH 至 8.0，加水定容至 100 mL。在 103.4 kPa(121℃)条件下灭菌 20 min。

5.5 1 mol/L 三羟甲基氨基甲烷—盐酸溶液(pH 8.0)：称取 121.1 g 三羟甲基氨基甲烷(Tris)溶解于 800 mL 水中，用盐酸调 pH 至 8.0，加水定容至 1 000 mL。在 103.4 kPa(121℃)条件下灭菌 20 min。

5.6 TE 缓冲液(pH 8.0)：分别量取 10 mL 三羟甲基氨基甲烷—盐酸溶液(5.5)和 2 mL 乙二铵四乙酸二钠溶液(5.4)，加水定容至 1 000 mL。在 103.4 kPa(121℃)条件下灭菌 20 min。

5.7 50×TAE 缓冲液：称取 242.2 g 三羟甲基氨基甲烷(Tris)，先用 300 mL 水加热搅拌溶解后，加 100 mL 乙二铵四乙酸二钠溶液(5.4)，用冰乙酸调 pH 至 8.0，然后加水定容到 1 000 mL。使用时用水稀释成 1×TAE。

5.8 加样缓冲液：称取 250.0 mg 溴酚蓝，加 10 mL 水，在室温下溶解 12 h；称取 250.0 mg 二甲基苯腈蓝，用 10 mL 水溶解；称取 50.0 g 蔗糖，用 30 mL 水溶解。混合以上三种溶液，加水定容至 100 mL，在 4℃下保存。

5.9 1 mol/L 三羟甲基氨基甲烷—盐酸溶液(pH 7.5)：称取 121.1 g 三羟甲基氨基甲烷(Tris)溶解于 800 mL 水中，用盐酸调 pH 至 7.5，用水定容至 1 000 mL。在 103.4 kPa(121℃)条件下灭菌 20 min。

5.10 平衡酚—氯仿—异戊醇溶液(25+24+1)。

5.11 氯仿—异戊醇溶液(24+1)。

5.12 5 mol/L 氯化钠溶液：称取 292.2 g 氯化钠(NaCl)，溶解于 800 mL 水中，加水定容至 1 000 mL，在 103.4 kPa(121℃)条件下灭菌 20 min。

5.13 10 g/L RNase A：称取 10 mg 胰 RNA 酶(RNase A)溶解于 987 μL 水中，然后加入 10 μL 三羟甲基氨基甲烷—盐酸溶液(5.9)和 3 μL 氯化钠(5.12)，于 100℃水浴中保温 15 min，缓慢冷却至室温，分装成小份保存于－20℃。

5.14 异丙醇。

5.15 3 mol/L 乙酸钠(pH 5.6)：称取 408.3 g 三水乙酸钠溶解于 800 mL 水中，用冰乙酸调 pH 至 5.6，用水定容至 1 000 mL。在 103.4 kPa(121℃)条件下灭菌 20 min。

5.16 体积分数为 70%的乙醇溶液。

5.17 抽提缓冲液：在 600 mL 水中加入 69.3 g 葡萄糖，20 g 聚乙烯吡咯烷酮(PVP，K30)，1 g 二乙胺基二硫代甲酸钠(DIECA)，充分溶解，然后加入 100 mL 三羟甲基氨基甲烷—盐酸溶液(5.9)，10 mL 乙二铵四乙酸二钠溶液(5.4)，加水定容至 1 000 mL，4℃保存，使用时加入体积分数为 0.2%的 β-巯基乙醇。

5.18 裂解缓冲液：在 600 mL 水中加入 81.7 g 氯化钠，20 g 十六烷基三甲基溴化铵(CTAB)，20 g 聚乙烯吡咯烷酮(PVP，K30)，1 g 二乙胺基二硫代甲酸钠(DIECA)，充分溶解，然后加入 100 mL 三羟甲基氨基甲烷—盐酸溶液(5.9)，4 mL 乙二铵四乙酸二钠溶液(5.4)，加水定容至 1 000 mL，室温保存，使用时加入体积分数为 0.2%的 β-巯基乙醇。

5.19 DNA 分子量标准：可以清楚地区分 50 bp～1 000 bp 的 DNA 片段。

5.20 dNTPs 混合溶液：将浓度为 10 mmol/L 的 dATP、dTTP、dGTP、dCTP 四种脱氧核糖核苷酸溶液等体积混合。

5.21 Taq DNA 聚合酶及 PCR 反应缓冲液。

5.22 植物 DNA 提取试剂盒。

5.23 引物。

5.23.1 ***Sad1*** **基因**

Sad - F：5′- CCAAAGGAGGTGCCTGTTCA - 3′

Sad - R：5′- TTGAGGTGAGTCAGAATGTTGTTC - 3′

预期扩增片段大小为 107 bp。

5.23.2 **MON15985 转化体特异性序列**

15985-F:5′-ATTTGATGCACTATGTCTTCGTCTA-3′

15985-R:5′-CAATGGAATCCGAGGAGGT-3′

预期扩增片段大小为 175 bp。

5.24 引物溶液:用 TE 缓冲液(5.6)分别将上述引物稀释到 10 μmol/L。

5.25 石蜡油。

5.26 PCR 产物回收试剂盒。

6 仪器

6.1 分析天平:感量 0.1 g 和 0.1 mg。

6.2 PCR 扩增仪:升降温速度>1.5℃/s,孔间温度差异<1.0℃。

6.3 电泳槽、电泳仪等电泳装置。

6.4 紫外透射仪。

6.5 凝胶成像系统或照相系统。

6.6 重蒸馏水发生器或超纯水仪。

6.7 其他相关仪器和设备。

7 操作步骤

7.1 抽样

按 NY/T 672 和 NY/T 673 的规定执行。

7.2 制样

按 NY/T 672 和 NY/T 673 的规定执行。

7.3 试样预处理

按 NY/T 674 的规定执行。

7.4 DNA 模板制备

按 NY/T 674 的规定执行,或经验证适用于棉花及其产品 DNA 提取与纯化的植物 DNA 提取试剂盒,或按下述方法执行。DNA 模板制备时设置不加任何试样的空白对照。

称取 200 mg 经预处理的试样,在液氮中充分研磨后装入液氮预冷的 1.5 mL 或 2 mL 离心管中(不需研磨的试样直接加入)。加入 1 mL 预冷至 4℃的抽提缓冲液,剧烈摇动混匀后,在冰上静置 5 min,4℃条件下 10 000 g 离心 15 min,弃上清液。加入 600 μL 预热到 65℃的裂解缓冲液,充分重悬沉淀,在 65℃恒温保持 40 min,期间颠倒混匀 5 次。10 000 g 离心 10 min,取上清液转至另一新离心管中。加入 5 μL RNase A,37℃恒温保持 30 min。分别用等体积平衡酚—氯仿—异戊醇溶液和氯仿—异戊醇溶液各抽提一次。10 000 g 离心 10 min,取上清液转至另一新离心管中。加入 2/3 体积异丙醇,1/10 体积乙酸钠溶液,−20℃放置 2 h~3 h。在 4℃条件下,10 000 g 离心 15 min,弃上清液,用 70%乙醇溶液洗涤沉淀一次,倒出乙醇溶液,晾干沉淀。加入 50 μL TE 缓冲液溶解沉淀,所得溶液即为样品 DNA 溶液。

7.5 PCR 反应

7.5.1 试样 PCR 反应

7.5.1.1 每个试样 PCR 反应设置三次重复。

7.5.1.2 在 PCR 反应管中按表 1 依次加入反应试剂,混匀,再加 25 μL 石蜡油(有热盖设备的 PCR 仪可不加)。

表 1 PCR 检测反应体系

试 剂	终浓度	体 积
水		—
10×PCR 缓冲液	1×	2.5 μL
25 mmol/L 氯化镁溶液	2.5 mmol/L	2.5 μL
dNTPs 混合溶液(各 2.5 mmol/L)	各 0.2 mmol/L	2 μL
10 μmol/L 上游引物	0.4 μmol/L	1 μL
10 μmol/L 下游引物	0.4 μmol/L	1 μL
Taq 酶	0.05 U/μL	—
25 mg/L DNA 模板	2 mg/L	2.0 μL
总体积		25.0 μL

注 1:根据 Taq 酶的浓度确定其体积,并相应调整水的体积,使反应体系总体积达到 25.0 μL。如果 PCR 缓冲液中含有氯化镁,则不加氯化镁溶液,加等体积水。

注 2:棉花内标准基因 PCR 检测反应体系中,上、下游引物分别为 sad-F 和 sad-R;MON15985 转化体 PCR 检测反应体系中,上、下游引物分别为 15985 - F 和 15985 - R。

7.5.1.3 将 PCR 管放在离心机上,500 g~3 000 g 离心 10 s,然后取出 PCR 管,放入 PCR 仪中。

7.5.1.4 进行 PCR 反应。反应程序为:95℃变性 7 min;94℃变性 30 s,58℃退火 30 s,72℃延伸 30 s,共进行 35 次循环;72℃延伸 7 min。

7.5.1.5 反应结束后取出 PCR 管,对 PCR 反应产物进行电泳检测。

7.5.2 对照 PCR 反应

在试样 PCR 反应的同时,应设置阴性对照、阳性对照和空白对照。

以非转基因棉花材料中提取的 DNA 作为阴性对照;以转基因棉花 MON15985 质量分数为0.1%~1.0%的棉花 DNA 作为阳性对照;以水作为空白对照。

各对照 PCR 反应体系中,除模板外,其余组分及 PCR 反应条件与 7.5.1 相同。

7.6 PCR 产物电泳检测

按 20 g/L 的质量浓度称取琼脂糖,加入 1×TAE 缓冲液中,加热溶解,配制成琼脂糖溶液。每 100 mL琼脂糖溶液中加入 5 μL EB 溶液,混匀,适当冷却后,将其倒入电泳板上,插上梳板,室温下凝固成凝胶后,放入 1×TAE 缓冲液中,垂直向上轻轻拔去梳板。取 12 μL PCR 产物与 3 μL 加样缓冲液混合后加入点样孔中,同时在其中一个点样孔中加入 DNA 分子量标准,接通电源在 2 V/cm~5 V/cm 条件下电泳检测。

7.7 凝胶成像分析

电泳结束后,取出琼脂糖凝胶,置于凝胶成像仪或紫外透射仪上成像。根据 DNA 分子量标准估计扩增条带的大小,将电泳结果形成电子文件存档或用照相系统拍照。如需通过序列分析确认 PCR 扩增片段是否为目的 DNA 片段,按照 7.8 和 7.9 的规定执行。

7.8 PCR 产物回收

按 PCR 产物回收试剂盒说明书,回收 PCR 扩增的 DNA 片段。

7.9 PCR 产物的测序验证

将回收的 PCR 产物克隆测序,与抗虫棉花 MON15985 转化体特异性序列(参见附录 A)进行比对,确定 PCR 扩增的 DNA 片段是否为目的 DNA 片段。

8 结果分析与表述

8.1 对照检测结果分析

阳性对照 PCR 反应中,*Sad1* 内标准基因和 MON15985 转化体特异性序列均得到扩增,且扩增片段大小与预期片段大小一致，而阴性对照中仅扩增出 *Sad1* 基因片段，空白对照中没有任何扩增片段，表明 PCR 反应体系正常工作，否则重新检测。

8.2 样品检测结果分析和表述

8.2.1 *Sad1* 内标准基因和 MON15985 转化体特异性序列均得到扩增，且扩增片段大小与预期片段大小一致，表明样品中检测出转基因抗虫棉花 MON15985 转化体成分，表述为"样品中检测出转基因抗虫棉花 MON15985 转化体成分，检测结果为阳性"。

8.2.2 *Sad1* 内标准基因片段得到扩增，且扩增片段大小与预期片段大小一致，而 MON15985 转化体特异性序列未得到扩增，或扩增片段大小与预期片段大小不一致，表明样品中未检测出转基因抗虫棉花 MON15985 转化体成分，表述为"样品中未检测出转基因抗虫棉花 MON15985 转化体成分，检测结果为阴性"。

8.2.3 *Sad1* 内标准基因片段未得到扩增，或扩增片段大小与预期片段大小不一致，表明样品中未检测出棉花成分，表述为"样品中未检测出棉花成分，检测结果为阴性"。

附 录 A
(资料性附录)
抗虫棉花 MON15985 转化体特异性序列

1 ATTTGATGCA CTATGTCTTC GTCTATTTTT CAAACATACT GTTGGAAGAA
51 TTATGATTCA CGTGTTGTTT AAGATCAAAA AGTGCATGCC TAACTAATAC
101 TTATCAGAAA CAAATAATGC AATGAGTCAT ATCTCTATAA AGGGTAATAT
151 CCGGAAACCT CCTCGGATTC CATTG

注:划线部分为引物序列。

ICS 65.020.01
B 04

中华人民共和国国家标准

农业部1485号公告—14—2010

转基因植物及其产品成分检测 抗虫转*Bt*基因棉花外源蛋白表达量检测技术规范

Detection of genetically modified plants and derived products—Technical specification for quantitative detection of exogenous proteins in *Bt* transgenic cotton

2010-11-15 发布　　2011-01-01 实施

中华人民共和国农业部　发布

前　言

本标准按照 GB/T 1.1—2009 给出的规则起草。

本标准由中华人民共和国农业部科技教育司提出。

本标准由全国农业转基因生物安全管理标准化技术委员会(SAC/TC 276)归口。

本标准起草单位:农业部科技发展中心、中国农业科学院棉花研究所。

本标准主要起草人:崔金杰、刘信、张帅、雒珺瑜、赵欣、马艳、王春义、师勇强。

转基因植物及其产品成分检测
抗虫转 *Bt* 基因棉花外源蛋白表达量检测技术规范

1 范围

本标准规定了田间条件下抗虫转 *Bt* 基因棉花不同生育期组织和器官中外源 Bt 杀虫蛋白表达的 ELISA 定量检测技术规范。

本标准适用于田间条件下抗虫转 *Bt* 基因棉花不同生育期组织和器官中外源 Bt 杀虫蛋白表达的 ELISA 定量检测。

2 规范性引用文件

下列文件对于本文件的应用是必不可少的。凡是注日期的引用文件，仅注日期的版本适用于本文件。凡是不注日期的引用文件，其最新版本(包括所有的修改单)适用于本文件。

GB 4407.1 经济作物种子 棉花

3 原理

在适宜生态区田间条件下种植受检棉花试验材料，分别抽取苗期、蕾期、铃期等关键生育期的棉花叶片、蕾、铃，采用酶联免疫方法(ELISA)检测外源 Bt 杀虫蛋白的表达量，判断受检棉花材料外源 Bt 杀虫蛋白表达水平。

4 仪器和设备

4.1 分析天平：感量 0.01 g。

4.2 酶标仪。

4.3 超低温冰箱。

4.4 其他相关仪器和设备。

5 要求

5.1 试验材料

5.1.1 受检棉花材料。

5.1.2 阴性对照品种：黄河流域为 HG-BR-8、长江流域为泗棉 3 号。

5.1.3 阳性对照品种：黄河流域为中 45、长江流域为 GK19，或当地主栽抗虫转 *Bt* 基因棉花。

5.1.4 种子应符合 GB 4407.1 的质量要求。

5.2 田间种植与管理

按当地常规播种时期、播种方式和播种量进行播种和管理。

5.3 资料记录

5.3.1 试验地名称与位置

记录试验地的名称、试验的具体地点、经纬度或全球地理定位系统(Global positioning system, GPS)地标。绘制小区示意图。

5.3.2 气象资料

记录试验期间试验地降雨(降雨类型,日降雨量以毫米表示)和温度(日平均温度、最高和最低温度、积温,以摄氏度表示)的资料。记录影响整个试验期间试验结果的恶劣气候因素,例如严重或长期的干旱、暴雨、冰雹等。

6 试验设计与取样

6.1 试验设计

随机区组设计,3 次重复,小区面积不小于 30 m^2。

6.2 取样

在棉花苗期(4 片～6 片真叶)、蕾期(盛蕾期)和铃期(结铃盛期),每个小区随机取样 20 株。

苗期,每株取顶部倒数第三片完全展开叶片;蕾期,每株取顶部倒数第三片完全展开叶片和 1 个小蕾(直径 0.5 cm～0.7 cm);铃期,每株取顶部倒数第三片完全展开叶片和 1 个小铃(直径约 1.0 cm)。

每次取样后,将每个小区的叶片、蕾和铃分别单独置于保鲜袋内密封,放在冰盒中,迅速带回实验室检测或用液氮速冻后,放入－80℃超低温冰箱中保存待测。

7 外源 **Bt** 杀虫蛋白表达量检测

7.1 试剂盒的选择

根据待检目标蛋白的类型,选用经验证适用于棉花外源 Bt 杀虫蛋白检测的 ELISA 试剂盒,试剂盒的定量限(Limit of quantification,LOQ)应≤0.5 ng/g(鲜重)。

7.2 试样和试液制备

将每个小区采集的相同时期同一组织器官的试样作为一个样本,加液氮快速研磨成粉末。

称取 0.4 g 研磨后的试样于 7 mL 离心管,加入 4 mL 提取缓冲液,充分混匀后置于 4℃下震荡 12 h。4℃,8 000 g 离心 20 min,吸取 1 mL 上清液移入另一干净的离心管,待测。

注:上清液可在 2℃～8℃贮存,时间不超过 24 h。

7.3 检测

按照 ELISA 试剂盒操作说明书,检测试样溶液中外源 Bt 杀虫蛋白的含量,得到相应的光密度值(Optical density,OD)。

7.4 标准回归方程建立

把标准蛋白倍比稀释成 6 个浓度梯度,与待测样品一起加入到酶标板内相应位置,按 7.3 步骤进行检测,得到相应的光密度值(X)。根据标准蛋白浓度与光密度值的相关性建立标准回归方程 $Y=\mathrm{a}+\mathrm{b}\times \lg X$,相关系数 $R^2\geqslant 0.98$。

7.5 结果计算

按式(1)计算蛋白含量:

$$\omega=(\mathrm{a}+\mathrm{b}\times \lg X)\times N \quad\cdots\cdots\cdots(1)$$

式中:

ω——蛋白浓度,单位为纳克每克(ng/g 鲜重);

a——截距;

b——斜率;

X——光密度值;

N——稀释倍数。

计算结果保留两位有效数字。

采用统计学方法计算 3 个小区样本外源 Bt 杀虫蛋白含量平均值($\bar{\omega}$)和标准差(S)。外源 Bt 杀虫蛋白的含量表述为($\bar{\omega}\pm S$) ng/g。

8 结果分析与表述

根据计算得到的受检材料和阳性对照品种(时期、组织器官)中外源 Bt 杀虫蛋白的含量,用方差分析的方法比较受检材料不同时期叶片中外源 Bt 杀虫蛋白的含量和受检材料与阳性对照各器官中外源 Bt 杀虫蛋白的含量差异。结果表述为:受检材料(时期、组织器官)中外源 Bt 杀虫蛋白的含量高(低)于当地主栽抗虫棉品种,差异达到(无)显著差异。

ICS 65.020.01
B 04

中华人民共和国国家标准

农业部1485号公告—15—2010

转基因植物及其产品成分检测 抗虫耐除草剂玉米MON88017及其衍生品种定性PCR方法

Detection of genetically modified plants and derived products—Qualitative PCR method for insect-resistant and herbicide-tolerant maize MON88017 and its derivates

2010-11-15发布　　2011-01-01实施

中华人民共和国农业部　发布

前　言

本标准按照 GB/T 1.1—2009 给出的规则起草。

本标准由中华人民共和国农业部科技教育司提出。

本标准由全国农业转基因生物安全管理标准化技术委员会(SAC/TC 276)归口。

本标准起草单位:农业部科技发展中心、中国农业科学院油料作物研究所。

本标准主要起草人:卢长明、周云龙、武玉花、吴刚、厉建萌、瞿勇、曹应龙、李飞武。

转基因植物及其产品成分检测 抗虫耐除草剂玉米 MON88017 及其衍生品种定性 PCR 方法

1 范围

本标准规定了转基因抗虫耐除草剂玉米 MON88017 转化体特异性的定性 PCR 检测方法。

本标准适用于转基因抗虫耐除草剂玉米 MON88017 及其衍生品种，以及制品中 MON88017 转化体成分的定性 PCR 检测。

2 规范性引用文件

下列文件对于本文件的应用是必不可少的。凡是注日期的引用文件，仅注日期的版本适用于本文件。凡是不注日期的引用文件，其最新版本(包括所有的修改单)适用于本文件。

GB/T 6682 分析实验室用水规格和试验方法

NY/T 672 转基因植物及其产品检测 通用要求

NY/T 673 转基因植物及其产品检测 抽样

NY/T 674 转基因植物及其产品检测 DNA 提取和纯化

3 术语和定义

下列术语和定义适用于本文件。

3.1

zSSIIb **基因 *zSSIIb* gene**

编码玉米淀粉合酶异构体 zSTSII－2 的基因。

3.2

MON88017 转化体特异性序列 event-specific sequence of MON88017

外源插入载体 3′端与玉米基因组的连接区序列，包括外源水稻 actin1 启动子序列和玉米基因组的部分序列。

4 原理

根据转基因抗虫耐除草剂玉米 MON88017 转化体特异性序列设计特异性引物，对试样进行 PCR 扩增。依据是否扩增获得预期 199 bp 的特异性 DNA 片段，判断样品中是否含有 MON88017 转化体成分。

5 试剂和材料

除非另有说明，仅使用分析纯试剂和重蒸馏水或符合 GB/T 6682 规定的一级水。

5.1 琼脂糖。

5.2 10 g/L 溴化乙锭溶液：称取 1.0 g 溴化乙锭(EB)，溶解于 100 mL 水中，避光保存。

注：溴化乙锭有致癌作用，配制和使用时宜戴一次性手套操作并妥善处理废液。

5.3 10 mol/L 氢氧化钠溶液：在 160 mL 水中加入 80.0 g 氢氧化钠(NaOH)，溶解后再加水定容至 200 mL。

5.4 500 mmol/L 乙二铵四乙酸二钠溶液(pH 8.0):称取 18.6 g 乙二铵四乙酸二钠($EDTA-Na_2$),加入 70 mL 水中,再加入适量氢氧化钠溶液(5.3),加热至完全溶解后,冷却至室温,用氢氧化钠溶液(5.3)调 pH 至 8.0,加水定容至 100 mL。在 103.4 kPa(121℃)条件下灭菌 20 min。

5.5 1 mol/L 三羟甲基氨基甲烷—盐酸溶液(pH 8.0):称取 121.1 g 三羟甲基氨基甲烷(Tris)溶解于 800 mL 水中,用盐酸(HCl)调 pH 至 8.0,加水定容到 1 000 mL。在 103.4 kPa(121℃)条件下灭菌 20 min。

5.6 TE 缓冲液(pH 8.0):分别量取 10 mL 三羟甲基氨基甲烷—盐酸溶液(5.5)和 2 mL 乙二铵四乙酸二钠溶液(5.4)溶液,加水定容至 1 000 mL。在 103.4 kPa(121℃)条件下灭菌 20 min。

5.7 50×TAE 缓冲液:称取 242.2 g 三羟甲基氨基甲烷,先用 500 mL 水加热搅拌溶解后,加入 100 mL 乙二铵四乙酸二钠溶液(5.4),用冰乙酸调 pH 至 8.0,然后加水定容至 1 000 mL。使用时用水稀释成 1×TAE。

5.8 加样缓冲液:称取 250.0 mg 溴酚蓝,加入 10 mL 水,在室温下溶解 12 h;称取 250.0 mg 二甲基苯腈蓝,加 10 mL 水溶解;称取 50.0 g 蔗糖,加 30 mL 水溶解。混合以上三种溶液,加水定容至 100 mL,在 4℃下保存。

5.9 DNA 分子量标准:可以清楚地区分 50 bp~1 000 bp 的 DNA 片段。

5.10 dNTPs 混合溶液:将浓度为 10 mmol/L 的 dATP、dTTP、dGTP、dCTP 四种脱氧核糖核苷酸溶液等体积混合。

5.11 Taq DNA 聚合酶及 PCR 反应缓冲液。

5.12 引物。

5.12.1 ***zSSIIb* 基因**

zSSIIb - F:5′- CGGTGGATGCTAAGGCTGATG - 3′

zSSIIb - R:5′- AAAGGGCCAGGTTCATTATCCTC - 3′

预期扩增片段大小为 88 bp。

5.12.2 **MON88017 转化体特异性序列**

MON88017 - LF:5′- TTGTCCTGAACCCCTAAAATCC - 3′

MON88017 - LR:5′- CCCGGACATGAAGCCATTTA - 3′

预期扩增片段大小为 199 bp。

5.13 引物溶液:用 TE 缓冲液(5.6)分别将上述引物稀释到 10 μmol/L。

5.14 石蜡油。

5.15 PCR 产物回收试剂盒。

5.16 DNA 提取试剂盒。

6 仪器

6.1 分析天平:感量 0.1 g 和 0.1 mg。

6.2 PCR 扩增仪:升降温速度>1.5℃/s,孔间温度差异<1.0℃。

6.3 电泳槽、电泳仪等电泳装置。

6.4 紫外透射仪。

6.5 凝胶成像系统或照相系统。

6.6 重蒸馏水发生器或超纯水仪。

6.7 其他相关仪器和设备。

7 操作步骤

7.1 抽样

按 NY/T 672 和 NY/T 673 的规定执行。

7.2 制样

按 NY/T 672 和 NY/T 673 的规定执行。

7.3 试样预处理

按 NY/T 674 的规定执行。

7.4 DNA 模板制备

按 NY/T 674 的规定执行，或使用经验证适用于玉米 DNA 提取与纯化的 DNA 提取试剂盒。

7.5 PCR 反应

7.5.1 试样 PCR 反应

7.5.1.1 每个试样 PCR 反应设置 3 次重复。

7.5.1.2 在 PCR 反应管中按表 1 依次加入反应试剂，混匀，再加 25 μL 石蜡油(有热盖设备的 PCR 仪可不加)。

表 1 PCR 反应体系

试剂	终浓度	体积
水		—
10×PCR 缓冲液	1×	2.5 μL
25 mmol/L 氯化镁溶液	2.5 mmol/L	2.5 μL
dNTPs 混合溶液(各 2.5 mmol/L)	各 0.2 mmol/L	2 μL
10 μmol/L 上游引物	0.2 μmol/L	0.5 μL
10 μmol/L 下游引物	0.2 μmol/L	0.5 μL
Taq 酶	0.025 U/μL	—
25 mg/L DNA 模板	2 mg/L	2.0 μL
总体积		25.0 μL

注 1：根据 Taq 酶的浓度确定其体积，并相应调整水的体积，使反应体系总体积达到 25.0 μL。如果 PCR 缓冲液中含有氯化镁，则不加氯化镁溶液，加等体积水。

注 2：玉米内标准基因 PCR 检测反应体系中，上、下游引物分别为 zSSIIb-F 和 zSSIIb-R；MON88017 转化体 PCR 检测反应体系中，上、下游引物分别为 MON88017-LF 和 MON88017-LR。

7.5.1.3 将 PCR 管放在离心机上，500 g～3 000 g 离心 10 s，然后取出 PCR 管，放入 PCR 仪中。

7.5.1.4 进行 PCR 反应。反应程序为：94℃变性 5 min；94℃变性 30 s，58℃退火 30 s，72℃延伸 30 s，共进行 35 次循环；72℃延伸 7 min。

7.5.1.5 反应结束后取出 PCR 管，对 PCR 反应产物进行电泳检测。

7.5.2 对照 PCR 反应

在试样 PCR 反应的同时，应设置阴性对照、阳性对照和空白对照。

以非转基因玉米材料提取的 DNA 作为阴性对照；以转基因玉米 MON88017 质量分数为 0.1%～1.0%的玉米基因组 DNA 作为阳性对照；以水作为空白对照。

上述各对照 PCR 反应体系中，除模板外，其余组分及 PCR 反应条件与 7.5.1 相同。

7.6 PCR 产物电泳检测

按 20 g/L 的质量浓度称量琼脂糖加入 1×TAE 缓冲液中，加热溶解，配制成琼脂糖溶液。每 100 mL琼脂糖溶液中加入 5 μL EB 溶液，混匀，稍适冷却后，将其倒入电泳板上，插上梳板，室温下凝固成凝胶后，放入 1×TAE 缓冲液中，垂直向上轻轻拔去梳板。取 12 μL PCR 产物与 3 μL 加样缓冲液混合后加入凝胶点样孔，同时在其中一个点样孔中加入 DNA 分子量标准，接通电源在 2 V/cm～5 V/cm 条件下电泳检测。

7.7 凝胶成像分析

电泳结束后，取出琼脂糖凝胶，置于凝胶成像仪上或紫外透射仪上成像。根据 DNA 分子量标准估计扩增条带的大小，将电泳结果形成电子文件存档或用照相系统拍照。如需通过序列分析确认 PCR 扩增片段是否为目的 DNA 片段，按照 7.8 和 7.9 的规定执行。

7.8 PCR 产物回收

按 PCR 产物回收试剂盒说明书，回收 PCR 扩增的 DNA 片段。

7.9 PCR 产物测序验证

将回收的 PCR 产物克隆测序，与抗虫耐除草剂玉米 MON88017 转化体特异性序列（参见附录 A）进行比对，确定 PCR 扩增的 DNA 片段是否为目的 DNA 片段。

8 结果分析与表述

8.1 对照检测结果分析

阳性对照 PCR 反应中，*zSSIIb* 内标准基因和 MON88017 转化体特异性序列均得到扩增，且扩增片段大小与预期片段大小一致，而阴性对照中仅扩增出 *zSSIIb* 基因片段，空白对照中没有任何扩增片段，表明 PCR 反应体系正常工作，否则重新检测。

8.2 样品检测结果分析和表述

8.2.1 *zSSIIb* 内标准基因和 MON88017 转化体特异性序列均得到了扩增，且扩增片段大小与预期片段大小一致，表明样品中检测出转基因抗虫耐除草剂玉米 MON88017 转化体成分，表述为“样品中检测出转基因抗虫耐除草剂玉米 MON88017 转化体成分，检测结果为阳性”。

8.2.2 *zSSIIb* 内标准基因片段得到扩增，且扩增片段大小与预期片段大小一致，而 MON88017 转化体特异性序列未得到扩增，或扩增片段大小与预期片段大小不一致，表明样品中未检测出抗虫耐除草剂玉米 MON88017 转化体成分，表述为“样品中未检测出抗虫耐除草剂玉米 MON88017 转化体成分，检测结果为阴性”。

8.2.3 *zSSIIb* 内标准基因片段未得到扩增，或扩增片段大小与预期片段大小不一致，表明样品中未检测出玉米成分，表述为“样品中未检测出玉米成分，检测结果为阴性”。

附 录 A
(资料性附录)
抗虫耐除草剂玉米 MON88017 转化体特异性序列

1 TTGTCCTGAA CCCCTAAAAT CCCAGGACCG CCACCTATCA TATACATACA
51 TGATCTTCTA AATACCCGAT CAGAGCGCTA AGCAGCAGAA TCGTGTGACA
101 ACGCTAGCAG CTCTCCTCCA ACACATCATC GACAAGCACC TTTTTTGCCG
151 GAGTATGACG GTGACGATAT ATTCAATTGT AAATGGCTTC ATGTCCGGG

注:划线部分为引物序列。

ICS 65.020.01
B 04

中华人民共和国国家标准

农业部1485号公告—16—2010

转基因植物及其产品成分检测 抗虫玉米MIR604及其衍生品种 定性PCR方法

Detection of genetically modified plants and derived products—Qualitative PCR method for insect-resistant maize MIR604 and its derivates

2010-11-15发布 2011-01-01实施

中华人民共和国农业部 发布

前　　言

本标准按照 GB/T 1.1—2009 给出的规则起草。

本标准由中华人民共和国农业部科技教育司提出。

本标准由全国农业转基因生物安全管理标准化技术委员会(SAC/TC 276)归口。

本标准起草单位:农业部科技发展中心、中国农业科学院油料作物研究所。

本标准主要起草人:卢长明、刘信、武玉花、吴刚、岳云峰、曹应龙、赵欣。

转基因植物及其产品成分检测
抗虫玉米 MIR604 及其衍生品种定性 PCR 方法

1 范围

本标准规定了转基因抗虫玉米 MIR604 转化体特异性的定性 PCR 检测方法。

本标准适用于转基因抗虫玉米 MIR604 及其衍生品种，以及制品中 MIR604 转化体成分的定性 PCR 检测。

2 规范性引用文件

下列文件对于本文件的应用是必不可少的。凡是注日期的引用文件，仅注日期的版本适用于本文件。凡是不注日期的引用文件，其最新版本(包括所有的修改单)适用于本文件。

GB/T 6682 分析实验室用水规格和试验方法

NY/T 672 转基因植物及其产品检测 通用要求

NY/T 673 转基因植物及其产品检测 抽样

NY/T 674 转基因植物及其产品检测 DNA 提取和纯化

3 术语和定义

下列术语和定义适用于本文件。

3.1

***zSSIIb* 基因 *zSSIIb* gene**

编码玉米淀粉合酶异构体 zSTSII-2 的基因。

3.2

MIR604 转化体特异性序列 event-specific sequence of MIR604

外源插入载体 3′端与玉米基因组的连接区序列，包括 Nos 终止子序列和玉米基因组的部分序列。

4 原理

根据转基因抗虫玉米 MIR604 转化体特异性序列设计特异性引物，对试样进行 PCR 扩增。依据是否扩增获得预期 142 bp 的特异性 DNA 片段，判断样品中是否含有 MIR604 转化体成分。

5 试剂和材料

除非另有说明，仅使用分析纯试剂和重蒸馏水或符合 GB/T 6682 规定的一级水。

5.1 琼脂糖。

5.2 10 g/L 溴化乙锭溶液：称取 1.0 g 溴化乙锭(EB)，溶解于 100 mL 水中，避光保存。

注：溴化乙锭有致癌作用，配制和使用时宜戴一次性手套操作并妥善处理废液。

5.3 10 mol/L 氢氧化钠溶液：在 160 mL 水中加入 80.0 g 氢氧化钠(NaOH)，溶解后再加水定容至 200 mL。

5.4 500 mmol/L 乙二铵四乙酸二钠溶液(pH 8.0)：称取 18.6 g 乙二铵四乙酸二钠($EDTA-Na_2$)，加入 70 mL 水中，加入适量氢氧化钠溶液(5.3)，加热至完全溶解后，冷却至室温，用氢氧化钠溶液(5.3)调

pH 至 8.0，加水定容至 100 mL。在 103.4 kPa(121℃)条件下灭菌 20 min。

5.5 1 mol/L 三羟甲基氨基甲烷—盐酸溶液(pH 8.0)：称取 121.1 g 三羟甲基氨基甲烷(Tris)溶解于 800 mL 水中，用盐酸(HCl)调 pH 至 8.0，加水定容至 1 000 mL。在 103.4 kPa(121℃)条件下灭菌 20 min。

5.6 TE 缓冲液(pH 8.0)：分别量取 10 mL 三羟甲基氨基甲烷—盐酸溶液(5.5)和 2 mL 乙二铵四乙酸二钠溶液(5.4)溶液，加水定容至 1 000 mL。在 103.4 kPa(121℃)条件下灭菌 20 min。

5.7 50×TAE 缓冲液：称取 242.2 g 三羟甲基氨基甲烷，先用 500 mL 水加热搅拌溶解后，加入 100 mL 乙二铵四乙酸二钠溶液(5.4)，用冰乙酸调 pH 至 8.0，然后加水定容至 1 000 mL。使用时用水稀释成 1×TAE。

5.8 加样缓冲液：称取 250.0 mg 溴酚蓝，加入 10 mL 水，在室温下溶解 12 h；称取 250.0 mg 二甲基苯腈蓝，加 10 mL 水溶解；称取 50.0 g 蔗糖，加 30 mL 水溶解。混合以上三种溶液，加水定容至 100 mL，在 4℃下保存。

5.9 DNA 分子量标准：可以清楚地区分 50 bp～1 000 bp 的 DNA 片段。

5.10 dNTPs 混合溶液：将浓度为 10 mmol/L 的 dATP、dTTP、dGTP、dCTP 四种脱氧核糖核苷酸溶液等体积混合。

5.11 Taq DNA 聚合酶及 PCR 反应缓冲液。

5.12 引物。

5.12.1 ***zSSIIb* 基因**

zSSIIb - F：5′- CGGTGGATGCTAAGGCTGATG - 3′

zSSIIb - R：5′- AAAGGGCCAGGTTCATTATCCTC - 3′

预期扩增片段大小为 88 bp。

5.12.2 **MIR604 转化体特异性序列**

MIR604 - 1F：5′- TCGCGCGCGGTGTCATCTATG - 3′

MIR604 - 1R：5′- CGCGACACACCTCGTTAGTTAA - 3′

预期扩增片段大小为 142 bp。

5.13 引物溶液：用 TE 缓冲液(5.6)或水分别将上述引物稀释到 10 μmol/L。

5.14 石蜡油。

5.15 PCR 产物回收试剂盒。

5.16 DNA 提取试剂盒。

6 仪器

6.1 分析天平：感量 0.1 g 和 0.1 mg。

6.2 PCR 扩增仪：升降温速度>1.5℃/s，孔间温度差异<1.0℃。

6.3 电泳槽、电泳仪等电泳装置。

6.4 紫外透射仪。

6.5 凝胶成像系统或照相系统。

6.6 重蒸馏水发生器或超纯水仪。

6.7 其他相关仪器和设备。

7 操作步骤

7.1 抽样

按 NY/T 672 和 NY/T 673 的规定执行。

7.2 制样

按 NY/T 672 和 NY/T 673 的规定执行。

7.3 试样预处理

按 NY/T 674 的规定执行。

7.4 DNA 模板制备

按 NY/T 674 的规定执行,或使用经验证适用于玉米 DNA 提取与纯化的 DNA 提取试剂盒。

7.5 PCR 反应

7.5.1 试样的 PCR 反应

7.5.1.1 每个试样 PCR 反应设置 3 次重复。

7.5.1.2 在 PCR 反应管中按表 1 依次加入反应试剂,混匀,再加 25 μL 石蜡油(有热盖设备的 PCR 仪可不加)。

表 1 PCR 反应体系

试剂	终浓度	体积
水		—
10×PCR 缓冲液	1×	2.5 μL
25 mmol/L 氯化镁溶液	2.5 mmol/L	2.5 μL
dNTPs 混合溶液(各 2.5 mmol/L)	各 0.2 mmol/L	2 μL
10 μmol/L 上游引物	0.5 μmol/L	1.25 μL
10 μmol/L 下游引物	0.5 μmol/L	1.25 μL
Taq 酶	0.025 U/μL	—
25 mg/L DNA 模板	2 mg/L	2.0 μL
总体积		25.0 μL

注 1:根据 Taq 酶浓度确定其体积,并相应调整水的体积,使反应体系总体积达到 25.0 μL。如果 PCR 缓冲液中含有氯化镁,则不加氯化镁溶液,加等体积水。

注 2:玉米内标准基因 PCR 检测反应体系中,上、下游引物分别为 zSSIIb-F 和 zSSIIb-R;MIR604 转化体 PCR 检测反应体系中,上、下游引物分别为 MIR604-1F 和 MIR604-1R。

7.5.1.3 将 PCR 管放在离心机上,500 g~3 000 g 离心 10 s,然后取出 PCR 管,放入 PCR 仪中。

7.5.1.4 进行 PCR 反应。反应程序为:94℃变性 5 min;94℃变性 30 s,58℃退火 30 s,72℃延伸 30 s,共进行 35 次循环;72℃延伸 7 min。

7.5.1.5 反应结束后取出 PCR 管,对 PCR 反应产物进行电泳检测。

7.5.2 对照 PCR 反应

在试样 PCR 反应的同时,应设置阴性对照、阳性对照和空白对照。

以非转基因玉米材料提取的 DNA 作为阴性对照;以转基因玉米 MIR604 质量分数为 0.1%~1.0%的玉米基因组 DNA 作为阳性对照;以水作为空白对照。

各对照 PCR 反应体系中,除模板外,其余组分及 PCR 反应条件与 7.5.1 相同。

7.6 PCR 产物的电泳检测

按 20 g/L 的质量浓度称量琼脂糖,加入 1×TAE 缓冲液中,加热溶解,配制成琼脂糖溶液。每 100 mL琼脂糖溶液中加入 5 μL EB 溶液,混匀,稍适冷却后,将其倒入电泳板上,插上梳板,室温下凝固成凝胶后,放入 1×TAE 缓冲液中,垂直向上轻轻拔去梳板。取 12 μL PCR 产物与 3 μL 加样缓冲液混合后加入凝胶点样孔,同时在其中一个点样孔中加入 DNA 分子量标准,接通电源在 2 V/cm~5 V/cm 条件下电泳检测。

7.7 凝胶成像分析

电泳结束后，取出琼脂糖凝胶，置于凝胶成像仪上或紫外透射仪上成像。根据 DNA 分子量标准估计扩增条带的大小，将电泳结果形成电子文件存档或用照相系统拍照。如需通过序列分析确认 PCR 扩增片段是否为目的 DNA 片段，按照 7.8 和 7.9 的规定执行。

7.8 PCR 产物回收

按 PCR 产物回收试剂盒说明书，回收 PCR 扩增的 DNA 片段。

7.9 PCR 产物测序验证

将回收的 PCR 产物克隆测序，与抗虫玉米 MIR604 转化体特异性序列（参见附录 A）进行比对，确定 PCR 扩增的 DNA 片段是否为目的 DNA 片段。

8 结果分析与表述

8.1 对照检测结果分析

阳性对照的 PCR 反应中，*zSSIIb* 内标准基因和 MIR604 转化体特异性序列均得到扩增，且扩增片段大小与预期片段大小一致，而阴性对照中仅扩增出 *zSSIIb* 基因片段，空白对照中没有任何扩增片段，表明 PCR 反应体系正常工作，否则重新检测。

8.2 样品检测结果分析和表述

8.2.1 *zSSIIb* 内标准基因和 MIR604 转化体特异性序列均得到了扩增，且扩增片段大小与预期片段大小一致，表明样品中检测出转基因抗虫玉米 MIR604 转化体成分，表述为“样品中检测出转基因抗虫玉米 MIR604 转化体成分，检测结果为阳性”。

8.2.2 *zSSIIb* 内标准基因片段得到扩增，且扩增片段大小与预期片段大小一致，而 MIR604 转化体特异性序列未得到扩增，或扩增片段大小与预期片段大小不一致，表明样品中未检测出抗虫玉米 MIR604 转化体成分，表述为“样品中未检测出抗虫玉米 MIR604 转化体成分，检测结果为阴性”。

8.2.3 *zSSIIb* 内标准基因片段未得到扩增，或扩增片段大小与预期片段大小不一致，表明样品中未检测出玉米成分，表述为“样品中未检测出玉米成分，检测结果为阴性”。

附 录 A
(资料性附录)
抗虫玉米 MIR604 转化体特异性序列

1 TCGCGCGCGG TGTCATCTAT GTTACTAGAT CTGCTAGCCC TGCAGGAAAT
51 TTACCGGTGC CCGGGCGGCC AGCATGGCCG TATCCGCAAT GTGTTATTAA
101 GAGTTGGTGG TACGGGTACT TTAACTAACG AGGTGTGTCG CG

注:划线部分为引物序列。

ICS 65.220.01
B 04

中华人民共和国国家标准

农业部1485号公告—19—2010

转基因植物及其产品成分检测 基体标准物质候选物鉴定方法

Detection of genetically modified plants and derived products—Methods for identification of matrix reference material candidate

2010-11-15 发布　　2011-01-01 实施

中华人民共和国农业部　发布

前　　言

本标准按照 GB/T 1.1—2009 给出的规则起草。

本标准由中华人民共和国农业部科技教育司提出。

本标准由全国农业转基因生物安全管理标准化技术委员会(SAC/TC 276)归口。

本标准起草单位:农业部科技发展中心、上海交通大学、吉林省农业科学院、中国计量科学研究院、中国农业科学院油料作物研究所、上海生命科学院植物生理生态研究所。

本标准主要起草人:沈平、刘信、张明、张大兵、厉建萌、卢长明、王晶、杨立桃、张景六、李飞武、李允静。

转基因植物及其产品成分检测
基体标准物质候选物鉴定方法

1 范围

本标准规定了转基因植物及其产品成分检测基体标准物质候选物鉴定的程序和方法。

本标准适用于转基因植物及其产品成分检测基体标准物质候选物的筛选和鉴定。

2 规范性引用文件

下列文件对于本文件的应用是必不可少的。凡是注日期的引用文件，仅注日期的版本适用于本文件。凡是不注日期的引用文件，其最新版本(包括所有的修改单)适用于本文件。

JJF 1006 一级标准物质

NY/T 673 转基因植物及其产品检测 抽样

NY/T 674 转基因植物及其产品检测 DNA 提取和纯化

3 术语和定义

下列术语和定义适用于本标准。

3.1

基体标准物质 matrix reference material

利用植物器官制备形成的标准物质。

3.2

基体标准物质候选物 matrix reference material candidate

可用于制备基体标准物质的材料，如转基因植物及对应的非转基因植物的籽粒、叶片等。

3.3

典型性 identity

转基因植物基体标准物质候选物的典型性，是指含有特定转化体，但不含其他任何转化体的特性。

非转基因植物基体标准物质候选物的典型性，是指含有特定转化体的受体(或近等基因系)但不含有任何转化体的特性。

3.4

转化体纯度 event purity

含有特定转化体的个体数(包括纯合体和杂合体个体数)占供试个体数的百分率。

3.5

转化体纯合度 event zygosity

折算成特定转化体的纯合体数占供试特定转化体个体数的百分率。

4 要求

4.1 转基因植物基体标准物质候选物应优先选用可繁殖的材料，如种子等，还应符合以下要求：

——重量应不少于 2.5 kg；

——选择同一物种同一组织器官；

——典型性、转化体纯度和转化体纯合度应满足待定特性量的量值范围要求；

——JJF 1006 规定的关于候选物的要求。

4.2 转基因植物基体标准物质候选物鉴定机构应符合以下要求：

——具有资质的转基因产品成分检测机构；

——具备标准物质候选物鉴定所需的仪器设备和环境设施。

4.3 转基因植物基体标准物质候选物鉴定人员应符合以下要求：

——具备转基因产品检测和标准物质研制等相关业务知识；

——在开展候选物鉴定工作前，接受相关技术和业务知识培训。

4.4 转基因植物基体标准物质候选物鉴定方法应符合以下要求：

——及时查询同物种的其他转化体的信息，对检测方法进行验证，确保最大范围内对候选物开展典型性鉴定；

——优先选择国家标准、行业标准、国内技术规范、国际标准。若缺少上述标准方法，可按鉴定机构"非标采标程序"采用适用于候选物鉴定的方法。

5 鉴定方法

5.1 抽样

对用于转基因植物基体标准物质候选物鉴定的样品，抽样按 NY/T 673 的规定执行。

5.2 试样制备

5.2.1 典型性鉴定试样制备

取样个体数不少于 3 000，混合均匀，充分研磨。

5.2.2 转化体纯度和纯合度鉴定试样制备

取样个体数不少于 100，进行单个体处理(如单粒研磨、取单株叶片研磨等)。

5.3 DNA 模板制备

按 NY/T 674 的规定执行。

5.4 典型性鉴定

5.4.1 概述

按特定的转化体特异性检测方法，检测转基因植物基体标准物质候选物是否含有特定转化体。

利用同物种其他转化体的特异性检测方法，检测转基因植物基体标准物质候选物中是否含有其他转化体。

5.4.2 转基因植物候选物典型性鉴定

按下列步骤执行：

a) 特定的转化体特异性检测结果为阴性，终止检测；

b) 特定的转化体特异性检测结果为阳性，继续进行同物种其他转化体的检测；

c) 同物种其他转化体检测结果为阳性，终止检测；

d) 同物种其他转化体检测结果为阴性，进行特定的转化体纯度和纯合度检测。

5.4.3 对应的非转基因植物候选物典型性鉴定

按下列步骤执行：

a) 特定的转化体特异性检测结果为阳性，终止检测；

b) 特定的转化体特异性检测结果为阴性，继续进行同物种其他转化体的检测。

5.5 转化体纯度和纯合度鉴定

5.5.1 转化体纯度鉴定与计算

按特定的转化体特异性检测方法，对转基因植物候选物进行转化体特异性检测，记录含特定转化体个体数。

转化体纯度(X)按式(1)计算：

$$X(\%) = \frac{a}{n} \times 100 \qquad (1)$$

式中：

a——含特定转化体个体数；

n——鉴定的样品总个体数。

5.5.2 转化体纯合度鉴定与计算

利用适用于转基因植物转化体纯合度检测的方法，对转基因植物候选物进行转化体纯合度检测，记录纯合体个体数。

转化体纯合度(Y)按式(2)计算：

$$Y(\%) = \frac{b + 1/2 \times (a - b)}{a} \times 100 \qquad (2)$$

式中：

a——含特定转化体个体数；

b——纯合体个体数。

5.5.3 转基因成分含量估算

转基因成分含量估算值(Z)按式(3)计算：

$$Z(\%) = X \times Y \times 100 \qquad (3)$$

式中：

X——转化体纯度；

Y——转化体纯合度。

6 判定

6.1 判定依据

6.1.1 典型性鉴定判定依据

转基因植物基体标准物质候选物的转化体特异性检测结果为阳性，其他转化体特异性检测结果为阴性，表明转基因植物候选物的典型性符合要求；

对应的非转基因植物候选物的转化体检测结果和其他转化体检测结果均为阴性，表明非转基因植物候选物的典型性符合要求。

6.1.2 转化体纯度和纯合度鉴定判定依据

转基因植物基体标准物质候选物的转化体纯度(5.5.1)不低于待定特性量值的 2 倍或转基因成分含量估算值(5.5.3)不低于待定特性量值，表明转基因植物基体标准物质候选物的转化体纯度和转化体纯合度符合要求。

6.2 结果判定

转基因植物基体标准物质候选物典型性符合要求，且转化体纯度或转基因成分含量估算值符合要求，表明该候选物适合用作转基因植物基体标准物质候选物；反之，不适合。

非转基因植物基体标准物质候选物典型性符合要求，表明该候选物适合用作非转基因植物基体标准物质候选物；反之，不适合。

第二部分
环境安全检测类

ICS 65.020.99
B 20

中华人民共和国农业行业标准

NY/T 719.1—2003

转基因大豆环境安全检测技术规范 第1部分：生存竞争能力检测

Environmental impact testing of genetically modified soybean—Part 1: Testing the survival and competitive abilities

2003-12-01 发布

2004-03-01 实施

中华人民共和国农业部 发布

前　言

NY/T 719《转基因大豆环境安全检测技术规范》分为以下三个部分：

——第1部分：生存竞争能力检测；

——第2部分：外源基因流散的生态风险检测；

——第3部分：对生物多样性影响的检测。

本部分是NY/T 719的第1部分。

本部分附录A为规范性附录。

本部分由中华人民共和国农业部提出并归口。

本部分起草单位：中国农业科学院植物保护研究所、南京农业大学、农业部科技发展中心。

本部分主要起草人：彭于发、彭德良、喻德跃、强胜、李宁、付仲文。

转基因大豆环境安全检测技术规范
第1部分:生存竞争能力检测

1 范围

NY/T 719的本部分规定了转基因大豆生存竞争能力的检测方法。

NY/T 719的本部分适用于转基因大豆变为杂草的可能性、转基因大豆与非转基因大豆及杂草在农田中竞争能力的检测。

2 规范性引用文件

下列文件中的条款通过NY/T 719本部分的引用而成为本部分的条款。凡是注日期的引用文件,其随后所有的修改单(不包括勘误的内容)或修订版均不适用于本部分,然而,鼓励根据本部分达成协议的各方研究是否可使用这些文件的最新版本。凡是不注日期的引用文件,其最新版本适用于本部分。

GB/T 3543.4 农作物种子检验规程 发芽试验

GB 4404.2 粮食作物种子 豆类

3 要求

3.1 试验材料

转基因大豆品种、受体大豆品种、当地普通栽培大豆品种。

上述材料的质量应达到GB 4404.2中不低于二级大豆种子的要求。

3.2 资料记录

3.2.1 试验地名称与位置

试验地的名称、地址、经纬度或全球地理定位系统(GPS)地标。绘制小区示意图。

3.2.2 土壤资料

记录土壤类型、土壤肥力、排灌情况、土壤覆盖物等内容。描述试验地近三年种植情况。

3.2.3 试验地周围生态类型

3.2.3.1 自然生态类型

记录与农业生态类型地区的距离及周边植被情况。

3.2.3.2 农业生态类型

记录试验地周围的主要栽培作物及其他植被情况,以及当地大豆田常见病、虫、草害的名称及危害情况。

3.2.4 气象资料

记录试验期间试验地降雨(降雨类型、日降雨量,以毫米表示)和温度(日平均温度、最高和最低温度、积温,以摄氏度表示)的资料。记录影响整个试验期间试验结果的恶劣气候因素,例如严重或长期的干旱、暴雨、冰雹等。

3.3 试验安全控制措施

3.3.1 隔离条件

试验地四周有100 m以上非大豆作物为隔离带,或100 m范围内与其他大豆花期相隔30 d以上。

3.3.2 隔离措施

种植非豆科植物作为隔离带。面积较小的试验地设围栏。设专人监管。

3.3.3 试验过程的安全管理

试验过程中如发生试验材料被盗、被毁等意外事故,应立即报行政主管部门和公安部门,依法处理。

3.3.4 试验后的材料处理

转基因大豆材料应单收、单贮,由专人运输和保管。试验结束后,除需要保留的材料外,剩余的试验材料一律焚毁。

3.3.5 试验结束后试验地的监管

保留试验地的边界标记。当年和第二年不再种植大豆,由专人负责监管,及时拔除并销毁转基因大豆自生苗。

4 试验方法

4.1 竞争性

4.1.1 试验设计

实验地为农田生态类型,采用不完全随机区组设计,三次以上重复,小区面积不小于 4 m×4 m。

4.1.2 播种

播种方式分为地表撒播和正常播种。播种密度分为低密度(正常密度减半)和高密度(正常密度加倍)播种。分期播种四次,适宜季节和非适宜季节各两次。每种播种方式和播种密度的播种面积为 2 m×2 m。

4.1.3 管理

播种后不进行任何栽培管理。

4.1.4 调查和记录

分别于大豆种植后 1 个月、2 个月和 3 个月各调查一次,调查和记录的内容包括:杂草种类、株数,杂草相对覆盖度;大豆株数,株高(抽取最高的 10 株),覆盖率。播种后每 2 周随机抽取 10 株调查一次大豆复叶的动态变化。

4.1.5 结果分析

用方差分析方法比较转基因大豆、受体大豆、普通栽培大豆的出苗率、成苗率的差异,及其与杂草在覆盖率和株高等方面的差异。

4.2 转基因大豆对常规除草剂的耐性(适用于抗除草剂转基因大豆)

4.2.1 试验设计

以受体大豆和普通栽培大豆为对照,在温室中进行盆栽,不少于三次重复。

选用当地大豆生产常用的土壤处理除草剂 1 种、茎叶处理除草剂 1 种～2 种(兼除单、双子叶杂草的可选 1 种,否则选 2 种)及目标除草剂,按推荐用量、加倍用量用药,设清水对照。

4.2.2 播种

播种深度 3 cm～4 cm。盆钵直径不小于 20 cm,播种密度 300 粒/m^2。

4.2.3 管理

播种后按当地常规栽培方式管理。

4.2.4 调查和记录

分别在用药后 2 周和 4 周调查和记录成苗率、植株高度(选取最高的 5 株)、药害症状(选取药害症状最轻的 5 株)。药害症状分级见附录 A。

4.2.5 结果表述

受害率按式(1)计算：

$$X=\frac{\sum(N\times S)}{\sum(T\times M)}\times 100 \qquad (1)$$

式中：

X——受害率，%；

N——同级受害株数；

S——级别数；

T——总株数；

M——最高级别。

4.2.6 结果分析

用新复极差法比较转基因大豆、受体大豆和普通栽培大豆对常规除草剂耐性的差异。

4.3 自生苗产生率

4.3.1 试验设计

按4.1.1规定。在竞争性试验的同一块田中进行。当年不收获种子，在入冬前调查落粒数，在下一年观察转基因大豆产生自生苗的比例。调查总面积不小于200 m^2。

4.3.2 管理

不加任何管理措施。

4.3.3 调查和记录

调查和记录的内容包括：出苗率(大豆出苗旺盛期)、成苗率(始苗期1个月后)。

4.3.4 自生苗的验证

对自生苗进行生物测定或分子生物学检测，确认是否为转基因大豆。

4.3.5 结果表述

单位面积的自生苗出苗数和成苗数按式(2)计算。

$$X=\frac{N_1}{A_1} \qquad (2)$$

式中：

X——单位面积出苗数，单位为株每平方米(株/m^2)；

N_1——出苗总数，单位为株；

A_1——调查的面积，单位为平方米(m^2)。

自生苗的转基因植株检出率按式(3)计算。

$$X=\frac{n_2}{N_2} \qquad (3)$$

式中：

X——自生苗的转基因植株检出率，%；

n_2——自生苗的转基因植株检出数，单位为株；

N_2——自生苗的总数，单位为株。

成苗数按式(4)计算：

$$X=\frac{N_3}{A_3} \qquad (4)$$

式中：

X——单位面积成苗数，单位为株每平方米(株/m^2)；

N_3——总成苗数，单位为株；

A_3——调查的面积，单位为平方米。

转基因大豆自生苗产生率按式(5)计算：

$$X = \frac{n_4}{N_4} \quad \cdots\cdots (5)$$

式中：

X——转基因大豆自生苗产生率，%；

n_4——转基因大豆检出数，单位为株；

N_4——检测植株总数，单位为株。

4.4 繁育系数

4.4.1 试验设计

按4.1.1规定。

4.4.2 管理

按当地常规栽培方式播种后，不加任何其他管理措施。

4.4.3 调查和记录

记录转基因大豆、受体大豆和普通栽培大豆的始花期、盛花期、成熟期、单株粒数。

4.4.4 结果分析

用新复极差法比较转基因大豆、受体大豆和普通栽培大豆的始花期、盛花期、单株粒数的差异。

4.5 种子自然延续能力

4.5.1 试验设计

转基因大豆、受体大豆和普通栽培大豆种子每20粒分别盛装于小尼龙网袋中，各12袋，分别置于网室地表和网室地下20 cm。4次重复。试验从当地正常收获期开始。

4.5.2 种子发芽率检测

按GB/T 3543.4规定的方法进行。

4.5.3 调查和记录

记录正常幼苗、不正常幼苗、未发芽种子和新鲜不发芽种子。

4.5.4 结果分析

用新复极差法比较转基因大豆、受体大豆和普通栽培大豆在不同时期发芽率的差异。

4.6 种子落粒性

4.6.1 试验设计

按4.1.1规定。

4.6.2 栽培管理

按当地常规栽培方式播种后，不加任何其他管理措施。

4.6.3 调查和记录

随机选择不同品种不同播期处理的10个植株，在大豆生理成熟后开始，观察供试材料在自然条件下的落粒数。每7 d观察一次，共观察三次。计算落粒率。记录植株总粒数、已落粒数。

4.6.4 结果表述

落粒率按式(6)计算。

$$X = \frac{n_5}{N_5} \quad \cdots\cdots (6)$$

式中：

X——落粒率，%；

n_5——每株落粒数；

N_5——每株总粒数。

4.6.5 **结果分析**

用新复极差法比较转基因大豆、受体大豆和普通栽培大豆落粒性的差异。

附 录 A
(规范性附录)
除草剂药害症状分级标准

表 A.1 除草剂药害症状标准

药害级别	症状描述
0 级	与清水对照生长一致
1 级	株高、叶色略与对照不同
2 级	植株略显畸型、株高低于对照
3 级	植株明显矮化、茎秆增粗、叶片略显增厚且颜色加深或叶片变黄
4 级	植株停止生长，畸形严重、僵苗或整张叶片枯黄死亡，植株萎蔫
5 级	植株死亡

ICS 65.020.99
B 20

中华人民共和国农业行业标准

NY/T 719.2—2003

转基因大豆环境安全检测技术规范 第2部分：外源基因流散的生态风险检测

Environmental impact testing of genetically modified soybean—
Part 2: Testing the ecological risk of gene flow

2003-12-01 发布　　　　2004-03-01 实施

中华人民共和国农业部　发布

前　言

NY/T 719《转基因大豆环境安全检测技术规范》分为以下三个部分：

——第1部分：生存竞争能力检测；

——第2部分：外源基因流散的生态风险检测；

——第3部分：对生物多样性影响的检测。

本部分是NY/T 719的第2部分。

本部分由中华人民共和国农业部提出并归口。

本部分起草单位：中国农业科学院植物保护研究所、南京农业大学、农业部科技发展中心。

本部分主要起草人：彭于发、彭德良、喻德跃、强胜、李宁、付仲文。

转基因大豆环境安全检测技术规范
第2部分:外源基因流散的生态风险检测

1 范围

NY/T 719的本部分规定了转基因大豆基因流散的生态风险检测方法。

NY/T 719的本部分适用于转基因大豆与野生大豆、普通栽培大豆的流散率以及基因流散距离和频率的检测。

2 规范性引用文件

下列文件中的条款通过NY/T 719本部分的引用而成为本部分的条款。凡是注日期的引用文件,其随后所有的修改单(不包括勘误的内容)或修订版均不适用于本部分,然而,鼓励根据本部分达成协议的各方研究是否可使用这些文件的最新版本。凡是不注日期的引用文件,其最新版本适用于本部分。

NY/T 719.1—2003 转基因大豆环境安全检测技术规范 第1部分:生存竞争能力检测

3 术语和定义

下列术语和定义适用于本部分。

3.1

基因流散 gene flow

转基因大豆中的外源基因向普通栽培大豆或相关野生种自然转移的行为。

3.2

流散率 outcrossing rate

转基因大豆与普通栽培大豆或相关野生种发生自然杂交的比率。

4 要求

按NY/T 719.1—2003中第3章的要求。

5 试验方法

5.1 转基因大豆与野生及栽培大豆不同基因型流散率

5.1.1 试验设计

单行相间种植,按对比法顺序排列,受体材料不少于10个。小区面积不少于10 m^2,四次重复,东西向、南北向各两次重复。

5.1.2 播种

播种深度3 cm～4 cm。每平方米播种10 g～12 g。

5.1.3 管理

按当地常规栽培方式管理。

5.1.4 调查和记录

调查并记录出苗期、始花期、盛花期、终花期和成熟期。

5.1.5 检测

将收获的非转基因材料种子(每处理不少于1 000粒)在温室或田间种植,出苗后进行生物学鉴定或分子生物学检测,记录含有外源基因的植株数。

5.1.6 结果表述

流散率按式(1)计算:

$$P = \frac{N}{T} \times 100 \quad (1)$$

式中:

P——流散率,%;

N——检测的含有外源基因的植株数,单位为株;

T——播种后出苗总数,单位为株。

5.1.7 结果分析

用方差分析方法比较转基因大豆与野生及普通栽培大豆不同基因型流散率的差异。

5.2 基因流散距离和频率的检测

5.2.1 试验设计

采用角度大于90°的扇形,扇形口位于上风口,扇形半径30 m~50 m,不设重复。面积约2 000~3 500 m²。转基因大豆种植在扇形口,其他材料种植于扇形脊。用转基因大豆为授粉者,半径不小于2 m,选择非转基因普通栽培大豆为接受花粉者。

5.2.2 播种

播种深度3 cm~4 cm。每平方米播种10 g~12 g。

5.2.3 管理

按当地常规栽培方式管理。

5.2.4 调查方法

在成熟期以扇行口为起点,按距离梯度1 m、2 m、5 m、10 m、20 m和50 m收获非转基因大豆种子,每个距离取样不少于1 000粒种子。

5.2.5 检测方法

收获后的种子当年在温室条件下或次年在田间种植,出苗后进行生物学鉴定或分子生物学检测,记录含有外源基因的植株数。

5.2.6 结果表述

计算基因流散距离和频率。

流散率结果计算见式(1)。

ICS 65.020.99
B 20

中华人民共和国农业行业标准

NY/T 719.3—2003

转基因大豆环境安全检测技术规范 第3部分:对生物多样性影响的检测

Environmental impact testing of genetically modified soybean—Part 3: Testing the effects on biodiversity

2003-12-01 发布

2004-03-01 实施

中华人民共和国农业部 发布

前　言

NY/T 719《转基因大豆环境安全检测技术规范》分为以下三个部分：

——第1部分：生存竞争能力检测；

——第2部分：外源基因流散的生态风险检测；

——第3部分：对生物多样性影响的检测。

本部分是NY/T 719的第3部分。

本部分附录A为规范性附录。

本部分由中华人民共和国农业部提出并归口。

本部分起草单位：中国农业科学院植物保护研究所、南京农业大学、农业部科技发展中心。

本部分主要起草人：彭于发、彭德良、喻德跃、强胜、李宁、付仲文。

转基因大豆环境安全检测技术规范 第3部分:对生物多样性影响的检测

1 范围

NY/T 719.3 的本部分规定了转基因大豆对生物多样性影响的检测方法。

NY/T 719.3 的本部分适用于转基因大豆对大豆田节肢动物多样性、大豆病害及大豆根瘤菌影响的检测。

2 规范性引用文件

下列文件中的条款通过 NY/T 719 本部分的引用而成为本部分的条款。凡是注日期的引用文件,其随后所有的修改单(不包括勘误的内容)或修订版均不适用于本部分,然而,鼓励根据本部分达成协议的各方研究是否可使用这些文件的最新版本。凡是不注日期的引用文件,其最新版本适用于本部分。

GB/T 3543.4　农作物种子检验规程　发芽试验

GB 4404.2　粮食作物种子　豆类

NY/T 719.1—2003　转基因大豆环境安全检测技术规范　第1部分:生存竞争能力检测

3 要求

按 NY/T 719.1—2003 中第3章的要求。

4 试验方法

4.1 试验设计

小区采用随机排列,小区间设有 2 m 宽隔离带,小区面积不小于 150 m^2,四次重复。

——处理1:转基因大豆不喷施农药;

——处理2:受体大豆不喷施农药;

——处理3:当地普通栽培大豆品种不喷施农药;

——处理4:当地普通栽培大豆品种喷施农药。

4.2 播种

播种深度 3 cm～4 cm。每平方米播种 10 g～12 g。

4.3 管理

按当地常规栽培方式管理。

4.4 调查和记录

4.4.1 对大豆田节肢动物多样性的影响

4.4.1.1 调查方法

直接观察法:从出苗到成熟,每 10 d 调查一次,每次调查时每小区对角线 5 点取样,每点调查 20 株,记载大豆上、中、下 3 个叶位的节肢动物的种类和所处的发育阶段。在调查时应包括:

——害虫:粉虱、蚜虫、蓟马、螨类、斜纹夜蛾、豆天蛾等;

——捕食性昆虫:蜘蛛、瓢虫、草蛉、花蝽、猎蝽;

——拟寄生昆虫:赤眼蜂(成虫阶段)。

吸虫器调查法：在大豆齐苗后V3—V5调查第1次，以后在R1和R5期各调查1次。每处理调查5点，每点用吸虫器由下往上吸取10株大豆(全株)及其地面上的节肢动物。样品用75%乙醇溶液浸泡，带回室内整理和分类鉴定。

4.4.1.2 调查和记录

记录节肢动物粉虱、蚜虫、蓟马、螨类、斜纹夜蛾、豆天蛾、蜘蛛、瓢虫、草蛉、花蝽、猎蝽、赤眼蜂等的发生种类和数量。

4.4.2 对大豆主要病害的影响

4.4.2.1 调查方法

病毒病：在大豆苗期、鼓粒期各调查一次，按对角线5点取样，每点20株。

霜霉病：在大豆出苗后30 d、始花期、鼓粒期各调查1次，按对角线5点取样，每点20株。

孢囊线虫病：在大豆出苗后V3－V5期调查一次，按对角线5点取样，每点20株。

4.4.2.2 记录

记录大豆田病毒病、霜霉病和孢囊线虫病的发病株数、发病级别和调查总株数。

按分级标准调查植株发病程度，以发病率和病情指数表示。分级标准见规范性附录A。

4.4.2.3 结果表述

发病率按式(1)计算：

$$D = \frac{N_1}{T_1} \quad \cdots\cdots (1)$$

式中：

D——发病率，%；

N_1——发病植株数，单位为株；

T_1——调查总株数，单位为株。

病情指数按式(2)计算。

$$I = \frac{\sum (N_2 \times R)}{\sum T_2 \times M} \quad \cdots\cdots (2)$$

式中：

I——病情指数，%；

N_2——各级发病植株数，单位为株；

R——发病等级；

T_2——调查总株数，单位为株；

M——分级的最高级别。

4.4.3 对大豆根瘤菌的影响

4.4.3.1 调查方法

在大豆收获期，每小区按对角线5点取样，每点20株。

4.4.3.2 记录

统计单株大豆全根系根瘤数。

4.5 结果分析

用方差分析法比较转基因大豆与其他大豆对大豆田节肢动物多样性、大豆病害及大豆根瘤菌影响的差异。

附 录 A
(规范性附录)
分 级 标 准

表 A.1 大豆花叶病毒病分级标准

病情级别	症 状 描 述
0 级	植株正常,无症状
1 级	植株正常,叶平展,呈轻花叶或黄花斑驳(无脉枯)
2 级	植株基本正常,花叶,斑驳花叶,卷叶花叶
3 级	植株略矮,皱缩花叶
4 级	植株矮化,叶片畸形皱缩,系统脉枯或枯斑,芽枯

表 A.2 大豆霜霉病分级标准

病情级别	症 状 描 述
0 级	无病斑或其他感染标志
1 级	有少数局限型病斑,小点状,直径 1 mm 以下;病斑约占叶面积 1%以下
2 级	散生不规则形褪绿病斑,直径 2 mm 左右,病斑约占叶面积 1%～5%
3 级	病斑扩展,直径 3 mm～4 mm,病斑约占叶面积 6%～20%
4 级	扩展型病斑,直径 4 mm 以上,病斑约占叶面积 21%～50%
5 级	扩展型病斑,病斑约占叶面积 51%

表 A.3 大豆孢囊线虫病分级标准

病情级别	每 株 孢 囊 数
0 级	根系无孢囊
1 级	0.1 个～3.0 个
3 级	3.1 个～10.0 个
5 级	10.1 个～30.0 个
7 级	30 个～100 个
9 级	100 个以上

ICS 65.020.99
B 20

中华人民共和国农业行业标准

NY/T 720.1—2003

转基因玉米环境安全检测技术规范
第1部分:生存竞争能力检测

Environmental impact testing of genetically modified maize—
Part 1: Testing the survival and competitive abilities

2003-12-01 发布　　2004-03-01 实施

中华人民共和国农业部　发布

前　言

NY/T 720《转基因玉米环境安全检测技术规范》分为以下三个部分：

——第1部分：生存竞争能力检测；

——第2部分：外源基因流散的生态风险检测；

——第3部分：对生物多样性影响的检测。

本部分是NY/T 720的第1部分。

本部分由中华人民共和国农业部提出并归口。

本部分起草单位：中国农业科学院植物保护研究所、农业部科技发展中心。

本部分主要起草人：彭于发、王振营、李宁、杨崇良、董英山、路兴波、付仲文。

转基因玉米环境安全检测技术规范
第1部分:生存竞争能力检测

1 范围

NY/T 720的本部分规定了转基因玉米生存竞争能力的检测方法。

NY/T 720的本部分适用于转基因玉米变为杂草的可能性、转基因玉米与非转基因玉米及杂草在荒地和农田中竞争能力的检测。

2 规范性引用文件

下列文件中的条款通过NY/T 720本部分的引用而成为本部分的条款。凡是注日期的引用文件，其随后所有的修改单(不包括勘误的内容)或修订版均不适用于本部分，然而，鼓励根据本部分达成协议的各方研究是否可使用这些文件的最新版本。凡是不注日期的引用文件，其最新版本适用于本部分。

GB/T 3543.4　农作物种子检验规程　发芽试验

GB 4404.1　粮食作物种子　禾谷类

3 要求

3.1 试验材料

转基因玉米品种、受体玉米品种、当地推广的非转基因玉米品种。

上述材料的质量应达到GB 4404.1中不低于二级玉米种子的要求。

3.2 资料记录

3.2.1 试验地名称与位置

记录试验的具体地点、试验地的名称、地址经纬度或全球地理定位系统(GPS)地标。绘制小区示意图。

3.2.2 土壤资料

记录土壤类型、土壤肥力、排灌情况和土壤覆盖物等内容。描述试验地近三年种植情况。

3.2.3 试验地周围生态类型

3.2.3.1 自然生态类型

记录与农业生态类型地区的距离及周边植被情况。

3.2.3.2 农业生态类型

记录试验地周围的主要栽培作物及其他植被情况，以及当地玉米田常见病、虫、草害的名称及危害情况。

3.2.4 气象资料

记录试验期间试验地降雨(降雨类型、日降雨量、以毫米表示)和温度(日平均温度、最高和最低温度、积温，以摄氏度表示)的资料。记录影响整个试验期间试验结果的恶劣气候因素，例如严重或长期的干旱、暴雨、冰雹等。

3.3 试验安全控制措施

3.3.1 隔离条件

试验地四周有500 m以上非玉米作物为隔离带，或500 m范围内与其他玉米花期隔离30 d以上。

3.3.2 隔离措施

以非玉米作物作为隔离带，面积较小的试验地设围栏，设专人监管。

3.3.3 试验过程的安全管理

试验过程中如发生试验材料被盗、被毁等意外事故，应立即报告行政主管部门和当地公安部门，依法处理。

3.3.4 试验后的材料处理

转基因玉米材料应单收、单藏，由专人运输和保管。试验结束后，除需要保留的材料外，剩余的试验材料一律焚毁。

3.3.5 试验结束后试验地的监管

保留试验地边界标记。当年和第二年不再种植玉米，由专人负责监管，及时拔除并销毁转基因玉米自生苗。

4 试验方法

4.1 荒地生存竞争能力检测

每个小区面积为 6 m^2(2 m×3 m)，四次重复。

4.1.1 播种

从 4 月至 6 月，分期播种三次，分地表撒播和 5 cm 深度播种两种方式，每小区播种 150 粒。

4.1.2 管理

播种后不进行任何栽培管理。

4.1.3 调查时期

在播前调查 1 次试验小区的杂草种类、数量，按植株垂直投影面积占小区面积的比例估算出覆盖率。玉米播种后 30 d 开始，至玉米成熟，每月调查一次，调查内容同播前。

4.1.4 调查方法

采用对角线 5 点取样，杂草调查每点 0.25 m^2。

4.2 转基因玉米自生苗数量

在种植后第二年 5 月和 6 月，各调查一次前一年种植转基因玉米的试验小区内自生苗情况，记录每小区自生苗的数量，并对自生苗进行生物学测定或分子生物学检测，然后用人工或除草剂将转基因玉米自生苗完全清除。

4.3 栽培地生存竞争能力检测

小区面积不小于 25 m^2(5 m×5 m)，三次以上重复，随机排列，按当地常规耕作管理的模式进行。

4.3.1 播种

按当地春玉米或夏玉米常规播种时间、播种方式和播种量进行播种。

4.3.2 调查记录

在玉米苗期(定苗后 7 d)、心叶中期(即小喇叭口期)、心叶末期(即大喇叭口期)、抽雄期以及吐丝期，每点调查 10 株玉米的株高，并估算出覆盖率。在成熟期每小区收获 20 株玉米果穗，比较转基因玉米与受体玉米在种子产量方面的差异，并对收获种子进行发芽率检测，按 GB/T 3543.4 规定的方法进行。

4.4 结果分析

用方差分析方法比较转基因玉米、受体玉米和杂草之间的生存竞争能力的差异。

ICS 65.020.99
B 20

中华人民共和国农业行业标准

NY/T 720.2—2003

转基因玉米环境安全检测技术规范 第2部分:外源基因流散的生态风险检测

**Environmental impact testing of genetically modified maize—
Part 2: Testing the ecological risk of gene flow**

2003-12-01 发布　　2004-03-01 实施

中华人民共和国农业部 发布

前　　言

NY/T 720《转基因玉米环境安全检测技术规范》分为以下三个部分：

——第 1 部分：生存竞争能力检测；

——第 2 部分：外源基因流散的生态风险检测；

——第 3 部分：对生物多样性影响的检测。

本部分是 NY/T 720 的第 2 部分。

本部分由中华人民共和国农业部提出并归口。

本部分起草单位：中国农业科学院植物保护研究所、农业部科技发展中心。

本部分主要起草人：彭于发、王振营、李宁、杨崇良、董英山、路兴波、付仲文。

转基因玉米环境安全检测技术规范 第2部分:外源基因流散的生态风险检测

1 范围

NY/T 720的本部分规定了转基因玉米外源基因流散的生态风险检测方法。

NY/T 720的本部分适用于转基因玉米基因流散距离和不同距离的流散率的检测。

2 规范性引用文件

下列文件中的条款通过NY/T 720本部分的引用而成为本部分的条款。凡是注日期的引用文件,其随后所有的修改单(不包括勘误的内容)或修订版均不适用于本部分,然而,鼓励根据本部分达成协议的各方研究是否可使用这些文件的最新版本。凡是不注日期的引用文件,其最新版本适用于本部分。

GB 4404.1 粮食作物种子 禾谷类

NY/T 720.1—2003 转基因玉米环境安全检测技术规范 第1部分:生存竞争能力检测

3 术语和定义

下列术语和定义适用于NY/T 720的本部分。

3.1

基因流散 gene flow

转基因玉米中的外源基因向其他玉米栽培品种自然转移的行为。

3.2

流散率 outcrossing rate

转基因玉米与普通栽培玉米或相关野生种发生自然杂交的比率。

4 要求

4.1 试验品种

——转基因玉米品种。

——与供试转基因玉米籽粒颜色不同、生育期相当的当地普通玉米品种或甜(糯)玉米品种。

4.2 其他要求

按NY/T 720.1—2003中第3章的要求。

5 试验方法

5.1 试验设计

选择一面积不小于10 000 m^2(100 m×100 m)的试验地,在试验地中心,划出一个25 m^2(5 m×5 m)小区种植转基因玉米,周围种植非转基因玉米。

5.2 播种

转基因玉米原则上应分期播种,使之与非转基因玉米花期相遇,按常规播种量播种。

5.3 调查方法

沿试验地对角线的四个方向,分别用A、B、C、D标记,距转基因玉米种植区5 m、15 m、30 m和

60 m，每点随机收获 10 株玉米(第 1 果穗)。并按照 A1，A2，A3，……的顺序作上标记，晒干后储存用进一步检测。

5.4 检测方法

5.4.1 和 5.4.2 任选其一。

5.4.1 胚乳检测

用胚乳显隐性性状进行鉴别。根据不同方向、距转基因玉米不同距离收获的玉米籽粒中表现转基因玉米胚乳性状的数量，初步确定转基因玉米花粉传播距离和不同距离的流散率。

5.4.2 生物测定

根据相应的转基因玉米目标基因类型，用相应的生物学鉴定方法，测定不同方向、距转基因玉米不同距离收获的玉米籽粒中表现转基因玉米特性的数量，初步确定花粉传播距离和不同距离的流散率。

5.4.3 分子生物学检测

对 5.4.1 和 5.4.2 中初步确认的含外源基因的籽粒或植株进行检测，确定花粉传播的距离和不同距离的流散率。

5.5 调查和记录

记录收获的每个玉米果穗的籽粒总数及其中的含外源基因的玉米籽粒数。

5.6 结果表述

流散率按式(1)计算：

$$P=\frac{N}{T}\times 100 \qquad (1)$$

式中：

P——流散率，%；

N——每穗玉米中含外源基因的玉米籽粒数量，单位为粒；

T——每穗籽粒总量，单位为粒。

5.7 结果分析

用方差分析方法分析转基因玉米花粉传播距离和不同距离的流散率。

ICS 65.020.99
B 20

中华人民共和国农业行业标准

NY/T 720.3—2003

转基因玉米环境安全检测技术规范 第3部分:对生物多样性影响的检测

Environmental impact testing of genetically modified maize—Part 3:Testing the effects on biodiversity

2003-12-01 发布　　　　2004-03-01 实施

中华人民共和国农业部　发布

前　言

NY/T 720《转基因玉米环境安全检测技术规范》分为以下三个部分：

——第1部分：生存竞争能力检测；

——第2部分：外源基因流散的生态风险检测；

——第3部分：对生物多样性影响的检测。

本部分是NY/T 720的第3部分。

附录A为规范性附录。

本部分由中华人民共和国农业部提出并归口。

本部分起草单位：中国农业科学院植物保护研究所、农业部科技发展中心。

本部分主要起草人：彭于发、王振营、李宁、杨崇良、董英山、路兴波、付仲文。

转基因玉米环境安全检测技术规范
第3部分:对生物多样性影响的检测

1 范围

NY/T 720的本部分规定了转基因玉米对玉米田生物多样性影响的检测方法。

NY/T 720的本部分适用于转基因玉米对玉米田主要害虫及优势天敌种群数量、节肢动物群落结构及玉米病害影响的检测。

2 规范性引用文件

下列文件中的条款通过NY/T 720本部分的引用而成为本部分的条款。凡是注日期的引用文件,其随后所有的修改单(不包括勘误的内容)或修订版均不适用于本部分,然而,鼓励根据本部分达成协议的各方研究是否可使用这些文件的最新版本。凡是不注日期的引用文件,其最新版本适用于本部分。

GB 4404.1—1996 粮食作物种子 禾谷类

NY/T 720.1—2003 转基因玉米环境安全检测技术规范 第1部分:生存竞争能力的检测

3 术语和定义

下列术语和定义适用于NY/T 720的本部分。

3.1

靶标生物 target organisms

转基因玉米中目的基因所针对的目标生物。

3.2

非靶标生物 non-target organisms

转基因玉米中目的基因所针对的目标生物以外的其他生物。

4 要求

4.1 试验品种

——转基因玉米品种;

——转基因受体玉米品种;

——当地普通栽培玉米品种。

4.2 其他要求

按NY/T 720.1—2003中第3章的要求。

5 试验方法

5.1 试验设计

小区面积不小于150 m^2(10 m×15 m),三次以上重复,常规耕作管理,全生育期不应喷施杀虫剂。

5.2 播种

按当地春玉米或夏玉米常规播种时间、播种方式和播种量进行播种。

5.3 调查记录

5.3.1 对玉米田节肢动物多样性的影响

5.3.1.1 调查方法

直接调查观察法：从定苗后10 d到成熟，每7 d调查一次，每小区采用对角线5点取样，每点固定5株玉米。记载整株玉米（蚜虫、叶螨记载上、中、下3叶）及其地面各种昆虫和蜘蛛的数量、种类和发育阶段。开始调查时，首先要快速观察活泼易动的昆虫和（或）蜘蛛的数量。对田间不易识别的种类进行编号，带回室内鉴定。

吸虫器调查法：在玉米定苗15 d后调查第一次，以后在玉米心叶中期、心叶末期、花丝盛期和灌浆后期各调查一次，共计五次，每小区采用对角线五点取样。每点用吸虫器抽取5株玉米（全株）及其地面1 m^2 范围内的所有节肢动物种类。将抽取的样品带回室内清理和初步分类后，放入75%乙醇溶液保存，供进一步鉴定。

5.3.1.2 结果记录

记录所有直接观察到和用吸虫器抽取的节肢动物的名称、发育阶段和数量。

5.3.2 转基因抗虫玉米对靶标害虫（亚洲玉米螟）的抗虫作用

5.3.2.1 调查方法

每小区采用对角线五点取样，每点连续调查相邻四行的20株玉米，在心叶末期和穗期（收获前）各调查一次。心叶末期调查玉米心叶被害情况，收获前剖秆（包括雌穗）调查玉米植株被害情况。

5.3.2.2 结果记录

调查玉米心叶受玉米螟危害程度，其判断标准见表A.1，计算各小区心叶期玉米螟对叶片为害级别（食叶级别）的平均值，然后按表A.2的规定判定玉米对玉米螟抗性水平。穗期调查记录玉米螟蛀孔数量、活虫数和蛀孔隧道长度（cm）。

5.3.3 转基因抗虫玉米对其他主要鳞翅目非靶标害虫的抗虫作用

方法同5.3.2，具体调查对象为棉铃虫（*Helicoverpa armigera Hiibner*）、甜菜夜蛾（*Spodoptera exigua*）、粘虫[*Mythimna separata*（Walker）]、高粱条螟[*Proceras vennosatum*（Walker）]、桃蛀螟[*Dichocrocis punciferalis*（*Guénee*）]等主要鳞翅目害虫。对于高粱条螟和桃蛀螟的植株被害率、蛀孔数和幼虫存活数可结合5.3.2调查亚洲玉米螟危害时一同调查。

5.3.4 对玉米病害的影响

5.3.4.1 调查方法

在玉米心叶末期和穗期各调查一次，每小区采用五点取样，每点连续调查相邻的两行20株玉米，对玉米主要病害发生情况进行调查，具体病害的分级标准按表A.3、表A.4、表A.5和表A.6执行。

5.3.4.2 结果表述

对玉米茎腐病、玉米粗缩病、玉米瘤黑粉病和丝黑穗病的发病情况用发病率D表示，按式(1)计算。

$$D=\frac{N}{T}\times 100 \qquad (1)$$

式中：

D——发病率，%；

N——病株数，单位为株；

T——调查总株数，单位为株。

对玉米叶斑类病害（玉米大斑病、玉米小斑病和玉米弯孢菌叶斑病）、玉米矮花叶病、玉米纹枯病和玉米穗腐病的发病情况，通过对玉米鉴定材料群体中个体植株发病程度的综合计算，确定各鉴定材料的病情指数。病情指数计算见式(2)：

$$I=\frac{\sum(N\times R)}{M\times T}\times 100 \qquad (2)$$

式中：

I——病情指数；

$\sum$——调查病害相对病级数值及其株数乘积的总和；

N——病害某一级别的植株数，单位为株；

R——病害的相对病级数值；

M——病害的最高病级数值；

T——调查总株数，单位为株。

5.4 结果分析

采用方差分析方法分析比较转基因玉米与非转基因玉米对主要害虫及天敌种群数量、节肢动物群落结构以及主要病害的影响。

附 录 A
(规范性附录)
分级评价标准

表 A.1 玉米心叶受玉米螟危害程度的分级标准

食叶级别	症状描述
1	仅个别心叶上有少量针刺状(≤1 mm)虫孔
2	仅个别心叶上有中等数量针刺状(≤1 mm)虫孔
3	少数心叶上有大量针刺状(≤1 mm)虫孔
4	个别心叶上有少量绿豆大小(≤2 mm)虫孔
5	少数心叶上有中等数量绿豆大小(≤2 mm)虫孔
6	部分心叶上有大量绿豆大小(≤2 mm)虫孔
7	少数心叶上有少量直径大于 2 mm 的虫孔
8	部分心叶上有中等数量直径大于 2 mm 的虫孔
9	大部心叶上有大量直径大于 2 mm 的虫孔

表 A.2 玉米对玉米螟的抗性评价标准

虫害级别	心叶期食叶级别平均值	抗性类型
1	1.0～2.0	高抗 HR
3	2.1～4.0	抗 R
5	4.1～6.0	中抗 MR
7	6.1～8.0	感 S
9	8.1～9.0	高感 HS

表 A.3 叶斑病分级标准

病情分级	症状描述
1	叶片上无病斑或仅在穗位下部叶片上有少量病斑,病斑占叶面积少于 5%
3	穗位下部叶片上有少量病斑,占叶面积 6%～10%,穗位上部叶片有零星病斑
5	穗位下部叶片上病斑较多,占叶面积 11%～30%,穗位上部叶片有少量病斑
7	穗位下部叶片有大量病斑,病斑相连,占叶面积 31%～70%,穗位上部叶片病斑较多
9	全株叶片基本为病斑覆盖,叶片枯死

表 A.4 玉米纹枯病分级标准

病情分级	症状描述
0	全株无症状
1	果穗下第 4 叶鞘及以下叶鞘发病
3	果穗下第 3 叶鞘及以下叶鞘发病
5	果穗下第 2 叶鞘及以下叶鞘发病
7	果穗下第 1 叶鞘及以下叶鞘发病
9	果穗及其以上叶鞘发病

表 A.5 玉米穗腐病分级标准

病情分级	症 状 描 述
1	发病面积占果穗总面积 0%～1%
3	发病面积占果穗总面积 2%～10%
5	发病面积占果穗总面积 11%～25%
7	发病面积占果穗总面积 26%～50%
9	发病面积占果穗总面积 51%～100%

表 A.6 玉米矮花叶病分级标准

病情分级	症 状 描 述
0	全株无症状
1	少数叶片出现轻微花叶症状
3	较多叶片出现轻微花叶症状
5	穗位以上叶片出现典型花叶症状，植株略矮，果穗略小
7	全株叶片出现典型花叶症状，植株矮化，果穗小
9	全株花叶症状显著，病株严重矮化，果穗不结实

ICS 65.020.99
B 20

中华人民共和国农业行业标准

NY/T 721.1—2003

转基因油菜环境安全检测技术规范 第1部分:生存竞争能力检测

Environmental impact testing of genetically modified oil seed rape—Part 1: Testing the survival and competitive abilities

2003-12-01 发布 2004-03-01 实施

中华人民共和国农业部 发布

前　　言

NY/T 721《转基因油菜环境安全检测技术规范》分为以下三个部分：

——第1部分：生存竞争能力检测；

——第2部分：外源基因流散的生态风险检测；

——第3部分：对生物多样性影响的检测。

本部分是NY/T 721的第1部分。

本部分的附录A为资料性附录。

本部分由中华人民共和国农业部提出并归口。

本部分起草单位：中国农业科学院油料作物研究所、农业部科技发展中心。

本部分主要起草人：彭于发、方小平、卢长明、李宁、李再云、付仲文。

转基因油菜环境安全检测技术规范
第1部分:生存竞争能力检测

1 范围

NY/T 721的本部分规定了转基因油菜生存竞争能力的检测方法。

NY/T 721的本部分适用于转基因油菜变为杂草的可能性、转基因油菜与非转基因油菜及杂草在荒地和农田中竞争能力的检测。

2 规范性引用文件

下列文件中的条款通过NY/T 721的本部分的引用而成为本部分的条款。凡是注日期的引用文件,其随后所有的修改单(不包括勘误的内容)或修订版均不适用于本部分,然而,鼓励根据本部分达成协议的各方研究是否可使用这些文件的最新版本。凡是不注日期的引用文件,其最新版本适用于本部分。

GB/T 3543.4 农作物种子检验规程 发芽试验

GB 4407.2 经济作物种子 油料类

3 要求

3.1 试验材料

转基因油菜、转基因油菜受体、当地推广的非转基因油菜品种。

上述材料的质量应达到GB 4407.2对油菜生产用种的要求。

3.2 记录资料

3.2.1 试验地名称与位置

记录试验的具体地点、试验地的名称、地址经纬度或全球地理定位系统(GPS)地标。绘制小区示意图。

3.2.2 土壤资料

记录土壤类型、土壤肥力、排灌情况、土壤覆盖物等内容。描述试验地近三年种植情况。

3.2.3 试验地周围生态类型

3.2.3.1 自然生态类型

记录与农业生态类型地区的距离及周边植被情况。

3.2.3.2 农业生态类型

记录试验地周围的主要栽培作物及其他植被情况,以及当地油菜田常见病、虫、草害的名称及危害情况。

3.2.4 气象资料

记录试验期间日风向、风速、日降雨量(mm)和持续时间(h)、温度(日平均温度、最高和最低温度、积温,以℃表示)等资料。记录整个试验期间影响试验结果的恶劣气候因素,例如严重或长期的干旱、暴雨、冰雹等。

3.3 试验安全控制措施

3.3.1 隔离条件

试验地四周 500 m 内不应种植油菜和十字花科蔬菜。

3.3.2 隔离措施

种植非十字花科作物作为隔离带。面积较小的试验设围栏。设专人监管。

3.3.3 试验过程的安全管理

试验过程中如发生试验材料被盗、被毁等意外事故，应立即报告行政主管部门和当地公安部门，依法处理。

3.3.4 试验后的材料处理

转基因油菜材料应单收、单藏，由专人运输和保管。试验结束后，除需要保留的材料外，剩余的试验材料一律焚毁。

3.2.5 试验结束后试验地的监管

保留试验地边界标记。当年和第二年不再种油菜和十字花科作物，由专人负责监管，及时拔除并销毁转基因油菜自生苗。

4 试验方法

4.1 种子发芽率检测

按 GB/T 3543.4 规定的方法执行。

4.2 种子生存能力检测

按随机区组试验设计，设浅埋(3 cm)和深埋(20 cm)以及埋后 6 个月和 12 个月取出处理，每个品种四次重复，小区面积 1 m^2。待检测品种的种子 100 粒和品种名称或编号标签封装于 200 目尼龙网袋中，埋入土壤。分别于 6 个月和 12 个月后取出种子检测发芽率。对发芽率进行方差分析。

4.3 生存竞争能力检测

4.3.1 试验设计

分荒地试验和农田试验，按随机区组设计，设转基因油菜、受体油菜和当地推广的非转基因油菜品种三个处理，四次重复，小区面积不小于 20 m^2。

4.3.2 播种

播种时间冬油菜区为 10 月 1 日前后 5 d，春油菜区为 3 月 15 日前后 5 d。

荒地试验采取撒播方式，播种量 16 粒/m^2 或根据实际发芽率调整播种量。

农田试验采取条播方式。冬油菜区播种量为 0.42 g/m^2，春油菜区为 0.6 g/m^2。定苗 12 株/m^2～15 株/m^2。

4.3.3 试验管理

荒地试验不进行任何栽培管理。

农田试验按当地常规栽培管理方法进行，收获后，冬油菜区各小区翻耕种植其他作物，10 月份翻耕整地；春油菜区各小区翻耕并灌水，第二年 3 月份翻耕整地。

4.3.4 调查记录

第一年，冬油菜区 12 月份、春油菜区 5 月份调查成苗株数。第二年冬油菜区 12 月份、春油菜区 5 月份调查各小区存活油菜植株数。

4.3.5 结果表述

适合度按式(1)计算：

$$F=\frac{S}{W} \quad \cdots\cdots (1)$$

式中：

F——适合度；

S——第二年存活植株数，单位为株；

W——第一年成苗株数，单位为株。

4.3.6 结果分析

用方差分析方法比较各品种适合度差异。

ICS 65.020.99
B 20

中华人民共和国农业行业标准

NY/T 721.2—2003

转基因油菜环境安全检测技术规范
第2部分：外源基因流散的生态风险检测

**Environmental impact testing of genetically modified oil seed rape—
Part 2: Testing the ecological risk of gene flow**

2003-12-01 发布　　　　2004-03-01 实施

中华人民共和国农业部 发布

前　言

NY/T 721《转基因油菜环境安全检测技术规范》分为以下三个部分：

——第1部分：生存竞争能力检测；

——第2部分：外源基因流散的生态风险检测；

——第3部分：对生物多样性影响的检测。

本部分是NY/T 721的第2部分。

本部分由中华人民共和国农业部提出并归口。

本部分起草单位：中国农业科学院油料作物研究所、农业部科技发展中心。

本部分主要起草人：彭于发、方小平、卢长明、李宁、李再云、付仲文。

转基因油菜环境安全检测技术规范 第2部分:外源基因流散的生态风险检测

1 范围

NY/T 721的本部分规定了转基因油菜基因流散的生态风险检测方法。

NY/T 721的本部分适用于转基因油菜与基因流散距离和不同距离的流散率的检测。

2 规范性引用文件

下列文件中的条款通过NY/T 721的本部分的引用而成为本部分的条款。凡是注日期的引用文件,其随后所有的修改单(不包括勘误的内容)或修订版均不适用于本部分,然而,鼓励根据本部分达成协议的各方研究是否可使用这些文件的最新版本。凡是不注日期的引用文件,其最新版本适用于本部分。

GB 4407.2 经济作物种子 油料类

NY/T 721.1—2003 转基因油菜环境安全检测技术规范 第1部分:生存竞争能力检测

3 术语和定义

下列术语和定义适用于NY/T 721的本部分。

3.1

基因流散 gene flow

转基因油菜中的外源基因通过花粉向其他油菜品种或相关近缘种自然转移的行为。

3.2

流散率 outcrossing rate

转基因油菜与普通栽培油菜或相关野生种发生自然杂交的比率。

4 要求

4.1 试验材料

转基因油菜、与转基因油菜生育期相近的当地常规油菜、油菜近缘种。

种子质量应达到GB 4407.2中对油菜生产用种的要求。

4.2 其他要求

按NY/T 721.1—2003中第3章的要求。

5 试验方法

5.1 流散率检测

5.1.1 试验设计

随机区组设计,小区大小为5 m×2 m,四次重复。

5.1.2 播种

播种时间冬油菜区为10月1日前后5 d,春油菜区为3月15日前后5 d。播种量冬油菜区为0.42 g/m^2,春油菜区为0.6 g/m^2。采用条播,每个小区16行,每两行非转基因材料的两边各种植一行转基因油菜。根据非转基因物种与转基因油菜生育期调整播种期，使花期相遇时间不少于80%。

5.1.3 田间管理

按当地常规栽培管理方法进行。

5.1.4 调查方法

收获花粉受体材料（非转基因油菜栽培种、近缘种）种子供检测。

5.1.5 检测

5.1.5.1 生物测定

在油菜2～3叶期，根据相应的转基因油菜目标基因类型，用相应的生物学鉴定方法，初步测定散交率。

5.1.5.2 分子生物学检测

对5.1.5.1中初步确认的含外源基因的植株进行分子生物学检测，确定油菜近缘种的流散率。

5.1.6 结果表述

流散率按下列式(1)计算：

$$P=\frac{N}{T} \quad \cdots\cdots (1)$$

式中：

P——流散率，%；

N——含外源基因的阳性植株数，单位为株；

T——检测的总株数，单位为株。

5.1.7 结果分析

计算流散率平均数和标准差。

5.2 基因流散距离和不同距离流散率检测

5.2.1 试验设计

小区面积不小于120 m×120 m，中心区不小于15 m×15 m种植转基因油菜，四周种生育期与转基因油菜相近的非转基因当地油菜品种。不设重复。

5.2.2 播种

按NY/T 721.1中4.3.2的要求。花粉供体转基因油菜分期播种，确保花期重叠时间大于80%。

5.2.3 田间管理

按当地常规栽培管理方法进行。

5.2.4 调查方法

油菜成熟时，从中心区域向外沿东、西、南、北、东南、东北、西南、西北八个方向按距离梯度取样收获非转基因油菜种子。每个方向按1 m、3 m、5 m、10 m、30 m、50 m取样，1 m至5 m每点随机取15株，10 m至50 m每点取样数适当增加，并标记方向和距离。

5.2.5 检测方法

按5.1.5.1和5.1.5.2的要求。

5.2.6 结果表述

计算基因流散距离和不同距离的流散率。

ICS 65.020.99
B 20

中华人民共和国农业行业标准

NY/T 721.3—2003

转基因油菜环境安全检测技术规范 第3部分:对生物多样性影响的检测

Environmental impact testing of genetically modified oil seed rape—Part 3:Testing the effects on biodiversity

2003-12-01 发布 2004-03-01 实施

中华人民共和国农业部 发布

前　言

NY/T 721《转基因油菜环境安全检测技术规范》分为以下三个部分：

——第1部分：生存竞争能力检测；

——第2部分：外源基因流散的生态风险检测；

——第3部分：对生物多样性影响的检测。

本部分是NY/T 721的第3部分。

附录A为资料附录。

本部分由中华人民共和国农业部提出并归口。

本部分起草单位：中国农业科学院油料作物研究所、农业部科技发展中心。

本部分主要起草人：彭于发、方小平、卢长明、李宁、李再云、付仲文。

转基因油菜环境安全检测技术规范
第3部分:对生物多样性影响的检测

1 范围

NY/T 721的本部分规定了转基因油菜对生物多样性影响的检测方法。

NY/T 721的本部分适用于转基因油菜对油菜田主要害虫及优势天敌种群数量、节肢动物群落结构及油菜病害影响的检测。

2 规范性引用文件

下列文件中的条款通过NY/T 721的本部分的引用而成为本部分的条款。凡是注日期的引用文件,其随后所有的修改单(不包括勘误的内容)或修订版均不适用于本部分,然而,鼓励根据本部分达成协议的各方研究是否可使用这些文件的最新版本。凡是不注日期的引用文件,其最新版本适用于本部分。

GB 4407.2 经济作物种子 油料类

NY/T 721.1—2003 转基因油菜环境安全检测技术规范 第1部分:生存竞争能力检测

3 术语和定义

下列术语和定义适用于NY/T 721的本部分。

3.1

靶标生物 target organisms

转基因油菜中的目的基因所针对的目标生物。

3.2

非靶标生物 non-target organisms

转基因油菜中的目的基因所针对的目标生物以外的其他生物。

4 要求

4.1 试验材料

转基因油菜品种、受体油菜品种和当地常规油菜品种。

供试材料种子的质量应达到GB 4407.2中对油菜生产用种的要求。

4.2 其他要求

按NY/T 721.1—2003中第3章的要求。

5 试验方法

5.1 试验设计

随机区组设计,小区面积不小于100m^2,三个处理(转基因油菜、受体油菜、当地推广的非转基因油菜),四次重复。

5.2 播种

见NY/T 721.1中4.3.2。

5.3 田间管理

按当地常规栽培管理方法进行，油菜全生育期不应进行任何病、虫害防治。

5.4 对油菜病害的影响

5.4.1 调查方法

每小区对角线五点取样，每点取100株。在油菜苗期和成熟期调查菌核病、病毒病和霜霉病。各种病害分级标准见附录A。

5.4.2 结果表述

对油菜菌核病、病毒病和霜霉病发病情况用发病率 D 表示，按式(1)计算：

$$D = N/T \tag{1}$$

式中：

D——发病率，%；

N——病株数，单位为株；

T——调查总株数，单位为株。

对油菜菌核病、病毒病和霜霉病发病严重程度用病情指数表示，病情指数按式(2)计算：

$$I = \sum (N \times R)/(M \times T) \tag{2}$$

式中：

I——病情指数；

$\sum$——调查病害相对病级数值及其株数乘积的总和；

N——病害某一级别的植株数，单位为株；

R——病害的相对病级数值；

M——病害的最高病级数值；

T——调查总株数，单位为株。

5.5 对油菜田节肢动物多样性的影响

5.5.1 调查方法

直接调查观察法：10月至11月底和4月至5月，每7 d调查一次，每小区采用对角线五点取样，每点固定20株油菜。记载整株油菜及其地面各种昆虫和蜘蛛的数量、种类和发育阶段。开始调查时，首先要快速观察活泼易动的昆虫和(或)蜘蛛的数量。田间不易识别的种类进行编号，带回室内鉴定。

吸虫器调查法：在油菜5叶期、7叶期、初花期、盛花期和结荚期各调查一次，共计五次，每小区采用对角线五点取样。每点用吸虫器抽取20株油菜(全株)及其地面1 m^2 范围内的所有节肢动物种类。将抽取的样品带回室内清理和初步分类后，放入75%乙醇溶液保存，供进一步鉴定。

5.5.2 结果记录

记录所有直接观察到和用吸虫器抽取的节肢动物的名称、发育阶段和数量。

5.6 结果分析

用方差分析方法分析比较转基因油菜与其他油菜对主要害虫及天敌种群数量、节肢动物群落结构以及主要病害的影响。

附 录 A
(资料性附录)
分 级 标 准

表 A.1 油菜菌核病(成熟期)的分级标准

病情分级	症 状 描 述
0	全株茎、枝、果轴、角果无症状
1	全株三分之一以下分枝数(含果轴,下同)发病,或主茎有小型病斑;全株受害角果数(含角果直接受害和病害引起的非生理性早熟和不结实,下同)在四分之一以下
2	全株三分之一至三分之二分枝数发病,或主茎中上部有大型病斑;全株受害角果数过四分之一至二分之一
3	全株三分之二以上分枝数发病,或主茎中下部有大型病斑;全株受害角果数达二分之一至四分之三
4	全株绝大部分或全部分枝发病,或主茎有多数病斑或主茎下部有大型绕茎病斑;全株受害角果数达四分之三以上

表 A.2 油菜病毒病(苗期)的分级标准

病情分级	症 状 描 述
0	全株叶片无病状
1	全株三分之一以下叶片数有病状,无皱缩叶,苗形基本正常
2	全株三分之一至三分之二叶片数有病状,或三分之一以下叶片数皱缩或局部枯死,苗形轻度矮缩
3	全株三分之二叶片数有病状,或三分之一至三分之二叶片数皱缩或局部枯死,苗形显著矮缩
4	全株皱缩或局部枯死叶片数达三分之二以上,植株生长停滞,接近死亡或死亡

表 A.3 油菜病毒病(角果发育期)的分级标准

病情分级	症 状 描 述
0	全株叶、茎、枝、果无病状
1	叶片有病状,茎、枝有或无病斑,株形、结果数量基本正常,畸形角果数三分之一以下
2	植株轻度矮化或局部畸形,结果数减少三分之一以下,畸形角果数达三分之一以上
3	植株明显矮化或畸形,结果数减少三分之一以上,畸形角果数达三分之二以上
4	植株严重矮化或畸形,结果数减少三分之二以上

表 A.4 油菜霜霉病(苗期)分级标准

病情分级	症 状 描 述
0	全株叶片无症状
1	全株四分之一以下叶片数发病,病斑为局限型
2	全株四分之一至二分之一叶片数发病,有少量扩散型病斑
3	全株二分之一至四分之三叶片数发病,多数为扩散型病斑
4	全株四分之三以上叶片数发病,多数为扩散型病斑,病叶开始枯黄

表 A.5 油菜霜霉病(角果发育期)分级标准

病情分级	症 状 描 述
0	全株无症状
1	全株二分之一以下茎生叶数发病,分枝、角果基本正常
2	全株二分之一以上茎生叶数发病或二分之一以下分枝数(含主茎,下同)发病,受害角果数在四分之一以下
3	全株三分之一至三分之二分枝数发病,受害角果数达四分之一至二分之一
4	全株三分之二以上分枝数发病,受害角果数达二分之一以上

ICS 65.020
B 04

中华人民共和国国家标准

农业部953号公告—7—2007

转基因植物及其产品环境安全检测 育性改变油菜

Evaluation of environmental impact of genetically modified plants and its derived products—Fertility-modified rape

2007-12-18 发布　　　　2008-03-01 实施

中华人民共和国农业部　发布

前　言

本标准由中华人民共和国农业部提出。

本标准由全国农业转基因生物安全管理标准化技术委员会归口。

本部分起草单位:农业部科技发展中心、中国农业科学院油料作物研究所。

本部分主要起草人:卢长明、宋贵文、武玉花、厉建萌、吴刚、肖玲。

本部分为首次发布。

转基因植物及其产品环境安全检测 育性改变油菜

1 范围

本标准规定了对改变育性的转基因油菜雄性不育系、恢复系及其杂种后代育性、生存竞争能力、外源基因漂移和生物多样性影响的检测方法。

本标准适用于转基因油菜育性、生存竞争能力、外源基因漂移和生物多样性影响的检测。

2 规范性引用文件

下列文件中的条款通过本标准的引用而成为本标准的条款。凡是注日期的引用文件,其随后所有的修改单(不包括勘误的内容)或修订版均不适用于本部分,然而,鼓励根据本标准达成协议的各方研究是否可使用这些文件的最新版本。凡是不注日期的引用文件,其最新版本适用于本部分。

GB 4407.2 经济作物种子 油料类

NY/T 721 转基因油菜环境安全检测技术规范

3 术语和定义

下列术语和定义适用于本标准。

3.1

育性改变油菜 fertility altered rapeseed

通过基因工程技术将影响育性的外源基因导入油菜基因组而培育出的油菜不育系、恢复系及其杂种后代。

3.2

花粉可染率 pollen stainability

成熟的新鲜花粉用1%醋酸洋红染色后,可染色的正常花粉在观察的总花粉中所占比率。

3.3

不育性保持率 maintained male-sterility

转基因油菜不育系与常规品种杂交后,杂种群体中完全雄性不育单株所占比率。

3.4

不育性恢复度 restorability of restorer line to male-sterile line

恢复系对雄性不育系的育性恢复程度。用转基因油菜不育系与恢复系杂交 F_1 群体的自交结实性、恢复株率和不育株率表示。

3.5

异交率 outcrossing rate

改变育性的转基因油菜与非转基因油菜品种或相关近缘种自然杂交的比率。

3.6

基因漂移 gene flow

改变育性的转基因油菜中的外源基因通过花粉向油菜栽培品种或相关近缘种自然转移的行为。

4 要求

试验材料的质量应达到GB 4407.2中对油菜生产用种的要求。

资料记录和实验安全控制措施按NY/T 721.1的要求执行。

5 育性检测

5.1 转基因油菜不育系

5.1.1 试验材料

转基因油菜不育系;转基因油菜不育系与3个非转基因油菜常规品种的杂种F_1。以育性正常的非转基因油菜品种作为花粉育性正常的对照(CK1),波里马雄性不育系作为花粉败育的对照(CK2)。

5.1.2 检测内容

花粉可染率、自交结实性和不育性保持率。

5.1.3 试验设计

随机区组设计,3次重复,小区面积为6 m^2,株距、行距分别为20 cm和40 cm。

5.1.4 田间管理

按当地常规栽培管理方法进行。

5.1.5 花粉可染率检测

在油菜盛花期,从转基因油菜不育系、CK1及CK2小区各选择典型单株10株,每株取刚开放的2朵花,从花朵中取出花药,置于载玻片中央,滴加一滴1%醋酸洋红,用镊子和解剖针释放花粉后,盖上盖玻片,在显微镜下观察、计数可染色花粉数和花粉总数。每朵花观察500粒花粉左右。

5.1.6 自交结实能力检测

从转基因油菜不育系、CK1及CK2的各小区分别选择30个单株,对主花序(去除开过花和正在开花的花朵以及幼小的花蕾后保留20个花蕾)进行套袋自交,调查每荚结实粒数。

5.1.7 不育性保持率检测

从CK1、CK2和3个F_1杂种的各小区分别选择30个单株,对主花序(去除开过花和正在开花的花朵以及幼小的花蕾后保留20个花蕾)进行套袋自交,调查每荚结实粒数。

5.1.8 结果分析

5.1.8.1 不育性分析

分别计算转基因油菜不育系、CK1及CK2花粉可染率总平均数和每个材料三次重复的平均数的标准差;分别计算转基因油菜不育系、CK1及CK2自交后每荚结实粒数总平均数和每个材料三次重复的平均数的标准差。

在CK1正常可育和CK2正常不育的前提下,通过t测验,分析转基因油菜不育系的花粉可染率和每荚结实粒数与CK1和CK2是否存在显著差异。如果花粉可染率和自交后每荚结实粒数均显著小于CK1,表示雄性不育性显著;如果花粉可染率和自交后每荚结实粒数等于或小于CK2,则表明雄性不育性彻底;如果花粉可染率与CK1无显著差异,而自交后每荚结实粒数显著低于CK1,表明具有自交不亲和性;如果花粉可染率和自交后每荚结实粒数与CK1无显著差异,表明花粉可育。

5.1.8.2 不育性保持率分析

计算CK1、CK2和3个F_1杂种每个自交单株的每荚平均结实粒数;在CK1结实正常、CK2正常不育的前提下,计算杂种F_1中每荚平均结实粒数低于或等于CK2的自交单株所占比率(不育性保持率)。通过χ^2测验分析不育性保持率与理论值(1∶1)是否存在显著差异。如果χ^2测验结果表明3个F_1杂种都与理论值(1∶1)没有显著差异,表明不育性被稳定保持,且呈细胞核单基因稳定遗传。

5.2 转基因油菜恢复系

5.2.1 试验材料

转基因油菜恢复系与转基因油菜不育系的杂交种(F_1),转基因油菜恢复系,以育性正常的非转基因油菜品种作为花粉育性正常的对照(CK1),波里马雄性不育系作为花粉败育的对照(CK2)。

5.2.2 检测内容

花粉可染率、自交结实能力和不育株率。

5.2.3 试验设计

随机区组设计,3次重复,小区面积为4 m^2,株距、行距分别为20 cm和40 cm。

5.2.4 田间管理

按当地常规栽培管理方法进行。

5.2.5 花粉可染率检测

在油菜盛花期,从转基因油菜恢复系、CK1及CK2小区各选择典型单株10株,按本标准5.1.5的方法观察,计数可染色花粉数和花粉总数。每朵花观察500粒花粉左右。

5.2.6 自交结实性和不育株率检测

从5.2.1中的杂交种(F_1)、CK1和CK2的各小区分别选择30个油菜单株,对主花序(去除开过花和正在开花的花朵以及幼小的花蕾后保留20个花蕾)进行套袋自交,调查每荚结实粒数。

5.2.7 结果分析

5.2.7.1 恢复系花粉育性分析

分别计算转基因油菜恢复系、CK1及CK2花粉可染率总平均数和每个材料三次重复的平均数的标准差;分别计算转基因油菜恢复系、CK1及CK2自交后每荚结实粒数总平均数和每个材料三次重复的平均数的标准差。

在CK1正常可育和CK2正常不育的前提下,通过t测验,分析转基因油菜恢复系的花粉可染率和每荚结实粒数与CK1是否存在显著差异。如果花粉可染率和自交后每荚结实粒数与CK1无显著差异,表明恢复系花粉正常可育;如果花粉可染率与CK1无显著差异,而自交后每荚结实粒数显著低于CK1,表明恢复系具有自交不亲和性;如果花粉可染率和自交后每荚结实粒数均显著小于CK1,表示恢复系花粉育性偏低。

5.2.7.2 不育性恢复度分析

分别计算CK1、CK2和F_1杂种每个自交单株的平均每荚结实粒数,在CK1结实正常、CK2正常不育的前提下,计算杂种F_1自交单株中每荚平均结实粒数低于或等于CK2的单株所占比率(不育株率)。根据不育株率的高低判断恢复基因表达的稳定性。

分别计算CK1、CK2和F_1杂种每荚结实粒数的总平均数和每个材料三个重复的平均数的标准差。通过t测验分析,若杂交种(F_1)每荚结实粒数不显著低于CK1,表明恢复系具有良好恢复能力;若杂交种(F_1)每荚结实粒数显著低于CK1,表明恢复系恢复能力不良。

6 生存竞争能力检测

6.1 试验材料

转基因油菜(转基因油菜不育系、转基因油菜恢复系或其杂交种)、受体油菜品种和当地常规油菜品种。

6.2 检测方法

按NY/T 721.1的“4 试验方法”执行。

6.3 结果分析

用方差分析方法比较各品种生存竞争能力的差异。

7 外源基因漂移检测

7.1 异交率检测

7.1.1 试验材料

花粉供体为转基因油菜(转基因油菜恢复系或杂交种),花粉受体为1个常规油菜品种、1个油菜不育系、6个油菜近缘种(3种不同类型白菜、3种不同类型芥菜品种)。

7.1.2 试验设计

随机区组设计,4次重复。花粉受体品种两边各种一行花粉供体组成一个组合,每个组合之间间隔一行。行长5 m,行距40 cm,株距20 cm。

7.1.3 播种

播种时间冬油菜区为10月1日前后5 d,春油菜区为3月15日前后5 d。播种量冬油菜区为0.42 g/m^2,春油菜区为0.6 g/m^2。根据非转基因物种与转基因油菜生育期调整播种期,使花期相遇时间不少于80%。

7.1.4 田间管理

按当地常规栽培管理方法进行。

7.1.5 调查方法

按NY/T 721.2中5.1.4执行。

7.1.6 检测方法

按NY/T 721.2中5.1.5执行。

7.1.7 结果表述

按NY/T 721.2中5.1.6执行。

7.1.8 结果分析

根据异交率平均数与标准差大小,判断转基因油菜与花粉受体品种异交可能性的大小。

7.2 基因漂移距离和频率的检测

按照NY/T 721.2中5.2执行。

8 对生物多样性影响的检测

8.1 试验材料

转基因油菜(转基因油菜不育系,转基因油菜恢复系或杂交种),对应的非转基因油菜品种。

8.2 试验设计

按NY/T 721.3中5.1执行。

8.3 播种

按NY/T 721.1中4.3.2执行。

8.4 田间管理

按NY/T 721.3中5.3执行。

8.5 对油菜病害的影响

8.5.1 调查方法

按NY/T 721.3中5.5.1执行。

8.5.2 结果表述

按NY/T 721.3中5.4.2执行。

8.6 对油菜田节肢动物多样性的影响

8.6.1 **调查方法**

按 NY/T 721.3 中 5.5.1 执行。

8.6.2 **结果记录**

记录所有直接观察到和用吸虫器抽取的节肢动物的名称、发育阶段和数量。

8.6.3 **结果分析**

用方差分析方法分析比较转基因油菜与其他油菜对主要害虫及天敌种群数量以及主要病害的影响。

用节肢动物群落的多样性指数、均匀性指数和优势集中性指数 3 个指标，分析比较改变育性的转基因油菜田及其他油菜田节肢动物群落的稳定性。

节肢动物群落的多样性指数按公式(1)计算。

$$H = -\sum_{i=1}^{S} P_i \ln P_i \quad\cdots\cdots(1)$$

式中：

H ——多样性指数；

P_i ——N_i/N；

N_i——第 i 个物种的个体数；

N ——总个体数；

S ——物种数。

计算结果保留 2 位小数。

节肢动物群落的均匀性指数按公式(2)计算。

$$J = H/\ln S \quad\cdots\cdots(2)$$

式中：

J ——均匀性指数；

H——多样性指数；

S——物种数。

计算结果保留 2 位小数。

节肢动物群落的优势集中性指数按公式(3)计算。

$$C = \sum_{i=1}^{n} (N_i/N)^2 \quad\cdots\cdots(3)$$

式中：

C——优势集中性指数；

N_i——第 i 个物种的个体数；

N——总个体数。

计算结果保留 2 位小数。

ICS 65.020
B 04

中华人民共和国国家标准

农业部953号公告—8.1—2007

转基因植物及其产品环境安全检测 抗虫水稻 第1部分：抗虫性

Evaluation of environmental impact of genetically modified plants and its derived products—Insect-resistant rice
Part 1: Evaluation of insect pests resistance

2007-12-18 发布　　2008-03-01 实施

中华人民共和国农业部 发布

前　言

本标准附录A为资料性附录。

本标准由中华人民共和国农业部科技教育司提出。

本标准由全国农业转基因生物安全管理标准化技术委员会归口。

本标准起草单位:中国农业科学院植物保护研究所、农业部科技发展中心。

本标准主要起草人:彭于发、张永军、刘信、谢家建、厉建萌、傅强、叶恭银。

转基因植物及其产品环境安全检测
抗虫水稻
第1部分：抗虫性

1 范围

本标准规定了转基因抗虫水稻对靶标害虫的抗虫性的室内检测方法。

本标准适用于转基因抗虫水稻对主要鳞翅目靶标害虫的室内抗虫性检测。

2 规范性引用文件

下列文件中的条款通过本标准的引用而成为本标准的条款。凡是注日期的引用文件，其随后所有的修改单(不包括勘误的内容)或修订版均不适用于本标准。然而，鼓励根据本标准达成协议的各方研究是否可使用这些文件的最新版本。凡是不注日期的引用文件，其最新版本适用于本标准。

GB 4404.1 粮食作物种子 禾谷类

3 术语和定义

下列术语和定义适用于本标准。

3.1

转基因抗虫水稻 transgenic insect-resistant rice

通过基因工程技术将外源抗虫基因导入水稻基因组而培育出的抗虫水稻品种(系)。

4 要求

4.1 试验材料

转基因抗虫水稻品种(系)、对应的非转基因水稻品种(系)和感虫对照水稻品种。

上述材料的质量应达到GB 4404.1中不低于二级水稻种子的要求。

4.2 资料记录

4.2.1 试验地名称与位置

记录试验地的名称、地址、经纬度或全球地理定位系统(GPS)地标。绘制小区示意图。

4.2.2 土壤资料

记录土壤类型、土壤肥力、排灌情况和土壤覆盖物等内容。描述试验地近3年种植情况。

4.2.3 试验地周围生态类型

4.2.3.1 自然生态类型

记录与农业生态类型地区的距离及周边植被情况。

4.2.3.2 农田生态类型

记录试验地周围的主要栽培作物及其他植被情况，以及当地稻田常见病、虫、草害的名称及危害情况。

4.2.4 气象资料

记录试验期间试验地降雨(降雨类型、日降雨量，以mm表示)和温度(日平均温度、最高和最低温度，以℃表示)的资料。记录影响整个试验期间试验结果的恶劣气候因素，例如严重或长期的干旱、暴雨、台风、冰雹等。

4.3 试验安全控制措施

4.3.1 试验地选择

方圆10 km不应有普通野生稻分布。

4.3.2 隔离措施(4.3.2.1和4.3.2.2选一)

4.3.2.1 空间隔离

试验地四周有100 m以上非水稻为隔离带。若试验区周边有水稻制种田,隔离距离为200 m以上。

4.3.2.2 时间隔离

100 m范围内与其他水稻花期间隔30 d以上。

4.3.3 试验过程的安全管理

试验地设专人管理。试验过程中如发生试验材料被盗、被毁等意外事故,应立即报告行政主管部门和当地公安部门,依法处理。

4.3.4 试验后的材料处理

转基因抗虫水稻材料应单收、单贮,由专人运输和保管。试验结束后,除需要保留的材料外,剩余的试验材料一律焚毁。

4.3.5 试验结束后试验地的监管

保留试验地的边界标记。当年和第二年不再种植水稻,由专人负责监管,及时拔除并销毁转基因抗虫水稻自生苗和再生苗。

5 试验方法

5.1 供试材料准备

水稻材料按当地单季水稻播种(或按水稻品种特性确定),25 d～30 d秧龄(或按水稻品种推荐秧龄)时单本移栽于田间,每份材料栽种500株,按当地常规栽插密度或供试品种推荐密度进行栽插。常规耕作管理,全生育期不喷施针对靶标害虫的杀虫剂。

5.2 对靶标害虫的抗虫性室内检测

5.2.1 对二化螟、三化螟的抗虫性

5.2.1.1 检测方法

分别在分蘖期、拔节期、孕穗期、灌浆期,每份水稻材料随机抽取30株,每株重复测定4次。每株选取倒1叶3片～4片,剪取中间约6 cm的一段,两端用浸过1%苯并咪唑保鲜液的滤纸保湿,放于小试管中(长10 cm,直径1.2 cm),每管接1日龄幼虫12头后用棉球塞紧管口,平放,试管两端约2 cm用黑布遮光,置于环境温度27℃±1℃的养虫室内。第3 d添加同一株的新鲜叶片2片～3片,6 d后检查试虫的存活与发育情况,称量存活幼虫的体重。

5.2.1.2 结果表述

分别按公式(1)和(2)计算各处理的幼虫平均校正死亡率和平均体重抑制百分率。采用方差分析法比较转基因抗虫水稻品种(系)、对应的非转基因水稻品种(系)的幼虫平均校正死亡率和平均体重抑制百分率的差异。供试水稻品种(系)的总体抗二化螟或三化螟抗性级别按照附录A中表A.1抗虫性级别评价标准进行表述。

平均校正死亡率按公式(1)计算:

$$M=\frac{M_t-M_c}{1-M_c}\times 100\% \qquad (1)$$

式中:

M——平均校正死亡率,单位为百分数(%);

M_t——供试水稻材料试虫平均死亡率,单位为百分数(%);

M_c——感虫对照试虫平均死亡率，单位为百分数(%)。

平均体重抑制百分率按公式(2)计算：

$$P = 1 - \frac{T}{C} \times 100\% \quad \cdots\cdots (2)$$

式中：

P——平均体重抑制百分率，单位为百分数(%)；

T——处理存活幼虫平均体重，单位为毫克(mg)；

C——对照存活幼虫平均体重，单位为毫克(mg)。

5.2.2 对稻纵卷叶螟的抗虫性

5.2.2.1 检测方法

在分蘖期，每份水稻材料随机抽取30株，每株重复测定4次。取水稻倒1叶，在水中剪成6 cm长的叶段，取出，晾去多余水分；然后将叶段疏松地放在玻璃培养皿(直径10 cm)中，共放2层，每层3片～4片叶段，叶片平行放置，下层叶面向上，而上层叶面向下，上层覆盖下层，叶段两端剪口紧靠脱脂棉条或滤纸条并加适量水保湿。在上、下两层叶片之间每培养皿接入1日龄稻纵卷叶螟幼虫12头，置于环境温度27℃±1℃的养虫室内。第4 d调查，记录幼虫存活与发育情况，称量存活幼虫的体重。

5.2.2.2 结果表述

分别按公式(1)和(2)计算各处理的幼虫平均校正死亡率和平均体重抑制百分率。采用方差分析法比较转基因抗虫水稻品种(系)、对应的非转基因水稻品种(系)的幼虫平均校正死亡率和平均体重抑制百分率的差异。供试水稻品种(系)的总体抗稻纵卷叶螟抗性级别按照附录A中表A.1抗虫性级别评价标准进行表述。

5.2.3 对大螟的抗虫性

5.2.3.1 检测方法

分别在分蘖期、孕穗期，每份水稻材料随机抽取30株，每株重复测定4次。水稻材料植株去外层黄叶后，选取新鲜叶鞘2片～3片，剪取中间约6 cm的一段，两端用浸过1%苯并咪唑保鲜液的滤纸保湿，放于中号试管中(长15 cm，直径1.5 cm)，每管接1日龄幼虫12头后用棉球塞紧管口，平放，试管两端约2 cm用黑布遮光，置于环境温度27℃±1℃的养虫室内。第3d添加同一株的新鲜叶鞘2段～3段，6 d后检查试虫的存活与发育情况，称量存活幼虫的体重。

5.2.3.2 结果表述

分别按公式(1)和(2)计算各处理的幼虫平均校正死亡率和平均体重抑制百分率。采用方差分析法比较转基因抗虫水稻品种(系)、对应的非转基因水稻品种(系)的幼虫平均校正死亡率和平均体重抑制百分率的差异。供试水稻品种(系)的总体抗大螟抗性级别按照附录A中表A.1抗虫性级别评价标准进行表述。

附　录　A
（资料性附录）
抗性级别评价标准

表 A.1　转基因抗虫水稻对二化螟、三化螟、稻纵卷叶螟和大螟的抗性级别评价标准

级　别	校正死亡率(%),发育情况
HR(高抗)	85.1～100,存活试虫几乎不发育
R(抗虫)	60.1～85,或存活试虫的发育明显延缓
MR(中抗)	40.1～60,或存活试虫虽发育但有所延缓
MS(中感)	20.1～40,且存活试虫发育基本正常
S(感虫)	＜20,且存活试虫发育正常

ICS 65.020
B 04

中华人民共和国国家标准

农业部 953 号公告—8.2—2007

转基因植物及其产品环境安全检测 抗虫水稻 第 2 部分：生存竞争能力

Evaluation of environmental impact of genetically modified plants and its derived products—Insect-resistant rice
Part 2: Survival and competitiveness

2007-12-18 发布　　2008-03-01 实施

中华人民共和国农业部　发布

前　言

本标准由中华人民共和国农业部科技教育司提出。

本标准由全国农业转基因生物安全管理标准化技术委员会归口。

本标准起草单位：中国农业科学院植物保护研究所、农业部科技发展中心。

本标准主要起草人：彭于发、刘信、张永军、谢家建、厉建萌、傅强、叶恭银。

转基因植物及其产品环境安全检测
抗虫水稻
第2部分:生存竞争能力

1 范围

本标准规定了转基因抗虫水稻生存竞争能力的检测方法。

本标准适用于转基因抗虫水稻变为杂草的可能性、转基因抗虫水稻与非转基因水稻及杂草在稻田中竞争能力的检测。

2 规范性引用文件

下列文件中的条款通过本标准的引用而成为本标准的条款。凡是注日期的引用文件,其随后所有的修改单(不包括勘误的内容)或修订版均不适用于本标准。然而,鼓励根据本标准达成协议的各方研究是否可使用这些文件的最新版本。凡是不注日期的引用文件,其最新版本适用于本标准。

GB 4404.1 粮食作物种子 禾谷类

农业部953号公告—8.1—2007 转基因植物及其产品环境安全检测 抗虫水稻 第1部分:抗虫性

GB/T 3543.4 农作物种子检验规程 发芽试验

3 要求

3.1 试验材料

转基因抗虫水稻品种(系)和对应的非转基因水稻品种(系)。

上述材料的质量应达到GB 4404.1中不低于二级水稻种子的要求。

3.2 其他要求

按农业部953号公告—8.1—2007中“4 要求”执行。

4 试验方法

4.1 竞争性

4.1.1 试验设计

试验在稻田进行,分为两种处理类型。处理1除正常灌溉外不进行农事操作;处理2按当地常规栽培管理方式进行。小区采用随机区组设计,4次重复。处理1小区面积为6 m^2(2 m×3 m),处理2小区面积为24 m^2(4 m×6 m)。

4.1.2 播种与移栽

处理1采取直播方式,播种量:50粒/m^2。处理2采取育苗移栽方式,25 d~30 d秧龄(或按水稻品种推荐秧龄)时单株移栽,按当地常规栽插密度或供试品种推荐密度进行栽插。

4.1.3 调查和记录

处理1:播种后30 d记录每小区的水稻株数;分别在播种后30 d及以后每隔20 d采用对角线5点取样法调查记录每点(0.5 m×0.5 m)杂草种类、株数,按植株垂直投影面积占小区面积的比例估算出杂草相对覆盖率;同时每小区随机调查记录10株水稻的主茎株高、分蘖数、叶片数、生长发育期、相对覆盖率，成熟后穗数、每穗粒数及千粒重。

处理 2：分蘖期调查记录每小区水稻株数；分别在分蘖期、拔节期、齐穗期和黄熟期采用对角线 5 点取样法调查每点(1.0 m×1.0 m)杂草种类、株数，按植株垂直投影面积占小区面积的比例估算出杂草相对覆盖率；同时每小区随机调查记录 10 株水稻的主茎株高、分蘖数、叶片数、生长发育期、相对覆盖率，成熟后穗数、每穗粒数及千粒重。

4.1.4 结果分析

用方差分析方法比较转基因抗虫水稻和对应的非转基因水稻在成苗率、分蘖数、主茎株高、杂草覆盖率、每株穗数、每穗粒数及千粒重等指标的差异。

4.2 自生苗和再生苗

4.2.1 调查和记录

在稻田竞争性试验的同一块田中进行。水稻收获后调查试验小区的稻茬数。分别在收获后 20 d 和 40 d 调查试验小区内自生苗和再生苗情况，并在翌年当地水稻分蘖期调查 1 次。对出现的自生苗拔除后带回实验室验证，全部调查结束后翻耕田块。

4.2.2 自生苗的验证

对自生苗进行生物学测定或分子生物学检测，确认是否为转基因抗虫水稻。

4.2.3 结果表述

按公式(1)～(3)计算所得结果，用方差分析方法比较转基因抗虫水稻和对应的非转基因水稻、自生苗数及再生苗数的差异。

单位面积的自生苗或再生苗数按公式(1)计算：

$$X = \frac{n_1}{A_1} \qquad (1)$$

式中：

X——单位面积出苗数，单位为株/m^2；

n_1——出苗总数，单位为株；

A_1——调查的面积，单位为 m^2。

自生苗的转基因植株检出率按公式(2)计算：

$$X = \frac{n_2}{N_2} \times 100\% \qquad (2)$$

式中：

X——自生苗的转基因植株检出率，单位为百分数(%)；

n_2——自生苗的转基因植株检出数，单位为株；

N_2——自生苗的总数，单位为株。

转基因抗虫水稻自生苗产生率按公式(3)计算：

$$X = \frac{n_3}{N_3} \times 100\% \qquad (3)$$

式中：

X——转基因抗虫水稻自生苗产生率，单位为百分数(%)；

n_3——单位面积自生苗中转基因抗虫水稻检出数，单位为株；

N_3——单位面积稻茬数，单位为株。

4.3 种子发芽率

4.3.1 试验设计

种子收获后 30 d 按 GB/T 3543.4 规定的方法进行发芽率检测。

4.3.2 调查和记录

记录转基因抗虫水稻和对应的非转基因水稻发芽种子数、未发芽种子数、正常幼苗数、不正常幼苗数。

4.3.3 结果分析

用新复极差法比较转基因抗虫水稻和对应的非转基因水稻发芽率的差异。

4.4 种子生存能力

4.4.1 试验设计

种子生存能力检测在种子收获后进行。按随机区组试验设计，设浅埋(3 cm)和深埋(20 cm)以及埋后 6 个月和 12 个月等 4 个处理，每个处理 4 次重复，小区面积 1 m^2。待检测品种的种子 100 粒和品种名称或编号标签封装于 200 目尼龙网袋中，埋入土壤。分别于 6 个月和 12 个月后取出种子按 GB/T 3543.4 规定的方法检测发芽率。

4.4.2 结果分析

用方差分析法对发芽率进行分析。

ICS 65.020
B 04

中华人民共和国国家标准

农业部953号公告—8.3—2007

转基因植物及其产品环境安全检测 抗虫水稻 第3部分：外源基因漂移

Evaluation of environmental impact of genetically modified plants and its derived products—Insect-resistant rice Part 3: Gene flow

2007-12-18 发布　　2008-03-01 实施

中华人民共和国农业部 发布

前　　言

本标准由中华人民共和国农业部科技教育司提出。

本标准由全国农业转基因生物安全管理标准化技术委员会归口。

本标准起草单位:中国农业科学院植物保护研究所、农业部科技发展中心。

本标准主要起草人:彭于发、张永军、刘信、谢家建、厉建萌、傅强、叶恭银。

转基因植物及其产品环境安全检测
抗虫水稻
第3部分:外源基因漂移

1 范围

本标准规定了转基因抗虫水稻外源基因漂移的检测方法。

本标准适用于转基因抗虫水稻与普通栽培水稻、杂交稻及普通野生稻的异交率以及外源基因漂移距离和频率的检测。

2 规范性引用文件

下列文件中的条款通过本标准的引用而成为本标准的条款。凡是注日期的引用文件,其随后所有的修改单(不包括勘误的内容)或修订版均不适用于本标准。然而,鼓励根据本标准达成协议的各方研究是否可使用这些文件的最新版本。凡是不注日期的引用文件,其最新版本适用于本标准。

GB 4404.1 粮食作物种子 禾谷类

农业部953号公告—8.1—2007 转基因植物及其产品环境安全检测 抗虫水稻 第1部分:抗虫性

3 术语和定义

下列术语和定义适用于本标准。

3.1

基因漂移 gene flow

转基因抗虫水稻中的外源基因通过花粉向普通栽培水稻、杂交稻或相关普通野生稻自然转移的行为。

3.2

异交率 outcrossing rate

转基因抗虫水稻与普通栽培水稻、杂交稻或相关普通野生稻发生自然杂交的比率。

4 要求

4.1 试验材料

转基因抗虫水稻品种(系)、生育期相当的普通栽培水稻、杂交稻和普通野生稻。

上述材料的质量应达到GB 4404.1中不低于二级水稻种子的要求。

4.2 其他要求

按农业部953号公告—8.1—2007中"4 要求"执行。

5 试验方法

5.1 与普通野生稻、杂交稻及常规栽培水稻不同基因型异交率

5.1.1 试验设计

按当地常规种植密度单行相间种植,按对比法顺序排列,受体材料不少于10个。试验小区面积不

少于 10 m^2,4 次重复。

5.1.2 播种

转基因抗虫水稻宜分期播种,应使之与受体材料花期相遇,按常规播种量播种,常规栽培方式管理。

5.1.3 检测和记录

将收获的非转基因材料种子(每处理不少于 1 000 粒,少于 1 000 粒需要全部检测)在温室或田间种植,出苗后进行生物学测定或分子生物学方法检测,记录含有外源基因的植株数。

5.1.4 结果表述

异交率按公式(1)计算:

$$P = \frac{N}{T} \times 100\% \quad \cdots\cdots (1)$$

式中:

P——异交率,单位为百分数(%);

N——检测的含有外源基因的植株数,单位为株;

T——播种后出苗总数,单位为株。

5.1.5 结果分析

采用方差分析方法比较转基因抗虫水稻与普通野生稻、杂交稻及常规栽培水稻不同基因型异交率的差异。

5.2 基因漂移距离和漂移率

5.2.1 试验设计

试验地面积不小于 10 000 m^2(100 m×100 m),在其中央划出一个 25 m^2(5 m×5 m)小区种植转基因抗虫水稻,周围种植非转基因水稻。试验不设重复。

5.2.2 播种

转基因抗虫水稻宜分期播种,应使之与非转基因水稻花期相遇,按常规播种量播种,常规栽培方式管理。

5.2.3 调查方法

沿试验地对角线的 4 个方向,分别用 A,B,C,D 标记,距转基因抗虫水稻种植区 1 m、2 m、5 m、10 m、20 m 和 50 m,每点随机收获 10 株水稻种子。并按照 A1,A2,A3,…的顺序作上标记。记录每点收获的籽粒总数。

5.2.4 检测方法(5.2.4.1 和 5.2.4.2 任选其一)

5.2.4.1 生化检测

收获后的种子当年在温室条件下或次年田间种植,根据转基因抗虫水稻中筛选标记的生化特性(如抗生素抗性、除草剂抗性或显色反应等)对水稻幼苗进行检测,确定是否含有外源基因。

5.2.4.2 分子检测

采用分子生物学方法对水稻幼苗中 DNA 或蛋白质进行检测、验证,确定是否含外源基因。

5.2.5 结果表述

按公式(1)计算不同距离的外源基因漂移率。

用方差分析方法比较转基因抗虫水稻中外源基因的漂移距离和不同距离的漂移率。

ICS 65.020
B 04

中华人民共和国国家标准

农业部953号公告—8.4—2007

转基因植物及其产品环境安全检测 抗虫水稻 第4部分：生物多样性影响

Evaluation of environmental impact of genetically modified plants and its derived products—Insect-resistant rice

Part 4: Impacts on biodiversity

2007-12-18 发布

2008-03-01 实施

中华人民共和国农业部 发布

前　言

本标准附录A为资料性附录。

本标准由中华人民共和国农业部提出。

本标准由全国农业转基因生物安全管理标准化技术委员会归口。

本标准起草单位:中国农业科学院植物保护研究所、农业部科技发展中心。

本标准主要起草人:彭于发、刘信、张永军、谢家建、厉建萌、傅强、叶恭银。

转基因植物及其产品环境安全检测
抗虫水稻
第4部分:生物多样性影响

1 范围

本标准规定了转基因抗虫水稻对生物多样性影响的检测方法。

本标准适用于转基因抗虫水稻对家蚕、柞蚕及稻田主要害虫、优势天敌、节肢动物群落结构及主要水稻病害影响的检测。

2 规范性引用文件

下列文件中的条款通过本标准的引用而成为本标准的条款。凡是注日期的引用文件,其随后所有的修改单(不包括勘误的内容)或修订版均不适用于本标准。然而,鼓励根据本标准达成协议的各方研究是否可使用这些文件的最新版本。凡是不注日期的引用文件,其最新版本适用于本标准。

GB 4404.1 粮食作物种子 禾谷类

农业部953号公告—8.1—2007 转基因植物及其产品环境安全检测 抗虫水稻 第1部分:抗虫性

GB/T 15794.4 稻飞虱测报调查规范

3 要求

3.1 试验材料

转基因抗虫水稻品种(系)和对应的非转基因水稻品种(系)。

3.2 其他要求

按照农业部953号公告—8.1—2007中“4 要求”执行。

4 试验方法

4.1 试验设计

小区采用随机区组设计,小区面积不小于150 m^2,4次重复,小区间设有1.0 m宽隔离带,处理包括:

转基因抗虫水稻品种(系)适时喷施化学农药防治非靶标害虫;

转基因抗虫水稻品种(系)不喷施任何化学农药;

对应的非转基因水稻品种(系)统一喷施化学农药;

对应的非转基因水稻品种(系)不喷施化学农药。

4.2 播种

水稻材料按当地单季水稻播种(或按水稻品种特性确定),25 d～30 d秧龄(或按水稻品种推荐秧龄)时单本移栽,按当地常规栽插密度或供试品种推荐密度进行栽插。

4.3 调查和记录

4.3.1 对稻田节肢动物群落结构的影响

4.3.1.1 调查方法

直接观察法：田间调查采用盆拍法平行跳跃式取20个～30个样点，每个样点取2穴，瓷盘规格为30 cm×40 cm，从水稻移栽以后，每隔7 d调查1次，记载整株水稻上各种昆虫和蜘蛛的数量、种类和发育阶段。开始调查时，首先要快速观察活泼易动的昆虫和(或)蜘蛛的数量。对田间不易识别的种类进行编号，带回室内鉴定。

吸虫器调查法：在水稻苗期、分蘖期、扬花期和乳熟期各调查1次，每小区采用对角线5点取样。每点用吸虫器抽取0.5 m×0.5 m面积的水稻(全株)及其地面上的所有节肢动物。将抽取的样品带回室内清理和初步分类后，放入75%乙醇溶液中保存，供进一步鉴定。

4.3.1.2 结果记录

记录所有直接调查观察到的和吸虫器抽取到的节肢动物的名称、发育阶段和数量。

4.3.1.3 结果表述

采用节肢动物群落的多样性指数、均匀性指数和优势集中性指数3个指标，分析比较转基因抗虫水稻田靶标害虫、非靶标害虫和天敌亚群落，以及捕食性天敌和寄生性天敌功能团的稳定性。

节肢动物群落的多样性指数按公式(1)计算。

$$H' = -\sum_{i=1}^{N} P_i \ln P_i \quad \cdots\cdots (1)$$

式中：

H'——多样性指数；

$P_i = N_i / N$；

N_i——第 i 个物种的个体数；

N——总个体数。

节肢动物群落的均匀性指数按公式(2)计算。

$$J = H / \ln S \quad \cdots\cdots (2)$$

式中：

J——均匀性指数；

H——多样性指数；

S——物种数。

节肢动物群落的优势集中性指数按公式(3)计算。

$$C = \sum_{i=1}^{n} (N_i / N)^2 \quad \cdots\cdots (3)$$

式中：

C——优势集中性指数；

N_i——第 i 个物种的个体数；

N——总个体数。

4.3.2 对稻田主要鳞翅目害虫的影响

4.3.2.1 调查方法

采用平行跳跃法取样，每点连续调查相邻2穴～4穴水稻，每小区查25点，分别在移栽后25 d～30 d(分蘖中期)、分蘖末期、齐穗期和乳熟期各调查1次。调查指标包括每穴水稻的分蘖数、叶片数，稻螟虫(二化螟、三化螟、大螟)造成的枯鞘、枯心或白穗数，稻纵卷叶螟造成的卷叶数及卷叶程度，其他鳞翅目害虫如稻弄蝶、稻眼蝶、稻螟蛉的数量。

4.3.2.2 结果表述

依公式(4)计算控制效果。确定转基因抗虫水稻对主要鳞翅目害虫的田间影响效果。

$$E = \frac{D - T}{D} \times 100 \quad \cdots\cdots (4)$$

式中：

E——控制效果，用百分率表示；

D——对照小区受害植株数或虫数；

T——供试小区受害植株数或虫数。

4.3.3 对稻田主要刺吸性害虫的影响

4.3.3.1 调查方法

调查每个小区飞虱(褐飞虱、灰飞虱、白背飞虱等)和叶蝉(黑尾叶蝉等)的种类和数量，下述两种方法任选1种。

方法1：参照GB/T 15794.4中本田飞虱的调查方法，即采用平行双行跳跃式法取样。每小区用盆拍法调查15点～30点(虫多选点少，虫少选点多)，每点查2穴水稻，记录稻飞虱及叶蝉的种类、虫态和数量。分别在苗期、分蘖期、孕穗期和黄熟期各调查1次。记录稻飞虱及叶蝉的种类、虫态和数量。

方法2：采用机动吸虫器取样法，用对角线5点取样法，分别在苗期、分蘖期、齐穗期和黄熟期各调查1次。每个样点用吸虫器吸取0.25 m^2(6穴)范围内水稻全株及其地面的所有害虫。将抽取的样品带回室内清理并记录稻飞虱和叶蝉的种类、虫态和数量。

4.3.3.2 结果表述

按公式(4)计算转基因抗虫水稻对主要刺吸性害虫的田间影响效果。

4.4 对家蚕和柞蚕的影响

4.4.1 水稻花粉的采集

在水稻扬花盛期，采用拍打法将转基因抗虫水稻花粉收集到磁盘中。分别将转基因抗虫水稻和非转基因对照水稻花粉取回到实验室中。采集的花粉用200目的分样筛过筛，除去花药等杂质，放入50 mL离心管，迅速用液氮冷冻后放入−20℃冰箱中保存备用。

4.4.2 不同浓度水稻花粉叶片的制备

将转基因抗虫水稻和非转基因水稻花粉按每毫升蒸馏水1 mg、5 mg和10 mg的花粉量分别制成不同花粉浓度的悬浮液，将新鲜桑叶或柞树叶片分别放入不同浓度的花粉悬浮液中，并充分摇动，使花粉均匀分布在叶片上，然后取出晾干，制备成0粒/cm^2、100粒/cm^2、500粒/cm^2和1 000粒/cm^2花粉浓度桑叶或柞树叶片，以对应的非转基因水稻花粉作对照。

4.4.3 检测方法

取直径20 cm的培养皿，底部铺一湿润的滤纸，放入沾有水稻花粉的新鲜桑树或柞树叶片，然后接入20头家蚕或柞蚕的初孵幼虫(蚁蚕)，每2 d更换一次新鲜叶片，检测在25℃，L∶D=16∶8光照条件下进行，到第7 d结束。

4.4.4 调查记录

每2 d检查取食沾有水稻花粉叶片的家蚕或柞蚕初孵幼虫的存活率，检查时用毛笔尖轻触虫体无反应为死亡判断标准，第7 d对存活的幼虫称重。

4.4.5 结果表述

根据取食沾有不同浓度转基因抗虫水稻花粉和对应的非转基因水稻花粉桑叶或柞树叶家蚕或柞蚕初孵幼虫第7 d的死亡数和幼虫体重是否存在显著差异，评价转基因抗虫水稻花粉对家蚕和柞蚕的影响。

4.5 对水稻主要病害的影响

4.5.1 对水稻白叶枯病害的影响

在灌浆期调查1次，每小区采用5点取样，每点取10穴～20穴水稻，对水稻白叶枯病发生情况进行调查，分级标准按附录A中表A.1执行。

水稻白叶枯病的发病情况用病情指数表示，按公式(5)计算。

$$I = \frac{\sum (N \times R)}{M \times T} \times 100 \cdots\cdots (5)$$

式中：

I——病情指数；

$\sum$——相应病级及其株数乘积的总和；

N——某一病级的植株数，单位为株；

R——病级；

M——最高病级；

T——调查总株数，单位为株。

4.5.2 对水稻稻瘟病的影响

苗瘟在4叶期调查1次，采用5点取样法，每点10穴～20穴，病害的分级标准按附录A中表A.2执行。叶瘟在分蘖末期调查，采用5点取样法，每点10穴～20穴，病害的分级标准按附录A中表A.2执行。穗瘟在灌浆期调查，采用平行双行跳跃式或棋盘式取样，每小区调查50穴～100穴，病害的分级标准按附录A中表A.3执行。水稻稻瘟病的发病情况用病情指数表示，病情指数按公式(5)计算。

4.5.3 对水稻纹枯病的影响

分别在孕穗期、灌浆期各调查1次，每小区采用平行10点取样，每点10穴～20穴。水稻纹枯病发病分级标准按附录A中表A.4执行。水稻纹枯病的发病情况用病情指数表示，病情指数按公式(5)计算。

4.5.4 对水稻条纹叶枯病的影响

在水稻分蘖盛期和孕穗期各调查1次，每小区采用5点取样，每点调查10穴～20穴，调查总株数、病株数，计算病穴率及病情指数。调查结果记录按附录A中表A.5执行。

4.5.5 对稻曲病的影响

在水稻灌浆期调查1次，每小区采用5点取样，每点调查10穴～20穴水稻，调查总株数、病株数，计算病穴率。调查结果记录按附录A中表A.6执行。

4.6 结果分析

采用方差分析方法比较转基因抗虫水稻与对应的非转基因水稻对主要鳞翅目害虫、主要刺吸性害虫、节肢动物群落结构、主要经济昆虫以及主要病害的影响。

附 录 A
(资料性附录)
病情田间调查及病情分级标准

表 A.1 水稻白叶枯病的病情分级标准

病级	抗 性 反 应	抗性评价
0	病斑长度小于接种叶片剩余长度5.0%;或病斑面积小于5.0%	高抗(HR)
1	病斑长度占接种叶片剩余长度5.1%~12.0%;或病斑面积占叶面积5.1%~12.0%	抗(R)
3	病斑长度占接种叶片剩余长度12.1%~25.0%;或病斑面积占叶面积12.1%~25.0%	中抗(MR)
5	病斑长度占接种叶片剩余长度25.1%~50.0%;或病斑面积占叶面积25.1%~50.0%	中感(MS)
7	病斑长度占接种叶片剩余长度50.1%~75.0%;或病斑面积占叶面积50.1%~75.0%	感(S)
9	病斑长度大于接种叶片剩余长度75.1%;或病斑面积大于叶面积75.1%	高感(HS)

表 A.2 水稻苗瘟、叶瘟的病情分级标准

病级	抗 性 反 应	抗性评价
0	叶片上无病斑,叶片受害面积为0	高抗(HR)
1	病斑为针头状大小或稍大褐点,叶片受害面积0.1%~1.0%	抗(R)
3	圆形至椭圆形灰色病斑,边缘褐色,病斑直径约1 mm~2 mm,叶片受害面积1.1%~10%	中抗(MR)
5	典型纺锤形病斑,叶片受害面积10.1%~25%	中感(MS)
7	典型纺锤形病斑,叶片受害面积25.1%~75%	感(S)
9	叶片受害面积≥75.1%或全部枯死	高感(HS)

表 A.3 水稻穗瘟的病情分级标准

病级	穗颈瘟受害情况	单穗受害情况	抗性评价
0	病穗率低于1%	穗上无病	高抗(HR)
1	病穗率为1%~5%	每穗损失率≤5%(个别小枝梗发病)	抗(R)
3	病穗率为5.1%~10%	每穗损失率5.1%~15%(1/10~1/5左右枝梗发病)	中抗(MR)
5	病穗率为10.1%~25%	每穗损失率15.1%~30%(1/5~1/3左右枝梗发病)	中感(MS)
7	病穗率为25.1%~50%	每穗损失率30.1%~50%(穗颈或主轴发病,谷粒半瘪)	感(S)
9	病穗率≥50.1%	每穗损失率≥50.1%(穗颈发病,大部分瘪谷或造成白穗)	高感(HS)

表 A.4 水稻纹枯病调查和分级标准

病害评级	症 状	病情指数
0级(免疫,I)	植株叶鞘和叶片未见症状	0
1级(抗病,R)	稻株基部有少数零星病斑	0.1~20
3级(中抗,MR)	病斑延伸到倒3叶(剑叶为倒0叶)	20.1~40
5级(中感,MS)	病斑延伸到倒2叶	40.1~60
7级(感病,S)	病斑延伸到倒1叶	60.1~80
9级(高感,HS)	病斑延伸到剑叶或全株枯死	80.1~100

表A.5 水稻条纹叶枯病病情分级和调查记载标准

病害评级	病 害 症 状	相对病指
0级(高抗,HR)	无症状	小于0
1级(抗病R)	有轻微黄绿色斑驳,病叶不卷曲,植株生长正常	0～10%
2级(中抗,MR)	病叶上褪绿扩展相连成不规则黄白色或黄绿色条斑,病叶不卷曲或略有卷曲,生长基本正常	10.1%～30%
3级(中感,MS)	病叶严重褪绿,病叶卷曲呈捻转状,少数病叶出现黄化枯萎症状	30.1%～50%
4级(感病,S)	大部分病叶卷曲呈捻转状,叶片黄化枯死,植株呈假枯心状或整株枯死	大于50.1%

表A.6 稻曲病田间调查表

调查日期	水稻品种	小区号	调查穴数	病穴丛数	病穴率%	调查总穗数	病穗数	病穗率%	总谷粒数	病粒数	病粒率%

ICS 65.020
B 04

中华人民共和国国家标准

农业部953号公告—9.1—2007

转基因植物及其产品环境安全检测 抗病水稻 第1部分：对靶标病害的抗性

Evaluation of environmental impact of genetically modified plants and its derived products—Disease-resistant rice Part 1: Resistance to target disease

2007-12-18 发布　　2008-03-01 实施

中华人民共和国农业部　发布

前　　言

本标准附录A为资料性附录。

本标准由中华人民共和国农业部提出。

本标准由全国农业转基因生物安全管理标准化技术委员会归口。

本标准起草单位：中国农业科学院生物技术研究所、农业部科技发展中心、中国农业科学院植物保护研究所、中国水稻研究所。

本标准主要起草人：金芜军、宋贵文、黄世文、傅强、彭于发、王锡锋、张永军、宛煜嵩、沈平。

转基因植物及其产品环境安全检测　抗病水稻
第 1 部分:对靶标病害的抗性

1　范围

本标准规定了转基因抗细菌病害白叶枯病水稻对靶标病害抗性的检测方法。

本标准适用于转基因抗白叶枯病水稻在人工接种的情况下对白叶枯病的抗性水平的检测。

2　规范性引用文件

下列文件中的条款通过本标准的引用而成为本标准的条款。凡是注日期的引用文件,其随后所有的修改单(不包括勘误的内容)或修订版均不适用于本标准。然而,鼓励根据本标准达成协议的各研究和检测单位使用这些文件的最新版本。凡是不注日期的引用文件,其最新版本适用于本标准。

GB 4404.1　粮食作物种子　禾谷类

3　术语和定义

下列术语和定义适用于本标准。

3.1

转基因抗病水稻　transgenic disease-resistant rice

通过基因工程技术将外源抗病基因导入水稻基因组而培育出的抗病水稻品种(系),本标准中特指转 *Xa*21 基因或其他抗病基因的抗白叶枯病水稻。

4　要求

4.1　试验材料

——转基因抗病水稻品种(系);

——对应的非转基因水稻品种(系);

——籼稻抗病对照 IR26,粳稻抗病对照南粳 15,或根据当地实际或检测要求设定的抗病对照品种;

——籼稻感病对照金刚 30,粳稻感病对照金南风,或根据当地实际或检测要求设定的感病对照品种。

上述材料的质量应达到 GB 4404.1 中不低于二级水稻种子的要求。

4.2　资料记录

4.2.1　试验地名称与位置

记录试验地的名称、试验的具体地点、经纬度或全球地理定位系统(GPS)地标。绘制小区示意图。

4.2.2　土壤资料

记录土壤类型、土壤肥力、排灌情况和土壤覆盖物等内容。描述试验地近 3 年种植情况。

4.2.3　试验地周围生态类型

4.2.3.1　自然生态类型

记录与农田生态类型地区的距离及周边植被情况。

4.2.3.2　农田生态类型

记录试验地周围的主要栽培作物及其他植被情况,以及当地水稻田常见病、虫、草害的名称及危害情况。

4.2.4 气象资料

记录试验期间试验地降雨(降雨类型、日降雨量,以 mm 表示)和温度(日平均温度、最高和最低温度、积温,以℃表示)的资料。记录影响整个试验期间试验结果的恶劣气候因素,例如严重或长期的干旱、暴雨、冰雹等。

4.3 试验安全控制措施

4.3.1 隔离措施(4.3.1.1和4.3.1.2选一)

4.3.1.1 空间隔离

试验地四周有 100 m 以上非水稻为隔离带。若试验区周边有水稻制种田,隔离距离为 200 m 以上。

4.3.1.2 时间隔离

100 m 范围内与其他水稻花期间隔 15 d 以上。

4.3.2 试验过程的安全管理

试验过程中如发生试验材料被盗、被毁等意外事故,应立即报告行政主管部门和当地公安部门,依法处理。

4.3.3 试验后的材料处理

转基因抗病水稻材料应单收、单脱、单贮,由专人运输和保管。试验结束后,除需要保留的材料外,剩余的试验材料一律焚毁。

4.3.4 试验结束后试验地的监管

保留试验地的边界标记。当年和第二年不再种植水稻,由专人负责监管,及时拔除并销毁转基因抗病水稻自(再)生苗。

5 试验方法

5.1 育秧及移栽

参测品种经常规浸种催芽后,播于转基因稻种植区专用检测圃内。播种时间依检测地点和参测品种生育期不同灵活掌握,一般以水稻分蘖盛期后的3周内或孕穗期后的3周内的日平均气温 28～30℃为宜。播种 15 d 后每公顷施尿素 75 kg。在秧龄 25 d～30 d 时移栽。参测品种每小区移栽4行,每行15株,共60株,重复3次;株行距为 20 cm×20 cm;每2个参测品种间栽插抗、感品种各2行,参测品种间采用随机排列。在参测品种四周栽插不少于5行的保护行品种,株行距与参测品种相同。保护行品种选择高秆发病较轻的水稻品种,以避免保护行发病过重影响参测品种的发病。

5.2 接种时期

在水稻分蘖盛期或孕穗后期按下述接种方法进行人工剪叶接种。

5.3 接种

依据不同地区选用相应的白叶枯病菌株进行接种(北方粳稻区选用Ⅱ型菌,长江流域籼粳混栽区和南方籼稻区选用Ⅲ、Ⅳ型菌),或按要求接种不同致病力菌株(Ⅰ～Ⅶ型)。接种体在胁本哲氏马铃薯半合成培养基上培养 72 h,用麦法伦氏比浊法配成 3×10^{8} CFU/mL 菌液。在水稻分蘖盛期或孕穗后期,用医用剪刀蘸菌液剪去植株新(剑)叶叶片顶部 2 cm 长(剪口要平),每株剪接主茎3片完全展开的新叶或剑叶,总接种叶片不少于60片。

5.4 管理

移栽至接种期间,田间水肥管理与常规生产一致;移栽后 20 d 和接种前1周各施尿素1次,用量为 75 kg/hm^2。参测品种在全生育期内不使用杀菌剂,杀虫剂的使用根据检测圃内害虫发生种类和程度而定,接种前后避免施用任何药剂。接种时田间不积水,接种后使田间保持薄水层,3 d～4 d 后观察稻株,待大部分稻株出现初期侵染症状后,灌水保持 5 cm 左右水层。

5.5 病情调查

接种后21 d，当感病对照品种的发病程度高于7级（含）时方可认为试验有效，并按附录A表A.1调查记录发病情况和进行病情分级。每小区随机调查剪叶接种过的叶片不少于50片，每参测品种调查叶片不少于150片。

病情指数按式(1)计算：

$$I = \frac{\sum (N \times R)}{M \times T} \times 100 \quad (1)$$

式中：

I——病情指数；

$\sum$——调查病害相对病级数值及其株数乘积的总和；

N——病害某一级别的植株数，单位为株；

R——病害的相对病级数值；

M——病害的最高病级数值；

T——调查总株数，单位为株。

5.6 结果分析与表述

按附录A相应的病害病情分级及调查记载标准进行调查、记载、评级。用文字和抗级表述评价转基因抗病水稻与对应水稻品种和相应抗、感品种对白叶枯病的抗性差异。

附 录 A
(资料性附录)
病情分级标准

水稻白叶枯病的病情分级标准见表A.1。

表A.1 水稻白叶枯病病情分级和调查记载标准

病级	抗 性 反 应	抗性水平
0	病斑长度小于接种叶片剩余长度5.0%;或病斑面积小于5.0%	高抗(HR)
1	病斑长度占接种叶片剩余长度5.1%~12.0%;或病斑面积占叶面积5.1%~12.0%	抗(R)
3	病斑长度占接种叶片剩余长度12.1%~25.0%;或病斑面积占叶面积12.1%~25.0%	中抗(MR)
5	病斑长度占接种叶片剩余长度25.1%~50.0%;或病斑面积占叶面积25.1%~50.0%	中感(MS)
7	病斑长度占接种叶片剩余长度50.1%~75.0%;或病斑面积占叶面积50.1%~75.0%	感(S)
9	病斑长度大于接种叶片剩余长度75.1%;或病斑面积大于叶面积75.1%	高感(HS)

ICS 65.020
B 04

中华人民共和国国家标准

农业部953号公告—9.2—2007

转基因植物及其产品环境安全检测 抗病水稻 第2部分：生存竞争能力

Evaluation of environmental impact of genetically modified plants and its derived products—Disease-resistant rice Part 2: Survival and competitiveness

2007-12-18 发布　　2008-03-01 实施

中华人民共和国农业部　发布

前　　言

本标准由中华人民共和国农业部提出。

本标准由全国农业转基因生物安全管理标准化技术委员会归口。

本标准起草单位:中国农业科学院生物技术研究所、农业部科技发展中心、中国农业科学院植物保护研究所、中国水稻研究所。

本标准主要起草人:金芜军、宋贵文、傅强、黄世文、彭于发、王锡锋、张永军、宛煜嵩、沈平。

转基因植物及其产品环境安全检测　抗病水稻
第 2 部分:生存竞争能力

1　范围

本标准规定了转基因抗细菌病害白叶枯病水稻生存竞争能力的检测方法。

本标准适用于转基因抗白叶枯病水稻变为杂草的可能性、转基因抗白叶枯病水稻与非转基因水稻及杂草竞争能力的检测。

2　规范性引用文件

下列文件中的条款通过本标准的引用而成为本标准的条款。凡是注日期的引用文件,其随后所有的修改单(不包括勘误的内容)或修订版均不适用于本标准。然而,鼓励根据本标准达成协议的各研究和检测单位使用这些文件的最新版本。凡是不注日期的引用文件,其最新版本适用于本标准。

GB/T 3543.4　农作物种子检验规程　发芽试验

GB 4404.1　粮食作物种子　禾谷类

农业部 953 号公告—9.1—2007　转基因植物及其产品环境安全检测　抗病水稻　第 1 部分:对靶标病害的抗性

3　要求

3.1　试验材料

转基因抗病水稻品种(系)和对应的非转基因水稻品种(系)。

上述材料的质量应达到 GB 4404.1 中不低于二级水稻种子的要求。

3.2　其他要求

按农业部 953 号公告—9.1—2007 中"4　要求"执行。

4　试验方法

4.1　竞争性

4.1.1　试验设计

试验在稻田进行,分为两种处理类型。处理一,除正常灌溉外不进行农事操作;处理二,按当地常规栽培管理方式进行。小区采用随机区组设计,3 次重复。处理一小区面积为 6 m^2(2 m×3 m),处理二小区面积为 24 m^2(4 m×6 m)。

4.1.2　播种和移栽

按当地栽培要求进行。转基因抗病水稻在处理一中采取直播方式,播种量为 50 粒/m^2;处理二采取育苗移栽方式,25 d～30 d 秧龄(或转基因抗病水稻品种推荐秧龄)时,按当地常规栽插密度或供试品种推荐密度单株移栽。南方稻区早稻为 20 cm×17 cm,中稻为 25 cm×20 cm,晚稻为 24 cm×20 cm。

4.1.3　调查方法

采用对角线 5 点取样,杂草调查处理一每点 0.5 m×0.5 m,处理二每点 1.0 m×1.0 m。

4.1.4　调查和记录

处理一:播种后 30 d 调查记录每小区的水稻株数、出苗率。分别在播种后 30 d 及以后每隔 20 d 调查记录每点杂草种类、株数，按植株垂直投影面积占取样区面积的比例估算出杂草相对覆盖率；同时每小区随机调查10株水稻的主茎株高、分蘖数、叶片数、生长发育期、相对覆盖率。水稻成熟后每小区随机调查10株水稻每株穗数、每穗粒数、千粒重。

处理二：分蘖盛期调查记录每小区水稻株数、成苗率。分别在水稻分蘖期、拔节期、齐穗期和黄熟期调查和记录每点杂草种类、株数，按植株垂直投影面积占取样区面积的比例估算出杂草相对覆盖率；同时每小区随机调查10株水稻的主茎株高、分蘖数、叶片数、生长发育期、相对覆盖率。水稻成熟后每小区随机调查10株水稻每株穗数、每穗粒数、千粒重。

4.1.5 结果分析

用方差分析方法比较转基因抗病水稻和对应的非转基因水稻在成苗率、分蘖数、主茎株高、每株穗数、每穗粒数、千粒重、杂草覆盖率等方面的差异。

4.2 自生苗和再生苗

4.2.1 调查和记录

在竞争性试验的同一块田中进行。在收获后即调查落粒数，采用对角线5点取样，每点0.5 m×0.5 m。收获后每隔20 d调查一次试验小区内自生苗和再生苗情况，共调查2次；并在翌年当地水稻分蘖期后调查1次自生苗和再生苗。对出现的自生苗(拔除)取样后带回实验室验证。调查结束后，翻耕。

4.2.2 自生苗的验证

采用分子生物学检测方法对自生苗进行检测验证，确认是否为转基因抗病水稻。

4.2.3 结果分析与表述

按公式(1)～(3)计算所得结果，用方差分析方法比较转基因抗病水稻和对应的非转基因水稻自生苗数及再生苗数的差异。

单位面积的自生苗或再生苗数按公式(1)计算。

$$X = \frac{n_1}{A_1} \quad \cdots\cdots (1)$$

式中：

X——单位面积出苗数，单位为株/m^2；

n_1——出苗总数，单位为株；

A_1——调查的面积，单位为m^2。

自生苗的转基因植株检出率按公式(2)计算。

$$X = \frac{n_2}{N_2} \times 100 \quad \cdots\cdots (2)$$

式中：

X——自生苗的转基因植株检出率，单位为百分数(%)；

n_2——自生苗的转基因植株检出数，单位为株；

N_2——自生苗的总数，单位为株。

转基因抗病水稻自生苗产生率按公式(3)计算。

$$X = \frac{n_3}{N_3} \times 100 \quad \cdots\cdots (3)$$

式中：

X——转基因抗病水稻自生苗产生率，单位为百分数(%)；

n_3——单位面积自生苗中转基因抗病水稻检出数，单位为株；

N_3——单位面积稻茬数，单位为株。

4.3 繁殖力

4.3.1 调查和记录

在竞争性试验的同一田块中进行。采用对角线 5 点取样，每点 10 株。收获时调查每株分蘖数和总穗粒数。

4.3.2 结果分析

用方差分析法比较转基因抗病水稻和对应的非转基因水稻每株分蘖数和总穗粒数的差异。

4.4 种子发芽率

4.4.1 试验设计

种子收获后 10 d 内和翌年水稻播种期按 GB/T 3543.4 规定的方法分别进行 1 次。

4.4.2 调查和记录

记录转基因抗病水稻和对应的非转基因水稻发芽种子数、未发芽种子数、正常幼苗数、不正常幼苗数。

4.4.3 结果分析

用方差分析法比较转基因抗病水稻和对应的非转基因水稻发芽率的差异。

4.5 种子生存能力

4.5.1 试验设计

种子生存能力检测在种子收获后进行。按随机区组试验设计，设浅埋(3 cm)和深埋(20 cm)以及埋后 6 个月和 12 个月等 4 个处理，每个处理 3 次重复，小区面积 1 m^2。待检测种子 100 粒和材料名称或编号标签封装于 200 目尼龙网袋中，埋入土壤。分别于 6 个月和 12 个月后取出种子检测发芽率。

4.5.2 结果分析

用方差分析法对发芽率进行分析。

ICS 65.020
B 04

中华人民共和国国家标准

农业部953号公告—9.3—2007

转基因植物及其产品环境安全检测 抗病水稻 第3部分：外源基因漂移

Evaluation of environmental impact of genctically modified plants and its derived products—Disease-resistant rice Part 3: Gene flow

2007-12-18 发布　　2008-03-01 实施

中华人民共和国农业部 发布

前 言

本标准由中华人民共和国农业部提出。

本标准由全国农业转基因生物安全管理标准化技术委员会归口。

本标准起草单位：中国农业科学院生物技术研究所、农业部科技发展中心、中国农业科学院植物保护研究所、中国水稻研究所。

本标准主要起草人：金芜军、宋贵文、傅强、黄世文、彭于发、王锡锋、张永军、宛煜嵩、沈平。

转基因植物及其产品环境安全检测 抗病水稻 第3部分：外源基因漂移

1 范围

本标准规定了转基因抗细菌病害白叶枯病水稻外源基因漂移的检测方法。

本标准适用于转基因抗白叶枯病水稻与普通栽培水稻、野生稻、杂草稻的异交率以及外源基因漂移距离和频率的检测。

2 规范性引用文件

下列文件中的条款通过本标准的引用而成为本标准的条款。凡是注日期的引用文件，其随后所有的修改单（不包括勘误的内容）或修订版均不适用于本标准。然而，鼓励根据本标准达成协议的各研究和检测单位使用这些文件的最新版本。凡是不注日期的引用文件，其最新版本适用于本标准。

GB 4404.1 粮食作物种子 禾谷类

农业部953号公告—9.1—2007 转基因植物及其产品环境安全检测 抗病水稻 第1部分：对靶标病害的抗性

3 术语和定义

下列术语和定义适用于本标准。

3.1

基因漂移 gene flow

转基因抗病水稻中的外源基因向普通栽培水稻、杂草稻或相关野生稻自然转移的行为。

3.2

异交率 outcrossing rate

转基因抗病水稻与普通栽培水稻、杂草稻或相关野生稻发生自然杂交的比率。

4 要求

4.1 试验材料

转基因抗病水稻品种（系）、生育期相当的普通栽培水稻、杂草稻和普通野生稻。

上述材料的质量应达到GB 4404.1中不低于二级水稻种子的要求。

4.2 其他要求

按农业部953号公告—9.1—2007中"4 要求"执行。

5 试验方法

5.1 与普通野生稻、杂草稻及常规栽培水稻不同基因型异交率

5.1.1 试验设计

按当地常规种植密度单行相间种植，按对比法顺序排列。试验小区面积不少于10 m^2，3次重复。

5.1.2 播种

转基因抗病水稻宜分期播种，应使之与受体材料花期相遇。按常规播种量播种、常规栽培方式管

理。

5.1.3 检测和记录

将收获的非转基因材料种子(每处理不少于1 000粒,少于1 000粒需要全部检测)在温室或田间种植,出苗后进行生物学测定或分子生物学方法检测,记录含有外源基因的植株数。

5.1.4 结果表述

异交率按式(1)计算。

$$P=\frac{N}{T}\times 100 \qquad (1)$$

式中:

P——异交率,单位为百分率(%);

N——检测的含有外源基因的植株数,单位为株;

T——播种后出苗总数,单位为株。

5.1.5 结果分析

采用方差分析方法比较转基因抗病水稻与普通野生稻、杂草稻及常规栽培水稻不同基因型异交率的差异。

5.2 基因漂移距离和漂移频率

5.2.1 试验设计

试验地面积不小于10 000 m^2(100 m×100 m),在其中央划出一个25 m^2(5 m×5 m)小区种植转基因抗病水稻,周围种植非转基因水稻。

5.2.2 播种

转基因抗病水稻宜分期播种,应使之与非转基因水稻花期相遇。按常规播种量播种。秧龄25 d~30 d(或转基因抗病水稻品种推荐秧龄)移栽,密度25万株~30万株/hm^2。

5.2.3 调查方法

沿试验地对角线的4个方向,分别用A、B、C、D标记,距转基因抗病水稻种植区1 m、2 m、5 m、10 m、20 m和50 m,每点随机收获10株水稻并分别标记为A1、A2、A3,……晒干后用于进一步检测。记录每点收获的籽粒总数。

5.2.4 检测方法(5.2.4.1和5.2.4.2任选其一)

5.2.4.1 生物学检测

收获后的种子当年在温室条件下或次年田间种植,根据转基因抗病水稻中筛选标记的生化特性(如抗生素抗性、除草剂抗性或显色反应等)对水稻幼苗进行检测,确定是否含有外源基因。

5.2.4.2 分子检测

采用分子生物学方法对水稻幼苗中DNA或蛋白质进行检测、验证,确定是否含外源基因。

5.2.5 结果分析与表述

按异交率计算公式计算不同距离的漂移频率。

用方差分析方法比较转基因抗病水稻中外源基因的漂移距离和不同距离的漂移频率。

ICS 65.020
B 04

中华人民共和国国家标准

农业部953号公告—9.4—2007

转基因植物及其产品环境安全检测 抗病水稻 第4部分：生物多样性影响

Evaluation of environmental impact of genetically modified plants and its derived products—Disease-resistant rice Part 4: Impacts on biodiversity

2007-12-18 发布　　2008-03-01 实施

中华人民共和国农业部 发布

前　言

本标准附录A为资料性附录。

本标准由中华人民共和国农业部提出。

本标准由全国农业转基因生物安全管理标准化技术委员会归口。

本标准起草单位：中国农业科学院生物技术研究所、农业部科技发展中心、中国农业科学院植物保护研究所、中国水稻研究所。

本标准主要起草人：金芜军、宋贵文、王锡锋、傅强、黄世文、彭于发、张永军、宛煜嵩、沈平。

转基因植物及其产品环境安全检测　抗病水稻
第 4 部分：生物多样性影响

1　范围

本标准规定了转基因抗细菌病害白叶枯病水稻对稻田生物多样性影响的检测方法。

本标准适用于转基因抗白叶枯病水稻对稻田主要害虫及优势天敌种群数量、节肢动物群落结构及水稻主要病害影响的检测。

2　规范性引用文件

下列文件中的条款通过本标准的引用而成为本标准的条款。凡是注日期的引用文件，其随后所有的修改单(不包括勘误的内容)或修订版均不适用于本标准。然而，鼓励根据本标准达成协议的各研究和检测单位使用这些文件的最新版本。凡是不注日期的引用文件，其最新版本适用于本标准。

GB 4404.1　粮食作物种子　禾谷类

农业部 953 号公告—9.1—2007　转基因植物及其产品环境安全检测　抗病水稻　第 1 部分：对靶标病害的抗性

GB/T 15794—1995　稻飞虱测报调查规范

3　要求

3.1　试验材料

转基因抗病水稻品种和对应非转基因水稻品种。

3.2　其他要求

按农业部 953 号公告　9.1　2007 中“4　要求”执行。

4　试验方法

4.1　试验设计

随机区组设计，3 次重复，小区面积不小于 150 m^2(10 m×15 m)。除进行常规耕作管理外，按化学防治不同设 4 个处理：

1)　转基因抗病水稻，不喷施任何化学农药；
2)　转基因抗病水稻，除不防治靶标病害外，进行正常病、虫、草害化学防治；
3)　对应非转基因水稻品种，不喷施任何化学农药；
4)　对应非转基因水稻品种，进行正常病、虫、草害化学防治。

4.2　播种和移栽

转基因抗病水稻按当地单季水稻播种(或按转基因抗病水稻品种特性确定)，25 d～30 d 秧龄(或转基因抗病水稻品种推荐秧龄)时单本移栽，移栽密度 25 万株～30 万株/hm^2。

4.3　调查记录

4.3.1　对水稻田节肢动物多样性的影响

4.3.1.1　调查方法

直接调查观察法：田间调查采用盘拍法平行跳跃式取 20 个～30 个样点，每个样点取 2 株，瓷盘规格为 30 cm×40 cm,调查从移栽后 20 d 到成熟,每 7 d 调查 1 次,记载整株水稻上各种昆虫和蜘蛛的数量、种类和发育阶段。开始调查时,首先要快速观察活泼易动的昆虫和(或)蜘蛛的数量。对田间不易识别的种类进行编号,带回室内鉴定。

吸虫器调查法:在水稻移栽 20 d～30 d(分蘖中期)后调查第 1 次,以后在分蘖末期、齐穗期和黄熟期(收获前 1 周～2 周)各调查 1 次,共计 4 次,每小区采用对角线 5 点取样。每点用吸虫器抽取 6 株水稻(全株)及其地面上的所有节肢动物。将抽取的样品带回室内清理和初步分类后,放入 75%乙醇溶液保存,供进一步鉴定。

4.3.1.2 结果记录

记录所有直接观察到和用吸虫器抽取的节肢动物的名称、发育阶段和数量。

4.3.1.3 结果表述

用节肢动物群落的多样性指数、均匀性指数和优势集中性指数 3 个指标,分析比较转基因抗病水稻田昆虫群落、害虫和天敌亚群落的稳定性。

节肢动物群落的多样性指数按公式(1)计算。

$$H' = -\sum_{i=1}^{S} P_i \ln P_i \qquad (1)$$

式中:

H'——多样性指数;

$P_i = N_i / N$(N_i 为第 i 个物种的个体数;N 为总个体数);

S——物种数。

节肢动物群落的均匀性指数按公式(2)计算。

$$J = H/\ln S \qquad (2)$$

式中:

J——均匀性指数;

H——多样性指数;

S——物种数。

节肢动物群落的优势集中性指数按公式(3)计算。

$$C = \sum_{i=1}^{n} (N_i/N)^2 \qquad (3)$$

式中:

C——优势集中性指数;

N_i——第 i 个物种的个体数;

N——总个体数。

4.3.2 对水稻田主要鳞翅目害虫的影响

4.3.2.1 调查方法

采用平行跳跃法取样,每点连续调查相邻 2 株～4 株(发生重的少查,发生少的多查)水稻,每小区查 25 点,分别在分蘖中期、分蘖末期、齐穗期和黄熟期(收获前 1 周～2 周)各调查 1 次,或根据主要鳞翅目害虫发生情况确定调查时间。调查指标包括每株水稻的分蘖数、叶片数,稻螟虫(二化螟、三化螟、大螟)造成的枯鞘、枯心或白穗数,稻纵卷叶螟造成的卷叶数及卷叶程度,其他鳞翅目害虫如稻弄蝶、稻眼蝶、稻螟蛉的数量。

4.3.2.2 结果表述

稻螟虫的发生情况用枯鞘/枯心/白穗率表述,按公式(4)计算。

$$枯鞘/枯心/白穗率(\%) = \frac{枯鞘、枯心或白穗数}{调查水稻总分蘖数} \times 100 \qquad (4)$$

稻纵卷叶螟的发生情况用卷叶率表述，按公式(5)计算。

$$卷叶率(\%)=\frac{卷叶数}{调查水稻总叶片数}\times 100 \quad \cdots\cdots (5)$$

其他鳞翅目害虫的发生情况用害虫的发生密度表述，按公式(6)计算。

$$某种害虫的发生密度(头/百株)=\frac{某害虫的数量}{调查水稻株数}\times 100 \quad \cdots\cdots (6)$$

4.3.3 对水稻田主要刺吸性害虫的影响

4.3.3.1 调查方法

调查每个小区飞虱(如褐飞虱、灰飞虱、白背飞虱等)和叶蝉(如黑尾叶蝉等)的种类和数量，下述两种方法任选1种。

方法1：按GB/T 15794—1995中“大田虫情普查”的方法进行调查。即用盘或盆拍查法，分别在分蘖中期、分蘖末期、齐穗期和黄熟期(收获前1周～2周)各调查1次。每小区调查10～15点(虫量多的少查，虫量少的多查)，每点查2株水稻，记录稻飞虱及叶蝉的种类、虫态和数量。

方法2：机动吸虫器取样法。用对角线5点取样法，分别在分蘖中期、分蘖末期、齐穗期和黄熟期(收获前1周～2周)各调查1次。每小区调查5点，每个样点用吸虫器吸取6株水稻全株及其地面的所有害虫。将吸取的样品带回室内清理并记录稻田飞虱和叶蝉的种类、虫态和数量。

4.3.3.2 结果表述

按公式(6)计算刺吸式害虫的发生密度，以此表述各主要刺吸式害虫的发生情况。

4.4 对水稻主要病害的影响

4.4.1 对水稻稻瘟病的影响

4.4.1.1 调查记录

在水稻苗期和分蘖期各调查1次叶瘟，每小区采用5点取样，每点调查20株水稻，具体病害的分级标准按附录A中表A.1-1执行。

在水稻黄熟期(收获前1周～2周)调查1次穗颈瘟，每小区采用5点取样，每点调查20株水稻，具体病害的分级标准按附录A中表A.1-2执行。

4.4.1.2 结果表述

对水稻苗瘟和叶瘟的发病情况用病情指数表示，按公式(7)计算。

$$I=\frac{\sum(N\times R)}{M\times T}\times 100 \quad \cdots\cdots (7)$$

式中：

I——病情指数；

$\sum$——调查病害相对病级数值及其株数乘积的总和；

N——病害某一级别的植株数，单位为株；

R——病害的相对病级数值；

M——病害的最高病级数值；

T——调查总株数，单位为株。

水稻穗颈瘟用损失指数表示，损失指数按公式(8)计算。

$$I=\frac{\sum(N\times S)}{T\times B}\times 100 \quad \cdots\cdots (8)$$

式中：

I——损失指数，单位为百分数(%)；

$\sum$——调查各级损失率及其发病株数乘积的总和；

N——某一级别的损失率的植株数，单位为株；

S——各级损失率；

B——分级标准最高级损失率；

T——调查总株数，单位为株。

综合苗叶瘟和穗颈瘟的发病情况，根据附录A中表A.1-3，对转基因抗病水稻抗稻瘟病进行综合性评价。

4.4.2 对水稻纹枯病的影响

4.4.2.1 调查记录

在分蘖盛期、孕穗后期和黄熟期各调查一次，每小区采用5点取样，每点调查20株水稻，对水稻纹枯病发生情况进行调查，具体病害的分级标准按附录A中表A.2执行。

4.4.2.2 结果表述

对水稻纹枯病的发病情况用病情指数表示，按公式(7)计算。

4.4.3 对水稻白叶枯病害的影响

4.4.3.1 调查记录

在水稻分蘖盛期和黄熟期，各调查1次。每小区采用5点取样，每点调查20株水稻；或采用平行跳跃法调查5行，每行调查20株。分级标准按本标准第1部分附录A中表A.1执行。

4.4.3.2 结果表述

水稻白叶枯病的发病情况用病情指数表示，按公式(7)计算。

4.4.4 对水稻条纹叶枯病的影响

4.4.4.1 调查记录

在水稻苗期、分蘖盛期和黄熟期各调查1次，每小区采用5点取样，每点调查20株水稻，对水稻条纹叶枯病发生情况进行调查，病害的具体分级标准按附录A中表A.3执行。

4.4.4.2 结果表述

对水稻条纹叶枯病的发病情况用病情指数表示，按公式(7)计算。

4.5 结果分析

采用方差分析方法比较转基因抗病水稻与非转基因水稻对主要鳞翅目害虫、主要刺吸性害虫、节肢动物群落结构以及水稻主要病害的影响。

附 录 A
（资料性附录）
病害分级标准

表 A.1-1 水稻苗瘟、叶瘟病情分级和调查记载标准

病级	稻 瘟 病 抗 性 反 应	抗感
0	叶片上无病斑，叶片受害面积为0	HR
1	病斑为针头状大小或稍大褐点，叶片受害面积0.1%～1.0%	R
3	圆形至椭圆形灰色病斑，边缘褐色，病斑直径约1 mm～2 mm，叶片受害面积1.1%～10%	MR
5	典型纺锤形病斑，叶片受害面积10.1%～25%	MS
7	典型纺锤形病斑，叶片受害面积25.1%～75%	S
9	叶片受害面积≥75.1%或全部枯死	HS

表 A.1-2 穗颈瘟或单穗病情分级和调查记载标准

病级	穗颈瘟受害情况	单穗受害情况
0	病穗率低于1%	穗上无病
1	病穗率1%～5%	每穗损失率≤5%（个别小枝梗发病）
3	病穗率为5.1%～10%	每穗损失率5.1%～15%（1/10～1/5左右枝梗发病）
5	病穗率为10.1%～25%	每穗损失率15.1%～30%（1/5～1/3左右枝梗发病）
7	病穗率为25.1%～50%	每穗损失率30.1%～50%（穗颈或主轴发病，谷粒半瘪）
9	病穗率≥50.1%	每穗损失率≥50.1%（穗颈发病，大部分瘪谷或造成白穗）

表 A.1-3 稻瘟病抗性评价综合指数

病级	抗性综合指数	抗性水平
0	≤0.1	高抗(HR)
1	0.1～2	抗(R)
3	2.1～4.0	中抗(MR)
5	4.1～6.0	中感(MS)
7	6.1～7.5	感(S)
9	7.6～9	高感(HS)

表 A.2 水稻纹枯病病情分级和调查记载标准

病害评级	症 状	病情指数
0级（免疫）(HR)	植株叶鞘和叶片未见症状	病指为0
1级（抗病）(R)	稻株基部有少数零星病斑	病指为0.1～20
3级（中抗）(MR)	病斑延伸到倒3叶（剑叶为倒0叶）	病指为20.1～40
5级（中感）(MS)	病斑延伸到倒2叶	病指为40.1～60
7级（感病）(S)	病斑延伸到倒1叶	病指为60.1～80
9级（高感）(HS)	病斑延伸到剑叶或全株枯死	病指为80.1～100

表 A.3　水稻条纹叶枯病病情分级和调查记载标准

病害评级	病害症状	相对病指
0级＝高抗(HR)	无症状	相对病级指数小于0
1级＝抗病(R)	有轻微黄绿色斑驳症状,病叶不卷曲,植株生长正常	相对病级指数为0～10%
2级＝中抗(MR)	病叶上褪绿扩展相连成不规则黄白色或黄绿色条斑,病叶不卷曲或略有卷曲,生长基本正常	相对病级指数为10.1%～30%
3级＝中感(MS)	病叶严重褪绿,病叶卷曲呈捻转状,少数病叶出现黄化枯萎症状	相对病级指数为30.1%～50%
4级＝感病(S)	大部分病叶卷曲呈捻转状,叶片黄化枯死,植株呈假枯心状或整株枯死	相对病级指数大于50.1%

ICS 65.020
B 04

中华人民共和国国家标准

农业部953号公告—10.1—2007

转基因植物及其产品环境安全检测 抗虫玉米 第1部分：抗虫性

Evaluation of cnvironmcntal impact of genetically modified plants and its derived products—Insect-resistant maize Part 1:Evaluation of insect pests resistance

2007-12-18 发布　　2008-03-01 实施

中华人民共和国农业部 发布

前　　言

本标准由中华人民共和国农业部科技教育司提出。

本标准由全国农业转基因生物安全管理标准化技术委员会归口。

本标准附录A为规范性附录。

本标准起草单位：中国农业科学院植物保护研究所、农业部科技发展中心。

本标准主要起草人：王振营、刘信、彭于发、何康来、白树雄、厉建萌。

本标准为首次发布。

转基因植物及其产品环境安全检测　抗虫玉米
第1部分:抗虫性

1　范围

本标准规定了转基因抗虫玉米对鳞翅目靶标害虫抗性的检测方法。

本标准适用于转基因抗虫玉米对鳞翅目靶标害虫的抗性水平检测,不适用于进口用作加工原料的转基因抗虫玉米的环境安全检测。

2　规范性引用文件

下列文件中的条款通过本标准的引用而成为本标准的条款。凡是注日期的引用文件,其随后所有的修改单(不包括勘误的内容)或修订版均不适用于本标准。然而,鼓励根据本标准达成协议的各方研究是否可使用这些文件的最新版本。凡是不注日期的引用文件,其最新版本适用于本标准。

GB 4404.1　粮食作物种子　禾谷类

NY/T 720.1—2003　转基因玉米环境安全检测技术规范　第1部分:生存竞争能力检测

NY/T 1248.5　玉米抗病虫性鉴定技术规范　第5部分:玉米抗玉米螟鉴定技术规范

3　术语和定义

下列术语和定义适用于本标准。

3.1

转基因抗虫玉米　transgenic insect-resistant maize

通过基因工程技术将外源抗虫基因导入玉米基因组而培育出的抗虫玉米自交系及其衍生品种。

3.2

靶标生物　target organism

转基因抗虫玉米中的目的蛋白所针对的目标生物,在本标准中特指亚洲玉米螟等鳞翅目害虫。

4　要求

4.1　试验材料

转基因抗虫玉米品种(系),对应的非转基因玉米品种(系)和普通栽培玉米品种感虫对照。

上述材料的质量应达到GB 4404.1中不低于二级玉米种子的要求。

4.2　隔离措施(4.2.1和4.2.2任选其一)

4.2.1　空间隔离

试验地四周有200 m以上非玉米为隔离带;若实验区域周边有玉米制种田,则隔离带应在300 m以上。

4.2.2　时间隔离

转基因抗虫玉米田周围200 m范围内与其他玉米错期播种,使花期隔离,夏玉米错期在30 d以上,春玉米错期在40 d以上。

4.3　其他要求

按NY/T 720.1—2003中“3　要求”执行。

5 抗虫性检测

5.1 试验设计

随机区组设计，三次重复，小区面积为 30 m^2(5 m×6 m)，行距 60 cm，株距 25 cm，常规栽培管理，全生育期不应喷施杀虫剂。不同害虫接虫试验小区之间有 2 m 的间隔，避免害虫在不同小区之间的扩散。

5.2 亚洲玉米螟[*Ostinia furnacalis* (Guénee)]

5.2.1 接虫时期

分别在玉米心叶期和吐丝期人工接虫。每小区人工接虫不少于 40 株。

5.2.2 接虫方法

分别在玉米心叶期(小喇叭口期，玉米植株发育至展 6 叶～8 叶期)和吐丝期接虫，各接虫 2 次。

心叶期接虫按 NY/T 1248.5 执行。

吐丝期除接虫部位为玉米花丝丛外，其他按 NY/T 1248.5 执行。

5.2.3 调查时间

分别在接虫 14 d～21 d 后，逐株调查玉米被害情况。心叶期接虫调查玉米植株中上部叶片被玉米螟取食情况；吐丝期接虫后，调查雌穗被害程度及植株被害情况。

5.2.4 调查方法

心叶期接虫后调查按 NY/T 1248.5 执行。

吐丝期接虫后调查玉米雌穗被害情况、蛀孔数量、蛀孔隧道长度(cm)以及存活幼虫龄期和存活数量。

5.2.5 结果表述

玉米心叶期抗虫性评价按 NY/T 1248.5 执行。

玉米穗期抗虫性评价根据雌穗被害情况、蛀孔数量、蛀孔隧道长度(cm)以及存活幼虫龄期和存活数量，计算各小区穗期玉米螟对雌穗的抗性被害级别平均值。判断标准见附录 A 表 A1，然后按附录 A 表 A2 的规定判别玉米穗期对玉米螟的抗性水平。

5.3 黏虫[*Mythimna separate* (Walker)]

5.3.1 接虫时期

玉米植株发育至展 4 叶～6 叶期进行，每小区人工接虫不少于 40 株。

5.3.2 接虫方法

每株接人工饲养的初孵幼虫 30 头～40 头，用毛笔接种到玉米心叶中，接虫 3 d 后，第二次接虫，接虫数量同第一次。

5.3.3 调查记录

在接虫 14 d 后进行，调查玉米叶片受黏虫的为害程度和幼虫存活数。

5.3.4 结果表述

根据玉米叶片受黏虫的为害程度，计算各小区黏虫对玉米叶片为害级别(食叶级别)的平均值，其判断标准见附录 A 表 A3，然后按附录 A 表 A4 的规定判定转基因抗虫玉米对黏虫的抗性水平。

5.4 棉铃虫(*Helicoverpa armigera* Hübner)

5.4.1 接虫时期

在玉米吐丝期进行，每小区人工接虫不少于 40 株。

5.4.2 接虫方法

每株接初孵幼虫 20 头～30 头，接于玉米花丝上，接虫 3 d 后，第二次接虫，接虫数量同第一次。

5.4.3 调查记录

对棉铃虫的抗虫性调查在人工接虫第14 d～21 d进行，逐株调查雌穗被害率、每个雌穗存活幼虫数、雌穗被害长度。

5.4.4 结果表述

根据雌穗被害率、存活幼虫数、雌穗被害长度(cm)，计算各小区玉米穗期棉铃虫对雌穗的为害级别平均值，判断标准见附录A表A5，按附录A表A6的规定判别玉米穗期对棉铃虫的抗性水平。

附 录 A
（规范性附录）

表A.1 玉米穗期受亚洲玉米螟为害程度的分级标准

雌穗被害级别	症 状 描 述
1	雌穗没有受害
2	花丝被害＜50％
3	大部花丝被害≥50％；有幼虫存活，龄期≤2龄
4	穗尖被害≤1 cm；有幼虫存活，龄期≤3龄
5	穗尖被害≤2 cm；或有幼虫存活，龄期≤4龄；隧道长度≤2 cm
6	穗尖被害≤3 cm；或有幼虫存活，龄期＞4龄，隧道长度≤4 cm
7	穗尖被害≤4 cm；隧道长度≤6 cm
8	穗尖被害≤5 cm；隧道长度≤8 cm
9	穗尖被害＞5 cm；隧道长度＞8 cm

表A.2 玉米雌穗对亚洲玉米螟的抗性评价标准

雌穗被害级别平均值	抗性类型
1～2.0	高抗 HR
2.1～3.0	抗 R
3.1～5.0	中抗 MR
5.1～7.0	感 S
≥7.1	高感 HS

表A.3 玉米叶片受黏虫为害程度的分级标准

食叶级别	症 状 描 述
1	叶片无被害，或仅叶片上有针刺状（≤1 mm）虫孔
2	仅个别叶片上有少量弹孔大小（≤5 mm）虫孔
3	少数叶片上有弹孔大小（≤5 mm）虫孔
4	个别叶片上缺刻（≤10 mm）
5	少数叶片上有缺刻（≤10 mm）
6	部分叶片上有缺刻（≤10 mm）
7	个别叶片部分被取吃，少数叶片上有大片缺刻（≤10 mm）
8	少数叶片被取吃，部分叶片上有大片缺刻（≤10 mm）
9	大部叶片被取吃

表A.4 玉米对黏虫的抗性评价标准

心叶期食叶级别平均值	抗性类型
1.0～2.0	高抗 HR
2.1～4.0	抗 R
4.1～6.0	中抗 MR
6.1～8.0	感 S
8.1～9.0	高感 HS

表A.5 玉米雌穗受棉铃虫为害程度的分级标准

雌穗被害级别	症 状 描 述
0	雌穗没有被害
1	仅花丝被害
2	穗顶被害1 cm
3+	穗顶下被害每增加1 cm,相应的被害级别增加1级
...N	

表A.6 玉米雌穗对棉铃虫的抗性评价标准

雌穗被害级别平均值	抗性类型
0～1.0	高抗HR
1.1～3.0	抗R
3.1～5.0	中抗MR
5.1～7.0	感S
≥7.1	高感HS

ICS 65.020
B 04

中华人民共和国国家标准

农业部953号公告—10.2—2007

转基因植物及其产品环境安全检测 抗虫玉米 第2部分：生存竞争能力

Evaluation of environmental impact of genetically modified plants and its derived products—Insect-resistant maize Part 2: Survival and competitiveness

2007-12-18 发布　　2008-03-01 实施

中华人民共和国农业部 发布

前　　言

本标准由中华人民共和国农业部科技教育司提出。

本标准由全国农业转基因生物安全管理标准化技术委员会归口。

本标准起草单位：中国农业科学院植物保护研究所、农业部科技发展中心。

本标准主要起草人：王振营、刘信、彭于发、何康来、白树雄、厉建萌。

本标准为首次发布。

转基因植物及其产品环境安全检测
抗虫玉米
第 2 部分:生存竞争能力

1 范围

本标准规定了转基因抗虫玉米生存竞争能力的检测方法。

本标准适用于转基因抗虫玉米变为杂草的可能性、转基因抗虫玉米与非转基因玉米及杂草在荒地和农田中生存竞争能力的检测。

2 规范性引用文件

下列文件中的条款通过本标准的引用而成为本标准的条款。凡是注日期的引用文件,其随后所有的修改单(不包括勘误的内容)或修订版均不适用于本标准。然而,鼓励根据本标准达成协议的各方研究是否可使用这些文件的最新版本。凡是不注日期的引用文件,其最新版本适用于本标准。

GB/T 3543.4 农作物种子检验规程 发芽试验

GB 4404.1 粮食作物种子 禾谷类

NY/T 720.1—2003 转基因玉米环境安全检测技术规范 第 1 部分:生存竞争能力检测

农业部 953 号公告—10.1—2007 转基因植物及其产品环境安全检测 抗虫玉米 第 1 部分:抗虫性

3 术语和定义

下列术语和定义适用于本部分。

3.1

生存竞争能力 survival and competitiveness

转基因抗虫玉米品种与杂草在其自然群落中的竞争性。

4 要求

4.1 试验材料

转基因抗虫玉米品种(系)、对应的非转基因抗虫玉米品种(系)。

上述材料的质量应达到 GB 4404.1 中不低于二级玉米种子的要求。

4.2 隔离措施

按农业部 953 号公告—10.1—2007 中“4.2 隔离措施”执行。

4.3 其他要求

按 NY/T 720.1—2003 中“3 要求”执行。

5 检测方法

按 NY/T 720.1—2003 中“4 试验方法”执行。

ICS 65.020
B 04

中华人民共和国国家标准

农业部953号公告—10.3—2007

转基因植物及其产品环境安全检测 抗虫玉米 第3部分：外源基因漂移

Evaluation of environmental impact of genetically modified plants and its derived products—
Insect-resistant maize
Part 3:Gene flow

2007-12-18 发布　　2008-03-01 实施

中华人民共和国农业部 发布

前　言

本标准由中华人民共和国农业部科技教育司提出。

本标准由全国农业转基因生物安全管理标准化技术委员会归口。

本标准起草单位:中国农业科学院植物保护研究所、农业部科技发展中心。

本标准主要起草人:王振营、刘信、彭于发、何康来、白树雄、厉建萌。

本标准为首次发布。

转基因植物及其产品环境安全检测
抗虫玉米
第3部分:外源基因漂移

1 范围

本标准规定了转基因抗虫玉米外源基因漂移的检测方法。

本标准适用于转基因抗虫玉米与栽培玉米的异交率以及基因漂移距离和频率的检测。

2 规范性引用文件

下列文件中的条款通过本标准的引用而成为本标准的条款。凡是注日期的引用文件,其随后所有的修改单(不包括勘误的内容)或修订版均不适用于本标准。然而,鼓励根据本标准达成协议的各方研究是否可使用这些文件的最新版本。凡是不注日期的引用文件,其最新版本适用于本标准。

GB 4404.1 粮食作物种子 禾谷类

NY/T 720.1—2003 转基因玉米环境安全检测技术规范 第1部分:生存竞争能力检测

农业部953号公告—10.1—2007 转基因植物及其产品环境安全检测 抗虫玉米 第1部分:抗虫性

3 术语和定义

下列术语和定义适用于本部分。

3.1

异交率 outcrossing rate

转基因抗虫玉米与非转基因玉米品种自然杂交的比率。

3.2

基因漂移 gene flow

转基因抗虫玉米中的外源基因通过花粉扩散向其他栽培玉米品种自然转移的行为。

4 要求

4.1 试验材料

转基因抗虫玉米品种(系),对应的非转基因玉米品种(系)或与转基因抗虫玉米生育期相当的当地普通栽培品种。

上述材料的质量应达到GB 4404.1中不低于二级玉米种子的要求。

4.2 隔离措施

按农业部953号公告—10.1—2007中"4.2 隔离措施"执行。

4.3 其他要求

按NY/T 720.1—2003中"4 要求"执行。

5 试验方法

5.1 试验设计

试验地面积不小于10 000 m^2(100 m×100 m),在其中央划出一个25 m^2(5 m×5 m)小区种植转基因抗虫玉米,周围种植非转基因玉米。

5.2 播种

转基因抗虫玉米原则上应分2次播种,隔一行种一行,使之散粉期与非转基因玉米抽丝期相遇,按常规播种量播种。

5.3 去雄

在抽雄期,及时拔掉非转基因玉米露出顶叶尚未散粉的雄穗,去雄要及时、干净、彻底,不要留残枝,在抽雄期每天清晨拔除一次,不能间断。拔除的雄穗要带出距试验地200 m以外,以防散粉。当转基因抗虫玉米是显性胚乳性状,如黄色籽粒或非糯,而非转基因玉米是白色籽粒或甜、糯玉米时,或为转基因抗虫玉米同时具有耐除草剂基因时,相应的非转基因玉米可不必去雄。

5.4 调查方法

在玉米成熟后收获时,沿试验地对角线的4个方向,分别用A、B、C、D标记,沿对角线方向距转基因抗虫玉米种植区15 m、30 m和60 m,每点随机收获10株玉米(第1果穗)。并按照A1,A2,A3,…,A10的顺序作上标记,晒干后储存待进一步检测。记录收获的每个玉米果穗的籽粒总数。

5.5 检测方法(5.5.1、5.5.2或5.5.3任选其一)

5.5.1 直接观测

当非转基因玉米去雄后,根据非转基因玉米在不同方向、距转基因抗虫玉米不同距离收获的玉米籽粒数量,确定花粉传播距离和不同距离的异交率。

5.5.2 胚乳检测

用胚乳显隐性性状进行鉴别。根据不同方向、距转基因抗虫玉米不同距离收获的玉米籽粒中表现转基因抗虫玉米胚乳性状的数量,确定转基因抗虫玉米花粉传播距离和不同距离的异交率。只有当转基因抗虫玉米是显性胚乳性状,如黄色籽粒或非糯,适用该方法。

5.5.3 生物测定

当转基因抗虫玉米同时具备耐除草剂性能时,将不同距离收获的10个果穗的玉米籽粒在温室或田间条件下分区全部播种。在玉米出苗后,调查出苗数。待玉米长至3片~4片叶时,按规定浓度喷施转基因抗虫耐除草剂玉米所耐除草剂,7 d后对存活植株再喷一次除草剂,喷第二次除草剂,14 d后调查不同处理正常存活的玉米株数,测定不同方向、不同距离收获的玉米籽粒中耐除草剂的数量,确定花粉传播距离和不同距离的异交率。

5.6 结果表述

5.6.1 异交率

异交率按公式(1)计算:

$$P = \frac{N}{T} \times 100\% \quad \cdots\cdots (1)$$

式中:

P——异交率,单位为百分率(%);

N——每穗玉米中含外源基因的玉米籽粒数量,单位为粒;

T——每穗籽粒总量,单位为粒;若非转基因玉米为人为去雄的,此时的T为相应非转基因玉米在距转基因抗虫玉米1 m处10个果穗的平均籽粒数量。

计算结果保留2位小数。

5.6.2 基因漂移距离和频率

根据检测结果,确定外源基因在不同方向和不同距离的异交率,进而确定漂移距离。

ICS 65.020
B 04

中华人民共和国国家标准

农业部953号公告—10.4—2007

转基因植物及其产品环境安全检测 抗虫玉米 第4部分：生物多样性影响

Evaluation of environmental impact of genetically modified plants and its derived products—Insect-resistant maize
Part 4: Impact on biodiversity

2007-12-18 发布 2008-03-01 实施

中华人民共和国农业部 发布

前　言

本标准由中华人民共和国农业部科技教育司提出。

本标准由全国农业转基因生物安全管理标准化技术委员会归口。

本标准起草单位:中国农业科学院植物保护研究所、农业部科技发展中心。

本标准主要起草人:王振营、刘信、彭于发、何康来、白树雄、厉建萌。

本标准为首次发布。

转基因植物及其产品环境安全检测　抗虫玉米
第4部分：生物多样性影响

1　范围

本标准规定了转基因抗虫玉米对生物多样性及家蚕和柞蚕的影响的检测方法。

本标准适用于转基因抗虫玉米对玉米田主要靶标和非靶标害虫、优势天敌种群动态、地上节肢动物群落结构、玉米病害以及家蚕和柞蚕影响的检测，其中对家蚕和柞蚕影响的检测不适用于进口用做加工原料的转基因抗虫玉米的环境安全检测。

2　规范性引用文件

下列文件中的条款通过本标准的引用而成为本标准的条款。凡是注日期的引用文件，其随后所有的修改单(不包括勘误的内容)或修订版均不适用于本标准。然而，鼓励根据本标准达成协议的各方研究是否可使用这些文件的最新版本。凡是不注日期的引用文件，其最新版本适用于本标准。

GB 4404.1　粮食作物种子　禾谷类

NY/T 720.1—2003　转基因玉米环境安全检测技术规范　第1部分：生存竞争能力检测

NY/T 720.3—2003　转基因玉米环境安全检测技术规范　第3部分：对生物多样性影响的检测

农业部953号公告—10.1—2007　转基因植物及其产品环境安全检测　抗虫玉米　第1部分：抗虫性

3　术语

下列术语和定义适用于本标准。

3.1

非靶标生物　non-target organism

转基因抗虫玉米中的目的基因所针对的目标生物以外的其他生物。

4　要求

4.1　试验材料

转基因抗虫玉米品种(系)和对应的非转基因玉米品种(系)。

上述材料的质量应达到GB 4404.1中不低于二级玉米种子的要求。

4.2　隔离措施

按农业部953号公告—10.1—2007中“4.2　隔离措施”执行。

4.3　其他要求

按NY/T 720.1—2003中“3　要求”执行。

5　检测方法

5.1　试验设计

试验设计和播种按NY/T 720.3—2003的规定执行。

5.2　对玉米田节肢动物群落结构的影响

5.2.1 调查方法

5.2.1.1 直接调查观察法

按NY/T 720.3—2003的规定执行。

5.2.1.2 吸虫器调查法

按NY/T 720.3—2003的规定执行。

5.2.1.3 陷阱调查法

用于地表节肢动物多样性比较。在玉米定苗后10 d开始到成熟,每10 d调查一次,每小区采用对角线5点取样,每点埋设3个塑料杯(Φ15 cm×10 cm),杯中放有5%的洗涤剂水,不超过杯容积的1/3,间隔0.5 m,在埋杯的第二天,调查杯中的节肢动物种类和数量,不易识别的种类进行编号,放入75%乙醇溶液中保存,供进一步鉴定。

5.2.2 调查记录

记录所有直接观察到的、用吸虫器抽取或陷阱法得到的节肢动物的名称、发育阶段和数量。

5.2.3 结果表述

用节肢动物群落的多样性指数、均匀性指数和优势集中性指数3个指标,分析比较转基因抗虫玉米田昆虫群落、害虫和天敌亚群落的稳定性。

节肢动物群落的多样性指数按公式(1)计算。

$$H = -\sum_{i=1}^{n} P_i \ln P_i \qquad (1)$$

式中:

H——多样性指数;

P_i——N_i/N;

N_i——第i个物种的个体数;

N——总个体数。

计算结果保留2位小数。

节肢动物群落的均匀性指数按公式(2)计算。

$$J = H/\ln S \qquad (2)$$

式中:

J——均匀性指数;

H——多样性指数;

S——物种数。

计算结果保留2位小数。

节肢动物群落的优势集中性指数按公式(3)计算。

$$C = \sum_{i=1}^{n} (N_i/N)^2 \qquad (3)$$

式中:

C——优势集中性指数;

N_i——第i个物种的个体数;

N——总个体数。

计算结果保留2位小数。

5.3 对玉米田主要鳞翅目害虫的影响

5.3.1 调查方法

每小区采用对角线5点取样,每点连续调查相邻4行的20株玉米,在心叶初期、心叶末期和穗期

(收获前)各调查1次。具体调查对象为靶标害虫亚洲玉米螟,其他鳞翅目害虫棉铃虫、甜菜夜蛾[*Spodoptera exigua*(Hübner)]、黏虫、高粱条螟[*Proceras vennosatum*(Walker)]、桃蛀螟[*Conogethes punciferalis*(Guenée)]等主要鳞翅目害虫。心叶初期分别调查玉米心叶被棉铃虫、甜菜夜蛾或黏虫为害情况,心叶末期调查玉米心叶被亚洲玉米螟为害情况,收获前剖秆(包括雌穗)调查玉米植株被害情况。对于亚洲玉米螟、高粱条螟和桃蛀螟还应调查蛀孔数和幼虫存活数。

5.3.2 调查记录

记录不同时期观察到的鳞翅目害虫的种类、数量和玉米被害株数和被害情况。

5.3.3 结果表述

确定转基因抗虫玉米对主要鳞翅目害虫的影响,按公式(4)计算。

$$E=\frac{D-T}{D}\times 100 \quad \cdots\cdots (4)$$

式中:

E——控制效果,单位为百分率(%);

D——非转基因对照玉米小区受害植株数或虫数;

T——转基因抗虫玉米小区受害植株数或虫数。

计算结果保留2位小数。

5.4 对玉米田主要非靶标害虫玉米蚜的影响

5.4.1 调查方法

5.4.1.1 直接调查观察法

从定苗后10 d到成熟,每7 d调查一次,每小区采用对角线5点取样,每点固定5株玉米。记载整株玉米蚜(*Rhopalosiphum maidis* Fitch)的数量。

5.4.1.2 吸虫器调查法

在玉米定苗15 d后调查第一次,以后在玉米心叶中期、心叶末期、花丝盛期和灌浆后期各调查1次,共计5次,每小区采用对角线5点取样。每点用吸虫器抽取5株玉米(全株)及其地面1 m^2 范围内的所有节肢动物种类。将抽取的样品带回室内清理和初步分类后,记录其中玉米蚜的数量。

5.4.2 调查记录

记录不同蚜虫的种类和数量。

5.4.3 结果表述

根据转基因抗虫玉米和对照玉米不同生育期玉米蚜的数量,评价转基因抗虫玉米对玉米蚜的种群数量动态的影响。

5.5 对玉米病害的影响

按NY/T 720.3—2003中“5.3.4”的规定执行。

5.6 对家蚕和柞蚕的影响

5.6.1 玉米花粉的采集

在玉米雄穗抽出、尚未散粉前,用授粉袋将玉米雄穗套住,每小区套10株玉米。在玉米散粉盛期,分别将转基因抗虫玉米和非转基因对照玉米花粉取回到实验室中。采集的花粉用200目的分样筛过筛,除去花药等杂质,放入50 mL离心管中,迅速用液氮冷冻后放入−20℃冰箱中保存备用。

5.6.2 不同浓度玉米花粉叶片的制备

将转基因抗虫玉米和非转基因抗虫玉米花粉按每毫升蒸馏水0 mg、1 mg、5 mg和10 mg的花粉量分别制成不同花粉浓度的悬浮液,将新鲜桑叶或柞树叶片分别放入不同浓度的花粉悬浮液中,并充分摇动,使花粉均匀分布在叶片上,然后取出晾干,制备成0、100、500和1 000粒/cm^2 花粉浓度桑叶或柞树叶片,以对应的非转基因玉米花粉作对照。

5.6.3 **检测方法**

取直径20 cm的培养皿，底部铺一湿润的滤纸，放入沾有玉米花粉的新鲜桑树或柞树叶片，然后接入20头家蚕(*Bombyx mori* L.)或柞蚕(*Antheraea pernyi* Guérin - Mèneville)的初孵幼虫(蚁蚕)，每2 d更换一次新鲜叶片，检测在25℃，光照周期16 L∶8 D条件下进行，到第七天结束，每处理重复5次。

5.6.4 **调查记录**

每二天检查取食沾有玉米花粉叶片的家蚕或柞蚕初孵幼虫的存活率，检查时用毛笔尖轻触虫体无反应为死亡判断标准，第七天对存活的幼虫称重。

5.6.5 **结果表述**

根据在取食沾有不同浓度转基因抗虫玉米花粉和对应的非转基因玉米花粉桑叶或柞树叶家蚕或柞蚕初孵幼虫第七天的死亡数和幼虫体重是否存在显著差异，评价转基因抗虫玉米花粉对家蚕和柞蚕的影响。

6 结果分析

采用方差分析方法比较转基因抗虫玉米与非转基因玉米对主要鳞翅目害虫、非靶标害虫蚜虫的种群动态、优势天敌种群数量、地上节肢动物多样性、群落结构以及主要病害的影响。

ICS 65.020
B 04

中华人民共和国国家标准

农业部953号公告—11.1—2007

转基因植物及其产品环境安全检测 抗除草剂玉米 第1部分：除草剂耐受性

Evaluation of environmental impact of genetically modified plants and its derived products—Herbicide-tolerant maize
Part 1: Evaluation of the tolerance to herbicides

2007-12-18 发布　　2008-03-01 实施

中华人民共和国农业部 发布

前　　言

本标准由中华人民共和国农业部科技教育司提出。

本标准由全国农业转基因生物安全管理标准化技术委员会归口。

本标准起草单位:中国农业科学院植物保护研究所、农业部科技发展中心。

本标准主要起草人:王锡锋、宋贵文、彭于发、李香菊、谢家建、周广和、沈平。

转基因植物及其产品环境安全检测
抗除草剂玉米
第1部分:除草剂耐受性

1 范围

本标准规定了转基因抗除草剂玉米对除草剂耐受性的检测方法。

本标准适用于转基因抗除草剂玉米对除草剂的耐受性水平的检测。

2 规范性引用文件

下列文件中的条款通过本标准的引用而成为本标准的条款。凡是注日期的引用文件,其随后所有的修改单(不包括勘误的内容)或修订版均不适用于本标准。然而,鼓励根据本标准达成协议的各方研究是否可使用这些文件的最新版本。凡是不注日期的引用文件,其最新版本适用于本标准。

GB 4404.1 粮食作物种子 禾谷类

NY/T 720.1—2003 转基因玉米环境安全检测技术规范 第1部分:生存竞争能力检测

GB/T 19780.42 农药田间药效试验准则 (一)除草剂防治玉米地杂草

3 术语和定义

下列术语和定义适用于本标准。

3.1

转基因抗除草剂玉米 transgenic herbicide-tolerant maize

通过基因工程技术将抗除草剂基因导入玉米基因组而培育出的抗除草剂玉米品种(品系)。

3.2

目标除草剂 target herbicide

转基因抗除草剂玉米中的目的蛋白所耐受的除草剂。

4 要求

4.1 试验材料

转基因抗除草剂玉米品种(品系)和对应的非转基因玉米品种(品系)。

上述材料的质量应达到GB 4404.1中不低于二级玉米种子的要求。

4.2 隔离措施(4.2.1和4.2.2选一)

4.2.1 空间隔离

试验地四周有200 m以上非玉米为隔离带,若试验区域周边有玉米制种田,则隔离带应在300 m以上。

4.2.2 时间隔离

转基因抗除草剂玉米田周围200 m范围内与其他玉米错期播种,使花期隔离,夏玉米错期在30 d以上,春玉米错期在40 d以上。

4.3 其他要求

按NY/T 720.1—2003中“3 要求”执行。

5 试验方法

5.1 试验设计

随机区组设计,3次重复。小区间设有1.0 m宽隔离带,小区面积不小于24 m^2,处理包括:

转基因玉米不喷施除草剂;

转基因玉米喷施目标除草剂;

对应的非转基因玉米不喷施除草剂;

对应的非转基因玉米喷施目标除草剂;

所有除草剂的施用剂量分为:农药登记标签的中剂量和中剂量的倍量。

用药时间:按抗除草剂玉米推荐时间施用。

5.2 播种

按当地春玉米或夏玉米常规播种时间、播种方式和播种量进行播种。

5.3 管理

播种后按当地常规栽培方式进行田间管理。

5.4 调查和记录

分别在用药后1周、2周和4周调查和记录成苗率、植株高度(选取最高的5株)、药害症状(选取药害症状最轻的5株)。药害症状分级按GB/T 19780.42执行。

5.5 结果表述

除草剂受害率按公式(1)计算。

$$X = \frac{\sum(N \times S)}{T \times M} \times 100 \quad \cdots\cdots (1)$$

式中:

X——受害率,单位为百分数(%);

N——同级受害株数;

S——级别数;

T——总株数;

M——最高级别。

5.6 结果分析

用方差分析方法比较不同处理的转基因抗除草剂玉米、对应的非转基因玉米在出苗率、成苗率和受害率方面的差异。判别转基因抗除草剂玉米对除草剂的耐受水平。

ICS 65.020
B 04

中华人民共和国国家标准

农业部953号公告—11.2—2007

转基因植物及其产品环境安全检测 抗除草剂玉米 第2部分：生存竞争能力

Evaluation of environmental impact of genetically modified plants and its derived products—Herbicide-tolerant maize
Part 2: Survival and competitiveness

2007-12-18 发布　　2008-03-01 实施

中华人民共和国农业部 发布

前　　言

本标准由中华人民共和国农业部科技教育司提出。

本标准由全国农业转基因生物安全管理标准化技术委员会归口。

本标准起草单位：中国农业科学院植物保护研究所、农业部科技发展中心。

本标准主要起草人：王锡锋、宋贵文、彭于发、李香菊、谢家建、周广和、沈平。

转基因植物及其产品环境安全检测
抗除草剂玉米
第2部分:生存竞争能力

1 范围

本标准规定了转基因抗除草剂玉米生存竞争能力的检测方法。

本标准适用于转基因抗除草剂玉米变为杂草的可能性、转基因抗除草剂玉米与非转基因玉米、杂草在荒地和农田中竞争能力的检测。

2 规范性引用文件

下列文件中的条款通过本标准的引用而成为本标准的条款。凡是注日期的引用文件,其随后所有的修改单(不包括勘误的内容)或修订版均不适用于本标准。然而,鼓励根据本标准达成协议的各方研究是否可使用这些文件的最新版本。凡是不注日期的引用文件,其最新版本适用于本标准。

GB/T 3543.4 农作物种子检验规程 发芽试验

GB 4404.1 粮食作物种子 禾谷类

NY/T 720.1—2003 转基因玉米环境安全检测技术规范 第1部分:生存竞争能力检测

农业部953号公告—11.1—2007 转基因植物及其产品环境安全检测 抗除草剂玉米 第1部分:除草剂耐受性

3 要求

3.1 试验材料

转基因抗除草剂玉米品种(品系)和对应的非转基因抗除草剂玉米品种(品系)。

上述材料的质量应达到GB 4404.1中不低于二级玉米种子的要求。

3.2 隔离措施

按农业部953号公告—11.1—2007中"4.2 隔离措施"执行。

3.3 其他要求

按NY/T 720.1—2003中"3 要求"执行。

4 检测方法

按NY/T 720.1—2003中"4 试验方法"的规定执行。

ICS 65.020
B 04

中华人民共和国国家标准

农业部953号公告—11.3—2007

转基因植物及其产品环境安全检测 抗除草剂玉米 第3部分：外源基因漂移

Evaluation of environmental impact of genetically modified plants and its derived products—Herbicide-tolerant maize Part 3: Gene flow

2007-12-18 发布　　2008-03-01 实施

中华人民共和国农业部 发布

前　言

本标准由中华人民共和国农业部科技教育司提出。

本标准由全国农业转基因生物安全管理标准化技术委员会归口。

本标准起草单位:中国农业科学院植物保护研究所、农业部科技发展中心。

本标准主要起草人:王锡锋、宋贵文、彭于发、李香菊、谢家建、周广和、沈平。

转基因植物及其产品环境安全检测 抗除草剂玉米 第 3 部分:外源基因漂移

1 范围

本标准规定了转基因抗除草剂玉米外源基因漂移的检测方法。

本标准适用于转基因抗除草剂玉米与栽培玉米的异交率以及基因漂移的距离和频率的检测。

2 规范性引用文件

下列文件中的条款通过本标准的引用而成为本标准的条款。凡是注日期的引用文件,其随后所有的修改单(不包括勘误的内容)或修订版均不适用于本标准。然而,鼓励根据本标准达成协议的各方研究是否可使用这些文件的最新版本。凡是不注日期的引用文件,其最新版本适用于本标准。

GB 4404.1 粮食作物种子 禾谷类

NY/T 720.1—2003 转基因玉米环境安全检测技术规范 第 1 部分:生存竞争能力检测

农业部 953 号公告—11.1—2007 转基因植物及其产品环境安全检测 抗除草剂玉米 第 1 部分:除草剂耐受性

3 术语和定义

下列术语和定义适用于本标准。

3.1

异交率 outcrossing rate

转基因抗除草剂玉米和非转基因玉米品种自然杂交的比率。

3.2

基因漂移 gene flow

转基因抗除草剂玉米中的目的基因向其他品种或物种自然转移的行为。

4 要求

4.1 试验材料

转基因抗除草剂玉米品种(品系),与供试转基因抗除草剂玉米品种(品系)生育期相当的当地普通玉米品种。

上述材料的质量应达到 GB 4404.1 中不低于二级玉米种子的要求。

4.2 隔离措施

按农业部 953 号公告—11.1—2007 中“4.2 隔离措施”执行。

4.3 其他要求

按 NY/T 720.1—2003 中“3 要求”执行。

5 试验方法

5.1 试验设计

试验地面积不小于10 000 m^2(100 m×100 m),在试验地中心,划出一个25 m^2(5 m×5 m)小区种植转基因抗除草剂玉米,周围种植非转基因玉米。转基因抗除草剂玉米分两次播种,隔2行种2行。

5.2 播种时间

转基因抗除草剂玉米第1次播种与非转基因玉米同期播种,第2次在第1次播种后7 d进行。

5.3 播种量

按常规播种量。

5.4 调查方法

将试验地的对角线四个方向分别用A,B,C,D标记。在玉米成熟时,沿上述标记方向,距种植转基因抗除草剂玉米种植区5 m、15 m、30 m和60 m,每个方向随机收获10株玉米(第1果穗)。并按照A 1,A 2,A 3,A 4…的顺序作上标记,晒干后储存待进一步检测。

5.5 检测方法

5.5.1 基因漂移的发生距离和频率确定

按不同方向、距转基因抗除草剂玉米不同距离收获的玉米种子,当年在温室条件下进行单穗种植(田间种植在第二年进行),按试验用转基因抗除草剂玉米相应的除草剂规定用量和时期进行喷雾。根据存活下的植株数量,结合玉米开花授粉期当时的天气记录,特别是风向和风力,确定不同方向上基因漂移的发生距离和频率。

5.5.2 异交率

异交率按公式(1)计算。

$$P = \frac{N}{T} \times 100\% \quad \cdots\cdots (1)$$

式中:

P ——基因漂移异交率,单位为百分数(%);

N ——每穗转基因玉米植株数量,单位为株;

T ——每穗籽粒出苗总数,单位为株。

5.6 结果表述

计算异交率平均数,转基因漂移的发生距离和频率。结合玉米开花授粉期的天气记录等,进行综合分析。

ICS 65.020
B 04

中华人民共和国国家标准

农业部953号公告—11.4—2007

转基因植物及其产品环境安全检测 抗除草剂玉米 第4部分：生物多样性影响

Evaluation of environmental impact of genetically modified plants and its derived products—Herbicide-tolerant maize Part 4: Impacts on biodiversity

2007-12-18 发布

2008-03-01 实施

中华人民共和国农业部 发布

前 言

附录A为资料性附录。

本标准由中华人民共和国农业部科技教育司提出。

本标准由全国农业转基因生物安全管理标准化技术委员会归口。

本标准起草单位:中国农业科学院植物保护研究所、农业部科技发展中心。

本标准主要起草人:王锡锋、宋贵文、彭于发、李香菊、谢家建、周广和、沈平。

转基因植物及其产品环境安全检测
抗除草剂玉米
第4部分:生物多样性影响

1 范围

本标准规定了转基因抗除草剂玉米对生物多样性影响的检测方法。

本标准适用于转基因抗除草剂玉米对玉米田节肢动物多样性、玉米病虫害及玉米田植物多样性影响的检测。

2 规范性引用文件

下列文件中的条款通过本标准的引用而成为本标准的条款。凡是注日期的引用文件,其随后所有的修改单(不包括勘误的内容)或修订版均不适用于本标准。然而,鼓励根据本标准达成协议的各方研究是否可使用这些文件的最新版本。凡是不注日期的引用文件,其最新版本适用于本标准。

GB 4404.1 粮食作物种子 禾谷类

NY/T 720.3—2003 转基因玉米环境安全检测技术规范 第3部分:对生物多样性影响的检测

GB/T 19780.42 农药田间药效试验准则 (一)除草剂防治玉米地杂草

农业部953号公告—11.1—2007 转基因植物及其产品环境安全检测 抗除草剂玉米 第1部分:除草剂耐受性

3 术语和定义

下列术语和定义适用于本标准。

3.1

非靶标生物 non-target organism

转基因抗除草剂玉米中的目的基因所针对的目标生物以外的其他生物。

4 要求

4.1 试验材料

转基因抗除草剂玉米品种(品系)和对应的非转基因玉米品种(品系)。

上述材料的质量应达到GB 4404.1中不低于二级玉米种子的要求。

4.2 隔离措施

按农业部953号公告—11.1—2007中“4.2 隔离措施”执行。

4.3 其他要求

按NY/T 720.1—2003中“3 要求”执行。

5 试验方法

5.1 试验设计

小区采用随机排列,小区间设有1.0 m宽隔离带,面积不小于150 m^2,3次重复。处理包括:

——处理1:转基因抗除草剂玉米不喷施除草剂;

——处理2:转基因抗除草剂玉米喷施目标除草剂;

——处理3:对应的非转基因玉米不喷施除草剂。

5.2 播种

按当地春玉米或夏玉米常规播种时间、播种方式和播种量进行播种。

5.3 调查方法

5.3.1 对玉米田节肢动物多样性的影响

采用对角线5点取样。未使用除草剂的处理从出苗到成熟,每7 d调查1次,使用除草剂的处理分别在用药后2周和4周调查2次。使用下列两种调查方法。

a) 直接调查观察法

每点固定10株玉米。记载整株玉米(蚜虫、叶螨记载上、中、下3叶)及其地面所有节肢动物的种类及其发育阶段。调查时记载主要节肢动物包括各种昆虫和蜘蛛的数量和种类,田间不能识别的种类编号,带回室内鉴定。开始调查时,首先要快速观察活泼易动的昆虫/蜘蛛的数量。观察记录参见附录A表A.1。

b) 吸虫器调查法

每点用吸虫器抽取5株玉米(全株)及其地面1 m^2 范围内的所有节肢动物种类。在玉米定苗10 d后调查第1次,以后在玉米心叶中期、末期、花丝盛期和灌浆后期各调查1次,共计5次。将抽取的样品带回室内清理和初步分类后,放入75%乙醇溶液中保存,供进一步鉴定。观察记录参照附录A表A.2。

5.3.2 对玉米田主要鳞翅目害虫的影响

心叶末期调查玉米心叶被鳞翅目害虫为害情况,包括植株被害率,穗期调查雌穗被害率以及幼虫存活数,必要时调查蛀孔数并剖秆调查隧道长度。方法同NY/T 720.3—2003,调查研究应包括亚洲玉米螟[*Ostinia furnacalis* (Guénee)]、棉铃虫(*Helicoverpa armigera* Hübner)、甜菜夜蛾[*Spodoptera exigua*(Hübner)]、黏虫[*Mythimna separata*(Walker)]、高粱条螟[*Proceras vennosatum*(Walker)]、桃蛀螟[*Dichocrocis punciferalis*(Guénee)]等主要鳞翅目害虫。观察记录参见附录A表A.3和表A.4。

5.3.3 对玉米主要病害发生的影响

按NY/T 720.3—2003中"5.3.4"执行。

5.3.4 对玉米田主要杂草发生的影响

按GB/T 19780.42执行。

5.4 结果表述

采用方差分析方法对试验数据进行统计,判定转基因抗除草剂玉米对节肢动物多样性及玉米病虫害的影响。

附 录 A
(资料性附录)
观察记录调查表

表 A.1 玉米田节肢动物种类、数量调查表

调查日期	小区	样点	株号	昆虫及蜘蛛名称			
				发育时期			
				卵块或粒	幼(若)虫(头)	蛹期(头)	成虫(头)

表 A.2 玉米田节肢动物种类、数量调查表(吸虫器法)

调查日期	小区	样点	昆虫及蜘蛛名称	
			发育时期	
			幼(若)虫(头)	成虫(头)

表 A.3 玉米心叶末期抗螟性调查结果

调查日期	品种	样点	株号	受害食叶级别

表 A.4 收获前玉米植株被害调查表

调查日期	小区	株号	蛀孔数(个)	活虫数(头)	隧道长度(cm)

ICS 65.020
B 04

中华人民共和国国家标准

农业部953号公告—12.1—2007

转基因植物及其产品环境安全检测 抗虫棉花 第1部分：对靶标害虫的抗虫性

Evaluation of environmental impact of genetically modified plants and it's derived products—Insect-resistant cotton
Part 1: Evaluation of insect pest resistance

2007-12-18 发布 2008-03-01 实施

中华人民共和国农业部 发布

前　言

本标准由中华人民共和国农业部提出。

本标准全国农业转基因生物安全管理标准化技术委员会归口。

本标准附录A为资料性附录。

本标准起草单位:农业部科技发展中心、中国农业科学院棉花研究所、中国农业科学院植物保护研究所。

本标准主要起草人:崔金杰、沈平、吴孔明、雒珺瑜、张永军、厉建萌、马艳、陈海燕、王春义。

本标准为首次发布。

转基因植物及其产品环境安全检测 抗虫棉花 第1部分:对靶标害虫的抗虫性

1 范围

本标准规定了转基因抗虫棉对靶标害虫棉铃虫抗性的检测方法。

本标准适用于转基因抗虫棉对靶标害虫棉铃虫抗性、抗性的稳定性与纯合度的室内生物测定和抗虫效率的田间检测。

2 规范性引用文件

下列文件中的条款通过本标准的引用而成为本标准的条款。凡是注明日期的引用文件,其后所有的修改单(但不包括勘误的内容)或修订版均不适用于本标准。然而,鼓励根据本标准达成协议的各方研究是否可使用这些文件的最新版本。凡是不注明日期的引用文件,其最新版本适用于本标准。

GB 4407.1 经济作物种子 棉花

3 术语和定义

下列术语和定义适用于本标准。

3.1

生物测定 bioassay

在室内利用人工接虫的方法评价转基因抗虫棉花的组织器官对靶标害虫的抗性效果。

3.2

抗性稳定性 resistance stability

转基因抗虫棉在苗期、蕾期、花铃期对靶标害虫的抗虫性差异。

3.3

抗性纯合度 resistance homogeneity

苗期、蕾期、花铃期转基因抗虫棉品种的不同棉花植株对靶标害虫抗性的一致性。

3.4

幼虫死亡率 larval mortality

靶标害虫幼虫取食转基因抗虫棉花后死亡幼虫数占供试幼虫总数的百分率。

4 要求

4.1 供试棉铃虫

室内生物测定用人工饲料饲养的1 d龄棉铃虫幼虫。田间抗性效率检测试验的棉铃虫为自然发生种群。

4.2 试验品种

转基因抗虫棉品种、对应的非转基因棉花品种、感虫对照品种和当地主栽转基因抗虫棉品种。

上述棉花种子质量达到GB 4407.1中对种子质量要求。

4.3 资料记录

4.3.1 试验地名称与位置

记录试验地的名称、试验的具体地点、经纬度或全球地理定位系统(GPS)地标。绘制小区示意图。

4.3.2 土壤资料

记录土壤类型、土壤肥力、排灌情况和土壤覆盖物等内容。描述试验地近三年种植情况。

4.3.3 试验地周围生态类型

4.3.3.1 自然生态类型

记录与农业生态类型地区的距离及周边植被情况。

4.3.3.2 农业生态类型

记录试验地周围的主要栽培作物及其他植被情况,以及当地棉花田常见病、虫、草害的名称及危害情况。

4.3.4 气象资料

记录试验期间试验地降雨(降雨类型,日降雨量以毫米 mm 表示)和温度(日平均温度、最高和最低温度、积温,以摄氏度℃表示)的资料。记录影响整个试验期间试验结果的恶劣气候因素,例如严重或长期的干旱、暴雨、冰雹等。

4.4 试验地安全控制措施

4.4.1 隔离措施

试验地四周有 100 m 以上非棉花为隔离带。若试验区周边有棉花制种田,隔离距离为 200 m 以上。

4.4.2 试验过程的安全管理

试验地设专人监管。试验过程中如发生试验材料被盗、被毁等意外事故,应立即报告当地行政主管部门和当地公安部门,依法处理。

4.4.3 试验后的材料处理

需要收获的转基因抗虫棉花材料应单收、单脱、单藏,由专人运输和保管。试验结束后,除需要保留的材料外,剩余转基因试验材料一律焚毁。

4.4.4 试验结束后试验地的监管

保留试验地边界标记。当年和第二年内不再种植转基因抗虫棉花,由专人负责监管,及时拔除并销毁转基因抗虫棉花自生苗。

5 试验方法

5.1 试验设计

随机区组设计,三次重复,小区面积不小于 100 m^2,常规耕作管理,靶标害虫发生期不应喷施杀虫剂。

5.2 播种

按当地春棉或夏棉(短季棉)常规播种时期、播种方式和播种量进行播种。

5.3 调查记录

5.3.1 对靶标害虫的抗虫性生物测定

5.3.1.1 取样方法

在靶标害虫二、三、四代发生盛期,分别从转基因抗虫品种田、感虫对照品种田和当地主栽转基因抗虫棉品种田采集顶部展开的第三片棉叶,每处理每小区随机采集 20 片。

5.3.1.2 操作

在大试管(35 mm×120 mm)中加入 20 mm 的琼脂培养基,将叶片(保留叶柄)插入培养基中保鲜,每试管放一张叶片,每张叶片接棉铃虫 1 d 龄幼虫 5 头。接虫后用脱脂棉塞紧管口,以防棉铃虫逃逸;

放于25℃～28℃的养虫室或培养箱中饲养。

5.3.1.3 结果记录

接虫后第5 d检查幼虫取食状况和幼虫死亡状况。记录幼虫死亡虫数和活虫数，目测幼虫取食状况，幼虫取食状况级别按附录表A.1、A.2执行。

幼虫死亡率按公式(1)计算：

$$X = \frac{n}{A} \times 100 \cdots\cdots (1)$$

式中：

X——幼虫死亡率，单位为%；

n——死虫数，单位为头；

A——接虫数，单位为头。

校正死亡率按公式(2)计算：

$$X_t = \frac{X_l - X_0}{1 - X_0} \times 100 \cdots\cdots (2)$$

式中：

X_t——幼虫校正死亡率，单位为%；

X_l——处理死亡率，单位为%；

X_0——对照死亡率，单位为%。

5.3.1.4 结果分析

判定转基因抗虫棉的抗虫性。转基因抗虫棉抗虫性级别判定标准按附录A执行。

5.3.2 对靶标害虫抗性的稳定性与纯合度生物测定

5.3.2.1 取样方法

对靶标害虫抗性的稳定性生物测定：分别于棉花生长的苗期、蕾期、花铃期从转基因抗虫品种田、对应的非转基因棉花品种田和当地主栽转基因抗虫棉品种田采集棉花的上部倒数第三片展开叶，每处理每小区随机采集20张叶片。

对靶标害虫抗性的纯合度生物测定：分别于棉花生长的苗期、蕾期、花铃期从转基因抗虫品种田、对应的非转基因棉花品种田和当地主栽转基因抗虫棉品种田采集棉花的上部叶片，每处理每小区随机选择20株棉株，每株采3张叶片。

5.3.2.2 操作

见本部分5.3.1.2。

5.3.2.3 结果记录

接虫后第5 d检查幼虫死亡状况。记录幼虫死亡虫数和活虫数。幼虫死亡率和校正死亡率的计算公式同5.3.1.3中(1)和(2)。

计算每处理每小区20张叶片对靶标害虫抗性的校正死亡率平均值，用于对靶标害虫抗性稳定性的统计分析。

计算每处理每小区每株3张叶片对靶标害虫抗性的校正死亡率平均值，然后计算20株棉株对靶标害虫抗性的校正死亡率平均值(y)和标准差(s)。计算变异系数CV，用于对靶标害虫抗性纯合度的统计分析。

变异系数按公式(3)计算：

$$CV = (s/y) \times 100 \cdots\cdots (3)$$

5.3.2.4 结果分析

比较转基因抗虫棉苗期、蕾期和花铃期对靶标害虫抗性的校正死亡率差异，并比较转基因抗虫棉和当地主栽抗虫棉品种相同时期对靶标害虫抗性的校正死亡率差异，分析转基因抗虫棉对靶标害虫的抗性稳定性。

比较转基因抗虫棉苗期、蕾期和花铃期对靶标害虫抗性的变异系数，并比较转基因抗虫棉和当地主栽抗虫棉品种相同时期对靶标害虫抗性的变异系数，分析转基因抗虫棉对靶标害虫的抗性纯合度。

5.3.3 对靶标害虫抗虫效率田间检测

5.3.3.1 调查方法

在第二、三、四代靶标害虫(棉铃虫)发生盛期，分别调查1次转基因抗虫棉品种田、对应的非转基因棉花品种田、当地主栽转基因抗虫棉品种田靶标害虫的残虫数量和蕾铃危害情况。采用对角线5点取样法，每个小区调查5个样点，每个样点顺序连续调查10株棉花。

5.3.3.2 结果记录

记录靶标害虫的幼虫数量和龄期、棉株顶尖被害株数、每株棉花蕾铃被害数和蕾铃总数。

5.3.3.3 结果分析

对试验数据进行统计，计算不同处理棉田靶标害虫的百株幼虫数量、顶尖被害率、蕾铃被害率，比较转基因抗虫棉品种田和对应的非转基因棉花品种田、当地主栽转基因抗虫棉品种田上述指标的差异，分析转基因抗虫棉品种对靶标害虫的抗性效率。

附　录　A
（资料性附录）

表 A.1　转基因抗虫棉抗虫性评定标准

抗性级别	幼虫校正死亡率 Y(%)	叶片受害级别
高抗(1级)	Y≥90	1
抗(2级)	90>Y≥60	2
中抗(3级)	60>Y≥40	3
低抗(4级)	40>Y	4
感(5级)	同感虫对照品种	5

表 A.2　棉铃虫幼虫取食转基因抗虫棉叶片状况目测分级标准

叶片受害级别	取食状况描述
1	受害呈针头状不连片
2	受害呈小片，但不超过叶面积的25%
3	被害成片，超过叶面积的25%，但不超过叶面积的50%
4	被害成片，超过叶面积的50%
5	叶片被大量取食，被害同感虫对照品种

ICS 65.020
B 04

中 华 人 民 共 和 国 国 家 标 准

农业部953号公告—12.2—2007

转基因植物及其产品环境安全检测 抗虫棉花 第2部分：生存竞争能力

Evaluation of environmental impact of genetically modified plants and it's derived products— Insect-resistant cotton Part 2: Survival and competitiveness

2007-12-18 发布　　2008-03-01 实施

中华人民共和国农业部 发布

前　言

本标准由中华人民共和国农业部提出。

本标准全国农业转基因生物安全管理标准化技术委员会归口。

本标准起草单位：农业部科技发展中心、中国农业科学院棉花研究所、中国农业科学院植物保护研究所。

本标准主要起草人：崔金杰、沈平、吴孔明、雒珺瑜、张永军、厉建萌、马艳、陈海燕、王春义。

本标准为首次发布。

转基因植物及其产品环境安全检测 抗虫棉花 第2部分:生存竞争能力

1 范围

本标准规定了转基因抗虫棉花生存竞争能力的检测方法。

本标准适用于转基因抗虫棉花变为杂草的可能性、转基因抗虫棉花与非转基因棉花及杂草在荒地和农田中竞争能力的检测。

2 规范性引用文件

下列文件中的条款通过本标准的引用而成为本标准的条款。凡是注日期的引用文件,其随后所有的修改单(但不包括勘误的内容)或修订版均不适用于本标准。然而,鼓励根据本标准达成协议的各方研究是否可使用这些文件的最新版本。凡是不注日期的引用文件,其最新版本适用于本标准。

GB/T 3543.1 农作物种子检验规程 总则

GB/T 3543.4—1995 农作物种子检验规程 发芽试验

农业部953号公告—12.1—2007 转基因植物及其产品环境安全检测 抗虫棉花 第1部分:对靶标害虫的抗虫性

3 要求

3.1 试验材料

转基因抗虫棉品种、对应的非转基因棉花品种、当地常规棉花品种。

上述材料的质量达到GB 4407.1—1996中对棉花种子的要求。

3.2 其他要求

按农业部953号公告—12.1—2007中"4 要求"执行。

4 试验方法

4.1 荒地生存竞争能力测定

4.1.1 试验设计

随机区组设计,小区面积为6 m^2(2 m×3 m),三次重复。

4.1.2 播种

4月下旬和5月下旬,分期播种两次,分地表撒播和3 cm深度播种两种方式,每小区播种40粒。

4.1.3 管理

播种后不进行任何栽培管理。

4.1.4 调查时期

在播前调查一次试验小区的杂草种类、数量,按植株垂直投影面积占小区面积的比例估算出覆盖率。棉花播种后30 d开始,至棉花吐絮,每月调查一次,调查内容同播前。

4.1.5 调查方法

采用对角线5点取样方法,杂草每点调查0.25 m^2。

4.2 转基因抗虫棉自生苗数量

在种植后第二年5月和6月，各调查一次前一年种植转基因抗虫棉花的试验小区内自生苗情况，记录每小区自生苗的数量，并对自生苗进行生物学或分子生物学检测，然后用人工或除草剂将转基因抗虫棉花自生苗完全清除。

4.3 栽培地生存竞争能力测定

随机区组设计。小区面积不小于25 m^2(5 m×5 m)，重复四次，按当地常规耕作管理的模式进行。

4.3.1 播种

按当地春棉或夏棉(短季棉)常规播种时间、播种方式和播种量进行播种。

4.3.2 调查记录

在棉花苗期(4～6片真叶期)、现蕾期、花铃期及吐絮期，按对角线5点取样方法每小区调查5个样点，每点调查10株棉花的株高，并估算出覆盖率。棉花吐絮期每小区收取50个棉铃，比较转基因抗虫棉品种、对应的非转基因棉花品种的产量差异，并对收获的种子进行发芽率检测，按GB/T 3543.4—1995规定的方法进行。

4.4 结果分析

用方差分析方法比较转基因抗虫棉品种、对应的非转基因棉花品种和杂草之间的生存竞争能力的差异。

ICS 65.020
B 04

中华人民共和国国家标准

农业部953号公告—12.3—2007

转基因植物及其产品环境安全检测 抗虫棉花 第3部分：基因漂移

Evaluation of environmental impact of genetically modified plants and it's derived products—Insect-resistant cotton Part 3: The gene flow

2007-12-18 发布 2008-03-01 实施

中华人民共和国农业部 发布

前言

本标准由中华人民共和国农业部提出。

本标准全国农业转基因生物安全管理标准化技术委员会归口。

本标准起草单位:农业部科技发展中心、中国农业科学院棉花研究所、中国农业科学院植物保护研究所。

本标准主要起草人:崔金杰、沈平、吴孔明、雒珺瑜、张永军、厉建萌、马艳、陈海燕、王春义。

本标准为首次发布。

转基因植物及其产品环境安全检测
抗虫棉花
第3部分:基因漂移

1 范围

本标准规定了转基因抗虫棉花外源基因漂移的检测方法。

本标准适用于转基因抗虫棉花外源基因漂移距离和不同距离的漂移率的检测。

2 规范性引用文件

下列文件中的条款通过本标准的引用而成为本标准的条款。凡是注日期的引用文件,其随后所有的修改单(但不包括勘误的内容)或修订版均不适用于本标准。然而,鼓励根据本标准达成协议的各方研究是否可使用这些文件的最新版本。凡是不注日期的引用文件,其最新版本适用于本标准。

GB 4407.1 经济作物种子 棉花

农业部953号公告—12.1—2007 转基因植物及其产品环境安全检测 抗虫棉花 第1部分:对靶标害虫的抗虫性

3 术语和定义

下列术语和定义适用于本标准。

3.1

基因漂移 gene flow

转基因抗虫棉花中的外源基因向棉花栽培品种自然转移的行为。

3.2

漂移率 gene flow frequency

转基因抗虫棉花中目的蛋白通过花粉扩散与非转基因棉花品种发生自然杂交的比率。

4 要求

4.1 试验材料

转基因抗虫棉品种、与供试转基因棉花品种生育期相当的当地常规品种。种子的质量应达到GB 4407.1中对棉花种子的要求。

4.2 其他要求

按农业部953号公告—12.1—2007中“4 要求”执行。同时调查试验所在生态区内传粉昆虫的主要种类和数量。

5 试验方法

5.1 试验设计

试验地面积不小于10 000 m^2(100 m×100 m),在中心划出一个25 m^2(5 m×5 m)的小区种植转基因抗虫棉花,周围种植非转基因棉花。试验不设重复。

5.2 播种

转基因抗虫棉花与当地常规棉花品种同期播种。按当地常规播种时间、播种方式、播种量进行播种。

5.3 调查方法

沿试验地对角线的四个方向，分别用A,B,C,D标记，距转基因抗虫棉花种植区5 m、15 m、30 m和60 m，每点随机取10个铃的籽棉，并按照A1，A2，A3，…的顺序作上标记，籽棉风干后，用小型轧花机在室内单独轧花，单独按编号保存棉籽，用于进一步检测。

5.4 检测方法

5.4.1 生物测定

当年在温室内单粒种植，于棉花苗期(6片～10片真叶)进行室内生物测定，根据抗虫苗数和总棉苗数确定不同方向上基因漂移的距离和频率。

5.4.2 其他检测

对5.4.1中初步确认的含外源基因的植株涂抹卡那霉素溶液(3 000 ppm)进行初步筛选，然后进行分子生物学检测或用试纸条进行检测，确定花粉传播的距离和不同距离的漂移率。

5.5 调查和记录

记录收获的每个棉铃中籽粒总数及其中含外源基因的棉花籽粒数。

5.6 结果表述

漂移率按式(1)计算：

$$P = \frac{N}{T} \times 100 \cdots\cdots (1)$$

式中：

P——漂移率，单位为%；

N——每个棉铃中含外源基因的棉花籽粒数量，单位为粒；

T——每个棉铃籽粒总数，单位为粒。

5.7 结果分析

用方差分析方法分析转基因抗虫棉花花粉漂移距离和不同距离的漂移率。

ICS 65.020
B 04

中华人民共和国国家标准

农业部953号公告—12.4—2007

转基因植物及其产品环境安全检测 抗虫棉花 第4部分：生物多样性影响

Evaluation of environmental impact of genetically modified plants and it's derived products—Insect-resistant cotton Part 4: Impacts on biodiversity

2007-12-18 发布　　　　2008-03-01 实施

中华人民共和国农业部 发布

前　　言

本标准由中华人民共和国农业部提出。

本标准由全国农业转基因生物安全管理标准化技术委员会归口。

本标准附录A为资料性附录。

本标准起草单位:农业部科技发展中心、中国农业科学院棉花研究所、中国农业科学院植物保护研究所。

本标准主要起草人:崔金杰、沈平、吴孔明、雒珺瑜、张永军、厉建萌、马艳、陈海燕、王春义。

本标准为首次发布。

转基因植物及其产品环境安全检测
抗虫棉花
第 4 部分:生物多样性影响

1 范围

本标准规定了转基因抗虫棉花对棉田生物多样性的检测方法。

本标准适用于转基因抗虫棉花对棉田主要害虫及优势天敌种群数量、节肢动物群落结构、主要棉花病害影响的检测。

2 规范性引用文件

下列文件中的条款通过本标准的引用而成为本标准的条款。凡是注日期的引用文件,其随后所有的修改单(但不包括勘误的内容)或修订版均不适用于本标准。然而,鼓励根据本标准达成协议的各方研究是否可使用这些文件的最新版本。凡是不注日期的引用文件,其最新版本适用于本标准。

GB 4407.1 经济作物种子 棉花

农业部 953 号公告—12.1—2007 转基因植物及其产品环境安全检测 抗虫棉花 第 1 部分:对靶标 害虫的抗虫性

3 术语和定义

下列术语和定义适用于本标准。

3.1

靶标生物 target organism

转基因抗虫棉花中目的基因所针对的目标生物。

3.2

非靶标生物 non-target organism

转基因抗虫棉花中目的基因所针对的目标生物以外的其他生物。

4 要求

4.1 试验品种

转基因抗虫棉品种、对应的非转基因棉花品种和当地常规棉花品种。

种子质量应达到 GB 4407.1 中对棉花种子的要求。

4.2 其他要求

按农业部 953 号公告—12.1—2007 中“4 要求”执行。

5 试验方法

5.1 试验设计

随机区组设计,小区面积不小于 300 m^2,三次重复,常规耕作管理,全生育期不应喷施杀虫剂。

5.2 播种

按当地春棉或夏棉(短季棉)常规播种时间、播种方式、播种量进行播种。

5.3 调查记录

5.3.1 对棉田节肢动物多样性的影响

5.3.1.1 调查方法

直接调查观察法：从棉花出苗至吐絮，每7 d调查一次。每小区采用棋盘式取样方法调查10个样点，每点调查5株棉花。记载整株棉花(伏蚜只调查上部倒数第三片展开叶)及其地面各种昆虫和蜘蛛的数量、种类和发育阶段。开始调查时，首先要快速观察活泼易动的昆虫和(或)蜘蛛的数量。对田间不易识别的种类进行编号，带回室内鉴定。

吸虫器调查法：在棉花生长的苗期(4片～6片真叶)、蕾期、花期、铃期、吐絮期各调查一次，共计五次，每小区采用对角线五点取样。每点用吸虫器吸取5株棉花(全株)及其地面1 m^2 范围内的所有节肢动物种类。将抽取的样品带回室内清理和初步分类后，放入75%乙醇溶液保存，供进一步鉴定。

5.3.1.2 结果记录

记录所有直接观察到和用吸虫器吸取的节肢动物的名称、发育阶段和数量。

5.3.1.3 结果表述

运用节肢动物群落的多样性指数、均匀性指数和优势集中性指数3个指标，分析比较转基因抗虫棉田节肢动物群落、害虫和天敌亚群落的稳定性。

节肢动物群落的多样性指数按公式(1)计算：

$$H = -\sum_{i=1}^{S} P_i \ln P_i \quad \cdots\cdots (1)$$

式中：

H——多样性指数；

$P_i = N_i / N$；

N_i——第 i 个物种的个体数；

N——总个体数；

S——物种数。

计算结果保留2位小数。

节肢动物群落的均匀性指数按公式(2)计算。

$$J = H / \ln S \quad \cdots\cdots (2)$$

式中：

J——均匀性指数；

H——多样性指数；

S——物种数。

计算结果保留2位小数。

节肢动物群落的优势集中性指数按公式(3)计算。

$$C = \sum_{i=1}^{n} (N_i / N)^2 \quad \cdots\cdots (3)$$

式中：

C——优势集中性指数；

N_i——第 i 个物种的个体数；

N——总个体数。

计算结果保留2位小数。

5.3.2 对靶标害虫和主要非靶标害虫及其天敌种群数量的影响

5.3.2.1 调查方法

每小区采用棋盘式取样方法调查 10 个样点，每点调查 5 株棉花，每 7 天调查一次。调查的靶标害虫包括棉铃虫、红铃虫；其他鳞翅目害虫包括小地老虎、甜菜夜蛾、斜纹夜蛾、棉造桥虫、玉米螟等；其他主要刺吸性害虫包括棉蚜、棉叶螨、烟粉虱、棉叶蝉、棉盲蝽；主要天敌种类包括七星瓢虫、龟纹瓢虫、草间小黑蛛、狼蛛、小花蝽、草蛉、中红测沟茧蜂、齿唇姬蜂等。

5.3.2.2 结果记录

记录每次调查的棉铃虫的落卵量、幼虫龄期和数量，其他害虫及天敌的数量。

5.3.3 对棉花主要病害的影响

5.3.3.1 调查方法

采用对角线 5 点取样法，每点连续调查相邻两行的 20 株棉花。分别在棉花苗期、现蕾期、花铃期、吐絮期，调查 3 次～5 次棉花苗病、黄萎病、枯萎病发生情况。棉花枯萎病和黄萎病的分级标准按附录 A 表 A.1、表 A.2 执行。

5.3.3.2 结果表述

对棉花苗病、黄萎病、枯萎病和棉铃病发病情况用发病率 D 表示，按式(4)计算：

$$D = \frac{N}{T} \times 100 \qquad (4)$$

式中：

D——发病率，单位为百分率(%)；

N——病株数，单位为株；

T——调查总株数，单位为株。

对棉花黄萎病、枯萎病发病严重程度用病情指数表示，按式(5)计算：

$$I = \frac{\sum (N \times R)}{M \times T} \times 100 \qquad (5)$$

式中：

I——病情指数；

$\sum$——调查病害相对病级数值及其株数乘积的总和；

N——病害某一级别的植株数，单位为株；

R——病害的相对病级数值；

M——病害的最高病级数值；

T——调查总株数，单位为株。

5.4 结果分析

用方差分析方法分析比较转基因抗虫棉花与非转基因棉花对主要害虫及天敌种群数量、节肢动物群落结构和主要病害的影响。

附 录 A
(资料性附录)

表 A.1 棉花枯萎病发病分级标准

病情分级	症 状 描 述	抗病级别的划分		
0级	健株,无症状表现	1	免疫	相对病指为0
1级	病株叶片25%表现典型病状	2	高抗	相对病指0~5.0
2级	病株叶片25%~50%表现病状矮化	3	抗病	相对病指5.1~10.0
3级	病株叶片50%~90%表现病状,病状明显矮化	4	耐病	相对病指10.1~20.0
4级	病株叶片全部病状枯萎落叶至枯死或急性枯死	5	感病	相对病指>20.0

表 A.2 棉花黄萎病发病分级标准

病情分级	症 状 描 述	抗病级别的划分		
0级	棉株健康,无病叶,生长正常	1	免疫	相对病指为0
1级	棉株发病叶片低于25%,变黄萎蔫	2	高抗	相对病指0~10.0
2级	棉株发病叶片25%~50%,变黄萎蔫	3	抗病	相对病指10.1~20.0
3级	棉株发病叶片50%~75%,变黄萎蔫	4	耐病	相对病指20.1~35.0
4级	棉株发病叶片75%以上,或叶片全部脱落,棉株枯死	5	感病	相对病指>35.0

第三部分
食用安全检测类

ICS 65.020.99
B 04

中华人民共和国农业行业标准

NY/T 1102—2006

转基因植物及其产品食用安全检测 大鼠 90 d 喂养试验

Safety assessment of genetically modified plant and derived products 90-day feeding test in rats

2006-07-10 发布　　2006-10-01 实施

中华人民共和国农业部 发布

前 言

本标准由中华人民共和国农业部提出。

本标准由全国农业转基因生物安全管理标准化技术委员会归口。

本标准起草单位:中国疾病预防控制中心营养与食品安全所、农业部科技发展中心、中国农业大学、天津市卫生防病中心。

本标准主要起草人:严卫星、李宁(中国疾病预防控制中心营养与食品安全所)、徐海滨、李宁(农业部科技发展中心)、汪其怀、黄昆仑、王静、刘培磊。

转基因植物及其产品食用安全检测
大鼠 90 d 喂养试验

1 范围

本标准规定了转基因植物及其产品大鼠 90 d 喂养试验的试验设计原则、测定指标、数据处理和结果判定。

本标准适用于转基因植物及其产品的大鼠 90 d 喂养试验。

2 规范性引用文件

下列文件中的条款通过本标准的引用而成为本标准的条款。凡是注日期的引用文件,随后所有的修改单(不包括勘误的内容)或修订版均不适用于本标准,然而,鼓励根据本标准达成协议的各方研究是否可使用这些文件的最新版本。凡是不注日期的引用文件,其最新版本适用于本标准。

GB 14924.3　实验动物小鼠大鼠配合饲料

3 术语和定义

下列术语和定义适用于本标准。

3.1

转基因植物　genetically modified plant

指利用基因工程技术改变基因组构成,用于农业生产或者农产品加工的植物。

3.2

转基因植物产品　products derived from genetically modified plant

指转基因植物的直接加工产品和含有转基因植物的产品。

3.3

传统对照物　conventional counterpart

有传统食用安全历史并可作为转基因植物及其产品安全性评价参照对比物的非转基因植物,包括受体植物及其他相关植物。

4 要求

4.1 试验材料

转基因植物及其产品、传统对照物。

4.2 试验动物

一般选用雌、雄两种性别出生后 6 周～8 周的 Sprague Dawley 或 Wistar 大鼠。试验开始前给予常规基础饲料适应 3 d～5 d,试验开始时各动物体重之间的差异应不超过平均体重的±20%。

5 试验设计原则

5.1 试验动物分组

设转基因植物(转基因植物产品)组、传统对照物对照组和常规基础饲料对照组。转基因植物(转基因植物产品)组和传统对照物对照组至少设低、中和高三个剂量组,每组至少 20 只动物,雌、雄各半。

5.2 剂量设计

5.2.1 应考虑转基因植物及其产品的品种和特性及其在人群膳食组成中所占的比例等因素。

5.2.2 以大鼠常规基础饲料配方为框架设计饲料配方，饲料中蛋白质、脂肪、碳水化合物、维生素和矿物质等营养素应满足动物生长需要，并经过检测分析符合 GB 14924.3 的要求。

5.2.3 在营养平衡的基础上，应以饲料中最大掺入量作为高剂量组。

5.2.4 转基因植物及其产品与传统对照物在饲料中的比例应一致，饲料中其他各主要营养成分的比例和饲料的最终营养素含量也应一致。

6 测定指标

6.1 一般指标

试验动物每天的一般表现、行为、毒性表现和死亡数量，试验动物每周及总的摄食量、体重、体重增重和食物利用率，试验动物的 30 d 动物生长曲线。

6.2 血液学指标

在试验中期和末期测定血红蛋白、红细胞计数、白细胞计数及分类、血小板数，必要时，测定网织红细胞数、凝血能力。

6.3 血液生化学指标

在试验中期和末期测定丙氨酸氨基转移酶、天冬氨酸氨基转移酶、碱性磷酸酶、乳酸脱氢酶、尿素氮、肌酐、血糖、血清白蛋白、总蛋白、总胆固醇和甘油三酯，必要时，测定胆酸和胆碱酯酶。

6.4 病理学检查

6.4.1 大体解剖

试验结束时，所有试验动物应进行解剖和肉眼观察各脏器外部异常表现，并将重要器官和组织用固定液固定保存。

6.4.2 脏器称量

称量试验动物心脏、肝、肾、肾上腺、脾、胸腺、睾丸的绝对重量和并计算相对重量(脏/体比值)，必要时，称量其他脏器重量。

6.4.3 组织病理学

进行试验动物脑、心脏、肺、肝、肾、肾上腺、脾、胃肠(十二指肠、空肠和回肠)、胸腺、甲状腺、睾丸、附睾、前列腺、卵巢和子宫组织病理学检查，必要时，进行其他组织、器官的组织病理学检查。

6.4.4 其他指标

必要时，测定免疫等其他敏感指标。

7 数据处理

对试验结果进行统计学分析。

8 结果判定

综合分析转基因植物及其产品组、传统对照物对照组和常规基础饲料对照组的试验结果，在排除营养不平衡等因素对结果影响的基础上，判定转基因植物及其产品与传统对照物大鼠 90 d 喂养试验的实质等同性。

ICS 65.020.99
B 04

中华人民共和国农业行业标准

NY/T 1103.1—2006

转基因植物及其产品食用安全检测 抗营养素 第1部分：植酸、棉酚和芥酸的测定

Safety assessment of genetically modified plant and derived products Part 1: Assay of anti-nutrients phytate, gossypol and erucic acids

2006-07-10 发布 2006-10-01 实施

中华人民共和国农业部 发布

前　言

本标准由中华人民共和国农业部提出。

本标准由全国农业转基因生物安全管理标准化技术委员会归口。

本标准起草单位:中国疾病预防控制中心营养与食品安全所,农业部科技发展中心,中国农业大学,天津市卫生防病中心。

本标准主要起草人:杨月欣、韩军花、李宁、汪其怀、黄昆仑、刘克明、刘培磊。

转基因植物及其产品食用安全检测 抗营养素 第1部分:植酸、棉酚和芥酸的测定

1 范围

本标准规定了转基因植物及其产品中植酸、棉酚和芥酸的测定方法。

本标准适用于转基因植物及其产品中植酸、棉酚和芥酸的测定。

2 规范性引用文件

下列文件中的条款通过本规范的引用而成为本规范的条款。凡是注明日期的引用文件,其随后所有的修改单(不包括勘误的内容)或修订版均不适用于本规范,然而,鼓励根据本规范达成协议的各方研究是否可使用这些文件的最新版本。凡是不注明日期的引用文件,其最新版本适合于本规范。

GB/T 5009.153 植物性食品中植酸的测定

GB 13086 饲料中游离棉酚的测定方法

GB/T 17377 动植物油脂脂肪酸甲酯的气相色谱分析

3 术语和定义

下列术语和定义适用于本标准。

3.1

转基因植物 genetically modified plant

指利用基因工程技术改变基因组构成,用于农业生产或者农产品加工的植物。

3.2

转基因植物产品 products derived from genetically modified plant

指转基因植物的直接加工产品和含有转基因植物的产品。

4 试验材料

转基因植物及其产品、受体植物及其产品。如果对转基因植物产品中的植酸、棉酚和芥酸进行测定,转基因植物产品和受体植物产品的处理条件应相同。

上述材料的水分含量和种植环境应基本一致。

5 测定方法

5.1 植酸的测定

按GB/T 5009.153规定执行。

5.2 棉酚的测定

按GB 13086规定执行。

5.3 芥酸的测定

按GB/T 17377规定执行。

ICS 65.020.99
B 04

中华人民共和国农业行业标准

NY/T 1103.2—2006

转基因植物及其产品食用安全检测 抗营养素 第2部分：胰蛋白酶抑制剂的测定

**Safety assessment of genetically modified plant and derived products
Part 2: Assay of anti-nutrients pancreatic typsin inhibiter**

2006-07-10 发布　　2006-10-01 实施

中华人民共和国农业部 发布

前　言

本标准由中华人民共和国农业部提出。

本标准由全国农业转基因生物安全管理标准化技术委员会归口。

本标准起草单位:中国疾病预防控制中心营养与食品安全所、农业部科技发展中心、中国农业大学、天津市卫生防病中心。

本标准主要起草人:杨月欣、王竹、韩军花、李宁、汪其怀、黄昆仑、刘克明、刘培磊、连庆。

转基因植物及其产品食用安全检测 抗营养素 第2部分:胰蛋白酶抑制剂的测定

1 范围

本标准规定了转基因植物及其产品中胰蛋白酶抑制剂的测定方法。

本标准适用于转基因大豆及其产品、转基因谷物及其产品中胰蛋白酶抑制剂的测定。其他的转基因植物,如花生、马铃薯等也可用该方法进行测定。

2 术语和定义

下列术语和定义适用于本标准。

2.1

转基因植物 genetically modified plant

指利用基因工程技术改变基因组构成,用于农业生产或者农产品加工的植物。

2.2

转基因植物产品 products derived from genetically modified plant

指转基因植物的直接加工产品和含有转基因植物的产品。

3 原理

胰蛋白酶可作用于苯甲酰-DL-精氨酸对硝基苯胺(BAPA),释放出黄色的对硝基苯胺,该物质在410 nm下有最大吸收值。转基因植物及其产品中的胰蛋白酶抑制剂可抑制这一反应,使吸光度值下降,其下降程度与胰蛋白酶抑制剂活性成正比。用分光光度计在410 nm处测定吸光度值的变化,可对胰蛋白酶抑制剂活性进行定量分析。

4 试验材料

转基因植物及其产品、受体植物及其产品。如果对转基因植物产品中的胰蛋白酶抑制剂进行测定,转基因植物产品和受体植物产品的处理条件应相同。

上述材料的水分含量和种植环境应基本一致。

5 试剂

除非另有说明,仅使用分析纯试剂;水为蒸馏水。

5.1 三羟甲基氨基甲烷[tris(hydroxymethyl)aminomethane,Tris]。

5.2 0.05 mol/L Tris缓冲液:称取6.05 g Tris和2.94 g氯化钙($CaCl_2 \cdot 2H_2O$)溶于800 mL水中,用浓盐酸调节溶液的pH至8.2,加水定容至1 L。

5.3 0.01 mol/L氢氧化钠溶液:称取0.4 g氢氧化钠,加入800 mL水溶解后,再加水定容至1 L。

5.4 戊烷:己烷(1:1,V:V)。

5.5 1 mmol/L盐酸。

5.6 胰蛋白酶:大于10 000 BAEE μ/mg。

BAEE为Nα-苯甲酰-L-精氨酸乙烷酯(Nα-benzoyl-L-arginine ethyl ester)。BAEE u(BAEE

单位)表示胰蛋白酶与 BAEE 在 25℃、pH 7.6、体积 3.2 mL 条件下反应,在 253 nm 波长下每分钟引起吸光度值升高 0.001,即为 1 个 BAEE u。

5.7 胰蛋白酶溶液:称取 10 mg 胰蛋白酶,溶于 200 mL 1 mmol/L 盐酸中。

5.8 苯甲酰-DL-精氨酸对硝基苯胺(benzoyl-DL-arginine p-nitroanilide,BAPA)。

5.9 BAPA 底物溶液:称取 40 mg BAPA,溶于 1 mL 二甲基亚砜中,用预热至 37℃的 Tris 缓冲液稀释至 100 mL。BAPA 底物溶液应于实验当日配制。

5.10 反应终止液:取 30 mL 冰乙酸,加水定容至 100 mL。

6 仪器和设备

6.1 通常实验室仪器设备。

6.2 恒温水浴箱。

6.3 分光光度计。

6.4 旋涡搅拌器。

6.5 电磁搅拌器。

7 操作步骤

7.1 试样的制备

将试验材料磨碎,过筛(筛盘为 100 目~200 目)。称取 0.2 g~1 g 试样,加入 50 mL 0.01 mol/L 氢氧化钠溶液,pH 应控制在 8.4~10.0 之间,低档速电磁搅拌下浸提 3 h,过滤。浸出液用于测定,必要时,可进行稀释。

如果试样的脂肪含量较高(如全脂大豆粗粉或豆粉),应在室温条件下先用戊烷∶己烷(1∶1)脱脂。脱脂方法如下:将试样浸泡于 20 mL 戊烷∶己烷(1∶1)中,低档速电磁搅拌 30 min,过滤。残渣用约 50 mL戊烷∶己烷(1∶1)淋洗两次,收集残渣。然后进行浸提。

7.2 测定管和对照管的制备

取两组平行的试管,按表 1 在每组试管中依次加入试样浸出液、水和胰蛋白酶溶液,于 37℃水浴中混合后,再加入 5.0 mL 预热至 37℃的 BAPA 底物溶液,从第一管加入起计时,于 37℃水浴中摇动混匀,并准确反应 10 min,最后加入 1.0 mL 反应终止液。用 0.45 μm 微孔滤膜过滤,弃初始滤液,收集滤液。

表 1 测定管反应体系

单位为毫升

试 剂	非抑管	测定管 1	测定管 2	测定管 3	测定管 4
试样浸出液	0.0	0.3	0.6	1.0	1.5
水	2.0	1.7	1.4	1.0	0.5
胰蛋白酶溶液	2.0	2.0	2.0	2.0	2.0
BAPA 底物溶液	5.0	5.0	5.0	5.0	5.0
反应终止液	1.0	1.0	1.0	1.0	1.0

在制备测定管的同时,应制备试剂对照管和试样对照管,即取 2 mL 水或试样浸出液,然后按顺序加入 2 mL 胰蛋白酶溶液、1 mL 反应终止液和 5 mL BAPA 底物溶液,混匀后过滤。

7.3 测定

以试剂对照管调节吸光度值为 0,在 410 nm 波长下测定各测定管和对照管的吸光度值,以平行试管的算术平均值表示。

8 结果表示

8.1 酶活性的表示方法

8.1.1 胰蛋白酶活性单位(TU):在规定实验条件下,每 10 mL 反应混合液在 410 nm 波长下每分钟升高 0.01 吸光度值即为一个 TU。

8.1.2 胰蛋白酶抑制率:在规定实验条件下,与非抑管相比,测定管吸光度值降低的比率。

8.1.3 胰蛋白酶抑制剂单位(TIU):在规定实验条件下,与非抑管相比,每 10 mL 反应混合液在410 nm 波长下每分钟降低 0.01 吸光度值即为一个 TIU。

8.2 计算

8.2.1 各测定管的胰蛋白酶抑制率按式(1)计算。

$$TIR=\frac{A_N-A_T-A_{T0}}{A_N}\times 100\% \quad \cdots\cdots (1)$$

式中:

TIR ——胰蛋白酶抑制率,%;

A_N ——非抑管吸光度值;

A_T ——测定管吸光度值;

A_{T0} ——试样对照管吸光度值。

8.2.2 只有胰蛋白酶抑制率在 20%～70%范围内时,测定管吸光度值可用于胰蛋白酶抑制剂活性计算,各测定管胰蛋白酶抑制剂活性按式(2)计算。

$$TI=\frac{A_N-A_T-A_{T0}}{t\times 0.01} \quad \cdots\cdots (2)$$

式中:

TI ——胰蛋白酶抑制剂活性,单位为胰蛋白酶抑制剂单位(TIU);

t ——反应时间,单位为分钟(min)。

8.2.3 单位体积试样浸出液中胰蛋白酶抑制剂活性

以测定用试样浸出液体积(单位为 mL)为横坐标,TI 为纵坐标作图,拟和直线回归方程,计算斜率,斜率值即是单位体积试样浸出液中胰蛋白酶抑制剂活性(单位为 TIU/mL)。当测定用试样浸出液体积和 TI 不是一条直线关系时,单位体积试样浸出液中胰蛋白酶抑制剂活性用各测定管单位体积胰蛋白酶抑制剂活性的算术平均值表示。

8.2.4 试样中胰蛋白酶抑制剂活性按式(3)计算。

$$TIM=\frac{TIV\times V\times F}{m} \quad \cdots\cdots (3)$$

式中:

TIM ——试样中胰蛋白抑制剂活性,单位为胰蛋白酶抑制剂单位每克(TIU/g);

TIV ——单位体积试样浸出液中胰蛋白酶抑制剂活性,单位为胰蛋白酶抑制剂单位每毫升(TIU/mL);

V ——试样浸出液总体积,单位为毫升(mL);

F ——稀释倍数;

m ——试样质量,单位为克(g)。

9 允许差

重复条件下,两次独立测定结果的绝对差值不超过其算术平均值的 10%。

ICS 65.020.99
B 04

中华人民共和国农业行业标准

NY/T 1103.3—2006

转基因植物及其产品食用安全检测 抗营养素 第3部分：硫代葡萄糖苷的测定

Safety assessment of genetically modified plant and derived products
Part 3: Assay of anti-nutrients glycosinolate

2006-07-10 发布 2006-10-01 实施

中华人民共和国农业部 发布

前　　言

本标准附录A为资料性附录，附录B为规范性附录。

本标准由中华人民共和国农业部提出。

本标准由全国农业转基因生物安全管理标准化技术委员会归口。

本标准起草单位：中国农业科学院油料作物研究所、中国疾病预防控制中心营养与食品安全所、农业部科技发展中心、中国农业大学、天津市卫生防病中心。

本标准主要起草人：李培武、杨月欣、丁小霞、韩军花、张文、李宁、汪其怀、黄昆仑、刘克明、刘培磊、连庆。

转基因植物及其产品食用安全检测 抗营养素 第3部分:硫代葡萄糖苷的测定

1 范围

本标准规定了转基因油菜籽及其产品中硫代葡萄糖苷的高效液相色谱测定方法。

本标准适用于转基因油菜籽及其产品中硫代葡萄糖苷的高效液相色谱测定。

2 规范性引用文件

下列文件中的条款通过本标准的引用而成为本标准的条款。凡是注日期的引用文件,随后所有的修改单(不包括勘误的内容)或修订版均不适用于本标准,然而,鼓励根据本标准达成协议的各方研究是否可使用这些文件的最新版本。凡是不注日期的引用文件,其最新版本适用于本标准。

GB 5491 粮食、油料检验 扦样、分样法

GB/T 14488.1 油料种籽含油量测定法

GB/T 14489.1 油料水分及挥发物含量测定法

3 术语和定义

下列术语和定义适用于本标准。

3.1

转基因油菜籽 genetically modified rapeseed

指利用基因工程技术改变基因组构成,用于农业生产或者农产品加工的油菜籽。

3.2

转基因油菜籽产品 products derived from genetically modified rapeseed

指转基因油菜籽的直接加工产品和含有转基因油菜籽的产品。

3.3

相对校正系数 response factors

待测硫代葡萄糖苷的摩尔吸光系数与内标的摩尔吸光系数的相对比值。

4 原理

用70%甲醇水溶液提取硫代葡萄糖苷,然后在阴离子交换树脂上纯化,并酶解脱去硫酸根,反相色谱柱分离,紫外检测器检测硫代葡萄糖苷。

5 试验材料

转基因油菜籽及其产品、受体油菜籽及其产品。如果对转基因油菜籽产品中的硫代葡萄糖苷进行测定,转基因油菜籽产品和受体油菜籽产品的处理条件应相同。

上述材料的水分含量和种植环境应基本一致。

6 试剂

除非另有说明,仅使用分析纯试剂;水为蒸馏水。

6.1 硫酸酯酶溶液:*Helix pomatia* H1 型(EC 3.1.6.1),每毫升硫酸酯酶溶液的活性单位不低于

0.5，硫酸酯酶溶液应即配即用。

6.2 葡聚糖凝胶悬浮液：称取 10 g DEAE Sephadex A 25 葡聚糖凝胶，浸泡在过量的 2 mol/L 醋酸溶液中，静置沉淀，再加入 2 mol/L 醋酸溶液，直到液体体积是沉淀体积的 2 倍，于 4℃冰箱中存放，待用。

6.3 70%甲醇溶液：取 70 mL 甲醇，加水定容至 100 mL。

6.4 0.02 mol/L 醋酸钠溶液：称取 0.272 g 醋酸钠（$CH_3COONa \cdot 3H_2O$），加入 800 mL 水溶解，用醋酸调节溶液的 pH 至 4.0，加水定容至 1 L。

6.5 6 mol/L 甲酸咪唑溶液：称取 204 g 咪唑，溶解于 113 mL 甲酸中，待溶液冷却后加水定容至 500 mL。

6.6 内标：用丙烯基硫代葡萄糖苷（Mr＝415.49）作内标，当样品中含有丙烯基硫代葡萄糖苷时，用苯甲基硫代葡萄糖苷（Mr＝447.52）作内标。对硫代葡萄糖苷含量低于 20.0 μmol/g 的样品，可将下述 6.6.1 至 6.6.4 中的内标溶液浓度降为 1 mmol/L 至 3 mmol/L。内标溶液在 4℃的冰箱中可存放 3 周，在－18℃条件下可保存更长时间，内标溶液的纯度检定参见附录 A。

6.6.1 5 mmol/L 丙烯基硫代葡萄糖苷溶液：称取 207.7 mg 丙烯基硫代葡萄糖苷溶解于 80 mL 水中，加水定容至 100 mL。

6.6.2 20 mmol/L 丙烯基硫代葡萄糖苷溶液：称取 831.0 mg 丙烯基硫代葡萄糖苷溶解于 80 mL 水中，加水定容至 100 mL。

6.6.3 5 mmol/L 苯甲基硫代葡萄糖苷溶液：称取 223.7 mg 苯甲基硫代葡萄糖苷溶解于 80 mL 水中，加水定容至 100 mL。

6.6.4 20 mmol/L 苯甲基硫代葡萄糖苷溶液：称取 895.0 mg 苯甲基硫代葡萄糖苷溶解于 80 mL 水中，加水定容至 100 mL。

6.7 流动相 A：超声波脱气 30 s 的水。

6.8 流动相 B：取 200 mL 色谱级乙腈，加入 800 mL 水，混匀，超声波脱气 30 s。

7 仪器和设备

7.1 通常实验室仪器设备。

7.2 研钵或微型研磨机。

7.3 聚丙烯离子交换微柱：底部筛板为 100 目。

7.4 离心机：带有 10 mL 转头，并能获得 5 000 g 的相对离心力。

7.5 0.45 μm 水溶性微孔滤膜。

7.6 色谱柱：填料颗粒小于或等于 10 μm 的反相 C_{18} 或 C_8 柱，例如：Novapak C_{18} 柱，5 μm（150 mm×3.9 mm）；Lichrosorb Rp18 柱，5 μm（150 mm×4.6 mm）；Spherisorb C_{18} 柱，10 μm（150 mm×4 mm）；Lichrospher Rp8 柱，5 μm（125 mm×4 mm）。

7.7 高效液相色谱仪：具备梯度洗脱，柱温可控制在 30℃，带紫外检测器。

8 试样的制备

按照 GB 5491 的规定对试验材料进行缩分，将缩分后的试验材料分成 3 等份。第一份按 GB/T 14489.1 的规定测定水分及挥发物含量，第二份按 GB/T 14488.1 的规定测定含油量，第三份为硫代葡萄糖苷待测试样。

如果试验材料的水分及挥发物含量超过 10%，应在 45℃条件下通风干燥，并将干燥后的待测试样在微型粉碎机中粉碎，过 40 目筛，然后立即连续完成 9.1 和 9.2。

9 操作步骤

9.1 称样

分别称取200.0 mg待测试样至A、B两支离心管中。

9.2 硫代葡萄糖苷的提取

9.2.1 将离心管75℃水浴1 min,加入2 mL 70%沸甲醇溶液后,立即加入200 μL 5 mmol/L内标溶液至A管中,200 μL 20 mmol/L内标溶液至B管中。

9.2.2 75℃水浴10 min,其间每隔2 min取出离心管在旋涡混合器上旋涡混合,然后取出离心管冷却至室温,5 000 g离心3 min,分别转移上清液至10 mL刻度试管A′、B′中。

9.2.3 分别向A、B管中再加入2 mL 70%沸甲醇溶液,75℃水浴约30 s,旋涡混匀后,75℃水浴10 min,其间每隔2 min取出离心管旋涡混合,然后取出离心管冷却至室温,5 000 g离心3 min,分别转移上清液至原刻度试管A′、B′中。

9.2.4 用水调节A′、B′管中的提取液至5 mL,混匀。此提取液在−18℃暗处可保存2周。

9.3 离子交换微柱的制备

每一个试样提取液准备一支聚丙烯离子交换微柱,垂直置于试管架上。取0.5 mL充分混匀的葡聚糖凝胶悬浮液至每一离子交换微柱中,注意不要使悬浮液粘附在柱壁。静置待液体排干后,取2 mL 6 mol/L甲酸咪唑溶液冲洗树脂,排干后,再用1 mL水冲洗树脂两次,每次均让水排干。

9.4 纯化、脱硫酸根

9.4.1 取1 mL提取液缓缓加入已制备好的离子交换微柱中,注意不能搅动树脂表面,待液体排干后,分别加入1 mL 0.02 mol/L醋酸钠溶液两次,每次加入后均让液体排干。

9.4.2 加入100 μL硫酸酯酶溶液至离子交换微柱,35℃条件下反应16 h。

9.4.3 分别用1 mL水冲洗离子交换微柱2次,洗脱液收集于试管中。

9.4.4 用水将洗脱液定容至5 mL,充分混匀后,用0.45 μm的微孔滤膜过滤,待进样。洗脱液在−18℃暗处可存放1周。

9.5 空白试验

用相同的样品进行相同的前处理,但不加内标物质,以检定样品中内标物质是否存在。

9.6 色谱条件

9.6.1 仪器条件:流动相流速为1.0 mL/min,柱温30℃,紫外检测器检测波长229 nm。

9.6.2 洗脱梯度

9.6.2.1 对Spherisorb C_{18}柱,10 μm(150 mm×4 mm)和Novapak C_{18}柱,5 μm(150 mm×3.9 mm),洗脱梯度见表1。

表1 Spherisorb C_{18}柱和Novapak C_{18}柱洗脱梯度

时　间	流动相A(%)	流动相B(%)
0 min	15	85
10 min	100	0
12 min	100	0
15 min	15	85
20 min	15	85

9.6.2.2 对Lichrosorb RP18柱,5 μm(150 mm×4.6 mm),洗脱梯度见表2。

表 2 Lichrosorb RP18 柱洗脱梯度

时　间	流动相 A(%)	流动相 B(%)
0 min	100	0
1 min	100	0
20 min	0	100
25 min	100	0
30 min	100	0

9.6.2.3 对 Lichrospher RP8 柱，5 μm(125 mm×4 mm)，洗脱梯度见表 3。

表 3 Lichrospher RP8 柱洗脱梯度

时　间	流动相 A(%)	流动相 B(%)
0 min	100	0
2.5 min	100	0
20 min	0	100
25 min	0	100
27 min	100	0
32 min	100	0

9.7 色谱测定

进样量 10 μL，记录峰面积。

10 结果表示

10.1 单组分硫代葡萄糖苷含量的计算

10.1.1 以每克干基脱脂油菜籽中所含硫代葡萄糖苷的微摩尔数表示，按式(1)计算：

$$D1=\frac{Ag}{As}\times\frac{n}{m}\times Kg\times\frac{1}{1-w} \quad \cdots\cdots (1)$$

式中：

$D1$ ——干基脱脂油菜籽中硫代葡萄糖苷含量，单位为微摩尔每克(μmol/g)；

Ag——脱硫硫代葡萄糖苷峰面积；

As ——内标峰面积；

Kg——脱硫硫代葡萄糖苷相对校正系数，按附录 B 的规定；

m ——试样质量，单位为克(g)；

n ——试样中加入内标的量，单位为微摩尔(μmol)；

w ——试样中水分、挥发物和含油量之和，以质量百分数表示(%)。

计算结果表示到小数点后两位。

10.1.2 以每克脱脂油菜籽含标准水分及挥发物时所含硫代葡萄糖苷的微摩尔数表示，按式(2)计算：

$$D2=\frac{Ag}{As}\times\frac{n}{m}\times Kg\times\frac{1}{1-w}\times(1-Ws) \quad \cdots\cdots (2)$$

式中：

Ag、As、n、m、Kg、w 同式(1)；

$D2$——脱脂油菜籽含标准水分及挥发物时硫代葡萄糖苷的含量，单位为微摩尔每克(μmol/g)；

Ws——标准水分及挥发物含量，以质量百分数表示，数值为8.5%或9%。

计算结果表示到小数点后两位。

10.1.3 以每克干基油菜籽中所含硫代葡萄糖苷的微摩尔数表示，按式(3)计算：

$$D3=\frac{Ag}{As}\times\frac{n}{m}\times Kg\times\frac{1}{1-wt} \quad\cdots\cdots(3)$$

式中：

Ag、As、n、m、Kg 同式(1)；

$D3$——干基油菜籽中硫代葡萄糖苷含量，单位为微摩尔每克(μmol/g)；

wt——试样中水分及挥发物含量，以质量百分数表示(%)。

计算结果表示到小数点后两位。

10.1.4 以每克油菜籽含标准水分及挥发物时所含硫代葡萄糖苷的微摩尔数表示，按式(4)计算：

$$D4=\frac{Ag}{As}\times\frac{n}{m}\times Kg\times\frac{1}{1-wt}\times(1-Ws) \quad\cdots\cdots(4)$$

式中：

Ag、As、n、m、Kg、wt、Ws 同式(1)、(2)和(3)；

$D4$——油菜籽含标准水分及挥发物时硫代葡萄糖苷的含量，单位为微摩尔每克(μmol/g)。

计算结果表示到小数点后两位。

10.2 硫代葡萄糖苷含量的计算

硫代葡萄糖苷含量等于单组分硫代葡萄糖苷(单组分峰面积应大于峰面积总和的1%)含量的总和，以每克样品中所含硫代葡萄糖苷的微摩尔数表示。如果A、B两管硫代葡萄糖苷含量的测定值满足11中允许差的要求，硫代葡萄糖苷的含量为两测定值的算术平均值。计算结果表示到小数点后两位。

11 允许差

11.1 同一试样、同一方法、同一操作者、同一仪器、同一实验室短期内两次测定值允许差：如果硫代葡萄糖苷含量低于20.00 μmol/g，允许差不大于2.00 μmol/g；如果硫代葡萄糖苷含量在20.00 μmol/g～35.00 μmol/g范围内，允许差不大于4.00 μmol/g；如果硫代葡萄糖苷含量大于35.00 μmol/g，允许差不大于6.00 μmol/g。

11.2 同一试样、同一方法、不同操作者、不同仪器、不同实验室两次测定值允许差：如果硫代葡萄糖苷含量低于20.00 μmol/g，允许差不大于4.00 μmol/g；如果硫代葡萄糖苷含量在20.00 μmol/g～35.00 μmol/g范围内，允许差不大于8.00 μmol/g；如果硫代葡萄糖苷含量大于35.00 μmol/g，允许差不大于12.00 μmol/g。

附　录　A
（资料性附录）
内标纯度的检定

A.1　检定方法

内标纯度的检定方法主要包括：

——用本标准规定的方法进行高效液相色谱分析。

——用高效液相色谱的离子对技术分析完整的内标（不脱硫酸根的内标）。

——用气相色谱分析脱硫酸盐和硅烷化的内标。

——用芥子酶（EC 3.2.3.2）水解内标，根据水解产物葡萄糖的浓度检定内标的纯度。

A.2　结果分析

如果用色谱方法检定内标纯度，当色谱图中主峰面积不小于总峰面积的98%时，表明内标纯度符合本标准要求。

如果用酶水解方法检定内标纯度，当水解产物葡萄糖的摩尔浓度不小于内标摩尔浓度的98%时，表明内标纯度符合本标准要求。

附 录 B
(规范性附录)
相对校正系数

表 B.1 脱硫硫代葡萄糖苷的相对校正系数

序号	硫代葡萄糖苷名称		相对校正系数(Kg)
	中 文	英 文	
1	2-羟基-3-丁烯基脱硫硫代葡萄糖苷	Desulfoprogoitrin	1.09
2	反式 2-羟基-3-丁烯基脱硫硫代葡萄糖苷	Desulfoepi-progoitrin	1.09
3	丙烯基脱硫硫代葡萄糖苷	Desulfosinigrin	1.00
4	4-甲亚砜丁基脱硫硫代葡萄糖苷	Desulfoglucoraphanin	1.07
5	2-羟基-4-戊烯基脱硫硫代葡萄糖苷	Desulfogluconapoleiferin	1.00
6	5-甲亚砜戊基脱硫硫代葡萄糖苷	Desulfoglucoalyssin	1.07
7	3-丁烯基脱硫硫代葡萄糖苷	Desulfogluconapin	1.11
8	4-羟基-3-吲哚甲基脱硫硫代葡萄糖苷	Desulfo-4-hydroxyglucobrassicin	0.28
9	4-戊烯基脱硫硫代葡萄糖苷	Desulfoglucobrassicanapin	1.15
10	苯甲基(苄基)脱硫硫代葡萄糖苷	Desulfoglucotropaeolin	0.95
11	3-吲哚甲基脱硫硫代葡萄糖苷	Desulfoglucobrassicin	0.29
12	苯乙基脱硫硫代葡萄糖苷	Desulfogluconasturtiin	0.95
13	4-甲氧基-3-吲哚甲基脱硫硫代葡萄糖苷	Desulfo-4-methoxyglucobrassicin	0.25
14	1-甲氧基-3-吲哚甲基脱硫硫代葡萄糖苷	Desulfoneoglucobrassicin	0.20
15	其他	Other desulfoglucosinolates	1.00

ICS 67.050
X 04

中华人民共和国国家标准

农业部869号公告—2—2007

转基因生物及其产品食用安全检测 模拟胃肠液外源蛋白质消化稳定性试验方法

Food safety detection of genetically modified organisms and derived products Method of target protein digestive stability in simulative gastric and intestinal fluid

2007-06-11 发布 2007-08-01 实施

中华人民共和国农业部 发布

前　　言

本标准由中华人民共和国农业部科技教育司提出。

本标准归口全国农业转基因生物安全管理标准化技术委员会。

本标准起草单位:农业部科技发展中心、中国农业大学。

本标准主要起草人:黄昆仑、唐茂芝、段武德、罗云波、贺晓云、刘信、宋贵文、沈平、许文涛、厉建盟。

本标准为首次发布。

转基因生物及其产品食用安全检测
模拟胃肠液外源蛋白质消化稳定性试验方法

1 范围

本标准规定了外源蛋白质在模拟胃液和模拟肠液消化稳定性的检测方法。

本标准适用于转基因生物及其产品中外源基因表达蛋白质或者用微生物表达的与植物中的外源蛋白具有实质等同性的蛋白质产物在模拟胃液和模拟肠液消化条件下稳定性的检测。

2 术语和定义

下列术语和定义适用于本标准。

2.1

外源蛋白质 exogenous protein

从转基因生物中提取的通过基因工程手段转入生物中的外源基因所表达的蛋白质产物，或者将转基因植物中的外源基因转入微生物中所表达的与植物中的外源蛋白质具有实质等同性的蛋白质产物。

2.2

模拟胃消化液 stimulated gastric fluid(SGF)

模拟人体胃液中的 pH、盐离子浓度及胃蛋白酶浓度设置的消化液。

2.3

模拟肠消化液 stimulated intestinal fluid(SIF)

模拟人体肠液中的 pH、盐离子浓度及胰酶浓度设置的消化液。

2.4

稳定对照蛋白 stable control protcin

为确认模拟消化体系正常工作而选取的在模拟胃/肠液中 60 min 内不能被完全消化的蛋白质。

2.5

不稳定对照蛋白 labile control protein

为确认模拟消化体系正常工作而选取的在模拟胃/肠液中 2 min 内完全被消化的蛋白质。

3 原理

根据人体胃/肠消化液的主要成分及消化环境，在体外建立模拟胃/肠消化体系，将转基因生物及其产品中外源基因表达的蛋白质在该体系中进行消化，对不同消化时间的样品进行蛋白电泳和蛋白印迹，确定该蛋白在模拟胃液和模拟肠液中被消化的时间，推断转基因生物及其产品中外源基因表达的蛋白质在模拟人体胃/肠消化过程中的稳定性。

4 试剂和材料

除非另有说明，仅使用分析纯化学试剂和重蒸馏水。

4.1 模拟胃消化液(SGF)：本标准中采用的胃蛋白酶(pepsin)活力不能低于 2 000 U/mg。

根据公式(1)计算 100 mL 模拟胃液中的胃蛋白酶的添加量：

$$A=\frac{5\times 10^{6}}{19\times B} \quad \cdots\cdots (1)$$

式中：

A ——胃蛋白酶添加量，单位为毫克(mg)；

B ——胃蛋白酶活力，单位为单位活力每毫克(U/mg)。

称取 0.2 g 氯化钠(NaCl)和 A mg 胃蛋白酶，加入 70 mL 重蒸馏水，加入 730 μL 盐酸，再用盐酸调 pH 至 1.2，加水定容至 100 mL。现用现配。

4.2 0.2 mol/L 氢氧化钠溶液：称取 0.8 g 氢氧化钠(NaOH)，溶于重蒸馏水中，定容至 100 mL。

4.3 模拟肠消化液(SIF)：本标准中采用的胰酶(pancreatin)应满足 40℃ 5 min 内，能将其质量的 25 倍的淀粉转化为水溶性的碳水化合物；40℃ 60 min 内(pH 7.5)，消化掉其质量的 25 倍的酪蛋白；37℃ (pH 9.0)，每毫克胰酶每分钟能够从橄榄油中至少水解生成 2 μmol 脂肪酸。

称取 0.7 g 磷酸二氢钾(KH_2PO_4)溶于 25 mL 重蒸馏水中，振荡使之完全溶解，加入 19 mL 0.2 mol/L氢氧化钠溶液和 40 mL 重蒸馏水，加入 1.0 g 胰酶，用 0.2 mol/L 氢氧化钠溶液调 pH 至 7.5，加重蒸馏水定容至 100 mL。现用现配。

4.4 样品蛋白溶液：

4.4.1 模拟胃液消化样品蛋白溶液(5 g/L)：称取 5 mg 样品蛋白，定容于 1 mL 重蒸馏水中，混匀。

4.4.2 模拟肠液消化样品蛋白溶液(2 g/L)：称取 2 mg 样品蛋白，定容于 1 mL 重蒸馏水中，混匀。

4.5 不稳定对照蛋白溶液：

4.5.1 模拟胃液消化不稳定对照蛋白溶液：选用酪蛋白(α-casein)或牛血清白蛋白(bovine serum albumin，BSA)作为模拟胃液消化不稳定对照。

配制方法同 4.4.1。

4.5.2 模拟肠液消化不稳定对照蛋白溶液：选用酪蛋白(α-casein)或牛 β-乳球蛋白 B(bovine β-lactoglobulin，BLG)作为模拟肠液消化不稳定对照。

配制方法同 4.4.2。

4.6 稳定对照蛋白溶液：

4.6.1 模拟胃液消化稳定对照蛋白溶液：选用牛 β-乳球蛋白 B(BLG)或大豆胰蛋白酶抑制剂(soybean trypsin inhibitor，STI)作为模拟胃液消化稳定对照。

配制方法同 4.4.1。

4.6.2 模拟肠液消化稳定对照样品溶液：选用牛血清白蛋白(BSA)或大豆胰蛋白酶抑制剂(STI)作为模拟肠液消化稳定对照。

配制方法同 4.4.2。

4.7 0.2 mol/L 碳酸氢钠($NaHCO_3$)溶液：称取 1.7 g 碳酸氢钠($NaHCO_3$)，溶于重蒸馏水中，定容至 100 mL。

4.8 3 mol/L 盐酸溶液：量取 26 mL 盐酸，加重蒸馏水定容至 100 mL。

4.9 分离胶缓冲液(1.5 mol/L 三羟甲基氨基甲烷-盐酸溶液(Tris-HCl)，pH 8.8)：称取 9.1 g 三羟甲基氨基甲烷(Tris)，加 45 mL 重蒸馏水，用磁力搅拌器搅拌至完全溶解，用 3 mol/L 盐酸溶液调 pH 至 8.8，再加水定容至 50 mL，4℃下贮存备用。

4.10 浓缩胶缓冲液(1.0 mol/L 三羟甲基氨基甲烷-盐酸溶液(Tris-HCl)，pH 6.8)：称取3.0 g三羟甲基氨基甲烷(Tris)，加 45 mL 重蒸馏水，用磁力搅拌器搅拌至完全溶解，用 3 mol/L 盐酸溶液调 pH 至 6.8，再加水定容至 50 mL，4℃下贮存备用。

4.11 300 g/L 丙烯酰胺单体储液(Acr/Bis)：称取 29.1 g 丙烯酰胺(Acr)，0.9 gN，N′-甲叉双丙烯酰胺(Bis)，溶于 80 mL 重蒸馏水中，用磁力搅拌器搅拌至完全溶解，加水定容至 100 mL，滤纸过滤，4℃下避光保存备用。

4.12 100 g/L 十二烷基磺酸钠(SDS):称取5.0 g十二烷基磺酸钠(SDS)溶于45 mL重蒸馏水中,用磁力搅拌器搅拌至完全溶解,加水定容至50mL。

4.13 100 g/L 过硫酸铵(AP):称取0.1 g过硫酸铵(AP),溶于1 mL重蒸馏水中。4℃中保存,并在1周内使用。

4.14 蛋白样品上样缓冲液(5×Laemmli buffer,pH 6.8):称取10.0 g十二烷基磺酸钠(SDS),加入40 mL甘油,33 mL浓缩胶缓冲液(pH6.8),5 mL β-巯基乙醇,加水定容至100 mL,再加入0.05 g溴酚蓝,混匀。

4.15 50 g/L 三氯乙酸(TCA):称取5.0 g三氯乙酸(TCA),溶于100 mL重蒸馏水中。现用现配。

4.16 十二烷基磺酸钠(SDS)洗脱液:在455 mL甲醇中加入90 mL乙酸,用水定容至1 000 mL。

4.17 考马斯亮蓝染色液:量取150 mL甲醇,100 mL冰乙酸,加水定容至1 000 mL,再加入1.0 g考马斯亮蓝,混匀,滤纸过滤后使用。

4.18 脱色液:在250 mL甲醇中加入75 mL乙酸,加水定容至1 000 mL。

4.19 电泳缓冲液:称取3.0 g三羟甲基氨基甲烷(Tris),14.4 g甘氨酸,1.0 g十二烷基磺酸钠(SDS),溶于800 mL重蒸馏水中,用3 mol/L盐酸溶液调pH至8.3,加水定容至1 000 mL。

4.20 转移缓冲液:称取3.2 g三羟甲基氨基甲烷(Tris),14.4 g甘氨酸,甲醇200 mL,加水定容至1 000 mL。

4.21 TBS缓冲液:称取1.2 g三羟甲基氨基甲烷(Tris),8.8 g氯化钠(NaCl),加800 mL重蒸馏水,用3 mol/L盐酸溶液调pH至7.5,加水定容至1 000 mL。

4.22 TBST1缓冲液:在500 mL TBS缓冲液中,加入250 μL吐温20(Tween 20),用磁力搅拌器混匀。

4.23 TBST2缓冲液:称取3.0 g三羟甲基氨基甲烷(Tris),4.4 g氯化钠(NaCl),加重蒸馏水400 mL,再加入500 μL吐温20(Tween 20),搅拌混匀,加水定容至500 mL。

4.24 碱性磷酸酶显色缓冲液:称取1.2 g三羟甲基氨基甲烷(Tris),0.6 g氯化钠(NaCl),1.0 g氯化镁($MgCl_2 \cdot 6H_2O$),加80 mL重蒸馏水溶解,定容至100 mL。

4.25 蛋白印迹显色液:加66 μL四氮唑兰(NBT)溶液于10 mL碱性磷酸酶缓冲液中,充分混匀后,加入33 μL 5 溴 4 氯 3吲哚 磷酸盐(BCIP)溶液,混匀。现用现配。

4.26 封闭液:在50 μLTBST1缓冲液中加入1.5 g牛血清白蛋白(BSA),混匀。

4.27 一抗工作液:在50 mL封闭液中,加入50 μL目标蛋白抗血清。

4.28 二抗工作液:在20 mLTBST2缓冲液中,加入0.2 g牛血清白蛋白(BSA),混匀溶解后,再加入20 μL碱性磷酸酶标记二抗。

4.29 15%分离胶:

按表1依次吸取各种组分于50 mL锥形瓶中,其间摇动混匀。

表1 15%分离胶的配制

各种溶液组分名称	各组分的取样量(mL)
重蒸馏水	2.3
300 g/L丙烯酰胺储液(Acr/Bis)	5.0
分离胶缓冲液	2.5
100 g/L十二烷基磺酸钠(SDS)	0.1
100 g/L过硫酸铵(AP)	0.1
N,N,N′,N′-四甲基二乙胺(TEMED)	0.004
总体积	10

4.30 5%浓缩胶:

按表 2 依次吸取各种组分于 50 mL 锥形瓶中，其间摇动混匀。

表 2　5%浓缩胶的配制

各种溶液组分名称	各组分的取样量(mL)
重蒸馏水	3.4
300 g/L 丙烯酰胺储液(Acr/Bis)	0.83
浓缩胶缓冲液	0.63
100 g/L 十二烷基磺酸钠(SDS)	0.05
100 g/L 过硫酸铵(AP)	0.05
N,N,N′,N′-四甲基二乙胺(TEMED)	0.005
总体积	5

4.31　PVDF 转印膜。

4.32　滤纸。

5　仪器

5.1　恒温水浴(温度波动范围:0.1℃)。

5.2　紫外分光光度计。

5.3　电泳槽、电泳仪等蛋白电泳装置。

5.4　蛋白免疫印迹装置。

5.5　凝胶成像系统或照相系统。

5.6　重蒸馏水发生器。

5.7　可调式电炉。

5.8　电子天平(感量 0.000 1 g 与感量 0.1 g)。

5.9　其他分子生物学实验室仪器设备。

6　操作步骤

6.1　模拟胃/肠液消化试验反应时间

反应时间设置为 0 s、15 s、2 min、30 min 和 60 min。

6.2　试验重复和平行样品设置

每个蛋白样品重复进行两次试验，每次试验进行 3 次电泳。

6.3　模拟胃液消化试验

6.3.1　反应时间为 0 s 的模拟胃液消化试验

在 1.5 mL 离心管中加入 190 μL 模拟胃消化液(SGF)，37℃恒温水浴 5 min。加入 10 μL 样品蛋白溶液或对照蛋白溶液(5 g/L)，同时加入 70 μL 0.2 mol/L 碳酸氢钠溶液，漩涡振荡后，冰浴，加入 70 μL 蛋白样品上样缓冲液，沸水浴 5 min，取出后冷却至室温备用。

6.3.2　反应时间为 15 s、2 min、30 min、60 min 的模拟胃液消化试验

在 7 mL 离心管中加入 1.9 mL 模拟胃消化液(SGF)，37℃恒温水浴 5 min。加入 100 μL 样品蛋白溶液或对照蛋白溶液(5 g/L)，迅速漩涡振荡并快速置于 37℃水浴，准确记录时间，在每个反应时间点，迅速吸取反应液 200 μL，加入 1.5 mL 离心管中(含有 70 μL 0.2 mol/L 碳酸氢钠溶液)，冰浴，加入 70 μL蛋白样品上样缓冲液，沸水浴 5 min，取出后冷却至室温备用。

6.3.3　胃蛋白酶对照

在 1.5 mL 离心管中加入 190 μL 模拟胃消化液(SGF)，再加入 10 μL 重蒸馏水和 70 μL 0.2 mol/L

碳酸氢钠溶液,漩涡振荡后,加入70 μL蛋白样品上样缓冲液,沸水浴5 min,取出后冷却至室温备用。

6.3.4 试样蛋白对照

在1.5 mL离心管中加入190 μL不含胃蛋白酶的模拟胃缓冲液,再加入10 μL样品蛋白或对照蛋白(5 g/L),同时加入70 μL 0.2 mol/L碳酸氢钠溶液,漩涡振荡后,加入70 μL蛋白样品上样缓冲液,沸水浴5 min,取出后冷却至室温备用。

6.4 模拟肠液消化试验

6.4.1 反应时间为0 s的模拟肠液消化试验

在1.5 mL离心管中加入190 μL模拟肠消化液(SIF)溶液,37℃恒温水浴5 min。加入10 μL样品蛋白溶液或对照蛋白溶液(2 g/L),漩涡振荡后,立即加入50 μL蛋白样品上样缓冲液,沸水浴5 min,取出后冷却至室温备用。

6.4.2 反应时间为15 s、2 min、30 min、60 min的模拟肠液消化试验

在7 mL离心管中加入1.9 mL模拟肠消化液(SIF)溶液,37℃恒温水浴5 min。加入100 μL样品蛋白溶液或对照蛋白溶液(2 g/L),迅速漩涡振荡并快速置于37℃水浴中,准确记录时间,在每个反应时间点,迅速吸取反应液200 μL,加入1.5 mL离心管中,立即加入50 μL蛋白样品上样缓冲液,沸水浴5 min,取出后冷却至室温备用。

6.4.3 胰蛋白酶对照

在1.5 mL离心管中加入190 μL模拟肠消化液(SIF),再加入10 μL重蒸馏水,漩涡振荡后,立即加入50 μL蛋白样品上样缓冲液,沸水浴5 min,取出后冷却至室温备用。

6.4.4 试样蛋白对照

在1.5 mL离心管中加入190 μL不含胰酶的模拟肠缓冲液,再加入10 μL样品蛋白或对照蛋白(2 g/L),漩涡振荡后,立即加入50 μL蛋白样品上样缓冲液,沸水浴5 min,取出后冷却至室温备用。

6.5 十二烷基磺酸钠—聚丙烯酰胺凝胶电泳(SDS-PAGE)

6.5.1 取出两块玻璃板,用自来水洗净后,蒸馏水冲洗一次,置37℃烘干或晾干,梳子用自来水洗净,晾干。

6.5.2 分离胶的制备

在50 mL锥形瓶中依次加入表1中的溶液,轻轻摇动混匀溶液,避免气泡产生。以平稳流速缓慢地将分离胶溶液从玻璃夹板的中间位置注入玻璃夹板中,在液面距凹板上平面2 cm~3 cm处停止注入,再以相同的方法将水注入玻璃夹板中,水面距分离胶液面约2 cm~3 cm时停止注入,静置至凝胶形成。

6.5.3 浓缩胶的制备

在50 mL锥形瓶中依次加入表2中的溶液,轻轻摇动混匀溶液,避免气泡产生。待分离胶完全聚合(胶面与上面的水相有明显的界面),吸净上层液体。以平稳流速缓慢地将浓缩胶溶液从玻璃夹板的中间位置注入玻璃夹板中,直到凹形玻璃板顶端,立即小心插入梳子。

6.5.4 待浓缩胶完全聚合后,取下夹子和环绕在玻璃板周围的乳胶条,不要改变玻璃板的相对位置。

6.5.5 在电泳槽两侧的电极槽中注入电泳缓冲液,缓冲液与凝胶上下两端之间避免产生气泡。小心取下梳子。

6.5.6 在玻璃板上做记号,将6.3、6.4处理的样品取15 μL加入点样孔中。

样品加入顺序:1:蛋白marker;2:蛋白酶对照样品;3:试样蛋白对照样品;4~8:模拟胃/肠液消化样品(0 s,15 s,2 min,30 min,60 min)。

6.5.7 接好电泳槽正负极,打开电源开关,调节电压至80 V,以恒电压方式电泳。当溴酚蓝染料前沿进入分离胶后,电压提高到120 V,直至溴酚蓝迁移至凝胶下端附近,约距下端1 cm左右,关闭电源,停止电泳。

6.5.8 从电泳装置上卸下双层玻璃夹板，撬开玻璃板，在凝胶点样孔上部切除一角标注凝胶的方位。

6.5.9 将凝胶在50 g/L三氯乙酸(TCA)溶液中轻轻振荡5 min，取出后在十二烷基磺酸钠(SDS)洗脱液中振荡1 h～2 h。

6.5.10 取出后在考马斯亮蓝染色液中浸泡染色10 min以上，然后用脱色液脱色直至条带清晰。

6.5.11 取出凝胶，置于凝胶成像仪上，使用凝胶图像分析系统照相，并保存图像。

6.6 蛋白印迹(此步操作仅针对测试样品蛋白)

6.6.1 按6.5.1～6.5.7进行SDS-PAGE。

6.6.2 从玻璃板上取下凝胶，切除所有浓缩胶。根据分离胶的大小，剪成与凝胶同样大小的PVDF转印膜和滤纸6张。

6.6.3 将凝胶浸入转移缓冲液中15 min～30 min。

6.6.4 将滤纸浸入转移缓冲液中30 s以上。

6.6.5 在甲醇中润湿PVDF转印膜15 s，使膜均匀地由不透明变成半透明。小心将膜放入重蒸馏水中浸泡2 min，再将膜小心放入转移缓冲液中浸泡5 min以上。

6.6.6 将转移夹放入转移槽，转移夹的凝胶侧面面向阴极(－)，膜侧面面向阳极(＋)。向转移槽中加入适量缓冲液，将转移夹完全浸没。于4℃冰箱中连接转移装置正负极，打开电流，在电流100 mA转移6 h。

6.6.7 转移完成后，用镊子小心取出PVDF膜，用TBS缓冲液洗膜3次，每次1 min。

6.6.8 加入封闭液，在室温下，45 r/min振荡2 h，然后在4℃静置封闭过夜。

6.6.9 倒掉封闭液，加入一抗工作液，室温下45 r/min振荡3 h。倒掉一抗工作液，加入TBST1缓冲液洗膜3次，每次45 r/min振荡10 min。

6.6.10 倒掉TBST1缓冲液，加入二抗工作液，室温下振荡45 r/min振荡1 h。倒掉二抗工作液，加入TBST2缓冲液洗膜3次，每次45 r/min振荡10 min。

6.6.11 倒掉TBST2缓冲液，加入显色液显色，轻轻晃动直到条带清晰，倒掉显色液加入重蒸馏水终止反应。

6.6.12 使用凝胶图像分析系统照相，并保存图像。

7 结果分析与表述

7.1 对照样品结果分析

在模拟胃/肠消化试验中，不稳定对照蛋白可以2 min内被完全消化，而稳定对照蛋白在60 min内不能被消化，表明模拟胃/肠消化试验体系工作正常；否则需要查找原因重新进行试验。

7.2 试样蛋白结果分析与表述

在试验体系工作正常的情况下，根据SDS-PAGE电泳图谱和蛋白印迹图谱中试样蛋白条带及其可见降解片段消失的时间来判断蛋白的可消化性。

试样蛋白在模拟胃液和模拟肠液中的可消化性分别表述为：

a) 试样蛋白及其可见降解片段在0～15 s内全部消化，表述为该蛋白在模拟胃/肠液中极易消化。

b) 试样蛋白及其可见降解片段在15 s～2 min内全部消化，表述为该蛋白在模拟胃/肠液中易消化。

c) 试样蛋白及其可见降解片段在2 min～30 min内全部消化，表述为该蛋白在模拟胃/肠液中可消化。

d) 试样蛋白及其可见降解片段在30 min～60 min内全部消化，表述为该蛋白在模拟胃/肠液中难消化。

e） 试样蛋白及其可见降解片段于 60 min 仍不能被全部消化，表述为该蛋白在模拟胃/肠液中极难消化。

ICS 65.220.01
B 04

中华人民共和国国家标准

农业部1485号公告—17—2010

转基因生物及其产品食用安全检测 外源基因异源表达蛋白质等同性分析导则

Food safety detection of genetically modified organisms and derived products—The guideline for equivalence analysis of foreign proteins derived from different organisms

2010-11-15 发布 2011-01-01 实施

中华人民共和国农业部 发布

前　　言

本标准按照 GB/T 1.1—2009 给出的规则起草。

本标准由中华人民共和国农业部提出。

本标准由全国农业转基因生物安全管理标准化技术委员会(SAC/TC 276)归口。

本标准起草单位:农业部科技发展中心、中国农业大学。

本标准主要起草人:黄昆仑、刘信、贺晓云、许文涛、沈平、罗云波、车会莲、李欣。

转基因生物及其产品食用安全检测 外源基因异源表达蛋白质等同性分析导则

1 范围

本标准规定了同一个基因在不同转基因生物中表达的蛋白质的等同性分析导则。

本标准适用于分析比较同一个基因在不同转基因生物中表达的蛋白质的等同性。

2 术语和定义

下列术语和定义适用于本文件。

2.1

蛋白质等同性 equivalence of protein

同一基因在不同生物体内表达的蛋白质在结构、理化特性、生物活性等方面的一致性。

2.2

免疫原性 immunogenicity

蛋白质与抗体(单克隆或多克隆)发生抗原抗体结合反应的能力。

2.3

翻译后修饰 post-translational modification

蛋白质多肽链在核糖体装配期间和装配之后的共价修饰,如磷酸化、糖基化等。

2.4

一级结构 primary structure

蛋白质中共价连接的氨基酸残基的排列顺序。

2.5

生物活性 bioactivity

蛋白质特有的生物学或生物化学功能。

2.6

耐除草剂活性 herbicide resistance

耐除草剂的蛋白质对特定除草剂的分解或耐受作用。

2.7

抗虫活性 insect resistance

抗虫的蛋白质对靶标昆虫的抑制或杀伤能力。

3 分析原则

对外源基因在不同生物中表达的蛋白质进行等同性分析时,从结构、理化特性和生物活性等多方面对两种来源的蛋白质的等同性进行分析。

4 分析指标

4.1 理化特性

4.1.1 表观分子质量

4.1.1.1 分析方法主要有十二烷基硫酸钠—聚丙烯酰胺凝胶电泳(SDS-PAGE)、质谱法等。

4.1.1.2 十二烷基硫酸钠—聚丙烯酰胺凝胶电泳是在样品介质和聚丙烯酰胺凝胶中加入离子去污剂和强还原剂,蛋白质亚基的电泳迁移率主要取决于亚基分子量的大小,而与电荷无关。当蛋白质的分子量在 15 000～200 000 之间时,电泳迁移率与分子量的对数呈线性关系,可测定蛋白质亚基的分子量。

4.1.1.3 质谱法是用电场和磁场将运动的离子(带电荷的原子、分子或分子碎片)按它们的质荷比分离后进行检测,根据分子离子峰的质荷比可确定分子量。

4.1.2 免疫原性

4.1.2.1 分析方法主要有蛋白印迹、酶联免疫吸附试验等。

4.1.2.2 蛋白印迹是先将蛋白通过 SDS-PAGE 电泳分离,再利用电场力的作用将胶上的蛋白转移到固相载体(常用硝酸纤维素膜)上,然后加抗体形成抗原抗体复合物,利用发光或显色方法将结果显示到膜或底片上,推断目的蛋白能否与抗体发生结合反应。

4.1.2.3 酶联免疫吸附试验是先将抗原或抗体包被于固相载体(常用 96 孔板)的表面,与待检样品中的相应抗体或抗原发生反应,再加入酶标记抗体或抗原与免疫复合物结合,最后加入酶的作用底物,观测产物颜色的深浅或测定其吸光度值,可分析抗原抗体结合情况,推断目的蛋白能否与抗体发生结合反应。

4.1.3 翻译后修饰

4.1.3.1 分析方法主要有过碘酸-Shiff 反应检测糖基化修饰、质谱法等。

4.1.3.2 过碘酸-Shiff 反应是用过碘酸将蛋白质糖侧链中的乙二醇基氧化为乙二醛基,后者再与 Schiff 试剂中的亚硫酸品红反应,形成紫红色不溶性反应产物,沉积于多糖存在的部位,可推断该蛋白质是否发生糖基化修饰。

4.1.3.3 质谱法测定蛋白质分子量后,与理论推测数值进行比较,可分析蛋白质分子质量的变化,从而推断该蛋白是否发生翻译后修饰;对肽谱的进一步分析,可以具体推测修饰种类和位点。

4.2 一级结构

4.2.1 分析方法主要有蛋白质 N 端或 C 端测序测定部分氨基酸序列、质谱法测定肽质量指纹谱等。

4.2.2 氨基酸测序分为 N 端测序和 C 端测序,是用酶法或化学法将氨基酸从肽链一端依次切下,并在规定时间内检测切下的氨基酸的种类,从而测定 N 端或 C 端的氨基酸序列。

4.2.3 肽质量指纹谱是蛋白质被识别特异酶切位点的蛋白酶水解后得到的肽片段的质量图谱。采用基质辅助激光解析电离飞行时间质谱(MALDI-TOF-MS)测得肽质量指纹谱。

4.3 生物活性

4.3.1 耐除草剂活性

适用于具有耐除草剂活性的外源蛋白质的活性检测。

4.3.2 抗虫活性

适用于具有抗虫活性的外源蛋白质的活性检测。

4.3.3 其他活性

根据蛋白质的具体生物活性采取相应的检测活性的方法。

5 分析指标选择

5.1 测定外源基因在两种生物中表达的蛋白质的分子量,且与预测分子量进行比较。如果测定值与预测值不符,可根据需要进行翻译后修饰分析;如果测定值与预测值相符,则按 5.2～5.4 进行进一步分析。

5.2 对两种来源的蛋白质进行一级结构鉴定,并与预测的氨基酸序列进行比较。如果该外源蛋白质已经进行了充分的研究,具有完善的背景资料,可以不做原转基因生物中表达的蛋白质的一级结构鉴定。

5.3 当有适用的抗体或免疫检测方法时,要对两种来源的蛋白质进行免疫原性测定。

5.4 已知外源蛋白质具有某种特定的生物活性时,要对两种来源的蛋白质进行生物活性分析。

6 结果判断

如果两种来源的蛋白在理化特性、一级结构、生物活性等方面均表现出一致性,则认为这两种蛋白具有等同性;如果分析指标中出现差异,则具体情况具体分析。

ICS 65.020.01
B 04

中华人民共和国国家标准

农业部1485号公告—18—2010

转基因生物及其产品食用安全检测 外源蛋白质过敏性生物信息学分析方法

Food safety detection of genetically modified organisms and derived products—The analytical method of the allergenicity of foreign protein by using bioinformatics tools

2010-11-15 发布 2011-01-01 实施

中华人民共和国农业部 发布

前　言

本标准按照 GB/T 1.1—2009 给出的规则起草。

本标准由中华人民共和国农业部提出。

本标准由全国农业转基因生物安全管理标准化技术委员会(SAC/TC 276)归口。

本标准起草单位:农业部科技发展中心、中国农业大学。

本标准主要起草人:黄昆仑、段武德、李欣、贺晓云、刘信、许文涛、罗云波。

转基因生物及其产品食用安全检测
外源蛋白质过敏性生物信息学分析方法

1 范围

本标准规定了利用生物信息学工具对外源蛋白质进行过敏性分析的方法。

本标准适用于利用生物信息学工具对转基因生物及其产品中外源蛋白质进行过敏性分析。

2 术语和定义

下列术语和定义适用于本文件。

2.1

外源蛋白质 foreign protein

用基因工程手段转入生物体内的外源基因所表达的蛋白质。

2.2

过敏性 allergenicity

外来物质(如花粉、粉尘螨、霉菌、部分食物等)诱发机体免疫系统产生过敏反应的性质。

2.3

过敏性生物信息学分析 bioinformatics analysis of allergenicity

利用生物信息学工具,将待测蛋白质序列与数据库中的已知过敏原进行序列同源性比对,分析待测蛋白质是否具有潜在的过敏性。

2.4

E 值 E value

生物信息学比对软件(常用 BLAST、FASTA)的计算值,反映待测蛋白质与比对序列的相似程度,相似程度越高,E 值越小。

3 原理

利用生物信息学工具将待测蛋白质的氨基酸序列与过敏原数据库中的已知过敏原进行序列相似性比对,判断该蛋白质是否具有潜在的过敏性。如待测蛋白质的 80 个氨基酸序列与已知过敏原存在 35%以上的同源性或待测蛋白质与已知过敏原序列存在至少 8 个连续相同的氨基酸,则该蛋白质具有潜在过敏性的可能性较高。方法参见附录 A。

4 评价指标

4.1 全长比对

适用于小于 80 个氨基酸的待测蛋白质。将待测蛋白质氨基酸序列与数据库中已知过敏原序列进行全长比对。E 值小于或等于 0.01,判断待测蛋白质与已知过敏原具有较高的序列同源性。

4.2 80 个氨基酸序列比对

适用于大于 80 个氨基酸的待测蛋白质。将待测蛋白质氨基酸序列中每 80 个氨基酸序列作为一个序列单位与数据库中已知过敏原序列进行比对。若其中一段或几段 80 个氨基酸序列与已知过敏原的序列同源性大于或等于 35%,判断待测蛋白质与已知过敏原具有较高的序列同源性。

4.3 8 个连续氨基酸比对

将待测蛋白质氨基酸序列与数据库中已知过敏原序列进行比对。如果待测蛋白质氨基酸序列与已知过敏原具有完全匹配的 8 个连续氨基酸，判断待测蛋白质与已知过敏原具有较高的序列同源性。

5 结果表述

5.1 比对结果满足以下条件之一时，结果表述为“××蛋白质与××已知过敏原存在较高的序列同源性，其潜在过敏性的可能性较高”：

——外源蛋白质全长比对结果 E 值小于或等于 0.01；或外源蛋白质的 80 个氨基酸序列与已知过敏原有大于或等于 35%的序列同源性；

——外源蛋白质与已知过敏原有 8 个连续相同的氨基酸序列。

5.2 比对结果同时满足以下条件时，结果表述为“××蛋白与已知过敏原不存在较高的序列同源性，其潜在过敏性的可能性较低”：

——外源蛋白质全长比对结果 E 值大于 0.01；或外源蛋白质的 80 个氨基酸序列与已知过敏原的序列同源性均小于 35%；

——外源蛋白质与已知过敏原没有 8 个连续相同的氨基酸序列。

附　录　A
（资料性附录）
外源蛋白质过敏性生物信息学分析方法示例

以两个在线数据库为例，说明比对过程如下：

A.1　在线过敏原数据库（The Allergen Online Database）

网址 http://www.allergenonline.com。以最新版本为准。

A.1.1　进入在线过敏原数据库

输入在线过敏原数据库网址 http://www.allergenonline.com/databasefasta.asp，网站首页见图 A.1。

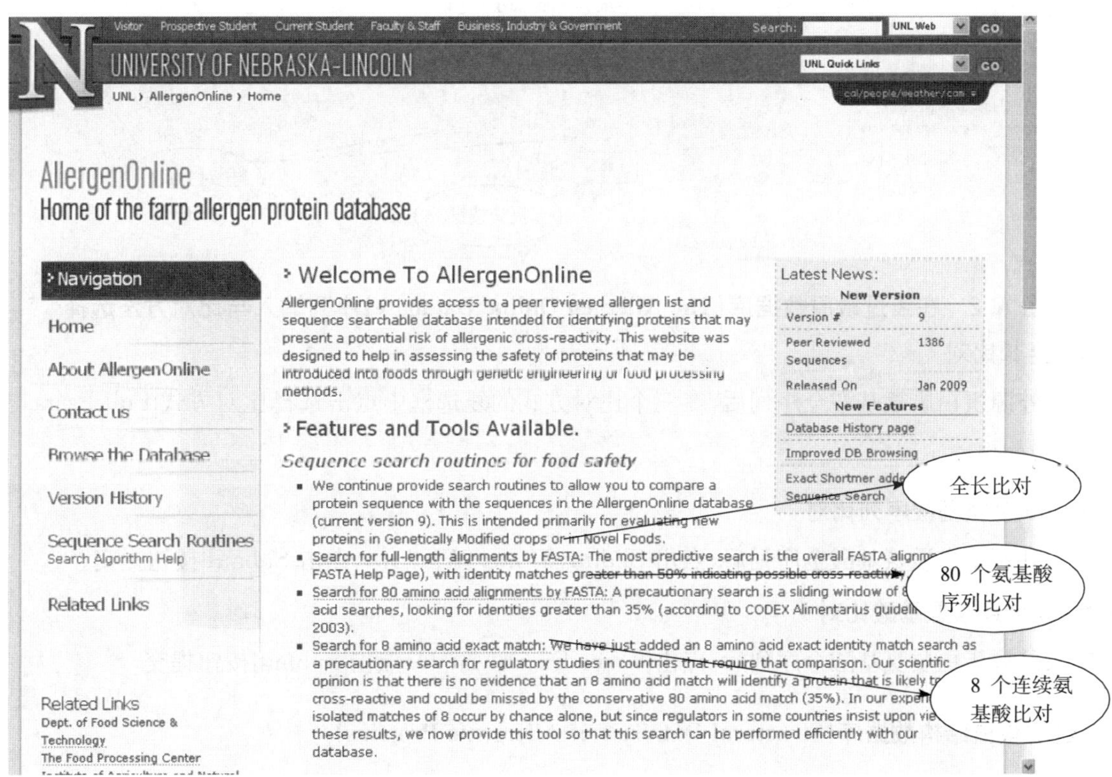

图 A.1　在线过敏原数据库（The Allergen Online Database）首页

A.1.2　输入待测蛋白质氨基酸序列

点击图 A.1 中任意一个标题链接，进入序列输入界面，将待测外源蛋白质氨基酸全序列以 FASTA 格式（氨基酸序列用大写单字母表示）输入文本框。在打开的界面（图 A.2）中，将进行分析的外源蛋白质英文名称输入序列输入框，在外源蛋白质英文名称前用数学符号“>”引导，以便与序列数据区别。换行后输入外源蛋白质氨基酸全序列，或者直接输入氨基酸序列。

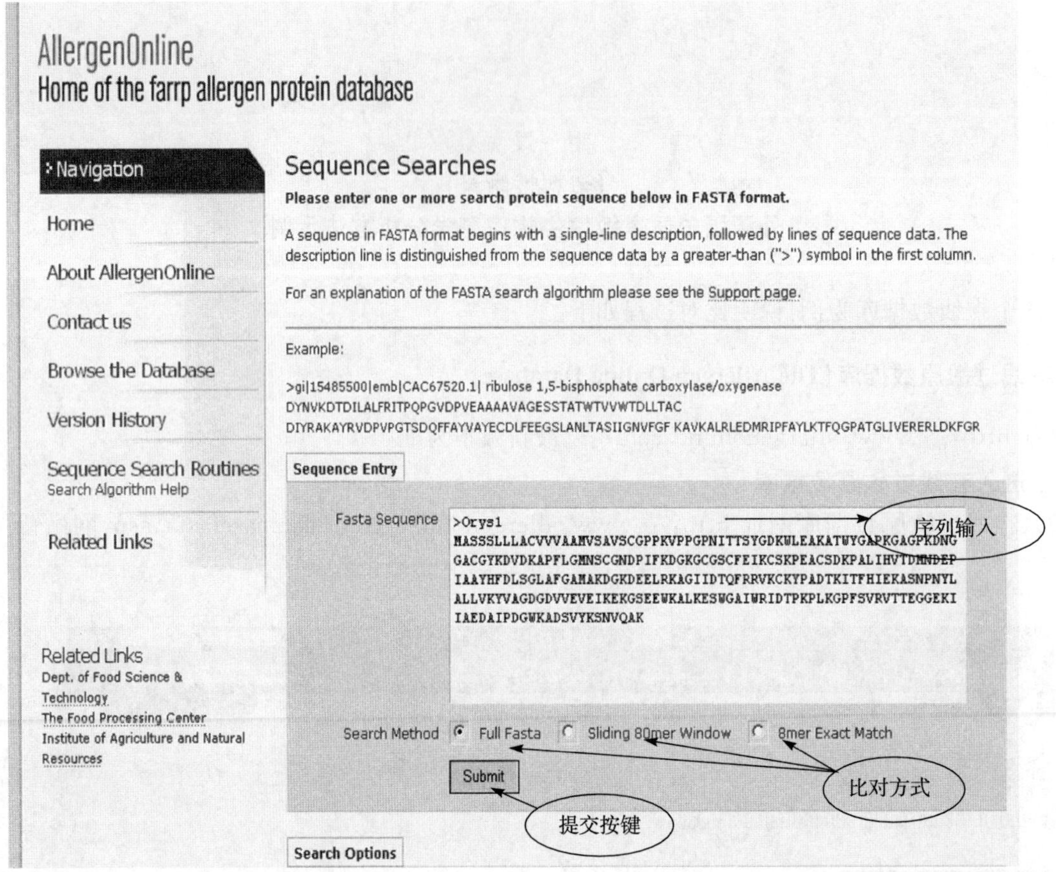

图 A.2　在线过敏原数据库(The Allergen Online Database)序列输入与比对方法选择

A.1.3　全长比对

输入外源蛋白质氨基酸全序列后,在三个比对方式的复选框中点击选择比对方式 Full Fasta ,点击 Submit 按钮提交。

A.1.4　80 个氨基酸序列比对

输入外源蛋白质氨基酸全序列后,点击 Sliding 80 mer Window ,点击 Submit 按钮提交。

A.1.5　8 个连续氨基酸比对

输入外源蛋白质氨基酸全序列后,点击 8 mer Exact Match ,点击 Submit 按钮提交。

A.2　过敏蛋白结构数据库(Structural Database of Allergenic Proteins)

网址 http://fermi.utmb.edu/SDAP/sdap_src.html。以最新版本为准。

A.2.1　进入过敏蛋白结构数据库

输入过敏蛋白结构数据库网址 http://fermi.utmb.edu/SDAP/sdap_src.html,网站首页见图 A.3。

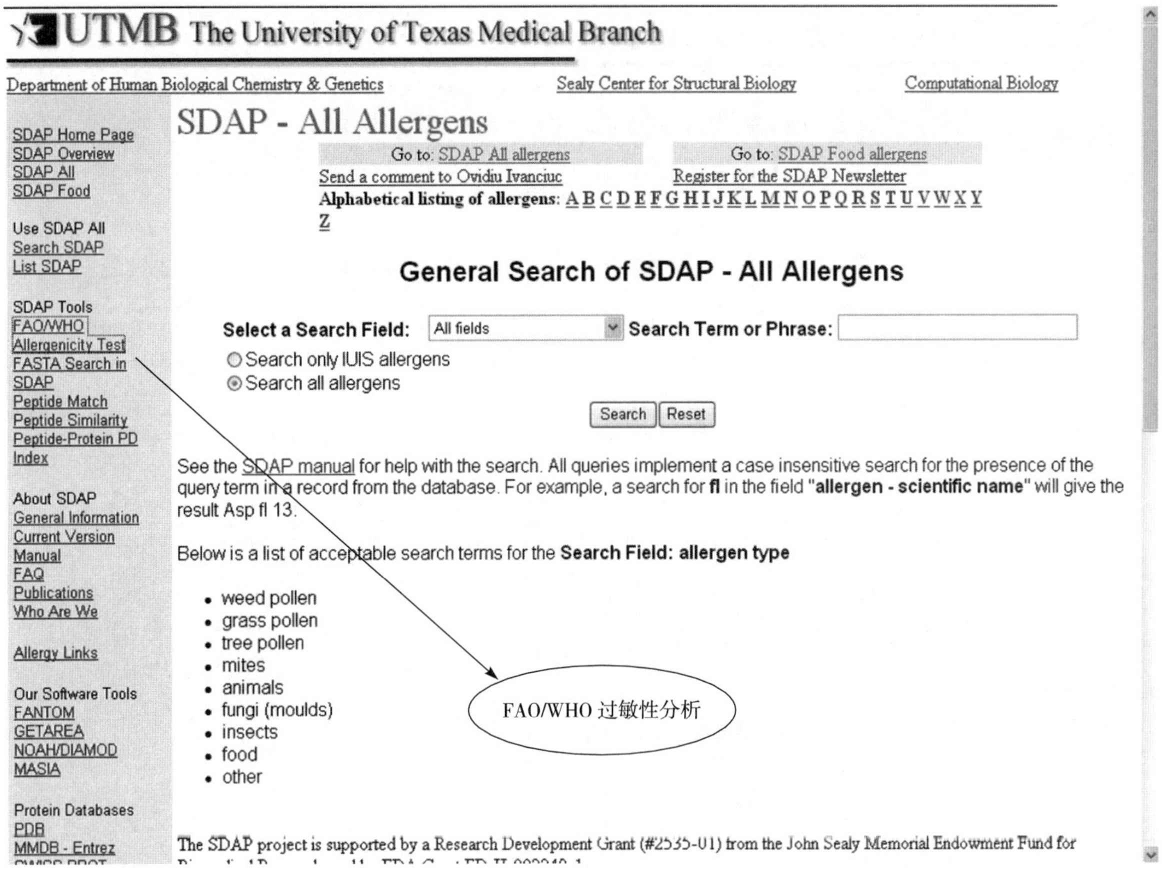

图 A.3 过敏蛋白结构数据库(Structural Database of Allergenic Proteins)首页

A.2.2 输入待测蛋白质氨基酸序列

点击 FAO/WHO Allergenicity Test ,进入序列比对页面(图 A.4),输入序列名称与氨基酸序列。

A.2.3 全长比对

选择 Full FASTA alignment ,条件为默认 0.01 ,点击 Search 。

A.2.4 80 个氨基酸序列比对

选择 FASTA alignments for an 80 amino acids sliding window ,比对条件为默认的 35 ,点击 Search 。

A.2.5 8 个连续氨基酸比对

选择 Exact match for contiguous amino acids ,比对条件设定为 8 ,点击 Search 。

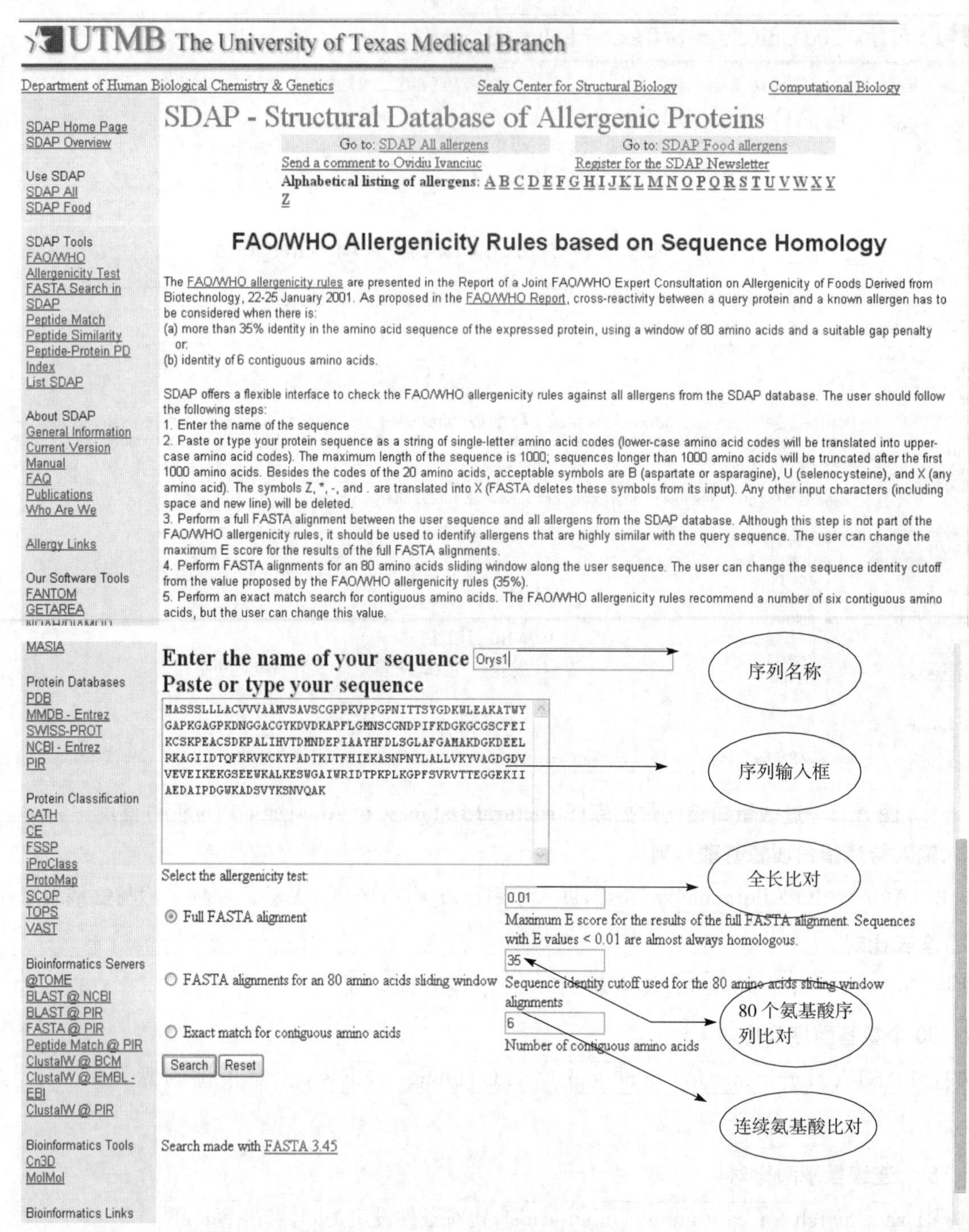

图 A.4 过敏蛋白结构数据库(Structural Database of Allergenic Proteins)序列输入与比对工具选择

ICS 65.020.99
B 04

中华人民共和国农业行业标准

NY/T 1101—2006

转基因植物及其产品食用安全性评价导则

Guideline for safety assessment of food from genetically modified plant and derived products

2006-07-10 发布　　2006-10-01 实施

中华人民共和国农业部　发布

前　　言

本标准由中华人民共和国农业部提出。

本标准由全国农业转基因生物安全管理标准化技术委员会归口。

本标准起草单位:农业部科技发展中心、中国疾病预防控制中心营养与食品安全所、中国农业大学、天津市卫生防病中心。

本标准主要起草人:严卫星、李宁(农业部科技发展中心)、李宁(中国疾病预防控制中心营养与食品安全所)、汪其怀、徐海滨、黄昆仑、王静、付仲文。

转基因植物及其产品食用安全性评价导则

1 范围

本标准规定了基因受体植物、基因供体生物、基因操作的安全性评价和转基因植物及其产品的毒理学评价、关键成分分析和营养学评价、外源化学物蓄积性评价、耐药性评价。

本标准适用于转基因植物及其产品的食用安全性评价。

2 术语和定义

下列术语和定义适用于本标准。

2.1

转基因植物 genetically modified plant

指利用基因工程技术改变基因组构成,用于农业生产或者农产品加工的植物。

2.2

转基因植物产品 products derived from genetically modified plant

指转基因植物的直接加工产品和含有转基因植物的产品。

2.3

受体植物 recipient plant

指被导入重组 DNA 分子的植物。

2.4

传统对照物 conventional counterpart

有传统食用安全历史并可作为转基因植物及其产品安全性评价参照对比物的非转基因植物,包括受体植物及其他相关植物。

3 转基因植物及其产品食用安全性评价原则

3.1 转基因植物及其产品的食用安全性评价应与传统对照物比较,其安全性可接受水平应与传统对照物一致。

3.2 转基因植物及其产品的食用安全性评价采用危险性分析、实质等同和个案处理原则。

3.3 随着科学技术发展和对转基因植物及其产品食用安全性认识的不断提高,应不断对转基因植物及其产品食用安全性进行重新评价和审核。

4 基因受体植物的安全性评价

4.1 背景资料

4.1.1 学名、俗名和其他名称。

4.1.2 分类学地位。

4.1.3 原产地、种植背景。

4.2 对人体及其他生物是否有毒,如有毒,应说明毒性存在的部位及其毒性的性质。

4.3 是否有致敏源,如有致敏源,应说明致敏源存在的部位及其致敏的特性。

4.4 对人类健康是否发生过其他不良的影响。

4.5 生产加工过程对其食用安全是否存在影响。

4.6 是否有长期安全食用历史记录。

5 基因供体生物的安全性评价

5.1 背景资料

5.1.1 来源。

5.1.2 学名、俗名和其他名称。

5.1.3 分类学地位。

5.1.4 生活史。

5.2 安全状况

包括毒性、过敏性、抗营养作用、致病性。

5.3 与人类的接触途径及水平

6 基因操作的安全性评价

6.1 转基因植物中引入或修饰性状和特性的描述

6.2 实际插入或删除序列资料

6.2.1 插入序列的大小和结构，确定其特性的分析方法。

6.2.2 删除区域的大小和功能。

6.2.3 目的基因的核苷酸序列和推导表达蛋白的氨基酸序列。

6.2.4 插入序列在植物细胞中的定位(是否整合到染色体、叶绿体、线粒体，或以非整合形式存在)及其确定方法。

6.2.5 插入序列的拷贝数。

6.3 目的基因与载体构建的图谱

载体的名称、来源、结构、特性和安全性，包括载体是否具有致病性以及是否可能演变为有致病性。

6.4 载体中插入区域各片段的资料

6.4.1 启动子和终止子的大小、功能及其供体生物的名称。

6.4.2 标记基因和报告基因的大小、功能及其供体生物的名称。

6.4.3 其他表达调控序列的名称及其来源(如人工合成或供体生物名称)。

6.5 转基因方法

6.6 插入序列表达的资料

6.6.1 插入序列表达的器官和组织，如根、茎、叶、花、果、种子等。

6.6.2 插入序列的表达量及其分析方法。

6.6.3 插入序列表达的稳定性。

7 转基因植物及其产品的毒理学评价

7.1 转基因植物及其产品新生成物质毒理学评价

7.1.1 转基因植物及其产品中新生成的物质包括蛋白质、脂肪、碳水化合物、维生素、代谢产物及其他成分，在进行安全评价时，可以使用从转基因植物及其产品中分离的物质，或通过其他途径产生在结构和功能上与转基因植物及其产品中该物质完全相同的物质。

7.1.2 转基因植物及其产品新生成物质毒理学评价应考虑新生成物质在植物可食部分的含量及不同

人群的暴露水平。

7.1.3 外源基因表达蛋白质的毒理学评价。

7.1.3.1 外源基因表达蛋白质与已知有毒性的蛋白质和抗营养成分(如蛋白酶抑制剂、植物凝集素)在氨基酸序列相似性上的特征比较。外源基因表达蛋白质与已知有安全食用历史的蛋白质不相似时,应进行经口毒理学试验,并评价其在转基因植物体内的生物学功能。

7.1.3.2 外源基因表达蛋白质在加工过程和胃肠消化系统的稳定性。

7.1.4 蛋白质以外无安全食用历史的其他成分的潜在毒性评价应参照传统毒理学方法进行,包括毒物动力学、遗传毒性、亚慢性毒性、慢性毒性/致癌性、生殖发育毒性评价。

7.1.5 转基因植物及其产品因基因修饰而改变特性所产生的潜在毒性效应评价,应进行喂养试验和其他必要的毒理学试验。

7.2 转基因植物及其产品致敏性评价

7.2.1 对在转基因植物及其产品中出现的因基因修饰表达的蛋白质,应遵循整体、分步和个案分析的原则,对其潜在致敏性进行综合评价。

7.2.2 外源基因表达蛋白质致敏性评价,通常包括四项内容:

——来源:根据基因供体生物致敏性的信息,确定评价致敏性所采用的方法和数据。基因供体生物致敏性信息包括可获得的筛选血清、过敏类型、过敏反应程度和频度、外源基因表达蛋白质结构特征和氨基酸序列、外源基因表达蛋白质物理化学性质和免疫学特性。

——氨基酸序列的同源性:外源基因表达蛋白质与已知致敏原氨基酸序列的同源性比较。对于来源于已知致敏原或与已知致敏原具有序列同源性的蛋白质,如果可获得过敏血清,可采用免疫学方法评价;对于来源于非已知致敏原或与已知致敏原不具有序列同源性的蛋白质,必要时,应进行目标血清的筛选。

——稳定性:外源基因表达蛋白质在加工过程和胃肠消化系统的稳定性。

8 转基因植物及其产品的关键成分分析和营养学评价

8.1 转基因植物及其产品的关键成分分析评价,应考虑受体生物相关成分的自然变异范围等因素的影响。

转基因植物及其产品的关键成分分析主要包括:

——营养成分,包括蛋白质及氨基酸、脂肪及脂肪酸、碳水化合物(包括膳食纤维)、矿物质、维生素等。

——抗营养成分和天然毒素,包括抗营养因子和酶抑制剂等。

——营养成分以外的其他有益的成分,包括植物化学物等。

——因基因修饰生成的新成分和其他可能产生的非预期成分。

8.2 以改变营养质量和功能的转基因植物及其产品应进行营养学评估,包括人群营养素摄入情况的改变和对人群所可能带来的营养影响等,特别应考虑最大摄入量对健康的影响和对特殊敏感人群的营养作用。

8.3 加工条件下对转基因植物及其产品主要营养成分、抗营养成分和其他有益成分含量、结构和功能及生物利用率的影响评价。

9 转基因植物及其产品中外源化学物蓄积性评价

对转基因植物及其产品是否会导致农药残留增加,霉菌毒素及其他对人体有害的主要污染物的蓄积增加进行评价。

10 转基因植物及其产品的耐药性评价

转基因植物及其产品中如果含有耐药性标记基因,应对其耐药性进行评价。

第四部分
标　识　类

ICS 65.020.01
B 08

中华人民共和国国家标准

农业部869号公告—1—2007

农业转基因生物标签的标识

Labeling of agricultural genetically modified organisms with label

2007-06-11 发布 2007-08-01 实施

中华人民共和国农业部 发布

前　言

本标准的附录 A 为规范性附录。

本标准由中华人民共和国农业部提出。

本标准归口全国农业转基因生物安全管理标准化技术委员会。

本标准由农业部科技发展中心负责起草。

本标准主要起草人：程金根、刘培磊、李宁、汪其怀、付仲文、连庆。

农业转基因生物标签的标识

1 范围

本标准规定了农业转基因生物标识的位置、标注方法、文字规格和颜色等要求。

本标准适用于列入农业转基因生物标识目录并用于销售的、有标签的农业转基因生物。

2 术语和定义

下列术语和定义适用于本标准。

2.1

农业转基因生物标识目录　category of agricultural genetically modified organisms under the labeling system

国务院农业行政主管部门商国务院有关部门制定、调整并公布的实施标识管理的农业转基因生物目录。

2.2

包装　package

在流通过程中保护产品，方便运输、销售，按一定技术方法而采用的容器、材料及辅助物等的总称。

2.3

标签　label

产品包装及产品上的文字、图标、符号及一切说明物。

2.4

配料　ingredient

在制造或加工产品时使用的，并存在(包括以改性的形式存在)于产品中的任何物质，包括添加剂。

2.5

强制性标示　mandatory labeling

法律法规规定的产品标签上应标注的内容。

2.6

主要展示版面　principal display panel

消费者购买产品时，包装物或包装容器上最容易观察到的版面。

3 要求

3.1 农业转基因生物标识应符合《农业转基因生物安全管理条例》和《农业转基因生物标识管理办法》的规定，并符合相关标准的规定。

3.2 标识位置

3.2.1 标识应直接印刷在产品标签上。

3.2.2 标识应紧邻产品的配料清单或原料组成，无配料清单和原料组成的应标注在产品名称附近。

3.3 标注方法

3.3.1 转基因动植物(含种子、种畜禽、水产苗种)和微生物，转基因动植物、微生物产品，含有转基因动植物、微生物或者其产品成分的种子、种畜禽、水产苗种、农药、兽药、肥料和添加剂等产品，直接标注为“转基因××”。

3.3.2　转基因农产品的直接加工品，标注为“转基因××加工品(制成品)”或者“加工原料为转基因××”。

3.3.3　用农业转基因生物或用含有农业转基因生物成分的产品加工制成的产品，但最终销售产品中已不再含有或检测不出转基因成分的产品，标注为“本产品为转基因××加工制成，但本产品中已不再含有转基因成分”或者标注为“本产品加工原料中有转基因××，但本产品中已不再含有转基因成分”。

3.4　文字规格

3.4.1　当包装的最大表面积大于或等于 10 cm^2 时，文字规格应符合以下要求：

——高度不小于 1.8 mm。

——不小于产品标签中其他最小强制性标示的文字。

3.4.2　当包装的最大表面积小于 10 cm^2 时，文字规格不小于产品标签中其他最小强制性标示的文字。包装的最大表面积计算方法见附录 A。

3.5　文字颜色

文字颜色应符合下列要求之一：

a)　与产品标签中其他强制性标示的文字颜色相同。

b)　当与产品标签中其他强制性标示的文字颜色不同时，应与标签的底色有明显的差异，不得利用色差使消费者难以识别。

3.6　农业转基因生物标识应当在流通过程中清晰易辨。

附 录 A
(规范性附录)
包装最大表面积计算方法

A.1 长方体形包装物或长方体形包装容器计算方法

长方体形包装物或长方体形包装容器的最大一个侧面的高度(厘米)乘以宽度(厘米)。

A.2 圆柱形包装物、圆柱形包装容器或近似圆柱形包装物、近似圆柱形包装容器计算方法

包装物或包装容器的高度(厘米)乘以圆周长(厘米)的40%。

A.3 其他形状的包装物或包装容器计算方法

包装物或包装容器的总表面积的40%。

如果包装物或包装容器有明显的主要展示版面,应以主要展示版面的面积为最大表面积。

注:如果是瓶形或罐形,计算表面积时不包括肩部、颈部、顶部和底部的凸缘。

图书在版编目（CIP）数据

农业转基因生物安全标准：2011版/农业部科技发展中心编．—北京：中国农业出版社，2011.12
（中国农业标准经典收藏系列）
ISBN 978-7-109-16388-1

Ⅰ.①农… Ⅱ.①农… Ⅲ.①作物－转基因技术－安全标准－中国 Ⅳ.①S33-65

中国版本图书馆 CIP 数据核字（2011）第 271438 号

中国农业出版社出版
（北京市朝阳区农展馆北路 2 号）
（邮政编码 100125）
责任编辑 刘 伟 李文宾

北京通州皇家印刷厂印刷 新华书店北京发行所发行
2012 年 1 月第 1 版 2012 年 1 月北京第 1 次印刷

开本：880mm×1230mm 1/16 印张：34
字数：1 079 千字
定价：248.00 元